LA NAVIGATION SOUS-MARINE

GÉNÉRALITÉS ET HISTORIQUE

THÉORIE DU SOUS-MARIN. — BATEAUX SOUS-MARINS MODERNES

LA GUERRE MARITIME

LA
NAVIGATION SOUS-MARINE

GÉNÉRALITÉS ET HISTORIQUE

THÉORIE DU SOUS-MARIN. — BATEAUX SOUS-MARINS

MODERNES. — LA GUERRE MARITIME

PAR

Maurice GAGET

PARIS

LIBRAIRIE POLYTECHNIQUE CH. BÉRANGER, ÉDITEUR

Successeur de BAUDRY & Cie

MAISON A LIÈGE, 21, RUE DE LA RÉGENCE

1901

LA NAVIGATION SOUS-MARINE

PREMIÈRE PARTIE

Généralités et Historique.

I

INTRODUCTION

Les Anciens, — dont le raisonnement et surtout l'intuition parfois nous étonnent quand nous voulons bien rapporter aux données de la science présente les théories et dissertations qui reposent dans leurs discours sur l'objectivité du symbolisme mythologique, — les Anciens avaient fait du monde que nous habitons l'union intime, en tant que chose et que force, de quatre *éléments* ; la Terre, l'Air, l'Eau et le Feu.

Et si chacun de ces éléments était comme l'émanation d'une Divinité particulière, chacun aussi possédait ses êtres non divisés vivant de lui, par lui, avec lui. La Terre était le domaine des animaux marcheurs ou rampants, l'Air appartenait aux oiseaux, l'Eau aux poissons, — nous ne parlerons pas ici des monstres ou des demi-dieux, — et le Feu se peuplait des mythiques Salamandres.

1

Comme il est curieux de constater, — aujourd'hui que de longs et patients travaux conduisant à la notion précise de données plus exactes ont fait nos conceptions tout autres, — cette réalité qui demeure, matérielle et immuable, pour la Terre, l'Air et l'Eau quand disparaît pour nous la conception symbolique des habitants du Feu.

Le Feu, en effet, n'est plus, à nos yeux. un élément constitutif de la matière mais seulement une manifestation de son activité, — une puissance engendrée par sa transformation ; — puissance même que nous avons captée et asservie quand nous l'avons connue.

Mais — en gardant la conception synthétique et philosophique de l'Antiquité dans tout ce qu'elle a qui répond bien aux conditions réelles de la vie terrestre — il nous reste encore effectivement trois *éléments*, c'est-à-dire trois formes tangibles de la matière naturelle, essentiellement distinctes l'une de l'autre comme aspect et comme propriétés et dont l'ensemble forme le monde matériel ; — ce sont la Terre, l'Air et l'Eau.

Notre domaine primordial à nous, hommes, — en raison de notre organisation physique, — c'est la Terre, — la Terre ferme sur laquelle nous marchons tout comme y marchent les animaux qui peuplent nos forêts et nos plaines. Mais nous avons cependant, avec ces animaux d'un ordre zoologique plus ou moins élevé, une essentielle différence, sur eux une incontestable supériorité : — Nous pensons, nous réfléchissons, nous combinons surtout pour en tirer un effet que nous nous efforçons de prévoir à l'avance, les forces naturelles préalablement transformées de façon convenable ; — en un mot nous créons pour nous, par un effort bien dirigé de notre volonté raisonnée, des conditions de vie qui ne sont pas celles que nous fit originellement la Nature ; — nous dominons dans une certaine mesure les Éléments, le nôtre au moins, —

la Terre, — et ce que nous pouvons atteindre de l'Air et de l'Eau.

Le constat chaque jour grandissant de cette autorité de l'homme sur les êtres et les choses tour à tour asservies et transformées en moyens d'action capables de conduire de plus en plus loin la conquête du monde et de ses forces ne devait-il pas faire rêver à cet homme de quitter son élément originel, de tenter une vie possible dans le contact seulement avec les éléments qui semblent interdits à sa constitution physique ?

Les premiers essais de navigation furent un pas, bien timide d'abord, dans la conquête de l'élément liquide ; — sa surface aujourd'hui, — grâce à la boussole, aux chronomètres et aux tables et cartes astronomiques, — nous appartient tout entière.

De même, depuis les Montgolfières, l'étude des gaz et des forces ascensionnelles autrefois mal définies a fait faire à l'aérostation de tels progrès que le domaine de l'Air a été sondé et exploré bien loin.

Dans un cas comme dans l'autre cependant la question n'est complètement résolue, — la conquête entière et définitive.

L'homme pour posséder l'air comme le possède l'oiseau doit trouver encore le moyen de diriger à son gré son aérostat, de monter ou de descendre à volonté et de prendre et suivre telle direction qu'il désire. Voilà ce que l'on cherche depuis bien longtemps, ce que, malgré quelques petits résultats de bonne indication et de prometteur augure, on n'a pas encore trouvé.

Mais on le trouvera ; — Pourquoi ne le trouverait-on pas ?

Reste la conquête de l'élément liquide, — la conquête non pas de sa surface mais de sa masse intérieure. Comment l'homme pourra-t-il pénétrer au sein même de l'eau,

y vivre, s'y déplacer, s'y conduire ; — y agir en un mot
un peu comme il agit sur terre ?

Voilà le problème que s'est posé, — en termes d'ailleurs
aussi imprécis, — le premier chercheur d'un bateau sous-
marin. Voilà la question si ardente aujourd'hui dont
nous allons ici étudier les phases diverses, suivre les progrès, constater les triomphes et noter les défaites afin
d'établir nettement le point où nous en sommes, de savoir
jusqu'où va maintenant notre empire sous-aquatique et de
préjuger peut-être les limites que nous pourrons lui faire
atteindre.

Il nous faudra pourtant demeurer dans le cadre des études
entreprises, ne pas chercher platoniquement le bateau
d'excursion ou de promenade à travers le tréfonds des
océans, — nous verrons même qu'il ne faut guère en espérer la découverte ; — il nous faudra envisager la question
ainsi que l'envisagent les hommes de ce siècle, c'est-à-dire
surtout au point de vue guerrier.

En réalité le Sous-Marin véritable n'est encore — pratiquement, — qu'une machine à tuer ; — et ce serait à coup
sûr bien triste à dire si l'on ne voyait dans l'expansion et
le perfectionnement de cet engin de destruction et de carnage un pas de plus vers l'époque, lointaine peut-être mais
espérée, où la mort sera si facile pour tous à donner que
nul ne se risquera à tenter l'aventure par crainte d'être
devancé dans l'exécution de son cruel projet ou d'en
éprouver par à côté d'immédiates et terribles représailles.

N'en déplaise, en effet, aux belles utopies humanitaires
à qui l'échec du *Congrès de la Paix* vient de donner,
encore que sans bruit presque, un éclatant démenti, ce
n'est pas la fraternité humaine qui supprimera la guerre,
— ce n'est pas une philosophie d'amour et de bonté qui
fera que l'homme ne soit plus susceptible, envieux, rempli de vaine gloriole et prêt toujours à user de sa force bru-

tale pour opprimer le plus faible au profit de son intérêt
ou même de sa fantaisie.

Les guerres disparaîtront sans doute, elles mourront
pour ne revivre jamais, — mais seulement dans un monde
qui les aura rendues impossibles. Et l'on en vient à dire :
Oui, les guerres mourront mais elles ne mourront que de
la puissance exagérée des machines de guerre ; — et, puisque le seul moyen de tendre vers l'universelle et bienfai-
sante Paix c'est d'assurer l'immensité et l'infaillibilité de
l'hécatombe, il est l'heure toujours de hâter nos travaux,
de hâter la perfection et la terrible puissance de nos engins
meurtriers pour qu'ils atteignent au plus vite, pour qu'ils
dépassent aussitôt la borne permise à notre audace sangui-
naire que vient mitiger heureusement notre désir d'exister
quand même. La guerre alors pour qui l'entreprendrait
serait un grand assassinat peut-être mais encore un véritable et certain suicide ; — et un peuple ne se suicide pas.
La guerre ce jour là sera morte et, satisfaits, nous les
regarderons les monstres de fer qu'elle nous aura laissés,
monstres inutiles désormais autrement que par la terreur
qu'ils inspirent même pendant leur repos,.... et nous pen-
serons à autre chose.

L'Humanité n'y perdra guère et la Gloire encore moins
car alors elle sera l'apanage exclusif, la superbe auréole
de ceux qui sauront donner, adoucir, charmer, prolonger
peut-être la Vie de jour en jour meilleure, — tandis que
se classeront en un Olympe bientôt aussi mythologique
que celui d'où Jupiter lançait sa foudre, les vaillants d'hier
qui surent seulement tuer et mourir.

Telles sont, à travers les constantes préoccupations de
l'utilité militaire, de la puissance offensive du sous-marin,
— les idées essentielles et primordiales qui ne nous aban-
donneront pas dans la rédaction de ce livre sur lequel il

nous faut maintenant, en manière de préambule, donner une rapide explication afin que l'on sache bien par avance quelle est exactement la question qui y est exposée et comment est faite cette exposition.

Une histoire chronologique et rapide des sous-marins anciens, — plus ou moins barbares pour la plupart de formes et de disposition intérieure, — nous fera voir combien d'efforts ont été faits parfois en vain, combien de modèles variés ont été construits, combien d'idées nouvelles sont écloses, se sont transformées et sont mortes avant qu'on soit parvenu à une conception exacte et complète — suivie bientôt d'une réalisation, — du bateau sous-marin.

Tout n'est pas fait assurément et le champ ouvert aux chercheurs de jour en jour au contraire s'élargit ; — mais des jalons y sont maintenant qui l'empêchent de s'égarer sur sa route, — d'autres y sont plantés à la suite des premiers de manière que nul effort ne soit perdu et que chacun, qui arrive, profite de ce qu'ont fait les autres et marque un progrès de plus.

Là n'en étaient pas à coup sûr les inventeurs anciens qui cherchaient, un peu sans savoir quoi, à réaliser des engins dont l'outillage ne présentait aucune précision, aucune coordination et dont la théorie n'était même pas ébauchée.

Que savait Bushnell de plus qu'Archimède ? Rien !

Poser des principes, limiter la question et en préciser les moindres détails ; voilà ce qu'il y avait d'abord à faire. Avant que le problème fût posé il était impossible de le résoudre et les bateaux créés avant que cette théorie eût été établie ne résolvaient rien ou presque rien. C'étaient des inconnues dégagées par hasard et qui retournaient bien vite au mystère.

Voici comment on peut aujourd'hui définir et énoncer le problème de la construction d'un bateau sous-marin

« *Réaliser un bateau tout spécial, d'une forme à déterminer, susceptible, — tout en portant un équipage nécessaire à sa manœuvre, un armement offensif puissant et commode qui ne puisse cependant le mettre lui-même en danger et un moyen de défense efficace et prompt, — de naviguer à la surface de la mer à la façon d'un navire ordinaire, de s'enfoncer à volonté à une profondeur déterminée qu'il peut varier comme il le désire, de naviguer ainsi entre deux eaux suivant une direction ou une route horizontale connue ou vers un but choisi sans rien perdre de ses moyens d'action ni de ses garanties de sécurité, de remonter à son gré à la surface et de pouvoir, consécutivement s'il le faut, réitérer ces exercices pendant un certain temps, suffisant et connu à l'avance, sans aide ni appui venu de l'extérieur.* » (H. Noalhat, *Bulletin technique*).

Résoudre successivement les multiples questions de forme, de puissance, de direction, d'armement, de tactique, que comporte cette seule définition est une tâche déjà qui n'apparaît pas mince. Bien plus difficile encore sera de les coordonner et de faire en sorte que nulle condition tendant la solution de l'une ne soit contradictoire avec celles de l'autre.

C'est à cela que tend la théorie générale du sous-marin qui forme la deuxième partie de ce livre. Mais rien ne serait complet et précis sans des exemples, aucun organe ne serait connu si l'on ne connaissait un ensemble pratique et existant où il fonctionne avec les autres.

Voilà pourquoi il est nécessaire après avoir étudié et développé la théorie du sous-marin, après avoir décrit ses organes constitutifs essentiels et apprécié leur fonctionnement, il est indispensable encore de se livrer à une étude critique des ensembles réalisés.

C'est à quoi tend la troisième partie de cet ouvrage,

— consacrée à la description des modèles en service et dont les essais, avec leurs échecs successifs, entraînant chacun une modification après laquelle un progrès était pratiquement réalisé, — éclaireront mieux et plus définitivement que toute explication surabondante sur les résultats acquis, les recherches à faire encore et ce qu'on est en droit d'attendre de l'avenir.

Une quatrième partie enfin nous montrera le sous-marin en action, étudiera sa puissance vraie et fixera la meilleure méthode pour la mettre en œuvre. Nous y verrons les nouveaux navires faire effectivement la guerre soit seuls, soit avec les vaisseaux d'un autre ordre ; en un mot nous définirons les conditions générales, la conduite d'ensemble d'une guerre maritime moderne et ce ne sera peut-être pas la question la moins importante ni la moins intéressante à discuter.

N'insistons donc plus sur ce préambule qui dessine assez le plan de cet ouvrage et arrivons-en à l'histoire des débuts aventureux de la navigation sous-marine, sans nous effrayer s'il nous faut pour cela remonter presque au déluge.

HISTOIRE DE LA NAVIGATION SOUS-MARINE

Quand on parle devant cette généralité des humains intelligents qu'on appelle poliment les gens du monde de bateau sous-marin il semble que l'on apporte un sujet de conversation tout nouveau, d'origine récente au moins, quelque chose comme la dernière nouveauté de l'année. Il n'y a certes point mal à ce petit péché d'ignorance et on ne saurait raisonnablement demander à chacun de connaître et de savoir des choses qui, pour si intéressantes soient elles, n'ont aucun rapport avec les nécessités et les occupations de sa vie.

L'étonnement devient plus grand et légitime quand on voit des professionnels de l'art naval ou de la construction des navires rapporter tout ce qui peut être dit ou fait sur la navigation sous-marine et sur les conditions de guerre qui en résultent aux essais fructueux tentés et accomplis depuis moins de trente ans.

Mais ne philosophons pas ; citons l'autorité d'Aristote. Il s'agit dans ces quelques lignes d'une sorte de cloche à plongeurs dont se servaient les marins d'Alexandre le Grand pour aller jeter sous les navires ennemis des entraves ou des manières de fusées dont la nature ne nous est pas connue. « On procure, dit Aristote, aux « plongeurs la possibilité de respirer en les enfermant « dans une cuve ou une marmite d'airain qui reste ouverte

1.

« en bas. Cette machine garde l'air qu'elle contient sans
« laisser entrer l'eau pourvu qu'on la fasse s'enfoncer
« tout droit. Si on la laisse pencher l'eau y entre par des-
« sous. » Cet engin curieux pour l'époque avait été
employé avec succès au siège de Tyr en l'an 332 avant
notre ère. Aristote l'appelle λέξητα. Il ne paraît pas d'ailleurs que son usage ait été perpétué longtemps car aucun
autre historien grec ni latin n'en fait mention par la suite.

Quelques historiens des guerres puniques parlent aussi
en termes confus d'appareils à air au moyen desquels un
plongeur pouvait passer par-dessous un navire et certains
récits arabes relatifs aux croisades mentionnent des engins
analogues qui auraient permis de forcer le blocus d'une
ville. En tous cas aucun d'eux ne nous a laissé même un
semblant de description d'une pareille machine et ce serai
véritablement peine inutile que de conjecturer à ce sujet.

A chaque époque guerrière cependant nous voyons
quelque indication d'une recherche ou d'une tentative de
navigation entre deux eaux. Charles-Quint, lui-même, y
prête souvent attention et il assiste en personne à des expériences faites à Tolède en 1538 sur une cloche à plongeurs
et certains autres appareils analogues que Bacon appelle
« une machine en forme de petit navire, à l'aide de
« laquelle des hommes peuvent parcourir sous l'eau un
« assez grand espace ».

Toute cette époque lointaine ne nous éclaire guère,
avouons-le, et pas un document précis ne nous en demeure.

Les expériences de Tolède cependant, dans lesquelles les
noms des ingénieurs et des marins ont disparu dans les
récits devant le nom de l'Empereur qui leur apportait
l'autorité de sa présence, n'étaient pas oubliées que déjà
on voit apparaître le premier inventeur connu d'un bateau
sous-marin. C'est William Bourne qui en 1580 construit
un appareil plongeur dont la description a été perdue. Il

est suivie de près par Pegelius qui lui aussi essaye vers 1605 un petit bateau sous-marin que nous ne connaissons pas davantage.

Le moyen âge d'ailleurs n'avait pas encore institué le brevet d'invention et aucune loi n'existait pour assurer la propriété d'une idée industrielle. Il faut peut-être là, — dans la crainte qu'avaient les inventeurs de voir le fruit de leur travail exploité par d'autres à leur détriment, — voir la raison pour laquelle, alors même que nous trouvons des descriptions complètes d'expériences parfois solennelles, les documents manquent en général sur la construction ou la disposition des appareils dont le secret disparaissait avec celui qui l'avait découvert.

Cornélius Van Drebbel (*Angleterre*), 1620.

Tel va être le cas de Cornélius Van Drebbel, un savant hollandais qui remplissait les fonctions de médecin à la cour de Jacques Ier, roi d'Angleterre et qui, en 1620, expérimenta devant ce prince un bateau sous-marin de dimensions assez considérables qui navigua plusieurs fois avec succès sous le niveau de la Tamise. Au cours d'une de ses expériences et avec un bateau qui pouvait contenir près de vingt personnes dont douze matelots rameurs, le roi Jacques Ier embarqua même en personne et fit une excursion sous-aquatique qui se termina fort heureusement. Le bateau s'était maintenu par une profondeur d'environ quinze pieds.

Un fait curieux est à noter ici, c'est le rapport fait par le Docteur Keiffer, gendre de Van Drebbel, qui dans une étude dithyrambique des travaux de son beau-père, nous enseigne que « Drebbel ayant découvert que l'air contient une partie qui est particulièrement utile à la respiration il en avait composé une espèce de liqueur qu'il appelait

air quintessencié ». Quelques gouttes de cette liqueur
répandues dans une chambre close suffisaient à régénérer
l'air vicié et à rendre la respiration commode et agréable
aux personnes qui s'y trouvaient. Que pouvait bien être
cette découverte de Van Drebbel ; — la phrase alambiquée
de Keiffer ne nous le dit guère. Les uns ont prétendu que
tout le secret de Drebbel consistait en une pompe aspirant
l'air à la surface et refoulant l'air corrompu, — mais il n'y
a rien là qui ressemble à la liqueur d'air quintessencié. Il faudrait croire alors qu'il avait inventé, sans peut-
être se rendre compte de ce qu'il faisait, un appareil à
fabriquer de l'oxygène, dont l'existence n'était pas encore
connue. Le mystère le plus profond plane sur ce point dont
Cornélius Van Drebbel emporta le secret dans la tombe
avec celui de la mécanique de son bateau dont les essais
étaient encore inachevés. Il mourut en 1634.

Mersenne-Fournier (*France*), 1630-1640.

Malgré notre désir d'être bref et de ne parler ici que des
bateaux sous-marins ayant eu une existence réelle, nous
ne pouvons cependant passer sous silence les noms de
deux religieux minimes, le Père Mersenne et le Père
Fournier qui, sans se connaître, écrivirent de 1630 à
1640 sur la question qui nous occupe des pages remplies de curieuses et souvent fort judicieuses observations. C'est au P. Mersenne que l'on doit l'idée d'une coque
métallique comme celle de l'aspect extérieur pisciforme
du sous-marin ; c'est lui qui avance ce fait, depuis reconnu
exact, que les tempêtes les plus violentes n'intéressent que
la couche superficielle de l'eau et que le calme peut régner,
par le plus grand vent, à une profondeur assez faible. Ces
deux savants n'enrichirent d'ailleurs que les bibliothèques
de leurs couvents et on ne leur doit aucun projet réel ayant
reçu même un commencement d'exécution.

J. Day (*Angleterre*), 1675.

Nous ne signalerons que pour mémoire la tentative faite en 1675 par J. Day, mécanicien à Yarmonth qui, sur un sous-marin qu'il avait construit lui-même, fait quelques essais dont le dernier lui coûta la vie. Le bateau dont nul ne connaissait le mécanisme coula avec son inventeur et ne revint jamais à la surface.

Simons (*Angleterre*), 1747.

Nous voici arrivés à l'époque où les documents vont être plus précis. Le premier sous-marin dont nous ayons une véritable description est signalé dans un numéro du

Fig. 1. — Sous-marin de Simons.
(D'après un dessin du *Graphic*).

Gentleman's Magazine, paru en 1747 et qui donne une figure représentant l'appareil inventé par Simons. La coque a la forme d'une galère dont le pont serait recouvert d'un toit formant dôme (fig. 1). L'avant est terminé par une pointe et la propulsion obtenue par quatre paires de rames glissant dans des douilles de cuir gras. Ce bateau s'immergeait en laissant remplir d'eau des outres de cuir qu'il vidait en les pressant pour remonter à la sur-

face. On ignore si cet engin a fourni une carrière intéressante.

David Bushnell (*Amérique*), 1773.

Entrons plus avant dans des documents qui vont commencer à prendre une forme et une valeur scientifique.

Le premier en date est certes non le moins curieux, est
celui que nous fournit le bateau sous-marin *La Tortue*
inventé et construit par David Bushnell en 1773. Nous
emprunterons au journal *L'Illustration* la description de
ce bateau et les dessins qui l'accompagnent.

« David Bushnell, ouvrier américain, inventa le premier bateau sous-marin ayant réellement navigué dans
des conditions sérieuses et donné des résultats incontes-
tables ; il mit quatre ans à construire ce petit navire qui
avait la forme d'une tortue ; — c'est le nom qui lui est
resté.

« Si la forme à laquelle il doit son nom était peu favorable à la vitesse, elle assurait du moins à cet étrange
esquif une grande stabilité. *La Tortue* ne pouvait contenir qu'une seule personne avec une provision d'air suffi-

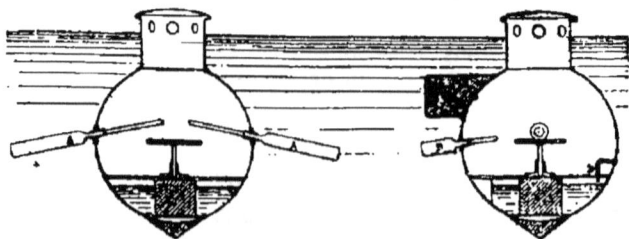

Fig. 2   Fig. 3

Fig. 2 et 3. — *La Tortue* de William Bushnell (version authentique).
Immersion par introduction d'eau. — Avirons propulseurs. — Avi-
ron à l'arrière formant gouvernail. — Coque en cuivre.

sante pour une immersion d'une demi-heure. Sous la

coque, dont la partie inférieure servait de réservoir d'immersion, était fixée une masse de plomb formant lest. La
propulsion était obtenu au moyen de deux avirons passant
dans deux doubles douilles en cuir gras. Ces douilles permettaient au navigateur sous-marin de tourner les avirons
sur champ ou à plat, en les ramenant, soit en arrière, soit
en avant (fig. 2 et fig. 3).

« Selon certains auteurs, David Bushnell employait,
non pas des avirons, mais de véritables hélices de sustentation et de propulsion actionnées par des manivelles. La
figure 4 traduit cette version peu vraisemblable d'après
laquelle il faudrait attribuer à Bushnell et reculer de cinquante ans la découverte de l'application de l'hélice à la
navigation qui a fait la gloire de Sauvage.

« Quoi qu'il en soit et même en refusant à Bushnell le
mérite d'avoir le premier employé l'hélice, on doit reconnaître que son coup d'essai était à bien d'autres titres un

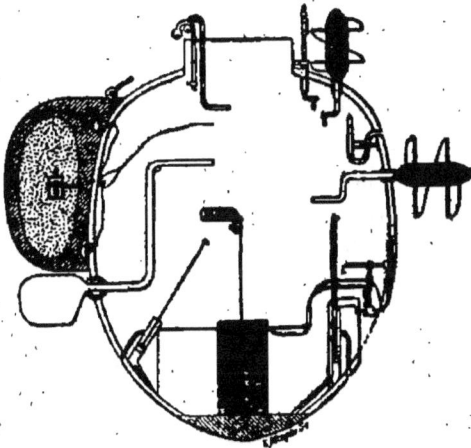

Fig. 4. — *La Tortue* de Bushnell (version contestable).
Hélices de propulsion et de sustentation manœuvrées à la main.

coup de maître. Son sous-marin embryonnaire possédait
à l'état rudimentaire tous les organes dont se sont servis

les inventeurs mieux servis par les progrès de la mécanique qui lui ont succédé ; réservoirs d'immersion, pompes d'immersion et d'émersion à doubles clapets, poids de sûreté, compas et tube de niveau, robinet d'immersion placé sous le pied du pilote, prises d'air munies d'obturateurs pour prévenir tout accident. Les ouvertures étaient soigneusement consolidées. Tous les organes nécessaires aux manœuvres étaient bien à portée de la main, le compas et le baromètre étaient rendus visibles par phosphorescence.

« A la partie supérieure, une douille laissait passer une tige de fer terminée par une vis à bois, destinée à être fixée au flanc du navire à torpiller. A l'arrière du sous-marin était suspendue et retenue par une vis et deux cordes une caisse contenant une forte charge de poudre et un détonateur. Cette torpille était lâchée par la vis que l'on desserrait de l'intérieur ; elle était plus légère que l'eau et devait, lorsqu'elle était reliée à la vis, se fixer au flanc du navire. Le torpilleur pouvait ensuite s'éloigner sans être vu.

« Un mouvement d'horlogerie était disposé à l'intérieur de la torpille, il pouvait fonctionner pendant dix heures. Cet appareil déclanchait un percuteur qui enflammait la charge de poudre mais il ne pouvait se mettre en mouvement que lorsque la torpille quittait le torpilleur.

« Comme l'on en peut juger par cette description, Bushnell avait cherché la perfection et son petit navire est resté le type de bateau sous-marin portant presque tous les organes nécessaires à la navigation sous-marine.

« En 1776, David Bushnell ayant obtenu du général américain Parsons de se servir de son sous-marin pour attaquer la flotte anglaise mouillée au nord de l'île Staten, le sergent Ezra Lee s'en fit expliquer le fonctionnement. Après plusieurs essais il tenta, par une nuit tranquille, d'attaquer un des navires anglais ; — il se fit remorquer par deux canots, il manœuvra pour descendre sous le navire mais il ne put parvenir à fixer sa torpille ; — le navire était doublé en cuivre. Le sous-marin n'offrant pas un appui suffisant pour percer le cuivre, le pilote inhabile à manœuvrer son bateau perdit de vue son adversaire mais, ayant abandonné sa torpille dans les eaux du bâtiment anglais, une heure après la torpille fit explosion soulevant une haute gerbe d'eau, à la grande terreur du navire attaqué qui ne se doutait pas du danger qu'il avait couru.

« David Bushnell, comme la plupart des inventeurs, fut déçu dans ses espérances, ce qui ne l'empêcha pas de vivre très longtemps loin de son pays jusqu'à l'âge de quatre-vingt dix ans ».

Robert Fulton (*France-Amérique*), 1797-1814.

Avec David Bushnell nous avons commencé la série des déboires que vont pendant longtemps faire éprouver aux inventeurs la timidité, la jalousie ou la sottise humaines, pour ne pas dire la ridicule prévention parfois opposée par des gens dont ont eut été en droit d'attendre mieux, à toute idée nouvelle, à tout progrès fût-il la conséquence d'une géniale pensée.

Un grand exemple de cette routine inconsidérée qui hantait les cerveaux les plus nobles en apparence est la simple histoire de Robert Fulton l'inventeur, ou au moins le principal inventeur de la navigation à vapeur et qui eut dans ses essais si bien étudiés de navigation sous-marine à lutter contre au moins autant de haine et de mauvais vouloir, plus dissimulés seulement, que lorsqu'il fit pour la première fois flotter et marcher son bateau à aubes.

Robert Fulton, mécanicien de son métier, était d'origine américaine mais travaillait en France depuis long-temps, quand en 1797 il vint proposer au Directoire d'examiner un projet de bateau sous-marin qu'il avait conçu et demander qu'on l'aidât dans l'achèvement de son entreprise. Une première fois sur l'examen du projet seulement, une autre fois en présence de son modèle complet construit par Fulton, une commission technique émit un avis favorable ; chaque fois le Ministre de la Marine se déclara nettement hostile et évinça l'inventeur qui, de guerre lasse, alla essuyer le même refus en Hollande. Il ne se rebuta pas et continua ses trauvaux.

En 1800, Bonaparte, alors Premier Consul, veut bien s'intéresser à Fulton ; il lui adresse une commission savante composée de Laplace, Volney et Monge et, sur son élogieux rapport, lui alloue une somme de 10.000 francs avec laquelle Fulton, y ajoutant toutes ses ressources personnelles, construit en un an *Le Nautilus*.

C'était un bateau en fer et cuivre d'une forme cylindro-conique à l'avant et à l'arrière et mesurant deux mètres de largeur au maître couple. En immersion il était actionné par une roue à palettes placée à l'arrière et mue par des manivelles ; à la surface il marchait au moyen d'une voile qui pouvait se rabattre avec le mât qui la portait dans une rainure ménagée sur le pont. *Le Nautilus* d'abord essayé avec succès sur la Seine à Paris alla continuer ses essais dans la rade de Brest. C'est là qu'il demeura pendant une heure à une profondeur de sept à huit mètres avec trois hommes à bord (3 juin 1801), puis que, sorti à la voile, il plia son gréement et s'immergea en deux minutes pour torpiller avec succès une vieille coque qu'on lui avait donnée comme but (26 juin 1801) et enfin que, muni de réservoirs d'air sous pression il réalisa sans difficulté ni inconvénient d'aucune sorte une immersion de cinq heures ; la dernière (7 août 1801). Bonaparte, en effet, n'était plus, le 18 brumaire en avait fait, dans l'âme au moins, le glorieux Napoléon qui ne voulait plus songer à l'obscur et génial mécanicien qui pouvait préoccuper et intéresser un général d'artillerie mais devenait poussière devant celui qui rêvait déjà d'Empire.

Le journal *Le Yacht* nous renseigne curieusement sur la fin de l'odyssée de cet inventeur et sur les bizarres fins de non-recevoir qui lui furent opposées. Nous citons :

«... Que demandait Fulton ? une prime à recevoir en espèces sur chaque navire coulé par lui ; le remboursement du prix de son navire, soit 40.000 francs y compris 10.000 francs avancés par le Ministre de la marine, enfin, une patente en règle lui reconnaissant à lui et à ses hommes la qualité de belligérants afin de n'être pas « pendus comme pirates » si on les faisait prisonniers.

« Chose curieuse ! c'est cette question de patente ou de la commission de belligérants qui souleva le plus de difficultés. Le Ministre de la Marine du Directoire, l'amiral Pléville le Pelley écrivit : « On ne croit pas qu'il soit possible d'expédier des commissions à des hommes qui se servent d'un moyen semblable pour détruire les flottes ennemies. » Sous le Consulat, Caffarelli, préfet maritime à Brest, dit de même : « Une raison plus forte a déterminé l'Amiral et moi à ce refus (celui de laisser Fulton opérer contre une frégate anglaise) : c'est que cette manière de faire la guerre à son ennemi porte avec elle une telle réprobation que les personnes qui l'auraient entreprise et y auraient échoué seraient pendues. Certes ce n'est pas là la mort des militaires ».

« M. le lieutenant de vaisseau Duboc qui a écrit l'histoire du *Nautilus* dit à ce propos : « Il est curieux de constater à cent ans de distance, combien, sous ce rapport, la moralité des guerres a progressé ou plutôt baissé » puisque toutes les nations se sont adonnées à l'étude des sous-marins.

« Quoi qu'il en soit Fulton fut rebuté ; l'entreprise dont il avait prédit que naîtrait *un ordre de choses digne du génie de Bonaparte* échoua totalement. Il s'adonna alors à la navigation à vapeur et fit en 1803 sur la Seine une expérience célèbre. Mais pas plus en les sous-marins et les torpilles qu'en la vapeur Napoléon n'eut confiance. Et Fulton, l'âme aigrie par tant de déboires, passa en Angleterre où il ne fut pas plus heureux pour, de là, se rendre en Amérique où grâce à lui la navigation à vapeur se développa rapidement, à l'étonnement de la vieille Europe. »

Fulton cependant n'avait pas abandonné ses études de navigation sous-marine et, en 1814 il construisait un nouveau bateau de ce genre qu'il appela *The Mute* à cause du moteur silencieux dont il l'avait doté. Ce navire très lourd puisque sous un pont blindé de fer il avait des parois de un pied d'épaisseur, avait une section applatie — 4 m. 25 de profondeur sur 6 m. 40 de largeur au maître couple ; — il était long de 24 m. 50 et pouvait tenir jusqu'à cent hommes. Les essais très courts et encore inachevés à la mort de Fulton avaient donné peu de satisfaction.

Les frères Couëssin (*France*), 1809.

Napoléon cependant, hanté peut-être du souvenir de Fulton, prenait bientôt goût aux tentatives de navigation sous-marine et, en 1809, sur le vu d'un projet présenté par les frères Couëssin ordonnait la mise en chantier immédiate de leur bateau sous-marin baptisé *Le Nautile*.

Le Nautile, bateau lourd à fortes parois de bois avait beaucoup du *Nautilus* de Fulton, mais sa propulsion sous l'eau était obtenue au moyen de rames. Il portait cependant à son avant un mât articulé muni d'une voile triangulaire pour la navigation à la surface. Au moment de

s'immerger on pliait et rabattait le tout dans une rigole
ménagée à la partie supérieure de la paroi. Extérieurement il affectait la forme d'un gros tonneau de bois cerclé
de fer terminé par deux cônes dans lesquels on introdui-
sait de l'eau pour produire l'immersion. La partie habi-
table du *Nautile* avait 8 mètres de long. Pour se procurer
de l'air à l'intérieur on laissait à la surface deux flotteurs
portant chacun un tuyau de cuir ouvert au bout et débouchant par le bas dans l'intérieur du bateau.

Ce bateau fut essayé dans le port du Havre en 1810, et
les commissaires techniques nommés pour l'apprécier et
qui étaient Carnot, Monge, Savé et Biot lui consacrèrent
un rapport favorable malgré qu'un grave accident fut survenu au cours des expériences.

Montgery (*France*), 1825.

Passons sans même les mentionner sur quelques inventions ou quelques projets qui parfois frisent la fantaisie —
comme celui du capitaine Johnson qui était venu d'Amérique à Londres pour y étudier un sous-marin avec lequel
il rêvait seulement d'aller délivrer Napoléon à Sainte-
Hélène — et arrivons à l'un des inventeurs qui ont, sinon
le plus produit au moins le plus étudié et par cela même
le plus servi la cause de la navigation sous-marine ; nous
voulons dire Montgery, capitaine de la marine française,
dont les plus importants travaux datent de 1825.

Voici ce qu'il dit lui-même de son bateau qu'il avait
appelé *L'Invisible* et des sous-marins en général :

« Quelles que soient la grandeur et la forme d'un
navire, on pourrait l'installer de manière à le faire plonger et marcher sous l'eau ; et si l'on était pressé par le
temps ou gêné par les ressources naturelles, on transfor-
merait avec avantage en corsaire sous-marin un petit bâti-

ment d'une centaine de tonneaux, car, ne fût-il armé que
d'une seule colombiade et n'eût-il qu'une marche fort
médiocre sous l'eau, il affronterait sans danger toutes les
flottes actuelles d'Europe et d'Amérique. Son grand défaut
serait de ne pouvoir joindre l'ennemi dans de certaines
circonstances ».

Fig. 5. — Une *Colombiade.*

La *Colombiade* (fig. 5) dont parle ici Montgery était
encore presque le seul armement auquel on eut songé
pour un sous-marin un peu grand. Cet engin n'était autre
qu'un gros canon placé à l'intérieur du bateau en face
d'un sabord fermé par une soupape étanche. La façon de
l'utiliser était la suivante : Le sous-marin venait, en
immersion, aborder le navire qu'il voulait attaquer, il
collait presque contre sa paroi la bouche de la colombiade
préalablement amenée dans le sabord dont la soupape
était relevée, le canon formant maintenant fermeture
étanche, et envoyait avec une forte charge de poudre un
très lourd boulet dans les œuvres vives de son adversaire.
Le recul de la colombiade produisait automatiquement la
fermeture du sabord par sa soupape. Ajoutons que, quand
on devait opérer ainsi avec un sous-marin contenant un

grand nombre d'hommes, aussitôt le coup envoyé le sous-marin devait revenir à la surface et ouvrir ses écoutilles pour que son équipage montât à l'abordage du vaisseau ennemi pendant la panique causée par la brutale voie d'eau ouverte avec fracas par la colombiade. C'était à coup sûr d'une tactique très brave ; — il faut se demander si elle était aussi pratique.

Mais revenons à Montgery à qui nous laisserons la parole pour la description de son bateau.

« La partie supérieure de *L'Invisible* est à peu près semblable à la carène, mais sensiblement aplatie, afin de faciliter les manœuvres lorsqu'on navigue à la surface de l'eau. Elle est percée de deux écoutilles qui laissent passer les hommes de service et garnie de verres lenticulaires destinés à éclairer l'entrepont (fig. 6).

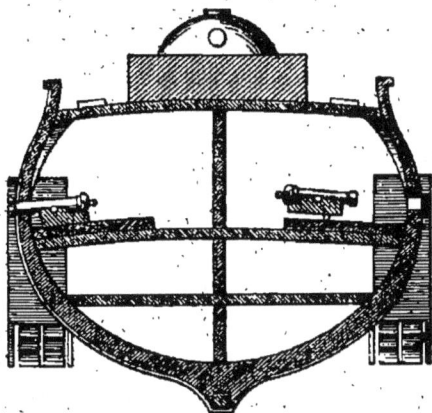

Fig. 6. — *L'Invisible* de Montgery.
Coupe par le maître-couple.

« Le beaupré rentre à volonté dans le navire, les mâts sont à charnières ; lorsqu'on veut plonger on loge tout le gréement dans une rainure pratiquée par le milieu du tillac. L'intérieur du bâtiment est divisé en deux parties par un plancher horizontal ; la partie inférieure elle-même est divisée en compartiments qui servent à loger, les uns les munitions, les autres le volume d'eau dont le poids détermine les submersions. Pour plonger il suffit d'ouvrir des robinets; lorsque ensuite on veut émerger on expulse au moyen de pompes foulantes l'eau qu'on avait introduite à l'effet d'effectuer la descente. Quant aux mouvements dans le sens horizontal ils s'obtiennent par le moyen d'une roue logée à la poupe et de pales fonctionnant sur chacun des flancs du navire ».

Montgery avait prévu pour son *Invisible* un armement formidable comprenant quatre grosses colombiades, cent fusées sous-marines, cinquante torpilles et une pompe foulante destinée à lancer une composition incendiaire. Il prévoyait d'ailleurs le cas d'un abordage et armait ses matelots de haches et d'arquebuses.

Un autre modèle imaginé par Montgery se rapprochait beaucoup du précédent ; ni l'un ni l'autre ne fut pratiquement réalisé, mais ses travaux néanmoins n'ont pas été perdus, car nombre de bonnes indications sont à prendre tant dans ses inventions que dans ses études critiques des inventions des autres, — et ses successeurs en ont largement et heureusement profité.

De la Feuillade d'Aubusson (*France*), 1840.

Peu de temps après Montgery, un inventeur français, le Marquis de la Feuillade d'Aubusson s'adonne à de nouvelles études remarquables, surtout par le procédé de propulsion qu'il avait imaginé. Ce système était constitué par deux pistons horizontaux glissant alternativement dans deux cylindres placés en dessous et à l'arrière du navire. Vingt-deux hommes d'équipage agissant sur des manivelles mettent ainsi en mouvement ce bateau long de 76 pieds. Nous reproduirons ici les observations du Marquis d'Aubusson et le calcul curieux par lequel il détermine théoriquement la puissance et la vitesse de son bateau. Si ce document n'a d'autre intérêt que celui de nous montrer comment on jouait alors avec les chiffres il nous en restera encore ce document humain, c'est qu'un homme condamné aux galères fournissait une somme de travail équivalente à peu près à un cinquième de cheval-vapeur.

Voici la partie en question du mémoire laissé par le Marquis d'Aubusson.

« Les roues à pales employées sur les grands bateaux à vapeur présentent une immense surface au feu de l'ennemi, un seul boulet peut les désemparer ; il serait donc très important de pouvoir remplacer les roues par des moyens cachés sous l'eau, que les boulets ne pussent atteindre.

« Les bateaux sous-marins essayés jusqu'à présent pouvaient bien monter et descendre dans le fluide, mais leur vitesse sous l'eau était à peu près nulle, il fallait les remorquer avec des embarcations ordinaires, ce qui est impossible en présence de l'ennemi ; aussi dans l'état actuel ils ne peuvent servir à la guerre. Mais si ces bateaux étaient mus par des moyens cachés sous l'eau, par des hommes dont on n'exigerait qu'un travail modéré qu'ils pussent soutenir huit heures sur vingt-quatre ; si ces bateaux pouvaient parcourir sous l'eau près de 2.500 toises à l'heure, comme on le démontrera par le calcul et les lois de la résistance des fluides ; si ces bateaux contenaient assez d'air pour que les hommes qu'ils porteraient puissent rester sept à huit heures sous l'eau ; enfin s'ils portaient des torpèdes, petites machines infernales inventées par Fulton ; si des hommes revêtus de l'appareil du plongeur et qui tireraient des bateaux l'air nécessaire pour respirer pouvaient appliquer ces torpèdes sous la carène du vaisseau ennemi, il est évident que l'on pourrait incendier sans danger les flottes et les ports de l'ennemi, que dès lors les guerres maritimes deviendraient impossibles et qu'aucune nation ne pourrait s'arroger l'empire des mers.

« Cherchons maintenant par le calcul quelle est la vitesse de ce bateau portant vingt-deux hommes employés pour faire agir les pistons.

« On sait que l'on évalue la vitesse d'un corps qui se meut dans un fluide comme le poids d'une colonne de ce fluide qui aurait pour base la surface choquante et pour hauteur celle due à la vitesse du choc; ainsi si l'on nomme :

n la surface de même résistance que le bateau,

v la vitesse qu'on veut lui donner,

Φ le poids de un pied cube d'eau,

g la vitesse acquise par les graves au bout d'une seconde de chute.

Les hauteurs d'où tombent les corps graves étant comme les carrés des temps et des vitesses, la hauteur de laquelle le corps grave sera tombé sera $\dfrac{v^2}{2g}$, donc la résistance éprouvée par le bateau sera $\dfrac{n\Phi v^2}{2g}$ et la puissance nécessaire pour surmonter cette résistance avec une vitesse v sera $\dfrac{n\Phi v^3}{2g}$.

« Si l'on nomme F la force des agents, y leur vitesse; yF leur puissance, la puissance nécessaire sera $\dfrac{n\Phi v^3}{2g}$.

« Nous savons que, avec les pistons sous-marins, les hommes emploieront utilement les $\dfrac{3}{4}$ de leur puissance.

« Ainsi on aura :

$$yF = \frac{3}{4} \cdot \frac{n\Phi v^3}{2g}$$

d'où on déduit :

$$v = \sqrt[3]{\frac{8gy.F}{3n\Phi}}$$

« Appliquons maintenant ces calculs au bateau décrit plus haut.

« La surface de même résistance que ce bateau sera au plus le quart de l'aire du maître couple dont la surface est de 57 pieds carrés. Ainsi on aura :

$$n = \frac{57}{4} = 14, \frac{1}{4}$$

« Les hommes qui travaillaient autrefois sur les galères dépensaient une puissance équivalente à 75 livres élevées à un pied par seconde. Ayant vingt-deux hommes travaillant sur les pistons, on aura :

$$yF = 75 \times 22 = 1650$$

« La vitesse acquise par les graves au bout d'une seconde de chute est de 30 pieds ; ainsi on aura :

$$g = 30$$

« Le poids de un pied cube d'eau de mer est de 72 livres ; ainsi on aura :

$$\Phi = 72$$

« Appliquons maintenant ces valeurs dans la formule et on trouvera que

$$v = \sqrt[3]{72} = 4, \frac{1}{6} \text{ pieds par seconde}$$

Ce qui équivaut à une vitesse de 2.500 toises à l'heure à très peu près ».

Ces intéressants travaux du Marquis de la Feuillade d'Aubusson, datent de 1840,

Philip (*Amérique*), 1851.

Nous allons approcher de l'époque où les sous-marins vont véritablement prendre forme et entrer dans la voie rapide du progrès ; quelques insuccès cependant encore nous en séparent.

Citons au passage le bateau inventé en 1851 par Philip, un tailleur de Chicago qui fit ses premières expériences de navigation sous-marine sur le lac Michigan. Le bateau de Philip était fusiforme à section circulaire de 1 m. 20 de large au maître couple et de 12 mètres de long. Cette invention ne porta pas bonheur à son auteur qui s'engloutit pour jamais avec elle dans le lac Erié.

Les études assez intéressantes de Philip recueillies par M. Bacthford furent remises par lui à l'Amirauté en 1870. Ce sont elles qui nous apprennent que l'immersion était obtenue par un lest d'eau introduit dans des réservoirs latéraux régnant sur toute la longueur du bateau. C'est probablement un défaut d'étanchéité de la coque qui a produit une infiltration d'eau à l'intérieur et a été cause de la disparition de Philip coulé par un grand fond avec son esquif.

Wilhelm Bauer (*Allemagne-Russie*), 1850-1859.

Nous ne pouvons ici passer sous silence les longs travaux et les multiples expériences parfois couronnées de succès entreprises vers 1850 et continuées avec beaucoup de variété pendant plusieurs années par Wilhelm Bauer, tourneur allemand de Dillingen en Bavière.

Le premier sous-marin construit par Bauer à Kiel en 1850 avec l'appui des officiers du Sleswig-Holstein s'appelait *Der Brandtauscher;* il avait coûté 13.800 francs

Bauer raconte lui-même que, hanté depuis longtemps de l'idée de construire un bateau sous-marin, un jour il vit un phoque s'ébattre à la surface de l'eau. La forme de cet animal lui plut et il l'adopta en principe pour son projet de navire. Le *Brandtauscher* eut une carrière courte et malheureuse ; dès 1851 il coulait à fond dans le port de Kiel, n'entraînant heureusement personne dans sa perte ; il ne put jamais être renfloué malgré de nombreuses tentatives renouvelées pendant plusieurs années.

Bauer cependant ne perdait pas courage et ayant reconnu par où péchait son premier modèle il en étudia un autre qu'il alla offrir à Maximilien roi de Bavière pour qu'il en disposât auprès de qui il désirait. Le roi déclina cette offre qui l'eût entraîné dans des dépenses exagérées mais offrit à Bauer de le défrayer de ses voyages dans les démarches qu'il allait tenter en Prusse et en Autriche. Ce fut l'empereur d'Autriche qui reçut Bauer à Trieste, l'écouta puis le renvoya à une commission technique sur l'avis favorable de laquelle les sociétés maritimes, financières et commerciales de Trieste et de Vienne lui allouèrent une somme de plus de cent mille francs. L'opposition formée au dernier moment par M. Von Baumgarten, Ministre du Commerce d'Autriche fit tout échouer et Bauer déçu s'en alla en Angleterre. Les collaborateurs que lui adjoignit le bienveillant intérêt du prince Albert, les lords Palmerston et Pausmure, semblèrent l'encourager puis, quand ses plans furent terminés ils l'évincèrent brutalement sous un fallacieux prétexte et essayèrent, après quelques modifications nouvelles, de construire ce bateau pour leur compte. Son essai fut un désastre qui causa la perte du navire et la mort de beaucoup de gens qui s'y étaient embarqués. Pendant ce temps Bauer une fois encore déçu et, qui plus est, par une sorte de félonie dont il ne faut faire porter la responsabilité qu'à ses deux auteurs, allait offrir ses services à la Russie,   2.

Bauer pris presque en amitié par le grand-duc Constantin qui s'intéressait beaucoup à ses travaux, put enfin faire construire son bateau qui sortit de l'usine Leuchtenberg à St-Pétersbourg en mai 1855, fut agréé par le conseil de l'Amirauté, le 2 novembre de la même année et enfin lancé à Cronstadt le 26 mai 1856.

Nous trouvons la description complète de ce bateau dans une curieuse brochure allemande : *Die Unterseesche Schiff-fahrt* (*La navigation sous-marine*) éditée à Munich en 1859. Nous en tirerons la partie intéressante ici.

Ce bateau avait encore, suivant l'idée originale de Bauer, la forme extérieure d'un phoque ; il était long de 15 m. 80, large de 3 m. 80 au maître couple et haut de 3 m. 25 au même endroit. Sa résistance à la pression avait été calculée pour une immersion pouvant atteindre 50 mètres et sa coque était constituée par des lames de tôle épaisses de 15 millimètres, larges de 0 m. 60 (fig. 7).

L'appareil propulseur était une hélice placée à l'arrière. L'appareil d'immersion se composait de trois cylindres inégaux, deux grands et un plus petit, dans lesquels on pouvait introduire jusqu'à 23.000 kilogrammes d'eau. Les grands cylindres avaient 3 m. de long et 1 m. 40 de large ; — le petit, employé comme régulateur, était long de 1 m. 50 et large de 0 m. 35 ; — leur paroi était épaisse de 25 milimètres. Des pompes foulantes permettaient de vider les cylindres pour remonter à la surface.

L'engin de guerre était surtout une mine portative contenant 500 kilogrammes de poudre et attachée à l'avant du bateau ; on la fixait sur la quille du navire ennemi au moyen d'une bande de gutta-percha.

Les expériences de Bauer furent conduites avec beaucoup de soin et d'attention, tant au point de vue de la manœuvre proprement dite que de l'observation du compas dont il fit une étude complète. Il étudia aussi le moyen

Fig. 7. — *Der Brandtauscher* de Wilhelm Bauer en immersion.

d'emporter de l'air comprimé et de s'en servir et l'effet produit par ces expériences sur les hommes d'équipage dont le moral le préoccupait autant au moins que le physique.

Il fit encore de curieuses expériences d'acoustique qu'il termina par une petite fête. Le 6 septembre 1856 était la fête du couronnement d'Alexandre II ; — Bauer avait emmené avec lui deux officiers russes et quatre musiciens qui allèrent avec tout l'équipage jouer et chanter l'hymne russe au fond de la mer (fig. 8). A son retour à la surface Bauer fut charmé d'apprendre que son concert étrange avait été entendu et goûté dans un rayon de 150 mètres.

Mais des jalousies puissantes s'étaient élevées et seuls le grand-duc Constantin et le lieutenant Feodorowitch, qui avait suivi à l'intérieur du bateau tous les essais, demeuraient fidèles à Bauer qui cessa un certain temps ses expériences. La dernière cependant lui fut demandée par la commission maritime et eut lieu le 26 octobre 1856. Elle eut réussi pleinement si l'hélice n'avait engagé ses ailes dans d'épaisses touffes d'algues ce qui produisit une panique à la suite de laquelle — tout le monde s'étant sauvé, — le bateau s'échoua et fut renfloué peu de jours après. Le 15 novembre 1856 le bateau fut envoyé en réparations à Ochda où personne ne s'occupa de lui ; — il avait effectué cent trente-quatre essais.

Bauer cependant obtint une autre commande, mais comme, pendant une absence du grand-duc Constantin, on voulait l'envoyer travailler à Irkoutsk en Sibérie sous le prétexte qu'il s'occupait d'un secret d'Etat, il demanda et obtint, péniblement il est vrai, son congé et rentra en Allemagne au commencement de l'année 1858.

Bauer qui avait pris plusieurs brevets dont l'un pour un garde-côtes que voulut ressusciter en 1861 le journal *Die Gartenlaube* qui ouvrit à à ce sujet une souscription

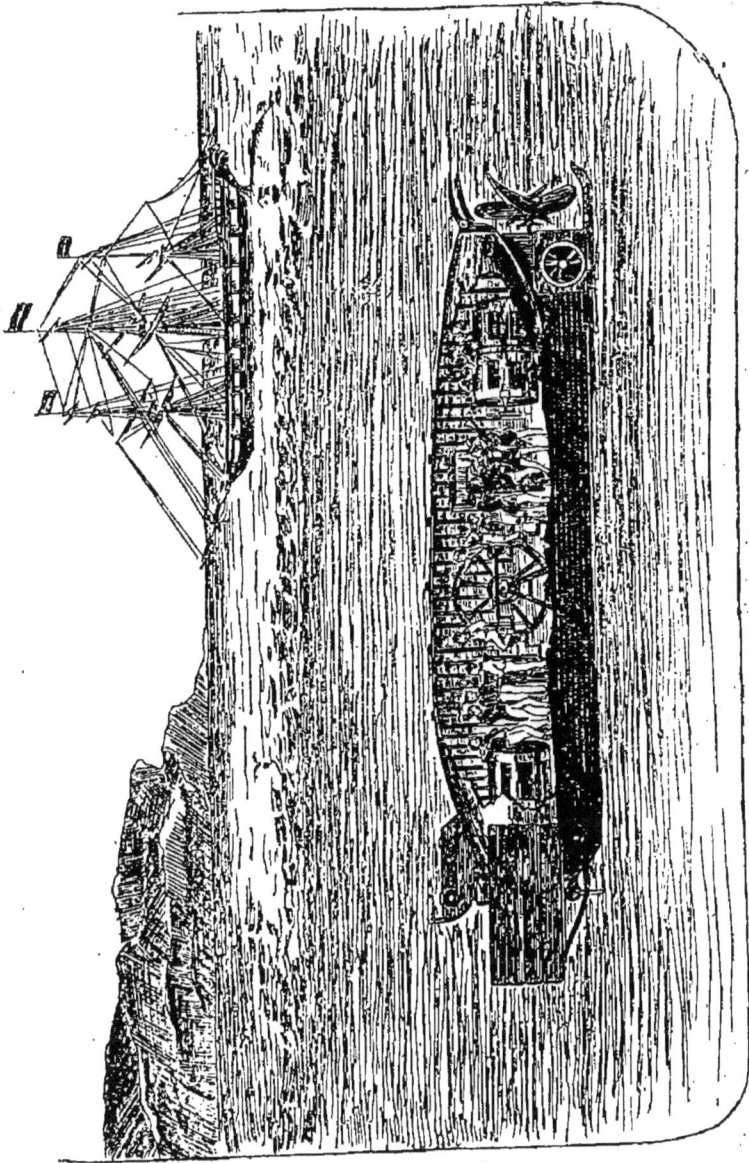

Fig. 8. — Concert sous-marin donné par Bauer.

demeurée insuffisante, a consigné dans des écrits fort curieux nombre d'observations judicieuses sur la question qui le préoccupait. Nous ne saurions mieux terminer cette étude rapide de ses travaux qu'en citant une de ses pages les plus originales. La voici :

« La Nature, — écrivait Bauer, — ne nous a créé aucune porte pénétrant dans la mer, et ce n'est pas encore quand nous nous aiderions de la forme de nos bateaux qui naviguent à la surface que nous saurions y parvenir. Par contre elle a doté largement les animaux aquatiques d'une forme et d'une souplesse de mouvement qui leur permet de se tenir aussi aisément à la surface qu'au fond, — et et il ne s'agit pas ici des animaux qui pour arriver à ce résultat modifient leur volume.

« On pourra peut-être objecter qu'il existe des poissons volants et des oiseaux plongeurs, mais il n'y a là la base d'aucun raisonnement possible puisqu'il n'y a pas trace de continuité. Tous les animaux marins depuis le plus infime jusqu'à la baleine plongent devant les vagues soulevées par la tempête parce que le choc provoqué par ces vagues est nuisible à leur constitution physique. De même l'aigle fuit dans son repaire quand l'ouragan se déchaîne, aussi bien que le passereau va se cacher sous un toit et que les oiseaux des forêts viennent s'abriter dans les plus basses branches des arbres.

« Seul l'homme, intelligence supérieure, a eu l'idée de résister à la tempête et de rester à la surface de l'eau à l'abri d'un navire auquel il consacre sa fortune et sa vie et confie son commerce. Il est malheureux que son raisonnement aussi faible que sa personne soit si lent à vouloir suivre l'exemple donné par la Nature, — il aura beau faire il sera quand même, il sera toujours, le jouet de la vague et de la tempête et ne pèsera pas plus qu'un grain de sable dans l'ensemble de l'Univers. Ce n'est que peu à peu par une longue observation raisonnée, que l'homme arrive à copier la Nature, à acquérir ainsi la puissance qu'elle a conférée aux animaux de l'eau.

« L'impression profonde que j'éprouvai en considérant la forme spéciale de certains animaux marins me fit songer à construire un bateau sous-marin ayant la forme d'un poisson et je constatai bientôt que rien n'était impossible dans la question de faire naviguer tantôt à la surface tantôt au fond de l'eau le même appareil pouvant contenir notre faible personne.

« Certaines expériences que je fis d'abord me permirent d'approfondir davantage ce problème au moyen de petits appareils ; ce fut en 1849, comme cela a été raconté dans un récit relatif à un naufrage que j'ai fait dans le port de Kiel avec mon premier sous-marin. Ces petits engins semblaient de petits frondeurs retenus par la main de leur père et cependant causaient une terreur effroyable à leur vieille tante représentée par la flotte elle-même qui voyait en eux la flèche mortelle toujours prête à la frapper.

« Mais, à cause de sa puissance même, le sous-marin ne saurait apporter que la paix.

« Chaque nervure de son corps sera utilisable pour la réalisation d'un progrès nouveau ; son équipage s'emploiera à la pêche des perles, du corail, à la télégraphie, à la construction sous-marine et surtout à des découvertes scientifiques dans le fond des Océans.

« Cependant si, pleine de mauvais vouloir, la flotte ennemie osait venir menacer les côtes, le sous-marin, avec son corps de fer se précipiterait, invisible, au devant d'elle et lui ouvrirait le ventre pour en arracher son fiel. »

Nous resterons sur cette page pleine d'humour et d'un entrain confiant qu'une traduction ne saurait rendre et nous ne parlerons plus de Bauer qui, en somme, fut encore un des moins malheureux parmi les promoteurs de la navigation sous-marine.

James Nasmyth (*Angleterre*), 1855.

Passant un certain nombre de tentatives dont les résultats furent nuls ou au moins douteux nous allons rencontrer maintenant le premier modèle, — rudimentaire il est
vrai, — du type que nous appellerons plus tard, le torpilleur submersible. C'est le mortier flottant imaginé et
construit en 1855 en Angleterre par James Nasmyth.

Ce bateau long de 70 pieds anglais était à parois de bois
épaisses de dix pieds. Il était mu par la vapeur et devait
naviguer en immergeant seulement sa coque et laissant sa
cheminée hors de l'eau (fig. 9). James Nasmyth indiquait

Fig. 9. — Mortier flottant de James Nasmyth.

que le navire devait être construit en bois de peuplier à
cause de la difficulté qu'a ce bois à brûler et à cause aussi
de la souplesse et de l'élasticité de ses fibres. L'équipage
comprenait en tout quatre hommes ; quant à l'armement
il était constitué par un mortier de gros calibre placé à
l'avant et pouvant lancer une bombe très lourde.

Nous ne savons rien de la tactique que devait suivre ce bateau ni des résultats qu'il obtint. Aucun document ne nous est parvenu sur la carrière de cette machine dont la durée semble avoir été très éphémère.

Alsttit (*Amérique*), 1863.

Un autre modèle qui semble aussi l'ancêtre direct de nos sous-marins actuels est le sous-marin à propulsion mixte inventé et construit à Mobile aux Etats-Unis en 1863 par M. Alstitt.

Nous n'entrerons pas dans la description des organes rudimentaires encore de ce bateau ; signalons seulement que, muni de réservoirs d'immersion, il portait en plus à son avant un gouvernail à palette horizontale destiné à augmenter ou à diminuer dans une certaine limite la hauteur de plongée et que de plus, — et c'est là le point curieux, — il possédait une machine à vapeur chauffée au charbon pour la marche à la surface et un moteur électrique actionné par une batterie de piles pour la marche sous l'eau.

Son armement consistait en caisses de poudre plus légères que l'eau et accrochées sur les bords du bateau. Ces caisses devaient être lâchées sous le bateau ennemi et leur explosion provoquée par un courant électrique lancé du sous-marin quand celui-ci s'était éloigné après avoir semé la route de son adversaire d'un certain nombre de ses bombes flottantes.

On ignore encore quels résultats a obtenus ce sous-marin dont les divers organes tant de route que d'attaque étaient bien peu précis ; il demeure néanmoins comme la précieuse indication d'une tentative de réalisation de ce que nous appelons aujourd'hui sous-marin autonome.

Bourgeois et Brun (*France*), 1863.

Voici enfin apparaître un bateau sous-marin, fruit d'études approfondies faites par des hommes du métier et qui, à travers tous ses insuccès a été le plus important document technique sur lequel se sont appuyés les inventeurs des années qui ont suivi. Nous voulons parler du bateau *Le Plongeur* (fig. 10) inventé par MM. Bourgeois et Brun et dont les essais commencèrent en 1863.

Nous trouvons dans un numéro de la *Revue Maritime et Coloniale* paru en 1889 une étude complète de ce bateau et nous ne saurions mieux faire que de citer cette autorité :

« La construction du *Plongeur* à Rochefort sur les plans de M. Ch. Brun ayant été décidée par le Ministre, on commença dans ce port en 1860 la fabrication des premières pièces.

« *Le Plongeur* est entièrement construit en tôle de fer. Sa carène en forme de fuseau aplati forme une surface continue et fermée. Il a les dimensions suivantes :

Longueur entre perpendiculaire............ 42 m. 50
Largeur hors tôles..................... 6 m. 00
Profondeur y compris la hauteur de la quille. 3 m. 00
Distance du sommet de l'observatoire au-dessous de la quille..................... 4 m. 35

Poids de la coque............ 135 T. 00
Poids de la machine et du réservoir à air.............. 59 T. 00
Poids de l'eau introduite pour l'immersion............... 33 T. 00 } 452 T. 35
Poids de l'équipage et des objets d'armements........ 13 T. 00
Poids du lest en fer......... 212 T. 35

Surface du maître couple immergé......... 13 mq. 00
Hauteur du centre de gravité sur quille..... 1 m. 772
Hauteur du centre de carène sur quille...... 1 m. 395
Distance du centre de gravité au centre de
   carène............................... 0 m. 623

Fig. 10. — *Le Plongeur* de Bourgeois et Brun.

« L'avant du *Plongeur* se termine en pointe mais il ne porte aucun appendice relatif à l'emploi de la torpille. La question des moyens de destruction avait été réservée

pour n'être étudiée qu'après celle de la navigation sous-
marine. L'épine dorsale du bateau est surmontée au tiers
de sa longueur, à partir de l'arrière par une petite tourelle
de 1 m. 50 de hauteur et 0 m. 50 de diamètre destinée à
servir d'observatoire pendant la navigation à fleur d'eau,
et percée dans ce but de regards vitrés dans plusieurs
directions.

« Sur l'avant, vers le milieu de la longueur, cette
épine dorsale est aplatie pour recevoir une embarcation
de sauvetage à fond plat qui vient se superposer à la coque
et s'y fixer par trois grandes vis. La partie supérieure de
cette embarcation est fermée par un dôme mobile. Ce
dôme se raccorde avec le sommet de la coque du bateau
par une carapace percée de trous qui permettent l'introduction et la libre circulation de l'eau entre cette carapace
et la coque. C'est dans le même espace que s'échappe par
une soupape l'air en excès à l'intérieur du bateau. Enfin
des trous d'homme correspondants et placés deux à deux
à la partie supérieure de la coque permettent, lorsqu'ils
sont ouverts, de passer librement du bateau dans l'embarcation pour échapper à un danger. L'intérieur du
Plongeur est divisé en plusieurs compartiments étanches
par des cloisons transversales et longitudinales. Les deux
premiers à l'avant sont formés par des cloisons transversales. Le premier est complètement vide et le second
renferme un groupe de cinq réservoirs à air tronconiques.
La cloison transversale qui le limite à l'arrière est à
12 mètres de l'avant du bateau. En arrière de cette cloison
règnent sur une longueur de 22 mètres deux cloisons
longitudinales symétriquement placées à 0 m. 85 du plan
médian longitudinal. En abord de chacune de ces cloisons, des cloisons transversales limitent trois compartiments renfermant chacun trois réservoirs cylindriques
terminés par des calottes sphériques. Entre les deux cloi-

sons longitudinales règne une coursive ou chambre de
manœuvre de 22 mètres de longueur sur 2 m. 60 de
hauteur et d'un volume de près de 100 mètres cubes. L'arrière du bateau est occupé par la chambre de la machine
et par deux réservoirs à eau.

« Les réservoirs à air sont en tôle d'acier de 8 millimètres d'épaisseur. Ils ont 7 m. 25 de long et 1 m. 12 de
diamètre (grand diamètre pour les réservoirs tronconiques). Leur poids total est de 45 tonneaux. Le volume total
des cinq réservoirs tronconiques de l'avant est de 30 mètres
cubes, celui des dix-huit réservoirs cylindriques placés
dans les compartiments latéraux de 117 mètres cubes. Ces
réservoirs étaient chargés au départ à la pression de
12 atmosphères par une pompe de compression spéciale...

« Les réservoirs à air de chaque groupe communiquent
entre eux et avec la machine à laquelle ils fournissent l'air
nécessaire à son fonctionnement. Ils communiquent avec
un long tuyau longitudinal aboutissant par ses extrémités
à deux prises d'eau, l'une à l'avant, l'autre à l'arrière, par
lesquelles s'opère l'introduction ou l'expulsion de l'eau
des réservoirs suivant la manœuvre à opérer. L'introduction a lieu par le simple effet de la pression du liquide
extérieur. L'expulsion s'opérait à l'origine en amenant de
l'air comprimé des réservoirs sur la surface supérieure du
liquide. Le volume total des réservoirs à eau était de
56 mètres cubes ; mais il dépassait les besoins et dans la
plupart des essais le volume d'eau à introduire pour passer de la situation à fleur d'eau à celle d'immersion complète était seulement de 33 mètres cubes.

« La manœuvre des robinets au moyen desquels on
remplissait ou vidait les réservoirs à eau déterminait les
grands mouvements d'immersion pour naviguer sous l'eau
ou d'émersion pour revenir à la surface et naviguer à fleur
d'eau. Mais on avait besoin d'un instrument plus délicat

3.

pour obtenir en naviguant sous l'eau une immersion à peu près constante. Cet instrument consistait en deux cylindres verticaux placés sur l'avant de l'observatoire et communiquant par leur base supérieure avec le milieu ambiant et par leur base inférieure avec l'intérieur du bateau. Dans chacun de ces cylindres se mouvait un piston dont la tige située à la partie inférieure et filetée recevait d'un volant manœuvré à bras un mouvement vertical.

« En élevant ce piston on augmentait le volume du bateau immergé et on déterminait son ascension; en l'abaissant on diminuait ce volume et l'on déterminait la descente. La quantité de cette augmentation ou de cette diminution de volume pouvait être connue exactement par le déplacement du piston dans le cylindre.

« Il fallait aussi prévoir la nécessité de remonter promptement à la surface en cas de danger imminent, de voie d'eau par exemple. Dans cette prévision, au-dessous du parquet de la chambre de manœuvre la coque était divisée en plusieurs petits compartiments renfermant du lest. Un certain nombre de ces compartiments renfermant 34 tonneaux de lest en vieux projectiles sphériques étaient fermés au bas par une porte en tôle à charnière continuant les formes de la carène et maintenue au moyen d'une petite chaîne et d'une tige traversant le parquet étanche. Lorsqu'on voulait abandonner le lest mobile que renfermaient ces compartiments il suffisait d'agir sur un déclic qui arrêtait la tige et aussitôt le lest, par son poids, faisait ouvrir la porte et s'échappait librement. On obtenait ainsi une force ascensionnelle instantanée de 34 tonneaux qui faisait remonter le bateau à la surface. Le reste du lest était arrimé à demeure dans d'autres compartiments sous le parquet étanche et en divers endroits du bâtiment, aussi bas que possible pour obtenir une stabilité de poids suffisante. Le centre de gravité se trouvait ainsi, comme nous l'avons dit, à o m. 623 en contre bas du centre de carène.

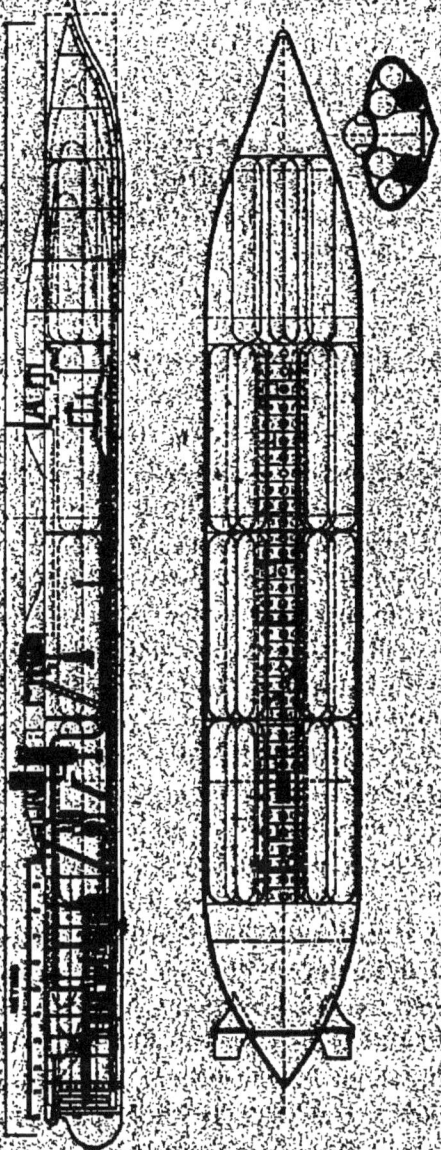

Fig. 11, 12 et 13. — *Le Plongeur*, de l'amiral Bourgeois et Ch. Brun. Élévation, plan, coupe transversale

« La machine située à l'arrière, occupait un espace de trois mètres de longueur sur un mètre de largeur. Elle était à simple effet, composée de deux groupes de deux cylindres inclinés à 45° degrés et conjugués deux à deux sur la même manivelle.

« Comme dans les machines atmosphériques, les bielles étaient attelées directement à la face supérieure des pistons. Le diamètre intérieur des cylindres était de o m. 32 comme la course intérieure des pistons. La machine était munie d'une détente variable; elle faisait mouvoir une pompe d'épuisement d'eau.

« L'air amené des réservoirs n'agissait que sur la face inférieure du piston. Après s'être détendu dans le cylindre, il s'évacuait dans l'intérieur même de la chambre où il servait à la respiration de l'équipage. Une soupape placée à la partie supérieure du bateau, vers le milieu, s'ouvrait de dedans en dehors pour laisser échapper l'air en excès lorsque la pression intérieure l'emportait sur la pression extérieure, c'est-à-dire sur la pression atmosphérique augmentée de celle de la colonne liquide supérieure à l'épine dorsale du bateau.

« L'hélice définitivement adoptée par *Le Plongeur* avait quatre ailes, un diamètre de 2 mètres, un pas de 4 mètres et une fraction de pas totale de o m. 375.

« En outre du gouvernail vertical placé derrière l'étambot et dont la tête pénétrait à l'intérieur pour recevoir la barre. *Le Plongeur* avait deux gouvernails horizontaux symétriquement placés de chaque bord à l'arrière. Ils étaient emmanchés sur un même arbre horizontal qui, par son milieu pénétrait dans la coque, à l'intérieur de laquelle un treuil manœuvré à bras donnait à ces gouvernails l'inclinaison voulue. Leurs surfaces dans la position intermédiaire qui convenait à la marche horizontale, prolongeaient celles de deux ailerons ou plans horizontaux à l'arrière du bateau. Pour descendre on abaissait les gouvernails; pour remonter on les élevait.

« L'embarcation de sauvetage du *Plongeur* avait 8 mètres de longueur, 1 m. 70 de large et 1 m. 10 de creux. Elle pouvait recueillir les douze hommes qui formaient l'équipage du bateau, et elle était munie à ses extrémités de coffres d'air qui déterminaient son ascension et la rendaient insubmersible.

« Les communications entre le pont supérieur et l'intérieur du bateau lorsqu'il était émergé avaient lieu par un panneau à l'avant de la machine et aussi par le sommet de l'observatoire. Lorsqu'il fallait plonger ces ouvertures étaient fermées et leurs joints rendus étanches.

« Pour diriger la route à fleur d'eau, le capitaine à l'intérieur gravissait quelques marches d'une échelle et montait sur une petite plate-forme d'où, en passant la tête et le corps dans l'observatoire, il apercevait par les regards vitrés les différentes parties de l'horizon. Il avait devant lui un compas de route et sous sa main des porte-voix pour commander les manœuvres de la machine, des gouvernails et des robinets des réservoirs.

« Des manomètres à mercure et à air comprimé, en communication avec le milieu ambiant, lorsque le bateau était plongé servaient à mesurer la profondeur de son immersion.

« Des verres lenticulaires placés en assez grand nombre sur le pont répandaient à l'intérieur une clarté suffisante pour la manœuvre à fleur d'eau; mais cette clarté était trop faible pour la lecture des instruments; il fallait y suppléer par des lampes ».

Les essais du *Plongeur* furent conduit avec beaucoup d'attention et firent faire des observations très importantes. Voici d'ailleurs, toujours d'après *La Revue Maritime et Coloniale*, les principaux résultats obtenus.

On constata — « que le fonctionnement de la machine ne laissait rien à désirer ; que l'embarcation de sauvetage et le système de déclics pour lâcher au besoin le lest mobile répondaient à leur destination ; que la stabilité du *Plongeur* dans tous les sens, après comme avant son immersion complète, était suffisante ; que le bateau immergé jusqu'à ne laisser paraître au-dessus de l'eau que le haut de l'observatoire et les verres par lesquels on regardait pour gouverner évoluait bien et pouvait être facilement dirigé vers le but à détruire, la nuit, sans être aperçu ; qu'à cette allure comme sous l'eau *Le Plongeur* pouvait naviguer pendant environ deux heures à une vitesse de 4 nœuds en moyenne ; que dans les mêmes conditions de durée, d'approvisionnement et de vitesse, mais avec une moindre certitude de direction il pouvait, par une profondeur d'eau ne dépassant pas beaucoup 10 mètres et par un fond régulier de sable ou de vase, s'avancer vers le but à détruire en glissant et rebondissant sur le fond ; que le fonctionnement de la machine à air ne faisait éprouver aucune gêne sensible à l'équipage du bateau ; que les mouvements d'immersion et d'émersion par l'introduction et l'expulsion de l'eau des réservoirs étaient possibles et même faciles, mais que, malgré les modifications apportées au système pendant le cours des expériences, ces mouvements ne s'obtenaient pas assez promptement et avec certitude pour combattre à temps les mouvements d'ascension ou de descente qui venaient à se déclarer et pour maintenir *Le Plongeur* en équilibre entre le fond et la surface ; qu'il en était de même de l'action des gouvernails horizontaux, durs et lents à manœuvrer, parce qu'ils n'étaient pas équilibrés autour de leur axe horizontal et dont l'effet, en raison de la faible vitesse du bateau, ne se faisait que tardivement sentir ; que dans ces conditions la recherche de l'équilibre entre deux eaux aurait exigé de la part du chef et de l'équipage une attention et une présence d'esprit trop soutenues pour qu'il leur fût possible de mener à bien une opération de guerre aussi délicate que la destruction d'un navire ennemi ; qu'ainsi le seul problème de l'équilibre ou au moins de la limitation des oscillations verticales du bateau au repos et en marche restait à résoudre.

« C'était vers ce but que de nouveaux efforts devaient être dirigés, en améliorant le fonctionnement des organes destinés à régler la profondeur d'immersion. On ne pouvait guère rendre l'action des gouvernails plus efficace qu'en augmentant la vitesse du bâtiment ; c'est-à-dire au prix de grandes dépenses, d'une reconstruction presque totale.

« Mais il y avait lieu d'espérer qu'on atteindrait le but simplement en appliquant la pression de l'air à la manœuvre du piston du régulateur au lieu de la force insuffisante des hommes. »

En résumé, si l'on considère le problème complet de la navigation sous-marine *Le Plongeur* avait encore échoué, mais il s'était approché plus près évidemment que tout autre de la solution et avait surtout contribué à poser la question de façon précise. Ce fut le sous-ingénieur M. Lebelin de Dionne qui fut commis par le ministre pour continuer les études du *Plongeur* et chercher l'appareil donnant la stabilité d'immersion. Il n'apparaît pas qu'il y ait réussi et la gloire de cette découverte à laquelle ses travaux certainement ne sont pas demeurés étrangers devait revenir à d'autres.

Nous verrons cependant plus tard que *Le Plongeur*, il est vrai, considérablement modifié, a donné naissance à un type sérieux et pratique de sous-marin dont on s'occupe encore aujourd'hui.

André Constantin (*France*), 1870-1874.

Passons sans même en parler sur de très nombreuses et peu concluantes tentatives parmi lesquelles seulement il faut mentionner les bateaux dits *Davids* qui n'étaient pas à proprement parler des sous-marins mais de petits torpilleurs qui s'immergeaient jusqu'à ne laisser passer que leur cheminée et quelquefois une petite portion de la passerelle et qui rendirent des services effectifs pendant les guerres de Sécession, et arrivons-en tout de suite aux travaux du lieutenant de vaisseau André Constantin qui, pendant le siège de Paris en 1870 imagina un sous-marin qui diffère essentiellement des autres par son procédé d'immersion.

Nous trouvons dans un numéro du *Journal du Havre* paru en 1874 la description complète du bateau de Constantin. Nous y verrons comment l'inventeur avait cherché à obtenir l'immersion et la stabilité de son navire non plus cette fois en changeant son poids par l'introduction d'eau mais, au contraire, laissant fixe le poids du bateau en modifiant la poussée à laquelle il était soumis par la variation de son volume extérieur.

Voici ce que dit le *Journal du Havre* :

« L'avant et l'arrière de ce bateau sont terminés par deux cylindres ; chacun d'eux est muni d'un piston qui peut parcourir, au moyen d'un arbre mu par des vis suffisamment puissantes, la longueur de leur course. Les surfaces extérieures de ces pistons sont seules en contact avec le liquide déplacé et n'en permettent pas l'accès à l'intérieur. Il est facile de voir que le volume d'eau qui enveloppe l'appareil, et par suite son poids varie, suivant les dispositions des pistons dans les cylindres tandis que le poids du bateau reste constant.

« Le navire par l'emploi convenable de lest pourra monter ou descendre et s'arrêter à la profondeur jugée convenable. L'enveloppe est garnie de verres à faces planes et parallèles qui donnent accès à la lumière et laissent voir au-dessus, sur les côtés, à l'avant et à l'arrière les obstacles qui peuvent être rencontrés. Des ouvertures pratiquées dans la membrure et garnies de manches en caoutchouc terminées en forme de gant et munies extérieurement d'instruments tranchants, donnent la facilité de toucher les objets extérieurs et de les détruire au besoin.

« La direction est possible dans tous les sens au moyen de deux gouvernails, l'un horizontal et l'autre vertical. Un compas de route est disposé pour cela. Le gouvernail vertical permet d'obtenir les évolutions horizontales ; celui qui est horizontal peut redresser le navire au cas où il s'inclinerait verticalement, longitudinalement d'avant en arrière, et inversement. Comme les efforts de ce dernier sont limités, en cas d'impuissance il suffira de manœuvrer un des pistons, soit en avant, soit en arrière, pour produire l'évolution par une variation de volume provoquant un déplacement, soit en avant, soit en arrière, du centre de gravité.

« La locomotion sera déterminée par une hélice mise en mouvement par une machine à air comprimé ou par des rouages mus à bras. Quant à l'aménagement intérieur on peut s'en faire une idée aisément ; il y a : caisses à air comprimé pour alimenter le personnel, pompe à air aspirante au dedans et refoulante au dehors pour se débarrasser de l'air vicié, pompe aspirante au dedans et refoulante au dehors pour chasser l'eau qui pourrait provenir d'infiltrations, etc.

« Chacun des pistons est soustrait à la pression occasionnée par la vitesse en avant ou en arrière par deux surfaces planes verticales, obliques l'une par rapport à l'autre, et faisant suite aux cylindres. Ces surfaces sont percées de trous nombreux ce qui ne modifie en rien le principe de cet appareil sous-marin.

« La seule objection sérieuse que l'on pouvait faire a été résolue d'avance par l'inventeur. Cette objection consiste à dire que les parois intérieures des cylindres étant en contact constant avec l'eau de mer dont on connaît les effets destructeurs, la manœuvre des pistons pouvait devenir difficile, voire même compromettante. M. André a eu l'idée de revêtir intérieurement les deux cylindres de deux appareils à repliement, semblables au soufflet d'un accordéon, en cuir ou en caoutchouc. Leur forme est cylindrique ; l'une des extrémités, celle capelée aux parties extérieures des cylindres, est ouverte, tandis que l'autre est terminée par un fond circulaire de même diamètre que le piston sur lequel il repose. Le piston et l'intérieur des cylindres sont par conséquent à l'abri des effets nuisibles du liquide et la manœuvre ne peut être contrariée par des causes extérieures.

« Le problème de la stabilité d'avant en arrière est résolu par le seul fait de la position des cylindres. Quant à la stabilité latérale elle n'est jamais influencée par la vitesse du corps plongé. Pour la stabilité d'un corps plongé dans l'eau, il faut et il suffit que la distance entre le centre de gravité et le centre de poussée soit la plus grande possible. Les parties supérieures doivent donc être très évasées et les parties inférieures très étroites. Pour permettre le halage du navire sur une cale, la surface inférieure a été rendue plane.

« Jusqu'à présent les constructeurs de bâtiments sous-marins faisaient varier le poids du corps plongé, principe contraire à celui appliqué par M. André ; c'est pourquoi ces bâtiments n'ont rien donné de satisfaisant, tandis que le nouveau navire sous-marin pourrait bien produire les meilleurs résultats, d'après l'opinion d'un grand nombre de praticiens et d'officiers. »

Comme on le voit le chroniqueur maritime du *Journal du Havre* était plein de confiance et d'enthousiasme pour l'invention du lieutenant André Constantin. L'événement cependant ne vint pas confirmer cet espoir et les essais de ce bateau sous-marin donnèrent fort peu de satisfaction. On fut obligé de reconnaître que le principe du changement de volume, si séduisant en théorie, était pratiquement très défectueux et, après quelques tentatives, il fallut l'abandonner d'une façon définitive.

Campbell et Ash (*Angleterre*), 1885.

Après tant d'échecs dont nous passons un bon nombre sous silence les chercheurs de bateaux sous-marins étaient loin de se décourager. Toujours ils reprenaient les travaux de leurs devanciers pour en tirer avec des perfectionnements nouveaux, un effet peut-être meilleur.

C'est ainsi que nous voyons en 1885 deux ingénieurs anglais MM. Campbell et Ash reprendre à la fois les idées de Fulton et celles d'André Constantin pour arriver à la réalisation d'un bateau, *Le Nautilus* qui marqua un grand progrès, malgré que bien des défauts encore n'aient pu être supprimés.

Le Nautilus de MM. Campbelle et Ash est un bateau à section cylindrique terminé en ogive à ses deux extrémités et divisé intérieurement en trois compartiments étanches. Il avait 20 mètres de long, 3 mètres de large et 4 mètres de hauteur au maître couple. Cette différence des dimensions de la section centrale ne provient pas d'une déformation du cercle qui forme la section sur toute la longueur mais de l'adjonction à la partie supérieure du bateau d'une plate-forme surélevée d'un mètre et qui régnait sur une longueur de 6 mètres et une largeur de un mètre environ. Un petit dôme central muni de hublots à verres lenticulaires servait d'observatoire et de poste de commandement (fig. 14 et fig. 15).

La coque en acier épaisse de 18 millimètres pouvait

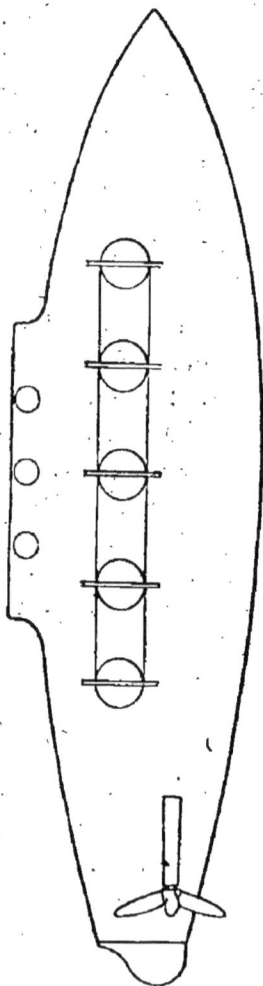

Fig. 14

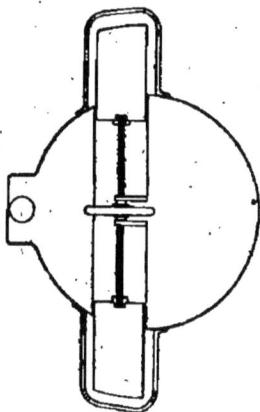

Fig. 15

Fig. 14 et 15. — *Le Nautilus de Campbell et Ash.*
(Coupe longitudinale et coupe transversale).

supporter une pression de 10 à 15 atmosphères évidemment plus que suffisante. Notons enfin que sur le côté du bateau se trouvait une petite chambre étanche avec porte s'ouvrant au dehors et d'où pouvait sortir un scaphandrier porteur d'une torpille ou d'une mine sous-marine quelconque.

Le *Nautilus* était mû par deux hélices actionnées par deux moteurs électriques de 25 chevaux du modèle Edison. L'excitation de ces moteurs était obtenue par une batterie d'accumulateurs à 100 volts appliquant 52 éléments Elwell-Parker à chaque dynamo. Le débit de chaque groupe d'accumulateurs était de 175 ampères et le navire avait un rayon d'action de 100 milles à une vitesse de cinq nœuds.

L'immersion, comme nous l'avons dit, se produisait par un changement de volume. Pour cela dix gros cylindres étaient placés symétriquement, cinq de chaque côté, sur les bords du bateau et pouvaient, en glissant dans des douilles étanches à travers la coque sous l'influence d'un engrenage manœuvré à la main, augmenter ou diminuer leur saillie à l'extérieur et modifier ainsi le déplacement du bateau.

La direction horizontale est toujours obtenue par un gouvernail vertical; — quant à la stabilité du bateau dans le sens de son axe elle était réglée par un gouvernail horizontal placé à l'arrière et soumis à l'action automatique d'un pendule mobile dans le plan médian longitudinal du navire. Enfin pour assurer la sécurité en cas d'arrêt dans le fonctionnement des appareils on avait disposé à bord un certain nombre de caisses à eau qui pouvaient se vider par une manœuvre très rapide.

L'équipage se composait en tout de dix hommes et on emportait pour pourvoir à leur respiration une certaine quantité d'air comprimé à haute pression dans un réservoir spécial.

En dehors des torpilles portées et des mines sous-marines à l'usage desquelles on avait ménagé une porte de sortie sur la mer, *Le Nautilus* était encore armé de deux tubes lance-torpilles disposés dans le haut et de chaque côté de la plate-forme supérieure. On devait leur confier des torpilles automobiles Whitehead.

Ce bateau agréé par le Gouvernement Anglais fut essayé dans les bassins des docks de Tilbury en 1886. Ses manœuvres d'immersion furent bonnes ; le bateau plongeait à une profondeur de 8 à 9 mètres et s'y tenait assez régulièrement. Son utilisation militaire cependant fut reconnue presque impossible et sa sécurité insuffisante. En fin de compte *Le Nautilus* ne fit jamais autre chose que des essais.

Waddington (*Angleterre*), 1886.

Le sous-marin imaginé par M. Waddington et qui portait son nom diffère de tous les précédents par son mode d'immersion. Le bateau est ici muni de deux hélices tournant autour d'arbres verticaux dans des puits qui traversent le navire et sont placés dans le plan médian longitudinal symétriquement par rapport au centre de figure.

Il a été lancé à Seacombe, aux environs de Liverpool en Angleterre en 1886.

Ce sous-marin en acier, renforcé à l'intérieur par des cornières solides était de forme pointue à l'avant et à l'arrière ; il mesurait 11 m. 30 de long et 1 m. 80 de large au maître couple dont la section était circulaire (fig. 16).

Le moteur était électrique et constitué par une dynamo ordinaire actionnant directement un arbre d'hélice ; l'énergie lui étant fournie par une batterie d'accumulateurs.

Malgré ses hélices d'immersion *Le Waddington* possédait cependant des réservoirs destinés à prendre un lest d'eau qui ne lui laissait au moment de la plongée qu'une flottabilité très faible.

Son rayon d'action était assez restreint, ce qui ne doit pas nous étonner si nous considérons que les accumulateurs actuels sont encore bien imparfaits et que ceux de

Fig. 16. — *Le Waddington*. (Aménagements intérieurs).

1886 devaient être des outils bien autrement irréguliers et fragiles.

Pour guider le bateau pendant les plongées que provoquaient les hélices on avait placé sur le côté des plans inclinés qui donnaient au navire une surface d'appui oblique sur laquelle il glissait vers le haut ou vers le bas. Ces plans étaient mobiles sous l'action d'une barre commandant leur axe horizontal.

Ce bateau avait encore à l'avant et à l'arrière des réservoirs d'air comprimé destiné à subvenir à la respiration de l'équipage. Des poids de sécurité accrochés sous la quille pouvaient être lâchés par l'action d'un levier intérieur (fig. 17 et fig. 18).

L'armement du *Waddington* (fig. 19) se composait de deux torpilles automobiles supportées par des bandes fixées extérieurement à la coque et d'une mine sous-ma-

rine placée sur la plate-forme et qu'on devait placer sous
la coque du navire attaqué.

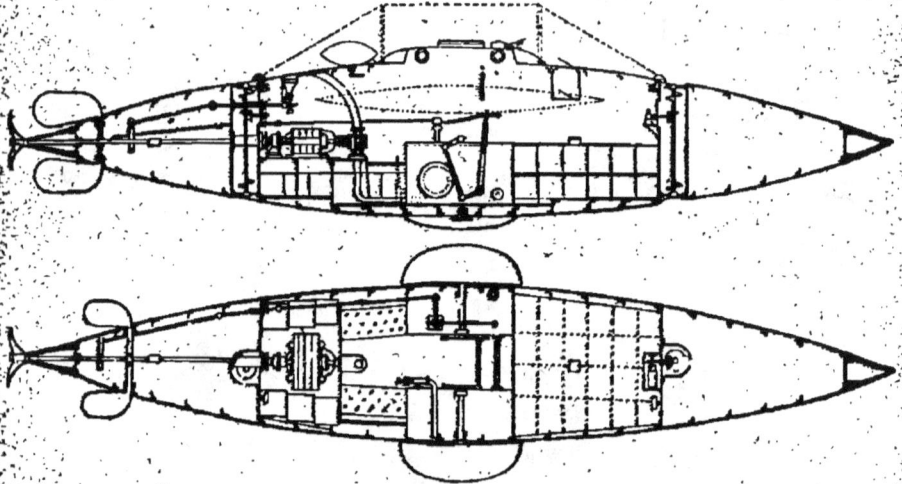

Fig. 17 et 18. — *Le Waddington*. (Plan et élévation).

Une lampe électrique servait à l'éclairage.

Fig. 19. — *Le Waddington* (En immersion).

Les essais du *Waddington* furent assez courts et l'irré-

gularité manifeste de son fonctionnement le fit bientôt
abandonner et oublier.

Nordenfelt (*Suède-Grèce*), 1885-1887.

Signalons en passant et sans nous arrêter le sous-marin
Peace-Maker construit en 1885 à New-York par la Submarine Motor C⁰ sur les plans de M. Tuck et qui fut plus célèbre
en son temps qu'utile puisqu'il ns rendit pas plus de services que ces prédécesseurs malgré le soin intelligent qui
avait présidé à sa conception et à sa construction et arrivons-en au dernier modèle dont nous parlerons dans cette
notice historique, — les types créés postérieurement étant
enfin ceux qui constituent le matériel actuel à qui nous
réserverons une place et une étude spéciales. Nous voulons parler du sous-marin de M. Nordenfelt.

Les éléments numériques de ce bateau qui est de forme
cylindro-conique terminé en pointe à l'avant et à l'arrière
sont les suivants :

Longueur totale..............	20 mètres
Largeur au maître couple...	3 m. 60
Hauteur au maître couple ..	3 m. 25
Déplacement en immersion..	60 tonneaux
Vitesse maxima	8 nœuds
Puissance de la machine....	100 chevaux

Le Nordenfelt était muni d'une machine à vapeur ordinaire pour la marche à la surface. Pendant l'immersion,
cette machine était actionnée par de l'eau surchauffée
enfermée au préalable dans des réservoirs spéciaux.

La coque en acier était épaisse de 18 millimètres au
milieu et de 11 millimètres aux extrémités ; elle était renforcée intérieurement par des cornières tranversales en
acier placées de mètre en mètre sur tout le pourtour de la
section (fig. 20, fig. 21, fig. 22).

La caractéristique de ce bateau était son procédé d'immersion. Au lieu de chercher à rendre le poids égal au déplacement on laissait ici le bateau toujours plus léger

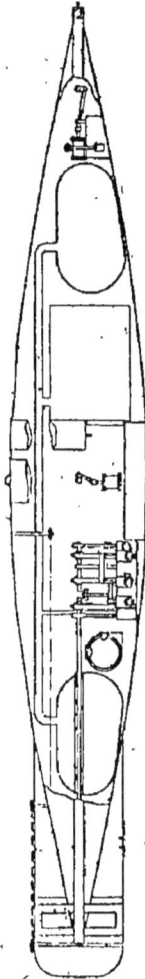
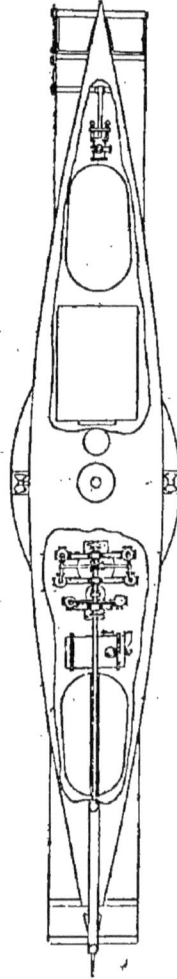
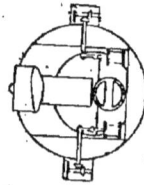

Fig. 20.

Fig. 21.

Fig. 22.

Fig. 20, 21 et 22. — *Le Nordenfelt.* (Plan, élévation et coupe).

que son volume d'eau et on provoquait son immersion par le moyen de deux hélices tournant autour d'arbres verticaux et placées symétriquement de chaque côté à hauteur du centre de carène dans des sortes de puits accolés au navire.

La stabilité du bateau dans le sens longitudinal était assurée par des gouvernails horizontaux placés à l'avant et sur les bords et actionnés automatiquement par un servo-moteur réglé par un pendule mobile dans le plan vertical longitudinal de la carène.

Ce bateau qui ne contenait que trois hommes d'équipage (fig. 23) pouvait atteindre une profondeur de

Fig. 23. — Coupe transversale du *Nordenfelt*.

40 mètres. Comme garantie de sécurité, outre sa flottabilité qui devait le ramener à la surface aussitôt l'arrêt des hélices d'immersion on avait encore disposé les caisses d'eau surchauffée, dont le poids était de 8.000 kilos, de façon à pouvoir les vider instantanément à l'extérieur.

Le rayon d'action du *Nordenfelt* était d'environ 200 milles à une vitesse de 8 nœuds.

L'armement se composait de torpilles automobiles Whitehead et de torpilles dirigeables système Nordenfelt que l'on plaçait dans un tube disposé à l'avant du bateau.

Les essais du *Nordenfelt* eurent lieu en septembre 1885 dans le détroit de Landroska (fig. 24) ; elles eurent des résultats douteux, un accident qui ne pouvait être imputé au bateau étant survenu chaque fois tantôt au chauffeur

Fig. 24. — *Le Nordenfelt* naviguant entre deux eaux.

tantôt à un autre. Une seule chose fut bien établie c'est que les gouvernails horizontaux ne remplissaient pas du tout leur fonction de régulateurs d'assiette longitudinale et que le bateau devait souvent se laisser remonter à la surface pour retrouver son horizontalité et s'immerger à nouveau.

Le Nordenfelt néanmoins fut acheté en 1886 par le Gouvernement Grec qui songeait à lui apporter tous les perfectionnements nécessaires. Le bateau bien réparé et remis à neuf fut envoyé dans la rade de Salamis où il reprit en avril 1886 ses essais de marche. Ils semblaient donner pleine satisfaction quand tout d'un coup on n'en parla plus. Il ne semble pas que la Grèce ait tenté de nou-

veau la mise au point et l'utilisation du bateau *Norden-*
felt.

Là s'arrêtera cet aperçu historique. Malgré que les nombreux bateaux que nous y ayons signalés, — et ceux plus
nombreux encore dont nous avons dû ne faire même pas
mention, — n'aient donné que des satisfactions bien faibles,
on voit cependant combien depuis longtemps la question de
la navigation sous-marine a préoccupé les ingénieurs et les
marins. Nous verrons plus tard comment cette longue
série d'efforts a été enfin couronnée de succès et peut-être
nous faudra-t-il reconnaître que les obscurs et impuissants
travaux de nos ancêtres n'ont pas été tout à fait étrangers
au triomphe de nos contemporains ; — cela dit, sans vouloir enlever à ceux-ci rien de leur mérite et pour rendre
hommage plutôt à leur esprit d'observation, un des éléments essentiels il faut le dire de la puissance inventive,

III

UN MOT SUR LES TORPILLES AUTOMOBILES.

C'est à un double point de vue et pour une double raison que nous parlerons ici, rapidement d'ailleurs, des torpilles automobiles. Envisagée en tant que projectile ou
engin explosif la torpille automobile doit retenir notre
attention puisqu'elle constitue l'unique armement adopté
— et comme nous le verrons le seul armement normal et
possible, — du bateau sous-marin ; mais on peut considérer la torpille autrement que comme engin explosif et
remarquer que depuis son lancement jusqu'à son éclate-
ment, c'est-à-dire pendant toute la durée de sa course, elle
se comporte en réalité comme un véritable bateau sous-
marin automatique, pourvu par conséquent de tous les
organes de propulsion, d'immersion et de direction que
nous retrouverons plus tard dans les navires spéciaux qui
vont nous occuper ici.

La notion des analogies et des différences entre les
organes similaires ou de même but d'une torpille ou d'un
bateau sous-marin souvent nous rendra plus claire et plus
facile la compréhension de la façon d'agir de tel ou tel
appareil dont l'action effective et utile, théoriquement la
même *a priori* dans tous les cas, nous apparaîtra nettement dans la pratique fonction très rapidement variable
des éléments du navire, — dimensions, tonnage, vitesse...

En principe et quel que soit son modèle, une torpille

automobile doit donc comporter dans son ensemble et pos-séder en elle-même deux catégories d'appareils.

Fig. 25. — Un torpilleur.

1° *Appareils de navigation sous-marine.* — Générateur de puissance, — machine motrice, — propulseur, — appareil de réglage d'immersion, — appareil de direction.

2° *Appareils d'action destructive.* — Charge explosive et détonateur.

Il est clair qu'un semblable appareil ne saurait être simple et aussi que, devant cette complexe question, plusieurs solutions soient possibles dérivant chacune d'un principe différent et conduisant finalement au même but. En fait un grand nombre de torpilles automobiles ont été

Fig. 26. — Tube lance torpilles système Canet.

imaginées jusqu'à ce jour, — l'usage ne s'est généralisé que de trois types :

La *torpille Whitehead* la plus anciennement adoptée par

les marines militaires et qui est en usage en France et dans presque toute l'Europe.

La *torpille Schwartzkopf* en usage dans quelques marines européennes, en particulier en Espagne, et qui ne diffère de la torpille Whitehead que par la substitution d'une coque ou enveloppe en bronze à la coque d'acier. Nous n'aurons donc rien à en dire.

La *torpille Howell* qui arme la marine des Etats-Unis et qui commence à se répandre dans beaucoup d'autres pays où elle est employée concurremment avec la torpille Whitehead.

Nous dirons rapidement d'abord un mot de la torpille Whitehead, de beaucoup la plus anciennement en usage et aussi la plus connue, pour insister ensuite davantage sur la torpille Howell que l'on connaît beaucoup moins et qui semble marquer un grand progrès dans la construction du martériel de guerre maritime.

La torpille Whitehead (fig. 27) est un engin cylindro-ogival terminé en pointe à ses deux extrémités et mu par deux hélices placées à l'arrière. Ces deux hélices sont à pas contraires et tournent en sens inverse sur des arbres faisant manchon l'un autour de l'autre ; — elles sont actionnées par un moteur à air comprimé contenu dans la partie centrale de la torpille. — La direction dans le plan vertical était obtenue dans les types en usage au cours des dernières années par un gouvernail à palette verticale disposé à l'arrière et que l'on fixait au départ dans une position telle qu'il s'opposait aussi exactement que possible à l'action dérivatrice des courants marins dont on évaluait, un peu au hasard il est vrai, la puissance et la direction dans l'espace que devait franchir la torpille. Les modèles les plus récents sont munis d'un gouvernail vertical mobile actionné automatiquement par un gyroscope dans des conditions que nous retrouverons en étudiant la torpille Howell.

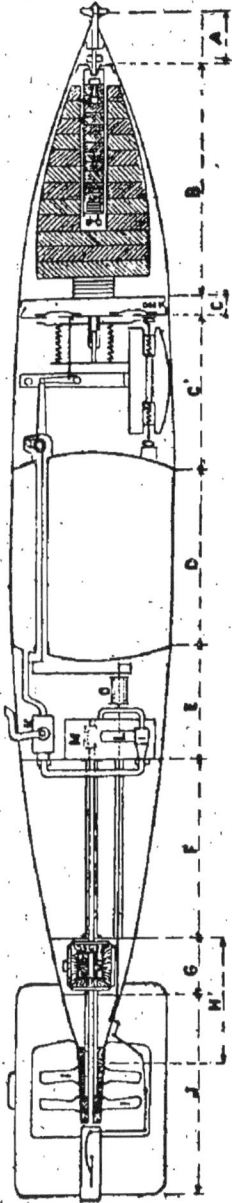

Fig. 27. — Torpille Whitehead. (Détail du mécanisme).

A. Percuteur. — B. Cône de charge. — C. Chambre à eau. — C' Chambre des régulateurs. — D. Réservoir d'air comprimé. — E. Chambre des machines. — F. Corps arrière. — G. Boîte des engrenages. — H. Cône arrière extrême. — I, I. Hélices. — J. Queue de la torpille. — K. Boîte des soupapes. — L. Détendeur. — M. Machine motrice. — O. Servo-moteur du gouvernail horizontal.

Fig. 28. — Torpille Whitehead. (Vue extérieure).

4.

Le régulateur d'immersion se composait autrefois d'un gouvernail à palette horizontale placé à l'arrière et relié par un servo-moteur à un piston hydrostatique dont nous aurons encore la théorie dans la description de la torpille Howell. Il y a quelques années on a simplifié considérablement la machinerie intérieure de la torpille en remplaçant le gouvernail d'immersion mobile par une série de demi-couronnes concentriques découpées dans des feuilles de métal et fixées à l'arrière de la torpille dans un plan horizontal. Au moment du lancement on tord au moyen d'une pince ces lames de métal en les inclinant vers le bas d'un angle convenable pour produire et maintenir la profondeur d'immersion voulue, profondeur qui est évidemment fonction de la vitesse de la torpille et de l'angle d'inclinaison de son gouvernail horizontal.

La théorie des gouvernails horizontaux sera faite en traitant de l'immersion des sous-marins ; signalons seulement ici que le gouvernail d'immersion unique placé à l'arrière donne des résultats très satisfaisants dans les torpilles automobiles.

La charge explosive disposée à l'avant de la torpille est constituée par du coton-poudre humide et comprimé dont la masse est traversée par une sorte de mèche cylindrique de coton-poudre sec qui vient affleurer l'arrière du détonateur qui forme la pointe de la torpille. Ce détonateur est le même que celui que nous retrouverons dans la torpille Howell.

La torpille Whitehead peut fournir une course de près de 2.000 mètres à une vitesse de 22 à 27 nœuds. Sa distance ordinaire de lancement varie de 300 à 800 mètres. Elle est légèrement moins lourde que l'eau — de un à deux kilos environ, — et c'est cette différence de poids que doit vaincre pour produire l'immersion la réaction de l'eau sur le gouvernail horizontal. Elle possède un dispositif spécial permettant à une chambre intérieure étanche de rester vide ou de se remplir d'eau à volonté quand la torpille a fini sa course sans détoner, suivant que le navire qui l'a lancée désire la retrouver flottant à la surface ou la faire couler à fond pour qu'elle ne puisse être recueillie par un navire ennemi ou heurtée par un navire ami qui en supporterait la puissance destructive.

Pour être bref, et aussi pour nous appuyer sur une autorité critique, nous emprunterons la description succincte de la torpille Howell et sa comparaison avec la torpille Whitehead à un article paru en février 1899 dans le *Bulletin technique* et où l'auteur, M. H. Noalhat, résume ainsi les théories longuement développées dans son ouvrage : *Les torpilles automobiles.*

« Le moteur de la *torpille Howell*, essentiellement différent de celui de la précédente (la torpille Whitehead), est actionné par un lourd volant en acier que l'on lance dans un plan vertical à une vitesse qui atteint 10.000 tours environ par minute.

« L'énergie emmagasinée dans ce volant se transmet directement aux hélices par un jeu d'engrenages.

« La nature de ce moteur donne déjà à la torpille Howell une supériorité incontestable sur la torpille Whitehead.

« Dans celle-ci en effet, le gaz comprimé à haute pression dans les réservoirs du moteur produit en s'échappant un bruit et un bouillonnement qui signalent de fort loin la torpille à l'attention du navire sur lequel elle est dirigée et qui peut souvent l'éviter par une manœuvre rapide ; le volant de la torpille Howell, au contraire, permet à la torpille de se déplacer entre deux eaux sans qu'aucun phénomène extérieur dénonce sa présence. Mais là n'est pas encore la grande supériorité du volant. Nous verrons plus loin en effet que, par un phénomène de gyroscopie, le mouvement du volant oppose à toute cause extérieure

tendant à produire une déviation de la marche hors du
plan vertical de tir une réaction égale et contraire et que,
quelles que soient la nature et la direction des courants,

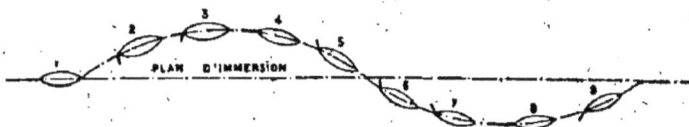

Fig. 29. — Trajectoire d'une torpille.

une torpille Howell ne peut dévier de sa route que par
petits déplacements parallèles qui la laissent dans la direction du but.

« Quand nous aurons montré en même temps qu'elle
possède un appareil lui assurant une marche horizontale,
nous aurons établi que c'est bien là un instrument de précision avec lequel nous concevons déjà que la torpille
Whitehead, encore que très soignée, n'est guère comparable.

« Citons d'ailleurs pour terminer ces généralités le
résultat des expériences faites sur les deux torpilles.

« La torpille Howell dont l'invention remonte à 1870
est due au capitaine de vaisseau John Adams Howell de la
marine des Etats-Unis. De 1870 à 1891 M. Howell aidé
d'actifs collaborateurs perfectionna cet appareil qui, sous
sa forme primitive trop schématique, ne donnait pas le
rendement prévu et attendu. Ce fut en 1891 que la torpille
Howell, arrivée à un remarquable degré de perfection, fut
expérimentée sérieusement et en grand par la société
Hotchkiss qui s'occupait alors de sa construction. Les
résultats obtenus en rade de Villefranche furent con-
cluants. Une autre société immédiatement fondée en Amérique, reprit les expériences et arriva aux mêmes résultats
satisfaisants.

« Le gouvernement américain s'intéressa à la question

et nomma aussitôt une commission technique chargée
d'étudier le nouvel engin et d'en faire des essais compara-
tifs avec la torpille Whitehead.

« Environ cinq cents coups furent tirés, moitié avec la
torpille Howell, moitié avec la torpille Whitehead, dans
des conditions identiques qui furent souvent les plus
défavorables que l'on puisse rencontrer dans un tir réel.

« On mit par exemple pour but un torpilleur passant
par le travers avec une vitesse de 18 nœuds en mer démontée et pendant le mouvement de la marée.

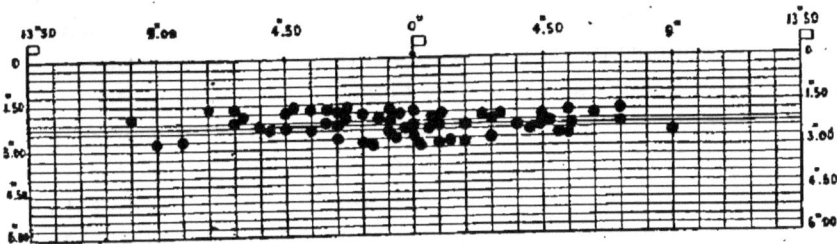

Fig. 3o. — Cible ayant servi au tir de torpilles Howell.

« Sur l'ensemble des expériences la torpille Howell
donna un rendement de 98 o/o des coups portés dans le
but, la torpille Whitehead ne donna dans les mêmes conditions que 37 o/o (fig. 3o et fig. 31). Aussitôt les résultats

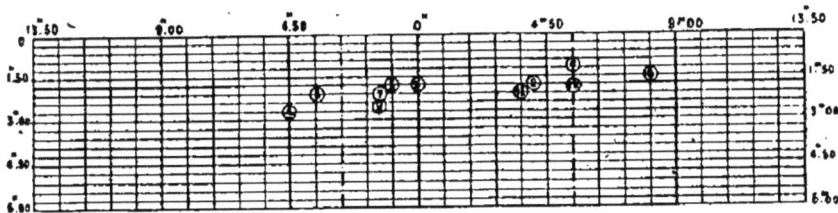

Fig. 31. — Cible ayant servi au tir de torpilles Whitehead.

connus, le gouvernement américain déclassa son ancien
matériel et adopta de suite le nouvel engin pour sa défense
mobile.

« *Description générale de la torpille Howell*. — La torpille Howell (fig. 32 et fig. 33) affecte extérieurement la forme d'un énorme cigare dont l'avant se termine en tronc de cône et l'arrière en ellipsoïde de révolution. Sa longueur totale varie entre 2 m. 40 et 3 m. 60. On doit la diviser en quatre parties principales :

1° La tête ogivale A ;

2° Le corps cylindrique milieu B ;

3° Le corps arrière M ;

4° La queue de la torpille S.

« *Tête ogivale ou cône de charge*. — Cette partie de la torpille renferme la charge explosible qui varie suivant les modèles de 65 à 95 kilogrammes de coton-poudre. Ce coton-poudre se présente à l'état de galettes humides comprimées, chaque galette étant percée d'un trou central qui reçoit le chargement de coton-poudre sec. La prise de feu est provoquée par la déflagration d'une capsule de fulminate de mercure sur laquelle vient battre la pointe d'un percuteur placé à l'avant du cône de charge.

« La *pointe de guerre*, placée à l'avant de la torpille est destinée à armer le percuteur pour le rendre sensible au choc ; — un dispositif spécial ne provoque cet armement qu'après un parcours de 100 mètres environ à partir du point de lancement.

« Ce dispositif se compose simplement d'une hélice à deux ailes placée à l'extrémité de la pointe de guerre qui, mise en mouvement par l'action de l'eau occasionnée par la translation de la torpille, ramène en avant la pointe du percuteur qui, en s'enfonçant au choc frappera la capsule de fulminate.

« Pour les tirs d'exercice on peut interchanger le cône de charge avec un autre de mêmes dimensions et de même poids mais ne contenant que de l'eau et un contre-poids mobile au moyen duquel on obtient un déplacement du centre de gravité qui permet de placer celui-ci au point exact où il se trouverait dans la torpille chargée.

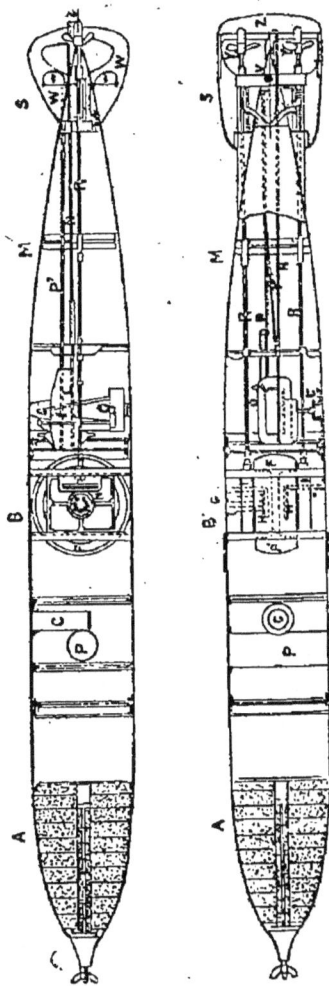

Fig. 32 et 33. — Torpille Howell. (Détail du mécanisme. Plan et élévation).

A. Cône de charge.
B. Corps cylindrique milieu. — P. Poche pour les enregistreurs (tirs d'exercice). — G. Poche à phosphure de calcium (tirs d'exercice). — F. Volant moteur. — G. Manchon d'embrayage. — H, I. Pignons de transmission du mouvement.
M. Corps arrière. — E. Piston hydrostatique. — O. Pendule. — L. Mécanisme actionnant les gouvernails. — R, R. Arbres des hélices. — N. Tige de commande du gouvernail horizontal. — P', P'. Tiges de commande du gouvernail vertical. — Q. Tige d'échappement de la commande des hélices.
S. Queue de la torpille. — V. Cône arrière extrème. — W, W. Lames du gouvernail vertical. — Z. Gouvernail horizontal. — Y, Y. Hélices.

α *Corps cylindrique milieu*. — Cette partie de la torpille contient :

La poche P destinée à recevoir l'appareil employé dans

les tirs d'exercice pour enregistrer automatiquement la courbe indiquant la trajectoire de la torpille.

La poche C destinée à recevoir un bâton de phosphure de calcium qui, par la fumée qu'il produit au contact de l'eau permet de retrouver les torpilles après les tirs d'exercice et de les repêcher.

Le volant F, organe de propulsion et de direction que l'on met en mouvement au moyen d'un manchon d'embrayage G et d'une turbine placée à bord du torpilleur.

L'axe du volant est horizontal ; il est placé au centre même de la torpille et se trouve perpendiculaire à son grand axe. Les deux extrémités roulent dans des boîtes munies de huit galets d'acier.

« Les engrenages H, I du volant transmettent leur mouvement à des pignons dentés montés à l'extrémité de l'arbre des hélices. Le rapport des vitesses angulaires de ces deux engrenages et par conséquent celui des vitesses du volant et des hélices est de $\frac{8}{10}$.

« Le corps cylindrique milieu est fixé au cône de charge par un emmanchement à baïonnette.

« *Corps arrière*. — Cette partie de la torpille contient :

« Le piston hydrostatique E et le pendule O dont les actions combinées sont transmises au mécanisme L qui actionne le gouvernail d'immersion ou gouvernail horizontal Z au moyen d'une tige de commande N. Ce mécanisme est destiné à maintenir la torpille à une profondeur constante réglée à l'avance pour toute la durée de la course. Le mécanisme L reçoit en outre l'action du pendule du gouvernail vertical et actionne de même la tige P' de ce gouvernail qui est un gouvernail de direction dans le plan horizontal.

« Les arbres des hélices R, R, et le mécanisme d'immobilisation du pendule pendant les premiers instants de la course de la torpille. Cet appareil comprend un levier d'accrochage et une tige d'échappement Q.

« *Quéue de la torpille*. — Cette partie de la torpille contient :

« Le cône arrière extrême V dans lequel s'ajuste le régulateur d'allure, mécanisme destiné à augmenter le pas des hélices à mesure que la vitesse du volant diminue ;

« Les caisses verticales W, W, supérieure et inférieure, destinées à recevoir les palettes du gouvernail vertical ;

« Un cadre qui entoure les hélices et reçoit à son extrémité la palette Z du gouvernail horizontal ;

« Les hélices Y, Y.

« La coque de la torpille est en cuivre laminé d'une épaisseur de 2 millimètres ; elle est renforcée de distance en distance par des anneaux de bronze.

« On la rend complètement étanche au moyen de bandes de caoutchouc que l'on dispose entre les rondelles d'assemblage.

« Avant de passer à l'étude détaillée du mécanisme que nous venons de décrire succinctement nous croyons bon de donner ici le calcul simple qui conduit à l'évaluation de la force motrice d'une torpille Howell quand on connaît ses dimensions et celles du volant.

Désignons par P le poids de la torpille avec son volant

p le poids du volant.

ρ son rayon de giration — défini comme on sait par la relation $\rho^2 = \Sigma m r^2$ où *m* est la masse d'un point du corps en mouvement, *r* sa distance à l'axe de rotation, et où le signe Σ s'étend à toute la masse du corps.

k le rapport de la vitesse linéaire de l'extrémité du rayon de giration à la vitesse de translation de la torpille ; (ce rapport est constant et dépend de la construction même de la torpille, c'est donc ce qu'on peut appeler le facteur de la transmission).

V la vitesse de translation de la torpille au moment de la sortie du tube (Pour plus de simplicité de la question nous supposerons que cette vitesse est la même que celle conservée par la torpille à la fin de la course que nous considérons).

V_o la vitesse de translation que prend la torpille quand elle tombe à l'eau et que ses hélices commencent à fonctionner utilement pour la propulsion.

g l'accélération de la pesanteur égale à 9,81.

Lorsque la torpille est projetée hors du tube de lancement elle est animée d'une vitesse de translation égale à V ; l'effort nécessaire pour l'animer de cette vitesse est emprunté à la force expansive de la poudre renfermée dans la gargousse. Puis, la torpille entrant dans l'eau, ses propulseurs fonctionnent et le rapport k de transmission est tel qu'elle passe brusquement de la vitesse V à une vitesse V_o, — vitesse initiale du parcours, — et cela en empruntant au volant la puissance vive nécessaire pour faire passer ce corps de poids P de la vitesse V à la vitesse V_o.

Or, cette puissance vive une fois obtenue va se restituer dans le reste du parcours puisque à partir de V_o sa vitesse va diminuer ; et quand la torpille repassera par la vitesse V qu'elle avait à sa sortie du tube elle aura restitué complètement la puissance vive qu'elle avait au départ.

Comme nous nous plaçons justement dans ce cas et que nous ne considérons que la partie de la course comprise entre la vitesse V_o et la vitesse V, il n'y a donc pas lieu par la suite de tenir compte de la puissance vive absorbée puis restituée par la masse totale de la torpille.

Il y a une autre puissance vive emmagasinée dans le volant et qui, elle, servira à produire le travail nécessaire pour faire passer la torpille de la vitesse V_o au départ, à la vitesse V à la fin de la course en assurant à celle-ci un certain parcours que nous allons déterminer.

Appliquons le théorème des forces vives pour un temps infiniment petit dt.

Le dernier accroissement de la force vive égale la somme des travaux des forces extérieures pendant le temps considéré.

Evaluons d'abord le demi accroissement de force vive.

Nous avons deux sortes de mouvements à considérer :

1⁰ La force vive de l'ensemble de la torpille ; — cette force vive est négligeable dans le calcul pour la raison que nous avons indiquée plus haut ;

2⁰ La force vive emmagasinée dans le volant qui est égale à $\frac{p}{g} V_\rho^2$ en désignant par V_ρ la vitesse à l'extrémité du rayon de giration du volant. Or,

$$\frac{V_\rho}{V} = k$$

donc la force vive emmagasinée dans le volant est

$$\frac{p}{g} R^2 V^2$$

Pour un temps infiniment petit dt, le demi-accroissement de force vive sera

$$\frac{1}{2} k^2 \frac{p}{g} d(r^2) = \frac{k^2 p}{g} v dv$$

et nous pouvons écrire

$$\frac{k^2 p}{g} v.dv = \Sigma \mathfrak{C} f.dt$$

Les forces agissantes sont au nombre de deux :

1⁰ La pesanteur dont l'action est ici complètement négligeable ;

2⁰ La résistance de l'eau qui peut s'exprimer sous la forme

$$F = f v^2$$

formule dans laquelle f est un coefficient dépendant de la forme et de la nature du corps en mouvement dans l'eau à la vitesse v.

Le chemin élémentaire parcouru est égal à vdt.

L'équation différentielle du mouvement de la torpille est donc :

$$\frac{k^2p}{g} vdv = fv^2.vdt$$

où :

$$\frac{k^2p}{g} \frac{dv}{v^2} = f.dt$$

En intégrant de V_0 à V pour les vitesses et de o à t pour le temps, on a :

$$\frac{k^2p}{g} \int_{V_0}^{V} \frac{dv}{v^2} = f \int_0^t dt$$

ou :

$$-\frac{k^2p}{g}\left[\frac{1}{V_0} - \frac{1}{V}\right] = ft$$

d'où :

$$t = \frac{k^2p}{gf}\left[\frac{1}{V} - \frac{1}{V_0}\right]$$

De cette valeur de t nous pouvons tirer la valeur de V ; on a :

$$\frac{1}{V} = \frac{1}{V_0} + \frac{gft}{k^2p} = \frac{k^2p + gfV_0t}{k^2pV_0}$$

d'où :

$$V = \frac{k^2pV_0}{k^2p + gfV_0t}$$

Cherchons maintenant le chemin parcouru :

Nous aurons, ds étant l'espace élémentaire :

$$ds = vdt$$

$$dt = -\frac{k^2p}{gf}.\frac{dv}{v^2}$$

d'où :

$$ds = -v \cdot \frac{k^2p}{gf} \frac{dv}{v^2} = -\frac{k^2p}{gf} \cdot \frac{dv}{v}$$

et en intégrant :

$$S = -\frac{k^2p}{gf} \int_{V_0}^{V} \frac{dv}{v} = -\frac{k^2p}{gf} [LV - LV_0]$$

$$S = \frac{k^2p}{gf} [LV_0 - LV]$$

$$S = \frac{k^2p}{gf} \cdot L \cdot \frac{V_0}{V}$$

Si nous voulons exprimer l'espace en fonction du temps nous aurons, puisque

$$V = \frac{k^2pV_0}{k^2p + gfV_0t}$$

$$S = \frac{k^2p}{gf} LV_0 \frac{k^2p + gfV_0t}{k^2pV_0}$$

ou :

$$S = \frac{k^2p}{gf} L \left[1 + \frac{gfV_0t}{k_0p} \right]$$

« *Exemple numérique* : Prenons les données suivantes (fig. 34) :

P = poids total de la torpille.... 250 kgr.
p = poids du volant........... 55 kg.
ρ = Rayon de giration du volant. o m. 145
k = Rapport de la vitesse linéaire de l'extrémité du rayon
de giration à la vitesse de translation de la torpille........... 8,27
V⁰ = Vitesse maxima correspondant au commencement du fonctionnement des hélices........ 22 m.
V = Vitesse à la sortie du tube
et à la fin de la course considérée .... 10 m.
g = accélération de la pesanteur. 9 m. 81

Il ne nous reste plus qu'à déterminer la valeur en f dans la formule,

$$F = fV^2$$

Or, Claudel donne pour la résistance de l'eau à la marche d'un navire à grande vitesse la formule

$$F = \frac{KA}{2g} \cdot 1000 \cdot V^2$$

formule dans laquelle K est un coefficient variable avec la forme et la nature du corps en mouvement, A la section au maître couple.

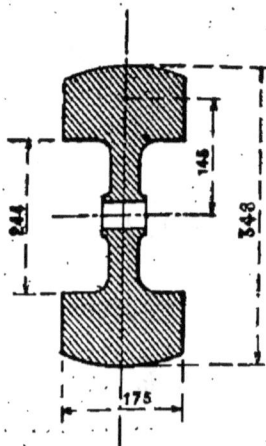

Fig. 34.

Volant de la torpille Howell.

Nous appliquons cette formule à la torpille en en prenant pour K le coefficient indiqué par le même auteur pour les navires à grande vitesse bien que nous soyons persuadés que dans le cas qui nous occupe K est beaucoup plus faible ; — cette valeur est $K = \frac{1}{10}$.

La section du maître couple A, dans le cas actuel est de :

$$\frac{\pi}{4}(2R)^2 = \frac{\overline{0^m,356}^2}{1,273} = 0^{m^2}10$$

o m. 356 étant le diamètre du maître couple ou calibre de la torpille.

La formule devient donc :

$$F = \frac{0,10 \times 0,10 \times 1000}{2g}V^2$$

ou :

$$P = \frac{10}{2g} . V^2$$

On peut donc dans la formule $F = fV^2$ poser

$$f = \frac{10}{2g}$$

et nous avons alors :

$$t = \frac{\overline{8,27}^2 \times 55}{g.\dfrac{10}{2g}}\left(\frac{1}{10} - \frac{1}{22}\right)$$

$$t = \frac{6}{10} . \overline{8,27}^2 = 41 \text{ secondes.}$$

L'expression de l'espace parcouru devient :

$$S = \frac{\overline{8,27}^2 \times 55}{5} L\frac{22}{10} = 592 \text{ mètres}$$

La vitesse moyenne sera donc de

$$\frac{592}{41} = 14^m,4$$

ce qui correspond à une vitesse de 28 nœuds.

Si nous conservons les mêmes notations que ci-dessus mais en nous plaçant dans le cas plus général où la vitesse V à l'instant considéré est quelconque les équations du mouvement de la torpille deviendront :

$$V = \frac{(P + k^2p)V_0}{P + k^2p + gfV_0 t}$$

d'où

$$t = \frac{P + k^2 p}{gf}\left[\frac{\mathrm{I}}{V_0} \quad \frac{\mathrm{I}}{V}\right]$$

et pour expression de l'espace parcouru depuis le moment où la vitesse est V_0

$$S = \frac{P + k^2 p}{gf} L \frac{V_0}{V}$$

L'expression de l'espace en fonction du temps deviendra alors :

$$S = \frac{P + k^2 p}{gf} L\left[\frac{gfV_0 t}{P + k^2 p}\right]$$

On peut remarquer ici que lorsque deux torpilles ne diffèrent que par le rapport k les espaces parcourus à une même vitesse moyenne sont entre eux dans le rapport $P + k^2 p$.

« *Direction de la torpille dans le plan vertical.* — Le volant moteur de la torpille remplit encore dans son mouvement une fonction importante outre celle de la mise en marche des hélices de propulsion ; il communique à la torpille une véritable force de direction dans le plan vertical de lancement (fig. 35).

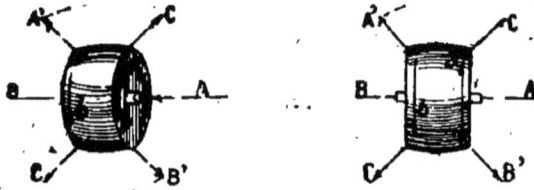

Fig. 32.
Effet gyroscopique.

« Considérons en effet le volant tournant dans le sens des flèches indiquées sur la figure, — c'est le sens de rotation quand on regarde la torpille du côté droit.

« Une force tendant à faire dévier la torpille vers la gauche agira comme des forces appliquées en A et B ; mais la force A et les forces *a* donnent une résulatnte A′ tandis que B donnera avec les forces *b* une résultante B′ formant un couple avec la première et la torpille tendra seulement à prendre de la bande à gauche au lieu de dévier dans ce sens.

« Les gouvernails verticaux agissant alors pour tourner la pointe de la torpille à droite et son arrière à gauche produiront des résultantes C qui agiront en sens inverse des forces A′ et B′ jusqu'au retour de la torpille à sa fonction normale.

« La torpille ne pourra donc dans aucun cas dévier de sa direction ; — c'est là une incontestable supériorité de la torpille Howell sur toutes les autres.

« *Régulateur d'immersion.* — Cet appareil a pour but de donner à la torpille une trajectoire située dans un plan horizontal dont la profondeur au-dessous du niveau est voulue à l'avance (fig. 36, fig. 37).

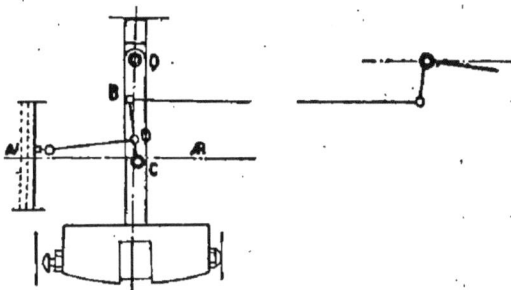

Fig. 36. — Piston hydrostatique et pendule (torpille pointe en haut).

« Il se compose en principe :

1° D'un piston hydrostatique placé sur le côté de la torpille qui reçoit d'un côté la pression d'un ressort dont la tension est réglée avant le départ, et de l'autre la pression de l'eau qui est proportionnelle à la profondeur d'immersion. Le réglage du ressort s'obtient au moyen d'une clef graduée aux diverses profondeurs ;

2⁰ D'un lourd pendule qui peut se déplacer légèrement de l'avant à l'arrière suivant que la torpille incline ou pointe vers le haut ou vers le bas.

« Les figures schématiques ci-jointes sont assez claires, pour faire comprendre immédiatement l'action des deux organes sur le gouvernail horizontal et par suite sur la torpille.

« *Régulateur de direction.* — Ce régulateur est encore un pendule mais mobile cette fois dans un plan perpendiculaire à la l'axe de la torpille. Nous avons vu que l'action d'une force dérivatrice tend à faire prendre de la bande à la torpille dans le sens de la déviation. Les mêmes figures (36 et 37) nous montrent encore comment

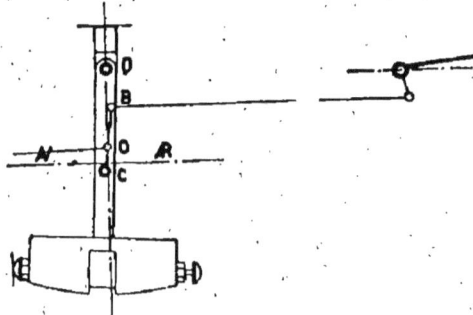

Fig. 37. — Piston hydrostatique et pendule (torpille pointe en bas)

l'inclinaison prise par le pendule agit alors sur le gouvernail vertical pour ramener la torpille dans sa direction. Il en résulte que toute déviation se réduira à de petits déplacements parallèles sans importance.

« *Régulateur d'allure.* — Le régulateur d'allure est un mécanisme destiné à augmenter progressivement le pas des hélices à mesure que la vitesse de rotation du volant diminue de façon à conserver à la torpille une vitesse de translation à peu près constante. Ce mécanisme n'est autre qu'une série de cames et de leviers qu'actionnent les arbres des hélices et qui produisent une inclinaison des ailes mobiles de celles-ci d'autant plus grande que la vitesse de rotation est plus faible. Ce système n'est combiné d'ailleurs pour fonctionner qu'après l'immersion de la torpille.

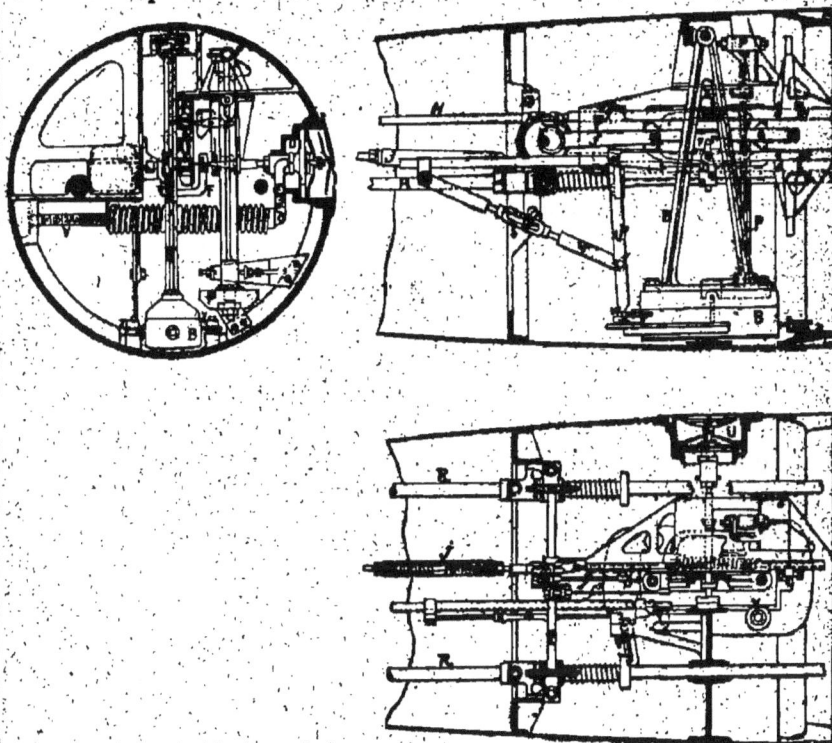

Fig. 38, 39 et 40. — Chambre des régulateurs de la torpille Howell. U. Piston hydrostatique. — E. Ressort antagoniste du piston hydrostatique. — B. Pendule d'immersion. — K. Pendule de direction. — V'XOW. Mécanisme d'immobilisation du pendule. — N. Tige de commande du gouvernail de direction. — P. Tige de commande du gouvernail d'immersion. — R,R. Arbres des hélices. — J. Mécanisme de mise en marche.

« Signalons pour terminer que la torpille Howell est combinée de telle sorte qu'elle peut à volonté stopper en un point de sa course et remonter à la surface ou bien couler à fond, de façon à ne pouvoir en temps de guerre, tomber aux mains de l'ennemi ou demeurer à la surface comme un danger permanent pour tout navire qui viendrait à la heurter par hasard.

« *Comparaison des torpilles automobiles.* — Nous avons vu déjà que la torpille Howell présente sur les autres, sur la torpille Whitehead en particulier, les avantages suivants : sillage invisible ; — direction assurée dans le plan de tir. A cela il faut ajouter encore que, étant donnée la nature de son moteur, une simple augmentation de vitesse du volant augmente beaucoup la portée ; enfin ce moteur puissant est petit et permet des charges considérables dans des torpilles relativement peu volumineuses.

« A calibre égal la torpille Howell, presque moitié moins longue que la torpille Whitehead, contient une charge double. Enfin, et c'est un avantage qui vaut d'être souligné, le prix d'une torpille Howell n'est que de 4.000 à 6.000 francs, celui d'une torpille Whitehead varie de 8.000 à 12.000. »

Nous ne dirons rien de plus sur les torpilles automobiles. Cette rapide théorie, encore que bien incomplète suffit à nous faire connaître la nature des engins dont sont armées les bateaux sous-marins modernes dont nous donnerons plus loin la description. Quant aux organes moteurs, et directeurs, nous les retrouverons tous, plus ou moins modifiés dans les bateaux sous-marins eux-mêmes et la comparaison de leurs modes d'action dans des cas aussi différents par les données numériques du problème nous rendra bien plus claire la notion même de cette action et nous fera comprendre les raisons qui modifient d'une torpille à un bateau et d'un bateau à un autre, les dimensions, les formes et les situations respectives de tel ou tel organe agissant toujours dans le même but et d'après le même principe.

TORPILLES DIRIGEABLES

Nous ne voulons pas abandonner ce chapitre consacré aux torpilles sans signaler rapidement des engins plus nouveaux et qui, pour peu répandus qu'ils soient encore n'en demeurent pas moins capables de rendre de grands services à la défense mobile et en particulier à la défense des côtes à laquelle, comme nous le verrons, les bateaux sous-marins sont destinés à concourir pour une large part. Nous voulons parler des *torpilles dirigeables*, c'est-à-dire organisées et mues de telle sorte que leur trajectoire puisse être guidée à chaque instant par celui qui aurait effectué le lancement.

Les types les plus connus de ce genre de torpilles sont au nombre de quatre :

> La torpille Lay ;
> La torpille Brennam ;
> La torpille Patrick ;
> La torpille Sims Edison.

Torpille Lay. — Cette torpille comporte deux machines à cylindre oscillant et fonctionnant à l'acide carbonique liquéfié, l'une des deux machines servant à sa propulsion en actionnant deux hélices et l'autre à sa direction par la manœuvre de la barre du gouvernail (fig. 41 et fig. 42).

L'introduction d'acide carbonique dans ces deux machines est commandée respectivement par des électro-aimants reliés à l'opérateur au moyen de deux fils contenus dans un câble enroulé sur un treuil T.

L'opérateur placé à terre ou à bord d'un navire envoie
à volonté le courant fourni par 10 éléments Bunsen dans
l'un ou l'autre fil, faisant ainsi évoluer la torpille à
volonté.

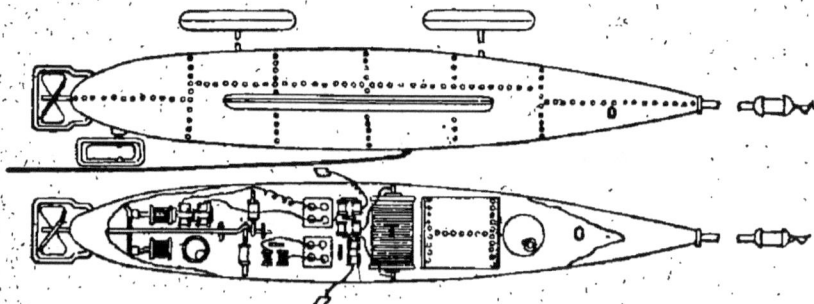

Fig. 41 et 42. — Torpille dirigeable *Lay* (Plan et élévation).

Un dispositif spécial permet à l'eau de rentrer dans
le corps de la torpille pour compenser la perte de poids
due au câble dévidé.

Cette torpille contient une charge de 250 kilogrammes
de poudre placée dans le cône de charge O. La mise de
feu est provoquée au choc par une petite torpille automatique placée à l'avant et renfermant de la poudre bri-
sante.

Torpille Brennam. — Dans cette torpille les hélices
sont mises en mouvement par la rotation de deux tambours sur lesquels sont bobinés des fils d'acier ; sous l'effort d'une machine à vapeur installée au poste de lancement et exerçant sur ces fils une traction voulue, ceux-ci
se dévident plus ou moins vite en mettant ainsi en marche
les hélices (fig. 40). Le dévidage de ses fils se fait par
l'arrière de la torpille et celle-ci prend sous l'influence de
ses hélices une vitesse d'autant plus grande que la traction
exercée en sens inverse par la machine fixe du poste de
lancement est plus considérable.

Il semble qu'il y ait là une sorte de paradoxe ; rien n'est plus simple que de l'expliquer. On conçoit facilement, en effet, que l'ensemble des hélices et des bobines de fil peut-être combiné de telle sorte que la poussée des hélices soit

Fig. 43. — Torpille dirigeable *Brennam*.

toujours supérieure à la traction en arrière exercée par les fils ; — par exemple, en supposant déterminés tous les autres élements de l'appareil, on pourra toujours prendre pour les tambours un diamètre assez grand pour que la traction exercée par les fils soit notablement inférieure à l'effort des hélices en sens inverse.

L'immersion de la torpille se fait, comme dans les torpilles automobiles, sous l'influence d'un pendule et d'un piston hydrostatique qui agissent directement sur le gouvernail horizontal. Cette action directe du régulateur sur le gouvernail manque de précision et de sensibilité et il en résulte pour la torpille une grande irrégularité d'immersion et une trajectoire très sinueuse dans le sens de la hauteur.

L'appareil de direction est un gouvernail vertical actionné par le mouvement différentiel des deux arbres porte-hélices. A cet effet, les deux tambours actionnent deux arbres, l'un plein, l'autre creux et faisant manchon autour du premier. Les deux arbres tournent dans le même sens et c'est un système d'engrenages coniques qui fait tourner l'hélice avant en sens inverse de son arbre de façon à ce que les hélices qui sont de pas contraires aient des rotations de sens différent. L'arbre plein est fileté sur une petite partie

de son étendue et reçoit une pièce formant écrou et maintenue dans une rainure longitudinale de l'arbre creux. Toute
différence dans la vitesse des deux arbres imprimera à
l'écrou un déplacement longitudinal qui est utilisé pour
la commande du gouvernail vertical. La direction de la
torpille s'obtiendra donc en dévidant l'un ou l'autre fil
plus rapidement.

La position de la torpille est indiquée par les fumées ou
les flammes produites par des compositions chimiques.

La torpille Brennam qui a été achetée à son inventeur
pour 2.500.000 francs est en usage en Angleterre depuis
1876.

Torpille Patrick. — Dans cette torpille l'immersion est
réglée par un flotteur auquel la torpille est suspendue. La
propulsion est obtenue au moyen d'une machine Brotherood fonctionnant à l'acide carbonique (fig. 41 et fig. 42).

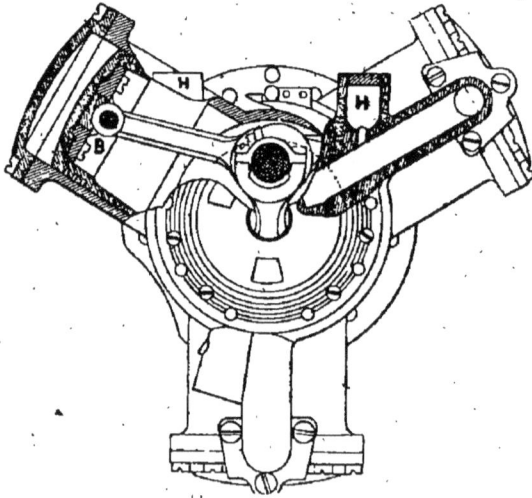

Fig. 44.— Machine à air comprimé système *Brotherood* (Elévation).

Cet acide carbonique renfermé à l'état liquide dans un
récipient traverse en passant à l'état gazeux un serpentin

réchauffeur dont la température est élevée au moyen d'une combinaison d'acide sulfurique et de chaux.

La torpille est reliée au poste de lancement par un cable électrique qui se déroule pendant la marche. C'est au moyen de courants lancés dans le cable que l'on obtient la mise en marche ou l'arrêt de la machine, ainsi que le mouvement du gouvernail de direction et l'explosion de la torpille soit au choc, soit en un point voulu de sa course.

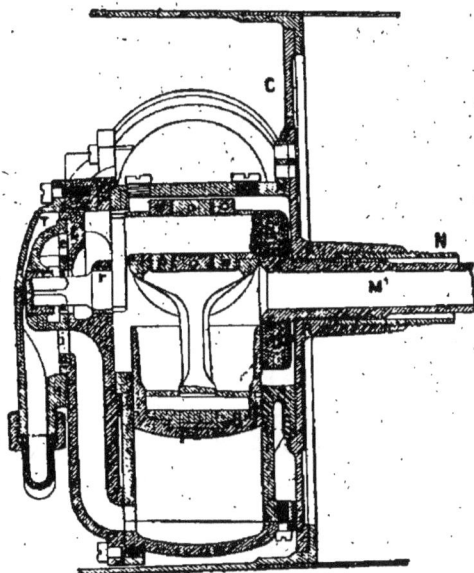

Fig. 45. — Machine à air comprimé système *Brotherood* (Plan).

Torpille Sims-Edison. — La torpille dirigeable Sims-Edison, plus parfaite et plus précise que la précédente, n'en diffère essentiellement que par son moteur qui est électrique (fig. 46).

L'immersion d'environ deux mètres est obtenue au moyen d'un flotteur relié à la torpille par des tiges rigides. Les tiges reliant le flotteur à l'avant de la torpille sont

inclinées à 45° environ de façon à permettre à l'ensemble
de plonger pour passer au besoin par dessous un obtacle
tel par exemple qu'une ceinture flottante protégeant un
navire au mouillage.

Un câble électrique relie encore la torpille au poste de

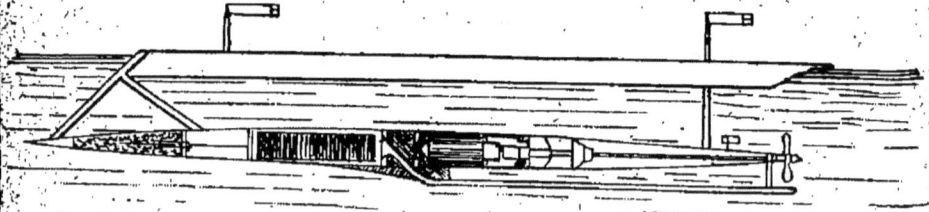

Fig. 46. — Torpille dirigeable *Sims-Edison*.

lancement. Ce câble long d'environ deux kilomètres et
renfermé dans un compartiment disposé à cet effet dans la
torpille elle-même est double ; un fil central sert pour les
courants de faible intensité actionnant le gouvernail de
direction, un conducteur annulaire entourant le précédent
sert à conduire le courant plus intense (300 volts, 25 ampères) qui fournit l'énergie au moteur. Ce moteur d'une
puissance d'environ quarante chevaux tourne à une vitesse
de 1.500 tours, la transmission communique aux hélices
une vitesse de 750 tours par minute.

Cette torpille qui atteint une vitesse moyenne de
22 nœuds porte une charge explosive de 125 kilos de
dynamite.

Tels sont les engins destructeurs, — véritables bateaux
sous-marins automatiques d'infime tonnage, — qui constituent l'armement adopté ou possible des bateaux sous-
marins militaires. Il ne nous sera pas inutile d'avoir fait
un peu connaissance avec eux, — passons maintenant
sans tarder à l'étude des bâtiments sous-marins eux-
mêmes.

DEUXIÈME PARTIE

Théorie du sous-marin

CHAPITRE PREMIER

FORME EXTÉRIEURE

Au moment d'entreprendre la construction d'un bateau sous-marin il est clair que la première condition que l'on doit s'astreindre à lui faire remplir, c'est d'avoir une coque permettant son immersion et son mouvement dans l'eau, c'est-à-dire une enveloppe extérieure dont la forme et la résistance soient telles qu'il ne puisse céder par rupture ou déformation à la pression de l'eau environnante et qu'il puisse, dans cette eau, obéir à ses organes de propulsion et de direction.

Nombre de bateaux sous-marins ont existé déjà, il en faut convenir, mais ils ont été établis tous, soit sur le modèle exact d'un autre, soit sur des données tellement différentes de tous les autres qu'aucune continuité ne peut apparaître dans la suite des recherches ou des résultats obtenus. On nous a initié parfois au secret des organes moteurs, régulateurs et autres pièces de détail analogues; — on s'est toujours, quant à la forme de la coque renfermé dans une sorte de mutisme qui semblerait donner à croire qu'elle a été établie plutôt au hasard qu'autrement.

Bauer seulement, ainsi que nous l'avons vu, a défini, sinon la forme de son bateau, au moins une silhouette basée sur l'observation de la forme extérieure des animaux marins qui vivent dans des conditions analogues à celles que traverse un bateau sous-marin. C'est une idée, — et qui n'est certes pas à dédaigner, — que de donner à un tel navire la forme d'un phoque. Encore ne faut-il pas s'en tenir là et étudier cette forme prise comme type pour lui faire subir les modifications convenables que comportera certainement la rigidité du bateau et autres conditions dans lesquelles il diffère essentiellement d'un animal vivant.

Les éléments qui seront à considérer dans la détermination d'une coque seront essentiellement :

La résistance de cette coque aux pressions normales de l'eau tendant à l'écrasement.

La résistance rencontrée par la forme de cette coque au mouvement dans une masse liquide, résistance envisagée tant au point de vue du déplacement en avant ou en arrière que, au point de vue de l'évolution autour d'un axe vertical, c'est-à-dire de l'obéissance à un gouvernail de direction.

Les mathématiciens et physiciens des siècles passés nous ont déjà laissé à ce sujet des formules généralement empiriques, mais d'une certaine exactitude reconnue à l'expérience. La plus ancienne est celle de Newton, qui écrit.

$$R = \frac{\pi B^2 V^2}{2g}$$

R étant la pression exercée par l'eau sur un corps immergé en mouvement, B^2 la section droite du corps immergé au point considéré, V la vitesse de ce corps, π le poids du mètre cube d'eau et g l'intensité de la pesanteur.

Cette formule qui s'applique au mouvement d'un corps

dans un liquide en équilibre revient à considérer ce corps comme subissant le choc d'un cylindre liquide de base B^2 animé d'une vitesse V.

Poncelet demeure dans les mêmes principes, mais tout en gardant en facteur le carré de la vitesse il introduit dans sa formule, meilleure d'ailleurs que celle de Newton, le *sinus* de l'angle d'attaque de la surface en mouvement sur le liquide considéré comme résistant dans une direction normale au mouvement.

Les travaux successif de Coulomb, Dubuat, Prony, etc., conduisent à l'introduction de constantes expérimentales qui, pour tenir compte des pressions latérales toujours réductibles à une pression dans le sens du mouvement et une autre normale à ce mouvement, font admettre une formule de la forme

$$R = k\,\frac{\pi B^2 V^2}{2g} + \pi\sigma\,(\alpha V + \beta V^2)$$

où σ est la surface latérale en contact avec le liquide, α et β des coefficients expérimentaux qui servent à tenir compte des frottements et résistances de cohésion.

Il est absolument évident que ces formules sont incomplètes et que supposées exactes pour un élément de surface, elles ne sauraient donner un résultat satisfaisant pour un corps de dimensions finies dont la forme ne figure ici en aucune manière. Chercher à les transformer par des intégrations le long des courbes d'attaque serait à coup sûr se livrer à un travail au résultat illusoire ; et cependant il est nécessaire qu'une telle formule tienne compte de la forme du corps en mouvement. Cette formule toutefois, devra être déterminée directement et nous citerons seulement pour mémoire la tentative faite par l'amiral Bourgeois qui a voulu donner une formule où entrait la forme des surfaces en mouvement, formule établie d'après le bateau qu'il étudiait et qui est devenue absolument fausse pour un autre.

On admet aujourd'hui, — et c'est un résultat bien contrôlé de nombreuses expériences que la puissance F des machines motrices d'un navire est liée à sa vitesse V par la relation

$$F = \frac{V^3 B^2}{M^3}$$

où F est la puissance en chevaux-vapeurs, V la vitesse en nœuds, B^2 la surface verticale immergée du maître couple et M un coefficient dont la valeur varie de 2,5 à 4,5 suivant les proportions du navire, c'est-à-dire les rapports entre sa longueur, sa largeur maxima et sa hauteur sur quille mesurée jusqu'à la ligne de flottaison.

Il y a donc tout intérêt, si l'on veut obtenir une vitesse assez grande à augmenter le rapport de la longueur à la surface de la section centrale de façon à diminuer B^2 dans son rapport avec le tonnage et par conséquent avec la puissance motrice nécessaire qui y est intimement liée.

On admet d'ailleurs aujourd'hui pour exprimer le travail utile d'une machine marine le formule

$$T_u = \alpha\beta T$$

T étant ici le travail indiqué à la machine et α et β deux coefficients plus petits que l'unité dont l'un tient compte de la déperdition de travail dans les organes de transmission et l'autre de la déperdition due au système de propulsion.

D'autre part on exprime ce même travail utile en fonction de la vitesse V et de surface d'attaque B^2 au moyen de la formule

$$T_u = k B^2 V^3$$

k étant un coefficient expérimental qui tient compte de la forme extérieure du navire.

On en déduit immédiatement :

$$V^3 = \frac{\alpha\beta}{k}\ \frac{T}{B}$$

Si nous posons :

$$\frac{\alpha\beta}{k} = m^3$$

nous pourrons écrire

$$V = m \sqrt[3]{\frac{T}{B^3}}$$

La valeur moyenne du coefficient m a été reconnue voisine de 3.

Quelle que soit la formule que nous voulions envisager, nous voyons toujours dans l'expression de la vitesse, la valeur B^2 de la section normale principale du navire figurer en dénominateur ; il y a donc lieu de rendre, aussi petite que possible cette section si l'on veut atteindre une vitesse un peu considérable, c'est-à-dire, — et cela était bien à prévoir, — que, plus encore que pour les navires ordinaires il sera bon de donner aux bateaux sous-marins une forme allongée.

Avant de nous occuper de ce profil en longueur intéressant au point de vue de la vitesse nous dirons un mot cependant de la forme de la section elle-même, forme dont dépend la résistance de la coque à la pression exercée par l'eau dans laquelle le navire est plongé.

Si nous considérons un bateau de forme allongée, il est clair que dans la portion immergée, — c'est-à-dire dans tout le navire, puisque nous prenons ici un sous-marin, — les extrémités déplaceront des poids d'eau inférieurs à leur poids propre ; par contre la partie centrale sera plus légère que le poids d'eau qu'elle déplace. Il en pourrait résulter, si ces différences étaient considérables, un effort de flexion tendant à donner de l'arc au navire sur sa quille. Hâtons-nous d'ajouter que cette action est prévue par les constructeurs et que le soin qu'ils prennent d'équilibrer le navire, non seulement dans son ensemble, mais dans chaque tranche verticale de façon à ce que le déplacement d'une tranche quelconque soit aussi peu différent que possible de son poids, rend la flexion qui pourrait résulter d'une surcharge aux extrémités bien inférieure aux limites inférieures de déformations appréciables. Nous considérerons donc un navire sous-marin comme absolument rigide et invariable dans une section parallèle à son axe.

. Reste à voir quel sera l'effet de la pression de l'eau sur la section perpendiculaire à l'axe et comment on devra déterminer la coque pour que nulle déformation ou rupture ne soit possible à l'écrasement dans les limites de pression qui supportera le navire.

La forme même de ces sections est jusqu'ici assez indéterminée. Beaucoup ont préconisé l'emploi de coques à section circulaire à cause de l'égale répartition qui se fait alors des pressions normales et du résultat immédiat qui en découle : le maximum de résistance à l'écrasement. La section circulaire a cependant le grand défaut de ne laisser au navire aucune stabilité latérale de forme et en outre de rendre difficile l'aménagement intérieur à cause de la quantité de place perdue dans les segments latéraux et supérieur tout au plus utilisables pour un tuyautage dont on n'est guère embarrassé quelque part qu'il se trouve.

Une forme un peu moins résistante aux pressions extérieures, mais assurément préférable au point de vue de la stabilité aussi bien qu'à celui de l'aménagement est la forme elliptique à grand axe vertical ; — elle a été employée avec un certain succès dans des navires récents encore.

D'une façon générale cependant la forme de la section d'un sous-marin est moins simple et affecte plutôt l'aspect d'une sorte de courbe ovoïdale ayant sa partie la plus effilée tournée vers le bas. Quelle que soit d'ailleurs, la forme de cette section, elle pourra toujours, dans le cas d'un sous-marin, être assimilée à une enveloppe indéfinie, ses extrémités n'existant en aucune sorte puisqu'elle est complètement fermée.

Sous l'influence d'une pression extérieure la matière de la coque ne saurait travailler qu'à la compression ; il en résulte que, cette compression étant la même dans tous les sens, toute déformation ne saurait avoir pour effet qu'un état d'équilibre instable, autrement dit que toute déformation accidentelle ne saurait être passagère, mais au contraire, au lieu de tendre à disparaître, aurait toute chance d'augmenter.

Nous citerons, à ce sujet quelques lignes d'une intéressante étude faite sur la question par M. H. Chaigneau (*Bulletin technologique*, avril 1900).

« Les déformations peuvent exister par suite d'un vice de fabrication ou de chocs provenant du fonctionnement de l'appareil. Il faut donc donner à la carène un certaine raideur et, comme la longueur est relativement grande, il faut la renforcer par de fortes membrures à grand moment d'inertie.

« Les formes de nos navires étant généralement des surfaces analytiques dont les sections transversales ont leurs axes de symétrie contenus dans le plan longitudinal, seront donc composées de courbes ou de droites, dont on connaît les équations en coordonnées rectangulaires ou polaires, elles seront aussi des plus simples, arcs de cercle, droites. Par suite de ces différentielles les fonctions n'étant pas trop compliquées peuvent s'intégrer par des procédés d'analyse connus et, en prenant comme fibre moyenne celle correspondant à la plus grande section, nous serons assurés de trouver le maximum maximorum des moments fléchissants, et enfin connaissant le moment d'inertie par rapport à un axe passant par le centre de gravité situé dans la fibre neutre et perpendiculairement au plan de symétrie nous en déduirons la charge de la fibre la plus chargée.

« Nous supposerons que les embardées du sous-marin correspondent à un maximum de 40 mètres de profondeur la carène sera donc soumise à une pression maximum de o kg. o4 par millimètre carré.

« Les unités adoptées seront :

Le kilogramme pour les forces ;

Le millimètre pour les longueurs ;

Le millimètre carré pour les surfaces.

« Nous supposerons la section constante et que les valeurs des forces extérieures ne soient pas assez fortes pour altérer l'élasticité ; la flexion sera donc simple et la fibre neutre restera plane après la déformation. Le moment fléchissant se calculera donc comme si le navire n'avait pas été déformé.

« Soient deux sections voisines mn, $m'n'$ faisant entre elles l'angle θ ; ρ le rayon de courbure de la fibre primitive (fig. 47).

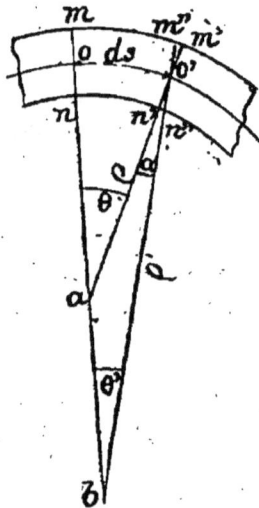

Fig. 47.

« Le mouvement fléchissant M imprime à la section $m'n'$ une rotation

$$\alpha = \frac{M}{EI} ds$$

et la section $m'm'$ vient en $m''n''$ faisant un angle θ' avec mn.

« Le nouveau rayon de courbure est tel que

$$\rho'\theta' = ds$$

« On aura d'ailleurs

$$\frac{M}{EI} = \frac{1}{\rho} - \frac{1}{\rho'}$$

ou

$$M = EI \left(\frac{1}{\rho} - \frac{1}{\rho'} \right).$$

F étant le module d'élasticité longitudinale ;

I le moment d'inertie de la section par rapport à un axe passant par son centre de gravité ;

ρ le rayon de courbure de la fibre moyenne ayant pris sa position d'équilibre ;

ρ', le rayon de courbure de la fibre moyenne avant la déformation.

« Nous pourrons donc déterminer le nouveau contour de la fibre moyenne déformée quand nous aurons déterminé le moment fléchissant et le moment d'inertie.

« Considérons la fibre moyenne ABCD (fig. 48) séparée de l'autre par l'axe de symétrie AD. Les forces sollicitant ces deux pièces formeront deux groupes symétriques.

« Le moment fléchissant M_m au point m se compose :

1º du moment de la poussé T par rapport à m ;

2º du couple élastique développé en A ;

3º du moment d'une pression normale p uniformément répartie sur l'arc.

« Pour que l'équilibre susbsiste il faut que la somme des moments des forces par rapport au point m soit nulle.

M_m représentant le moment fléchissant au point m ;

M_A le moment fléchissant au point A ;

M_E le moment de la poussée, couple élastique, pression normale p ; nous aurons :

$$M_m + M_A + M_E = 0$$

d'où :

$$M_m = -M_A - M_E$$

Fig. 48.

« Or, $d\alpha$ étant l'angle dont un élément s'incline par rapport à sa direction primitive, nous aurons :

$$E l d\alpha = M ds$$

« La direction de la tangente, par suite de la symétrie, ne changeant ni en A ni en D, la variation totale d'inclinaison est nulle d'un de ces points à l'autre ; en intégrant entre ces limites on aura donc :

$$\int_A^D M ds = 0$$

« Ces différents moments fléchissants déterminés pour les divers points de la fibre moyenne sont des fonctions de la poussée et de la pression normale p appliquée par millimètre courant de cette fibre nous n'avons donc qu'à intégrer entre leurs limites respectives les différentielles de ces fonctions, l'inconnue M_A s'en déduira ».

Nous pouvons donner ici, d'après le même auteur, les valeurs des moments fléchissants en différents points de la carène d'un navire représentée en section par la figure ci-jointe (fig. 49).

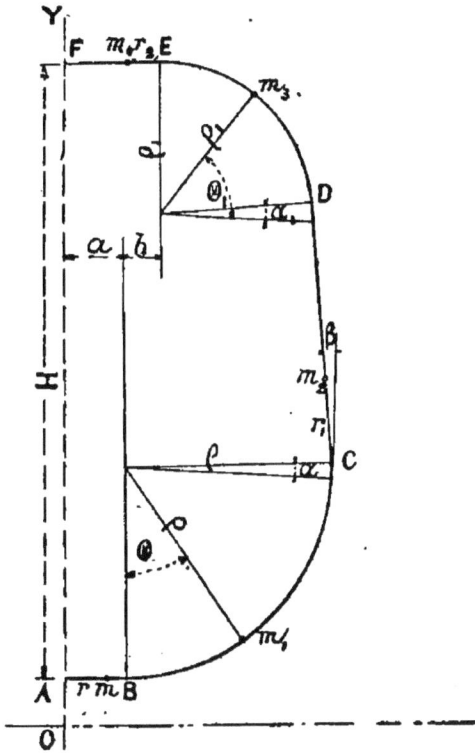

Fig. 49.

1° *Moment fléchissant au point m.*

Le moment d'une pression normale p uniformément répartie de A en m a pour valeur

$$p \cdot r \cdot \frac{1}{2} r = \frac{1}{2} pr^2$$

6,

donc le moment fléchissant en m a pour valeur

$$M_m = M_A + \frac{1}{2} pr^2$$

2º *Moment fléchissant au point* m_1.

a) Moment de la poussée T.
Nous avons

$$2T = pH$$

d'où

$$T = \frac{1}{2} pH$$

La force T tendant à diminuer la courbure de la pièce son moment est négatif et a pour valeur :

$$-\frac{1}{2} pH (\rho - \rho \cos \theta)$$

b) Moment d'une pression normale uniformément répartie de A en m'.

Cette pression peut être remplacée par la somme des deux expressions :

$$p (\rho - \rho \cos \theta) \frac{1}{2} (\rho - \rho \cos \theta) = \frac{1}{2} p \rho (1 - \cos \theta)^2$$

et

$$p (a + \rho \sin \theta) \frac{1}{2} (a + \rho \sin \theta) = \frac{1}{2} p (a + \rho \sin \theta)^2$$

et le moment fléchissant au point m_1 a pour valeur :

$$M_{m_1} = M_A - \frac{1}{2} pH\rho (1 - \cos \theta) + \frac{1}{2} p\rho (1 - \cos \theta)^2$$
$$+ \frac{1}{2} p (a + \rho \cos \theta)^2.$$

3° *Moment fléchissant au point m_2.*

a) Moment de la poussée T égal à

$$-\frac{1}{2}pH\left(\rho + \rho \sin \alpha + r_1 \cos \beta\right)$$

b) Moment d'une pression normale p uniformément réparti de A en m_2, somme des deux expressions

$$p(\rho + \rho \sin \alpha + r_1 \cos \beta)\frac{1}{2}(\rho + \rho \sin \alpha + r_1 \cos \beta)$$

$$=\frac{1}{2}p\left(\rho + \rho \sin \alpha + r_1 \cos \beta\right)^2$$

et

$$p\left(a + \rho \cos \alpha - r_1 \sin \beta\right)\frac{1}{2}\left(a + \rho \cos \alpha \, r_1 \sin \beta\right)$$

$$=\frac{1}{2}p\left(a + \rho \cos \alpha - r_1 \sin \beta\right)^2.$$

Le moment fléchissant au point m_2 aura pour valeur :

$$M_{m_2} = M_A - \frac{1}{2}pH\left(\rho + \rho \sin \alpha + r_1 \cos \beta\right)$$

$$+\frac{1}{2}p\left(\rho + \rho \sin \alpha + r_1 \cos \beta\right)$$

$$+\frac{1}{2}p\left(\rho + \rho \sin \alpha - r_1 \cos \beta\right)^2$$

4° *Moment fléchissant au point m_3.*

a) Moment de la poussée T égal à

$$-\frac{1}{2}pH\left(H - \rho_1 + \rho_1 \sin \Theta_1\right)$$

b) Moment d'une pression normale p uniformément réparti de A en m_3, — somme des deux expressions

$$p\left(H - \rho_1 + \rho_1 \sin \Theta_1\right)\frac{1}{2}\left(H - \rho_1 + \rho_1 \sin \Theta_1\right)$$

$$=\frac{1}{2}p\left(H - \rho_1 + \rho_1 \sin \Theta_1\right)_2$$

et

$$p \left(a + b + \rho_1 \cos \Theta_1\right) \frac{1}{2} \left(a + b + \rho_1 \cos \Theta_1\right)$$
$$= \frac{1}{2} p \left(a + b + \rho_1 \cos \Theta_1\right)^2$$

Le moment fléchissant au point m_3 aura donc pour valeur :

$$M_{m_3} = M_A - \frac{1}{2} pH \left(H - \rho_1 + \rho_1 \sin \Theta_1\right)$$
$$+ \frac{1}{2} p \left(H - \rho_1 + \rho_1 \sin \Theta_1\right)^2$$
$$+ \frac{1}{2} \left(a + b + \rho_1 \cos \Theta_1\right)^2.$$

5° *Moment fléchissant au point m_4.*

Il n'y a ici, outre le moment M_A que le moment d'une pression normale uniformément répartie de A en m_4 qui a pour valeur

$$p \left(a + b - r_2\right) \frac{1}{2} \left(a + b - r_2\right) = \frac{1}{2} p \left(a + b - r_2\right)^2$$

et le moment en m_4 a pour expression

$$M_{m_4} = M_A + \frac{1}{2} p \left(a + b - r_2\right)^2$$

6° Enfin le moment fléchissant au point F est

$$M_F = M_A$$

Il serait très facile de pousser plus loin ces calculs et d'en déduire tous les éléments analytiques de la carène. Nous ne nous y arrêterons pas et nous nous contenterons ici d'indiquer rapidement la manière dont peut s'effectuer le tracé de la fibre moyenne déformée.

« Dans les pièces droites le rayon de courbure ρ a pour valeur :

$$\rho = \frac{EI}{M}$$

l'on pourra donc déterminer pour certains points de la fibre moyenne la valeur du rayon de courbure.

« Dans les pièces courbes, en désignant par T l'effort tangentiel ou la somme des projections agissant sur le tronçon de droite, T sera l'effort tangentiel appliqué à une section considérée, d'ailleurs quelconque, et on aura :

$$T = EI\sigma$$

E désignant le coefficient d'élasticité ;

l l'allongement par millimètre courant ;

σ la surface de la section normale quelconque.

« Cette équation donne la valeur de l, c'est-à-dire, l'allongement de la fibre moyenne au point considéré par millimètre courant.

« Le moment fléchissant M est égal à

$$M = EI \left(1 + l\right) \left(\frac{1}{\rho_1} - \frac{1}{\rho}\right) ;$$

de la première équation on tire

$$l = \frac{T}{\sigma E}$$

et de la deuxième

$$\frac{1}{\rho^1} - \frac{1}{\rho} = \frac{-M}{EI \left(1 + \frac{T}{\sigma E}\right)}$$

« Nous pourrons donc tracer au moyen d'arc de cercle successifs la fibre moyenne déformée. »

Nous arrêterons là cet aperçu de l'étude des résistances d'une coque immergée pour revenir à la notion expérimentale de son profil en longueur.

Raisonnant comme l'avait déjà fait Bauer quand il comparait le *Brandtauscher* à un phoque, le Docteur Armans,

dans son ouvrage « *La locomotion aquatique* » précise
les idées pour lesquelles on doit, à son gré, s'inspirer toujours et en toutes choses des modèles fournis par la nature,
modèles toujours adaptés aussi exactement que possible
au milieu qui leur est propre et capables d'y produire avec
la moindre dépense de force le maximum de travail. Prenant alors pour type les grands poissons à habitudes
voyageuses tels que le marsouin qui, comme on le sait se
déplace dans des rayons immenses avec une très grande
vitesse il en conclut qu'un bateau sous-marin normalement construit doit être de formes effilées à l'avant et à
l'arrière mais de façon à présenter vers l'avant un renflement qui placerait son maître couple au tiers environ de
la longueur du navire compté à partir de l'avant.

L'opinion du docteur Armans avait besoin cependant
d'une confirmation expérimentale. L'auteur de la « *Locomotion aquatique* » s'y était adonné un peu mais nombre
d'autres savants travaillant dans la même voie ont poussé
plus loin encore leurs recherches. Un de ceux dont les
études expérimentales ont été le plus précises est le profes-
seur américain Milton qui étudia la déformation et fixa
la forme limite vers laquelle tendent des blocs prismati-
ques de glace que l'on fait se déplacer dans l'eau parallèlement à leurs arêtes.

Au moment de la mise en marche du prisme la résistance de l'eau à son mouvement était grande et des
remous puissants se manifestaient sur sa trajectoire ; peu
à peu l'eau adoucissait puis abattait complètement les
arêtes, rongeait en arrondissant ses bords la face antérieure qui prenait une forme analogue à une tête de poisson cependant que la partie arrière s'effilait de plus en
plus. Pendant cette déformation les remous causés par le
mouvement diminuaient progressivement et finissaient par
presque disparaître dès que le corps en mouvement était

arrivé à cet aspect pisciforme qu'il conservait dès lors, diminuant de grosseur par fusion et par usure de la glace mais conservant sensiblement ses proportions.

Le même expérimentateur a renouvelé son expérience en employant des prismes en cire qu'il suspendait dans une cheminée. La déformation a été analogue et la forme limite sensiblement la même.

Un peu après M. Milton, un savant anglais, M. Froude, a étudié, lui aussi, les formes des carènes, mais principalement au point de vue de la résistance que l'eau oppose à leur mouvement. Nous ne saurions mieux rendre compte de ses travaux que de citer les passages principaux de la conférence retentissante dans laquelle il a exposé au monde savant d'Angleterre ses idées et les résultats qu'il avait obtenus.

Voici ce que dit M. Froude.

« Je m'occupe de la résistance de l'eau sur un modèle de navire se mouvant avec des vitesses différentes. Pour plus de commodité, j'ai fait usage de la courbe des résistances qui s'obtient en portant les vitesses en abscisses et en représentant les résistances par les ordonnées correspondantes. L'expérience montre que la courbe passant par les sommets des ordonnées tracées donne avec une précision très suffisante les résistances correspondant aux vitesses intermédiaires.

« J'ai fait mon modèle en paraffine, substance qui se prête admirablement à toutes les opérations de moulage. Elle se coule dans une matrice en argile dont l'intérieur répond approximativement aux contours externes du vaisseau. L'âme de la matrice est faite d'un léger treillage en bois recouvert de calicot et d'une petite couche d'argile et de plâtre de Paris ; — elle se trouve ainsi rendue imperméable à la paraffine fondue. Au fond on place de légères traverses qui font tenir cette partie centrale à peu près comme un navire dans une cale ; — de plus, pendant la coulée de la paraffine on remplit d'eau cette âme intérieure qui est creuse, on l'empêche ainsi de flotter et en même temps on accélère le refroidissement de la paraffine. Le lendemain, la paraffine étant complètement refroidie on peut retirer le modèle et le soumettre aux opérations suivantes :

M. Froude explique alors comment s'effectue le rabotage et le polissage de cette carène en paraffine et comment on arrive à lui donner exactement le contour voulu et la ligne de flottaison désirée. Il continue ainsi :

« Les modèles employés étaient de 6 à 16 pieds de long sur 18 pouces à 2 pieds de large; — ils pesaient de 200 à 800 livres. Les essais avaient lieu dans un bassin long de 200 pieds, large de 36 et profond de 10, recouvert par une toiture de hangar.

« Le modèle est muni d'un appareil d'entraînement solidaire d'un véhicule qui se déplace sur des rails solidement fixés et reliés au hangar mais sans rapport aucun avec la surface de l'eau. La résistance de l'eau sur le modèle est mesurée par la tension d'un ressort, tension qui se transmet à un levier qui vient tracer au crayon une courbe figurative sur un cylindre enregistreur. Le rapport des vitesses du cylindre et du véhicule est celui de un cinquième de pouce à un pied. Un autre crayon. solidaire d'un mouvement d'horlogerie, inscrit sur le cylindre un point toutes les demi-secondes.

« J'ai rendu le mouvement du modèle parallèle à celui du véhicule afin d'éviter les déplacements latéraux qui auraient pour effet d'occasionner des remous et des tourbillons qui viendraient influencer d'une façon irrégulière la résistance. Les mouvements de bas en haut peuvent se produire librement. Le véhicule dynamo-métrique est mis en mouvement par une machine à vapeur à laquelle un régulateur très précis permet d'imprimer à ce véhicule une vitesse uniforme voulue. On l'a fait varier entre 5o et 1.200 pieds à la minute.

« Une circonstance qui n'avait pas encore été signalée est la variation des tirants d'eau avec les vitesses. Certaines formes de navires ont ainsi une tendance à piquer de l'avant vers le bas, d'autres au contraire à se relever par l'avant. Il est clair que la résistance varie beaucoup dans cette influence. Aussi ai-je cru bon d'introduire un nouvel appareil enregistreur qui me permet d'en tenir compte. »

Le docteur Armans qui cite, d'après une traduction à peu près identique à celle-ci, les lignes qui précèdent, y ajoute souvent des observations intéressantes ; continuons la citation d'après le docteur Armans sans oublier les notes de ce dernier auteur :

« Avant de comparer les courbes de résistance sur le vaisseau lui-même et le modèle, un mot de théorie.

« Depuis longtemps on a pris comme unité de résistance de l'eau sur les vaisseaux la résistance sur la section maîtresse. On admettait qu'avec des extrémités de plus en plus aiguës on pouvait réduire la résistance totale à celle du plus grand plan transversal perpendiculaire au mouvement. Maintenant les mathématiciens eux-mêmes reconnaissent le peu de fondement de cette théorie ; une autre a surgi récemment, celle des *lignes courantes*. D'après cette théorie, s'il n'y avait pas dans l'eau de frottement, le poisson une fois en mouvement n'éprouverait aucune résistance s'il continuait à nager, ce poisson serait-il même réduit à un plan perpendiculaire au mouvement. L'unique résistance aurait lieu au début pour passer de l'état de repos à l'état de mouvement. Les courants exercent sur le corps en mouvement la même pression à la sortie qu'à l'entrée. Justifions plus amplement cette assertion qui paraît paradoxale.

7

« Au lieu de prendre le corps mobile dans un milieu tranquille, supposons l'inverse, c'est-à-dire le corps immobile et le liquide en mouvement ; dans les deux cas évidemment les conditions sont les mêmes.

« (Pas tout à fait ; il n'est pas indifférent pour un poisson de rester immobile dans un fort courant ou d'intervertir les rôles ; la résistance ne dépend pas seulement de la vitesse mais de la forme du mouvement, forme très différente chez le poisson de celle du courant. Du reste, les expériences de Dubuat prouvent que, dans le cas d'un corps immobile dans un courant, la résistance est plus grande que dans le cas d'un corps mobile dans une eau immobile. — *Note du Dr Armans*).

« Chaque ligne courante éprouve une incurvation en approchant du corps ; mais une fois celui-ci contourné, elle reprend sa direction primitive. Sa vitesse augmente dans le contournement pour devenir la même à la sortie, et cela sans l'introduction d'une force nouvelle. Établissons ce dernier point.

« Prenons un tube d'égal diamètre partout et légèrement courbé de façon à avoir les extrémités parallèles. La déviation du courant par la courbe du tuyau développe une force centrifuge qui tendra à faire mouvoir le tuyau dans une direction connue ; mais à la sortie il se produira une autre force de sens contraire qui neutralisera la première ; finalement le corps restera immobile. Même résultat avec une boule au lieu d'un tube.

« S'il y a rétrécissement du même tuyau en un point l'eau y passe avec une augmentation de vitesse et une diminution de pression sur les parois du tube. Pour expliquer cette augmentation de vitesse, il faut bien admettre que les molécules liquides éprouvent plus de pression en arrière qu'en avant. L'inverse a lieu si le liquide passe dans une région de plus grand diamètre ; celle-ci est la région de plus petite vitesse et de plus grande pression. Il y a compensation entre les deux écarts de vitesse et de pression et le liquide reste le même à la sortie qu'à l'entrée.

« Nous pourrions appliquer ces considérations au cas d'un poisson supposé immobile dans un courant. La vitesse commence à diminuer comme celle d'un liquide passant dans un élargissement ; le maître couple passé elle augmente en se dirigeant vers la queue. C'est l'inverse pour la pression qui augmente d'abord, puis diminue et redevient au bout de la queue ce qu'elle était à la tête. Finalement le poisson ne bouge pas de place.

« Il n'en est pas ainsi pratiquement, car il y a frottement dans les tubes et sur le poisson lui-même ; — le frottement est même d'autant plus fort que la surface est moins dure. Dans les vitesses assez modérées pour éviter la formation des vagues étendues, - vagues sous la dépendance des influences citées plus haut — la résistance sur les vaisseaux dépend uniquement du frottement superficiel. Il pourrait rester encore une certaine résistance provenant des tourbillons, mais on peut les éviter avec des contours convenables. Dans nos expériences, par exemple, nous voyons que des modèles de 10 et 20 pieds, à la vitesse de 50 pieds à la minute, n'éprouvent que la résistance due au frottement superficiel. Je mesurais ce frottement en tous les points de planches de 1/8 de pouce d'épaisseur, 19 pouces de haut et de longueur variable de 3 à 4 pouces à 50 pieds.

« Il ressort de ces expériences que la résistance sur la partie antérieure de la planche est plus grande que sur la partie postérieure. Cela provient de l'entraînement des molécules d'eau dans le même sens que la planche. Ainsi avec une planche de 50 pieds on peut voir des deux côtés, à l'arrière, un courant de 7 à 8 pouces et la vitesse moyenne des molécules de ce courant est presque égale à la moitié de celle de la planche ; le frottement doit donc être moindre à l'arrière qu'à l'avant.

« Si la proue est faite d'un métal poli et couverte d'une épaisse couche de graisse, le frottement forme sur celle-ci des sillons d'autant plus petits qu'on s'éloigne davantage de la proue ; mais à 10 pieds de la proue la diminution reste stationnaire. En variant la nature et la qualité de la surface on voit que le frottement est une fonction très sensible de cette nature.

« Ainsi une planche recouverte d'une feuille d'étain de 7 à 8 pouces de long éprouve seulement la moitié en la résistance d'une planche recouverte de laque. D'un autre côté si la planche a 50 pieds de long la résistance est la même dans les deux cas. On pourrait en conclure que les corps *à surface lisse et molle* comme les poissons, éprouvent plus de frottement que les corps à surface dure et polie.

« (Expression impropre pour les poissons, et en général pour tous les animaux aquatiques. La surface de leur corps est élastique et vibrante, il est imprudent de la comparer à une matière inorganique. — *Note du Dr Armans*).

« Il faut admettre qu'un modèle de 20 pieds de long se mouvant à la vitesse de 15 à 16 pieds à la seconde — ce qui équivaut au cas d'un vaisseau de 300 pieds se mouvant à la vitesse de 6 nœuds — éprouvera une résistance dépendant uniquement du frottement superficiel ; les mesures dynamométriques ont montré qu'effectivement il en est ainsi.

« La formation des vagues dans les grandes vitesses complique la question ; c'est pour éviter ce genre de résistance qu'on recherche les meilleurs contours à donner. Le problème pour nous doit se poser ainsi : construire un vaisseau d'un déplacement avantageux à une vitesse donnée avec le moins de dépense possible. Par déplacement d'eau nous entendons le poids total du navire ; une diminution de cette quantité ne peut être qu'utile.

« La forme des contours a une influence considérable sur la vitesse. Les contours qui conviennent à un long navire pour des vitesses de 7 à 9 nœuds sont absolument désavantageux pour des vitesses de 16 à 18 nœuds. Pour de vitesses modérées il vaux mieux un vaisseau court.

« Voyons maintenant la comparaison des résistances sur le modèle, avec celle du vaisseau. Un modèle de longueur l et de vitesse v étant étudié, quelles sont les longueur et vitesse du navire donnant des vagues semblables. (La résistance d'ondulation s'obtient par une différence d'ordonnées entre les courbes de résistance totale et de résistance de frottement). Pour qu'il en soit ainsi il faut la proportion :

$$\frac{V}{v} = \frac{\sqrt{L}}{l}$$

où V et L sont la vitesse et la longueur du navire.

« Ainsi pour un modèle 16 fois moins long que le vaisseau et ayant une vitesse de 2 nœuds et demi, il faut donner 10 nœuds au vaisseau. Quant à la résistance résultant de ces vagues semblables elle est proportionnelle au cube des longueurs (dans notre cas $\overline{16}^2 = 4096$). Telles sont les bases de comparaison pour la résistance des vagues.

« Pour le frottement la comparaison est plus difficile étant donné que son unité varie suivant la longueur des navires. On peut cependant en comparant des navires semblables négliger la longueur et dire : les résistances totales de vaisseaux semblables doués de vitesses concordantes, sont entre elles comme les cubes de leurs dimensions.

« Les vaisseaux longs conviennent aux grandes vitesses, les courts aux moyennes. De deux vaisseaux à contours pareils c'est celui de moindres dimensions qui éprouve moins de résistance.

« Ces deux observations s'accordent avec celles de mécanique animale. Les contours changent suivant les vitesses non seulement d'une espèce à l'autre mais chez le même individu. Le limnée, par exemple, rampe à la surface de l'eau ; son pied forme un ovale qui s'allonge ou se ramasse suivant la vitesse à obtenir. — *Note du Dr Armens* ».

L'auteur de la *Locomotive aquatique* rappelle ensuite les études faites par Mendeliew sur les travaux de Froude. Il en cite le passage suivant :

« Froude, partisan de la théorie de la friction place dans le frottement la principale dépense des moteurs, la principale cause de résistance, sinon pour un modèle anguleux du moins pour le vaisseau.... Les appareils dynamométriques de Froude mesurent plus que le frottement réel. Il y a encore :

1° La résistance de l'air sur les parties mobiles des appareils :

2° La résistance de l'eau sur l'arbre de réunion des appareils avec le nez ;

3° La résistance de l'eau sur les parties saillantes, sur les aspérités de la planche ;

4° La résistance dépendant de l'épaisseur de la planche, de sa largeur, de la forme de la proue et de la poupe, ou des angles de rencontre et d'éloignement de l'eau et des corps en mouvement ;

5° La résistance des bords supérieurs et inférieurs de la planche susceptible d'être courbés soit par différence de plan de l'eau et de la planche, soit par défaut de parallélisme avec les rails ;

6° Les ondulations serpentiformes propres à de longues et minces planches ».

Enfin le Dr Armans termine par des considérations personnelles que nous reproduirons encore sans commentaire.

« Mendeliew insiste avec raison sur l'importance de la coupe, de la forme des contours. C'est en effet d'une importance capitale et c'est un des critériums principaux dans l'étude de la locomotive aquatique.

« Si Froude a noté des différences de frottement à l'avant et à l'arrière c'est qu'il n'a pas tenu compte de la courbure du nez et de la poupe qui sont loin d'être parallèles au mouvement. Malgré les expériences de Froude, Mendeliew n'admet pas que deux planches ne différant uniquement que par la surface polie produisent des résistances différentes. Ce serait contraire aux expériences de Coulomb faites avec toute la rigueur scientifique. Du reste des tubes propres, différant seulement de substance, ont le même débit.

« Les différences de poli entraînent des différences de frottement de 1 à 3,60 ou 4 (planches sableuses de Fronde, tubes incrustés de Darsi). Cette différence ne provient pas de la nature de la surface, mais de la surface elle-même et de son aire qui est évidemment plus grande avec que sans aspérités.

« En somme le frottement des liquides est un élément important de résistance, il varie comme la résistance totale et peut par suite se confondre avec elle. Mais il est insuffisamment bien étudié pour les surfaces inclinées ; par conséquent :

1° On ne peut évaluer les frottements avec certitude que pour les surfaces parallèles à la direction du mouvement et cela dans le cas de surfaces polies ;

2° Le frottement des plans inclinés et des surfaces rugueuses ne se soumet pas encore au calcul ;

3° Par suite, pour l'étude de la résistance, — pour obtenir par exemple les formes nautiques des corps de moindre ou de plus grande résistance, il ne faut pas, dans la majorité des cas, séparer le frottement de tous les autres facteurs de résistance.

« Dans les vitesses ordinaires les lois de frottement sont très voisines des lois de résistance (l'une et l'autre force croissent proportionnellement au carré de la vitesse). Cela porte à faire confusion et est cause de l'oubli complet du frottement dans les premières théories.

« Fort de ces conclusions je puis ajouter que, malgré de nombreuses et coûteuses expériences on a peu perfectionné les formules de résistance.

« On a introduit des coefficients nouveaux, variables suivant les conditions de l'expérience et les idées de l'auteur. Si l'on réalise parfois des contours convenables le succès ne se généralise pas ; il reste limité au cas particulier dans lequel il ne se retrouve pas toujours. Comment en serait-il autrement lorsque ces formules ne tiennent aucun compte :

« 1° *De la forme du corps.* — L'évaluation de cette forme est inabordable en algèbre, et ce n'est qu'au prix de longs tâtonnements que l'expérience se rapproche parfois du but : aller au plus vite et dépenser le moins possible. Il y a des animaux qui ne tâtonnent plus et qui ont atteint ce but ; l'observation directe de leurs formes est plus instructive que les appareils de Beaufroy et de Froude ;

2° *De la forme du mouvement.* — Il n'est pas indifférent que les forces internes du corps le poussent en ligne droite ou ondulée. La forme du mouvement est un facteur important ; les lignes sinussoïdes et stomatoïdes signalées dans mon travail sont en rapport avec ce facteur ;

3° *De la différence de pression à des profondeurs différentes.* — C'est elle qui cause la dissymétrie complète de la figure de profil.

« Cette dissymétrie est quelquefois liée au genre de vie de l'animal.... Mais il est d'autres cas où elle ne peut être attribuée qu'à la différence de niveau ; lorsque l'animal, par exemple, évolue indifféremment et de la même allure dans les trois directions de l'espace. »

Les longues expériences de Froude et l'étude critique des résultats obtenus et des courbes tracées l'ont conduit à formuler des règles numériques et à fixer des coefficients au moyen desquels on détermine la résistance à la marche d'un navire.

La résistance totale R au mouvement peut être considérée comme la somme de trois résistances :

1^0 — R_f : résistance due au frottement ;

2^0 — R_r : résistance due aux remous ;

3^0 — R_v : résistance produite par les vagues.

Ces diverses résistances se mesurent généralement en kilogrammes.

Si nous appelons k la résistance du frottement pour une surface immergée de 1^{m2} se déplaçant à une vitesse de un mètre par seconde, γ le poids spécifique de l'eau, S la surface immergée du bâtiment mesurée en mètres carrés, v la vitesse du bâtiment mesurée en mètres par seconde et m un nombre empirique déterminé par l'expérience, la résistance du frottement R_f sera donnée par la formule.

$$R_f = k \, \gamma \, S \, v^m$$

Voici quelques valeurs de k et du m dcterminées pour un bateau en fer recouvert de peinture en bon état, — tel est le cas des sous-marins, — dans les limites où on aurait à calculer R_f dans le cas qui nous occupe.

7.

Longueur totale du bâtiment en mètres	k	m
5	0,1780	1,8507
10	0,1622	1,8427
20	0,1572	1,8290
30	0,1555	1,8290
40	0,1540	1,8290
50	0,1530	1,8290
60	0,1515	1,8290

Dans les calculs préliminaires on prend en général $k = 0,155$ et $m = 1,83$.

La surface S peut se déterminer approximativement au moyen de la formule suivante :

$$S = \rho \, L \, (B + 2 \, T)$$

dans laquelle L est la longueur du bâtiment, B la longueur du maître couple et T la hauteur de la plate-forme sur quille.

Le coefficient ρ, constant pour des navires de même forme quel que soit le tonnage diminue quand les rapports $\dfrac{L}{B}$ et $\dfrac{T}{B}$ augmentent, c'est-à-dire quand décroît la corpulence du bateau ou que sa section s'allonge dans le sens vertical.

Les résistances dues aux remous et à l'action des vagues ne sont pas de celles qui intéressent particulièrement les sous-marins, mais nous les signalerons quand même, — toujours d'après Froude, — pour le cas où le sous-marin navigue à la surface.

La résistance due au remous R_r est sensiblement égale à 8 à 10 % de la résistance totale.

La résistance produite par les vagues dépend du rapport de la longueur du bateau à sa vitesse.

Désignons par L_1 la longueur en mètres de l'avant du bateau, par L_2 la longueur de l'arrière, — comptées à partir du centre de carène, et par V la vitesse en nœuds, liée à v, vitesse en mètres par seconde, par la relation

$$v = 0,5144 \, V.$$

La vitesse maxima V_M que peut atteindre un bateau sans dépense excessive est donnée par la formule

$$V_M = 1,875 \sqrt{L_1{}^2 + L_2{}^2}$$

et les meilleures valeurs à donner à L_1 et L_2 sont

$$L_1 = 0,171 \, V_M$$
$$L_2 = 0,114 \, V_M$$

ce qui donne pour la longueur totale

$$L = L_1 + L_2 = 0.285 \, V_M.$$

Cette valeur de la somme $L_1 + L_2$ est alors le minimum de longueur que l'on peut donner à un bâtiment qui doit être capable d'une vitesse V.

La résistance produite par les vagues est alors par rapport à la résistance totale :

pour $\quad$ $V = V_M$ $\quad \ldots \ldots$ $\quad R_v = 0,28 \, R$

$\qquad V = \dfrac{7}{8} V_M$ $\quad \ldots \ldots$ $\quad R_v = 0,18 \, R$

$\qquad V = \dfrac{3}{4} V_M$ $\quad \ldots \ldots$ $\quad R_v = 0,13 \, R$

$\qquad V = \dfrac{5}{8} V_M$ $\quad \ldots \ldots$ $\quad R_v = 0,097 \, R$

$\qquad V = \dfrac{1}{2} V_M$ $\quad \ldots \ldots$ $\quad R_v = 0,08 \, R.$

Ces chiffres se rapportent à des bâtiments où la partie avant L_1 a pour longueur 3,5 à 4 fois la largeur B du maître couple. Ils doivent être modifiés pour des bateaux plus allongés ou plus trapus en plan.

Pour vaincre la résistance propre de l'eau le travail nécessaire, exprimé en chevaux-vapeurs effectifs, (C. V. E), est donné par

$$(C. V. E) = \frac{Rv}{75}$$

D'après Froude la puissance correspondante en chevaux-vapeurs indiqués à la machine, (C. V. I) serait

$$(C. V. I) = 2,7 \ (C. V. E)$$

et si l'on change la vitesse en la faisant passer de v à v, il faudra pour atteindre la vitesse v_1 un nombre de chevaux-vapeurs indiqués donné par la formule :

$$(C. V. I)_1 = 2,206 \ (C. V. E)_1 + 0,494 \ (C. V. E) \frac{v_1}{v}.$$

Rankine a donné pour les bâtiments de formes effilées une autre formule.

Désignons par L la longueur du bâtiment,

P le périmètre moyen des couples,

θ l'angle moyen des lignes d'eau avec le plan longitudinal, le tout mesuré en mesures anglaises, on aura :

$$(C. V. I) = \frac{v^3}{\lambda} L P (1 + 4 \sin^2 \theta + \sin^4 \theta)$$

où λ est un coefficient voisin de la valeur 2000 qui serait son maximum.

John W. Nystrom a donné une formule de résistance applicable aux navires de grand tirant d'eau qui semble tout à fait de mise pour un sous-marin.

Désignons par R la résistance totale, par V la vitesse en nœuds, par S la surface de résistance, nous aurons

$$R = 4 \ SV^2.$$

quant à la surface S elle serait donnée par la formule

$$S = \sigma \sqrt{\frac{B^2}{B^2 + mL^2}}$$

dans laquelle σ est la surface de la section immergée au maître couple, B la largueur de ce maître couple et L la longueur du navire ; le tout en mesures anglaises. Quant au coefficient m il dépend d'un certain argument

$$x = \frac{D}{\sigma L}$$

où D est le déplacement en pieds cubes anglais. Lorsque x varie de 1 à 0,5, m varie en même temps de 0 à 1,32.

Toutes ces formules supposent une coque métallique sans saillies extérieures et en bon état. Elles se rapportent d'ailleurs à la marche en pleine eau ; au passage dans un chenal étroit la résistance croît de façon sensible.

D'après l'amiral Bourgeois, si l'aire de la section du chenal est 6 fois, 8 fois, ou 11,5 fois plus grande que la section du maître couple, la résistance qui serait éprouvée dans l'espace illimité se trouverait multipliée respectivement par 3,3 ; 1,8 et 1,7.

Nous compléterons ces rapides indications numériques en traitant des machines motrices et de leur puissance.

La question de l'influence exercée par les pressions à différentes profondeurs dont nous avons dit un mot plus haut en indiquant comment se calculent les moments fléchissants et les moments de résistance des coques des sous-marins a préoccupé plusieurs auteurs. M. Ledieu en particulier y a donné une attention toute spéciale et voici les observations qu'il présente à son sujet dans son « *Etude sur les bateaux sous-marins* ».

« Il faut spécialement dans la confection des bateaux sous-marins, tenir compte de la forme propre qui leur est

imposée pour les prémunir contre les écrasements par de
grandes profondeurs, tout en les proportionnant de façon
à réduire la résistance de leur carène à la marche. Mais
ces combinaisons obligent en particulier à veiller de près
à leur *stabilité de route*.

« La stabilité de route d'un navire consiste dans la propriété de cesser assez rapidement de tourner :

1° Quand, pour une cause, ou pour une autre, il est
dévié accidentellement de la route qu'il suit ;

2° Quand cette déviation est entravée et rectifiée à l'aide
du gouvernail il revient dans sa première direction et ne
l'outrepasse point par la vitesse relative subsistant après le
redressement de la barre bien manœuvrée.

« Lorsqu'un navire manque de la qualité capitale qui
nous occupe, il embarde incessamment d'un bord ou de
l'autre, et le capitaine n'est plus maître de la route.

« Les arrêts de rotation s'effectuent spontanément, grâce
aux résistances respectives à tourner qu'offrent, d'une part,
la portion de force située du côté du mouvement en avant
du centre de gravité, d'autre part, la portion de surface en
arrière de ce centre et à l'opposé de l'abatée. Ces deux
résistances constituent un couple, plus une force appliquée
au centre de gravité si elles ne sont pas égales. Pareille
force se produit du reste pour l'action du gouvernail transporté audit centre. Le couple ainsi constitué se trouve
plus ou moins puissant selon les formes plus ou moins
arrondies des deux extrémités de la carène.

« Après le début de l'embardée, ce couple se trouve
contrarié car la marche du navire, malgré l'action du propulseur n'a pas lieu suivant la quille à cause de la vitesse
de translation que possède le centre de gravité dans le
sens de la première direction. Il résulte de ce chef une
dérive en sens contraire au mouvement de rotation et
conséquemment une résistance totale très complexe de la

carène. On peut *grosso modo*, décomposer cette résistance en un couple afférent au mouvement de rotation et en une résistance correspondant à la marche avec dérive appliquée à l'avant du navire et inclinée sur l'axe de celui-ci du côté opposé à l'abatée. Cette dernière résistance favorise alors la rotation au détriment de l'arrêt de celle-ci par le couple précité car son point d'application dit *centre de dérive* passe en principe en avant du milieu du navire. Pour restreindre son influence il faut, à l'aide de la différence de tirant, faire culer ledit centre.

« À l'explication approchée que nous venons de donner on peut substituer une théorie plus rigoureuse. En somme, la dérive en vue entraîne, pour chaque élément de la surface avant immergée, une diminution de sa vitesse instantanée évaluée perpendiculairement au plan diamétral, voire même un changement de sens de cette vitesse aux approches du milieu des navires. et conséquemment il se produit une diminution de la résistence à la rotation ; au contraire il y a augmentation pour chaque élément de la surface arrière immergée. Donc en accroissant cette dernière surface par différence de tirant d'eau on remédie à l'influence désavantageuse de la dérive.

« Par ailleurs celle-ci se trouve augmentée par l'action du gouvernail transporté au centre de gravité : mais elle peut être entravée par l'augmentation de la résistance à la rotation due à la partie arrière de la surface de la carène, en donnant plus de tirant d'eau à cette partie qu'à l'avant.

« Enfin, avec une grande vitesse, la dérive appuie sensiblement plus contre la mer l'avant du navire que l'arrière qui se trouve dans une eau déjà repoussée ; elle a de la sorte son mauvais effet encore augmenté.

« Tout cela explique la nécessité de la différence de tirant d'eau à bord des navires ; et s'il en est d'exceptionnels où cette différence n'a que peu d'influence sur la stabi-

lité de route il faut l'attribuer à des dissemblances notables
entre les formes de l'arrière et de l'avant qui, par leur
seul fait, produisent le même effet avantageux que la différence en question. Mais en revanche de pareilles dissemblances peuvent être très défavorables, comme dans les
torpilleurs où, la question de vitesse étant capitale, il est
impossible de renfler les formes de l'avant ; et il n'y a alors
moyen de faire culer le centre de dérive que par une différence de tirant d'eau considérable.

« Le rôle de la différence de tirant d'eau sur la stabilité de route ne se trouve rigoureusement expliqué dans
aucun traité sur la théorie du navire, ancien ou moderne.
En tout cas, on attribue aussi à cette différence une amélio-
ration de la vitesse ; mais l'effet est ici dû à ce que la stabilité de route étant accrue, il y a moins d'embardées et par
suite moins de travail de propulsion gaspillé de ce fait.
On doit ainsi remarquer que la différence de tirant d'eau
tend à diminuer l'angle d'attaque des sections longitudinales et par suite la résistence de la carène.

« Avec les bâtiments à voiles l'effet peut être encore
attribué à ce que le vent vient frapper plus avantageusement la toile et à ce que l'assiette du navire se trouvant
changée améliore le sillage.

« D'autre part avec le vent et la mer de côté, surtout si le
navire est voilé, il survient de la dérive qui rend le navire
ardent, comme cela résulte des explications précédentes,
et l'effet est d'autant plus marqué que le sillage est plus
grand. La différence de tirant d'eau rend alors le navire
moins ardent en reculant sur l'arrière le centre de dérive,
ce qui rapproche ce centre du centre de gravité, et d'ailleurs en augmentant par une plus profonde immersion
l'efficacité du gouvernail pour contrecarrer l'appel du
navire au vent.

« Ces mêmes motifs expliquent encore pourquoi la différence de tirant d'eau rend le navire plus maniable et par suite en facilite les manœuvres.

« Les considérations précédentes sont d'un intérêt supérieur pour les bateaux sous-marins en raison des formes spéciales et arrondies auxquelles est assujettie leur carène. Il ne faudrait pas hésiter, pour accentuer leur stabilité de route à les munir à l'arrière d'un plan de dérive de forme triangulaire fixé au-dessous de la quille et venant se raccorder avec celle-ci vers le milieu de sa longueur. »

De tout ce que précède, nous pouvons maintenant conclure que la forme d'un sous-marin devra être allongée et terminée en parties minces aux deux extrémités. Elle pourra d'ailleurs présenter, soit une symétrie absolue par rapport à son maître couple, soient des dissymétries diverses dont on se rend compte par l'examen des figures où nous avons réuni les différents types de profils présentés par les bateaux sous-marins étudiés jusqu'ici.

La section de la coque perpendiculairement à l'axe longitudinal sera circulaire ou ovale ; dans certains bateaux comme nous le verrons plus loin elle se déforme même pour passer d'un cercle, section au maître couple à un segment de droite formant étrave ; dans l'intervalle les sections sont des ovales d'autant plus allongés qu'ils sont plus petits.

Une conséquence immédiate de l'effilement des formes extrêmes est la variation d'épaisseur de la coque qui aura son maximum d'épaisseur au maître couple et son minimum souvent très différent à l'avant et à l'arrière.

Si nous considérons un sous-marin effilé et de section circulaire dans toute sa longueur, nous voyons tout de suite que chaque tranche perpendiculaire à l'axe longitudinal sera dans les meilleures conditions possibles de résistances aux pressions ; — en même temps la construction d'une de ces tranches sera facile à faire exactement au tour.

On conçoit immédiatement la possibilité de construire le sous-marin au moyen d'une série d'anneaux métalliques tournés qui seraient réunis intérieurement l'un à l'autre par un boulonnage ou un clavetage solidement établi sur les cornières intérieures, cependant qu'une bande de plomb par exemple, disposée entre les deux anneaux consécutifs donnerait par compression un joint d'une étanchéité parfaite. C'est le procédé le plus préconisé par M. Goubet et qui s'applique couramment aux sous-marins de petit tonnage.

Cette façon de procéder par assemblage de viroles successives est éminemment simple et séduisante mais elle devient impraticable dans le cas d'un navire à section un peu large car le travail au tour de viroles de 4 ou 5 mètres de diamètre deviendrait trop pénible et presque impossible. Pour tourner cette difficulté on fabrique les grands anneaux de la coque de fragments fondus suivant une courbure convenable et ajustés ensuite l'un à l'autre de façon à former une grande virole circulaire dont on se sert comme des petites viroles dressées au tour. Les anneaux voisins des extrémités sont faits d'une pièce et les extrémités coniques venues de fonte et d'un bloc sont unies par le joint étanche ordinaire à la dernière virole. Les bateaux sous-marins ainsi constitués sont d'une grande solidité.

La formation des anneaux consécutifs au moyen de fragments coulés à la courbure convenable s'applique d'ailleurs à la confection de viroles elliptiques ou ovales et rien ne diffère, alors dans la construction des sous-marins ayant des sections de forme différente. Il faut remarquer que ces formes à section ovale, allongées dans le sens vertical, sont bien plus conformes à la nature et se rapprochent davantage des formes des poissons : aussi les bateaux ainsi construits sont-ils en général plus rapides, plus obéissants à leurs organes de direction et de route et plus stables sur leur trajectoire. Ils peuvent d'ailleurs, sans que la coque atteigne une épaisseur démesurée, supporter des pressions énormes et il semble que leur emploi doive être recommandé surtout pour les navires un peu grands.

Pour en finir nous allons indiquer d'après les croquis schématiques ci-joints à quel profil se rapportent les principaux bateaux les plus modernes.

Tracé I. — Coque cylindro-conique à section circulaire et à maître couple placé au milieu. Ces navires sont symétriques par rapport à leur maître couple ; il faut citer de ce modèle les bateaux *Waddington, Nordenfelt, Gymnote* et les deux types de *M. Goubet* (fig. 50).

Fig. 50

Tracé II. — Coque cylindro-conique à section circulaire mais ayant le maître couple placé au tiers de la longueur à partir de l'avant. Sur ce modèle est construit le *Holland* (fig. 51).

Fig. 51

Tracé III. — Coque dissymétrique entre le haut et le bas, symétrique par rapport au maître couple ; — la section est généralement ovale. Sur ce modèle est construit *Le Plongeur* tel qu'on l'a établi sur les dernières modifications apportées à ses plans (fig. 52).

Tracé IV. — Coque dissymétrique entre le haut et le bas et ayant son maître couple au tiers de la longueur

Fig. 52

à partir de l'avant. La section ici est encore généralement ovale. Cette forme est peut-être celle qui se rapproche le plus de cette d'un poisson. Aucun navire à flot n'existe encore sur ce modèle mais il figure dans plusieurs projets qui seront exécutés (fig. 53).

Fig. 53

Tracé V. — Coque absolument dissymétrique, — cylindro conique à l'arrière tandis que vers l'avant la partie supérieure demeure horizontale cependant que la partie inférieure se recourbe vers le haut pour venir terminer l'avant par une sorte d'étrave. La section centrale est circulaire ainsi que les sections de la partie arrière, les sections de l'avant sont des ovales d'autant plus petits et plus allongés qu'ils sont plus proches de l'extrémité. Cette forme qui a été étudiée pour éviter autant que possible les plongées anormales est celle du *Gustave Zédé* (fig. 54).

Fig. 54

Un mot nous reste à dire, simplement pour en signaler l'existence et l'étude toute récente, *des coques doubles*.

Ce système consiste à construire un bateau sous-marin d'une forme quelconque et à envelopper sa coque proprement dite d'une autre coque placée à une certaine distance de la première, généralement assez mince et souvent même percée de trous dans le bas et dans le haut de façon à laisser libre circulation entre les deux coques à l'eau qui vient y former une sorte de cuirasse liquide. Ce procédé préconisé par M. Drzewiecki qui l'a appliqué à son torpilleur submersible dans lequel l'intervalle des deux coques est rempli de matières molles a été suivi dans la construc- du *Narval*. La coque intérieure épaisse est de la forme indiquée par le tracé I ci-dessus, la coque extérieure, mince et trouée en haut et en bas et reliée à la précédente par de solides entretoises est du type se rapportant au tracé V.

Nous ne dirons rien de plus des coques sous-marines et de leurs formes, — nous y reviendrons, en particulier sur les coques doubles, en nous occupant spécialement plus loin des types de navires sous-marins actuellement en usage.

CHAPITRE II

Dans l'établissement d'un projet de bateau sous-marin quand on en arrive à la détermination du moteur qui devra fournir la puissance nécessaire à la marche on se trouve tout de suite en présence de la question de savoir si, — étant donnés l'emplacement disponible et le poids dont on peut disposer, — il sera possible d'aménager une machine assez puissante pour donner au navire une vitesse convenable. Nous savons déjà que la formule généralement utilisée pour le calcul de la force nécessaire à la propulsion d'un navire est

$$F = \frac{B^2 V^3}{M^3}$$

formule dans laquelle F est la puissance en chevaux indiquée à la machine, B^2 la section maîtresse du bateau, V sa vitesse en nœuds et M un coefficient expérimental d'une valeur moyenne peu éloignée de 3.

Si l'on considère alors les différentes machines que fournit couramment l'industrie il est facile de se rendre compte que à peu près toute bonne machine serait théoriquement applicable au cas qui nous occupe, c'est-à-dire renfermerait sous un volume et sous un poids qui n'auraient rien d'excessif une puissance telle que nous la désirons.

Un examen un peu plus attentif de la question va nous montrer bien vite qu'il n'en est pas ainsi et que le problème est beaucoup plus restreint dans ses données et dans sa solution.

Nous n'avons en effet, jusqu'ici tenu aucun compte du cas tout à fait particulier dans lequel nous nous plaçons — celui d'un navire sous-marin, c'est-à-dire destiné à naviguer entre deux eaux et sans communication aucune avec l'air extérieur. Cette condition déjà nous fait entrevoir l'impossibilité d'employer un moteur thermique ordinaire, ou au moins de le faire fonctionner d'une manière normale et identique au régime qu'il suit, par exemple, quand il est appliqué à un navire ordinaire.

Certains inventeurs ont cependant préconisé parfois l'emploi de moteurs à feu ou de machines à vapeur qu'ils dotaient d'une cheminée spéciale capable de rejeter ses gaz à travers l'eau sans que celle-ci pénètre à l'intérieur. Il fallait d'ailleurs pour cela maintenir dans la cheminée comme dans le foyer une pression supérieure à la pression atmosphérique augmenté du poids de la colonne d'eau qui surmonte le sous-marin. C'était là déjà une grosse difficulté de construction et une restriction grave dans le régime de marche de la machine ; mais d'autres objections s'élevaient encore avec lesquelles il fallait compter. Outre la difficulté de maintenir dans un foyer ouvert une pression notablement supérieure à la pression extérieure il faut aussi considérer que tout foyer alimenté par un combustible solide, liquide ou gazeux absorbe une grande quantité d'air et de plus fournit continuellement des gaz délétères qui se répandent rapidement dans l'atmosphère ambiante. La nécessité de préserver la santé des hommes d'équipage avait donc conduit ceux qui s'étaient engagés dans cette voie — le docteur Payerne en particulier et surtout M. d'Allest, directeur des ateliers Frayssinet, et

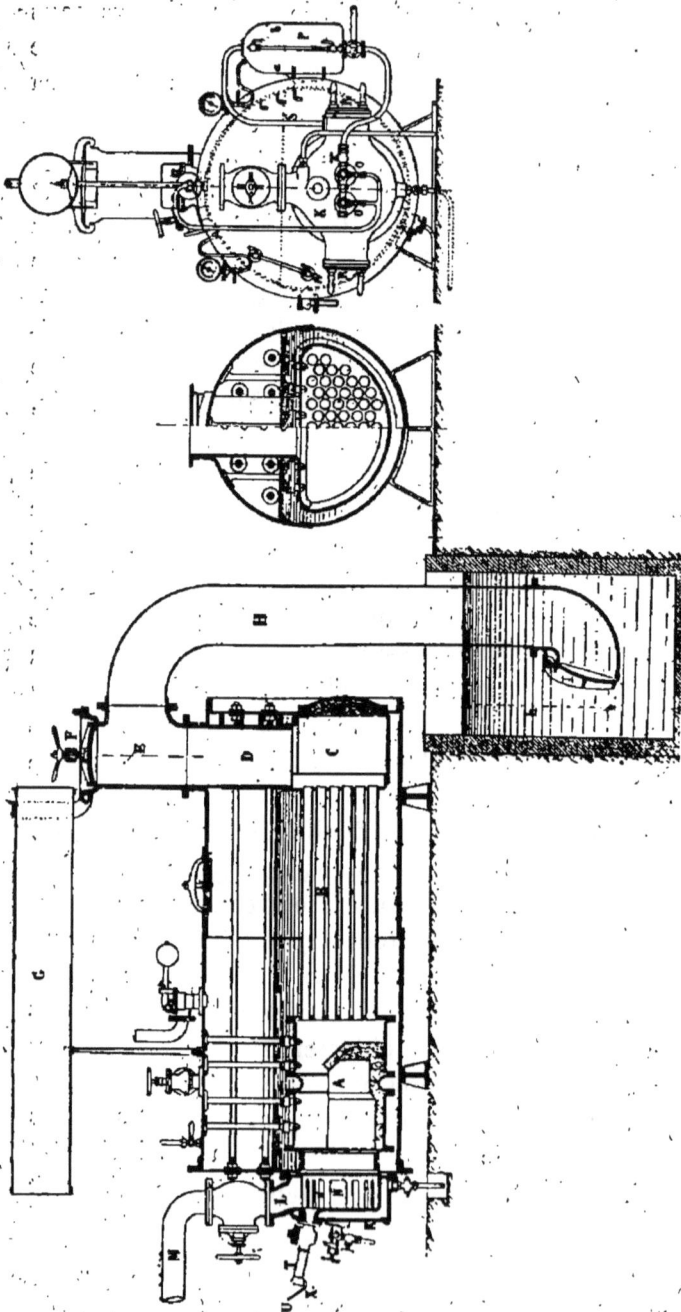

Fig. 55. Fig. 56

Chaudière à combustions sous pression, système « D'Allest », proposée pour la navigation sous-marine.

dont la chaudière à combustion sous pression fut remar-
quée à l'Exposition de 1889, — à l'adoption d'une machine fonctionnant tout entière, — foyer, chaudière, moteur
et cheminée — à l'intérieur d'un compartiment formant
vase clos débouchant dans l'eau par la cheminée spéciale
dont nous avons parlé et à l'intérieur duquel la pression
était maintenue supérieure à la pression du liquide extérieur augmentée de la pression atmosphérique par le
moyen de réservoirs d'air comprimés emportés au départ.

C'est autant comme application intéressante du chauffage au pétrole, qui nous occupera si souvent, qu'à titre de
document historique sur la chauffe en chambre close, que
nous allons décrire rapidement ici la chaudière à combustion sous pression système d'Allest, exposée par les ateliers
Frayssinet de Marseille en 1889 (fig. 55 et 56).

La chaudière est formée d'une enveloppe cylindrique
contenant un foyer A, un faisceau tubulaire B et une boîte
à fumée C, absolument étanche et construite de façon à
pouvoir supporter une pression de 5 atmosphères. Sur la
cheminée D se trouve montée une boîte E, fermée à la partie supérieure par une solide porte à étrier F ; la même
boîte porte une cheminée à bascule G, et une autre cheminée H, terminée par un clapet I et descendant dans l'eau
à une profondeur quelconque.

L'entrée du foyer est fermée par une devanture en fonte
K, faisant joint étanche ; une tubulure L permet à l'air arrivant par le tuyau M de pénétrer dans le foyer par les orifices N. Deux brûleurs à pétrole OO, montés sur la façade,
reçoivent du pétrole provenant du réservoir P, alimenté
lui-même par un petit-cheval puissant dans les soutes.

Pour faire fonctionner la chaudière à l'air libre il suffit
d'ouvrir la porte F, de relever la cheminée G et de dévisser
les deux tampons R ; si on allume alors les brûleurs
à pétrole la chaudière fonctionne comme une chaudière

8

ordinaire, l'air nécessaire à la combustion arrivant par les ouvertures R et les gaz s'échappant par la cheminée G relevée.

Mais supposons que l'on ferme hermétiquement les portes F et R et qu'on envoie, par le tuyau M, dans le foyer, de l'air comprimé à une pression représentée par une colonne d'eau de hauteur H, H étant la profondeur à laquelle se trouve immergé le clapet I ; la combustion continuera à s'effectuer et les gaz du foyer soulèveront le clapet I, à travers lequel ils se dégageront. Mais il faut en même temps que le pétrole continue à s'écouler d'une façon régulière dans le foyer ; pour cela il suffit de mettre le sommet du réservoir P en communication, par le tuyau S, avec le foyer ; il y a alors au-dessus du niveau ab, qu'occupe le pétrole dans le réservoir la même pression h que celle qui existe devant l'orifice d'écoulement des brûleurs, le pétrole continuera donc à s'écouler en vertu de son poids et quelle que soit la pression intérieure du foyer.

Il faut cependant pouvoir juger de l'état du foyer pour augmenter ou diminuer son activité en cas de besoin. Pour cela un tube T, fermé à son extrémité par une glace épaisse permet de voir le foyer, mais au lieu d'examiner celui-ci directement, on l'examine par réflexion dans un petit miroir U, mobile autour d'un axe X ; de cette façon si la glace qui ferme le tube venait à se briser, l'observateur ne serait pas exposé à être brûlé.

Il est clair que, d'après cette théorie, une telle chaudière placée dans un bateau sous-marin, continuera à fonctionner lorsque le bateau sera immergé.

Lorsque le bateau sera à la surface, les gaz s'échapperont par une cheminée telle que G débouchant dans l'atmosphère ; lorsqu'au contraire il naviguera entre deux eaux il suffira de clore hermétiquement le foyer et les gaz s'échapperont alors par la cheminée H pour aboutir sur les flancs ou sous la quille du navire.

L'air nécessaire à la combustion devra toujours être envoyé dans le foyer à une pression h représentant la profondeur d'immersion augmentée de la petite quantité nécessaire pour assurer le tirage ; il sera puisé dans des réservoirs où il se trouve emmagasiné à haute pression et détendu à la pression h au moyen d'un détendeur placé sur le parcours du tuyau M ; mais cette pression h étant variable, puisqu'elle dépend de la profondeur d'immersion du navire, il faudra, pour que le foyer reçoive toujours de l'air à la pression convenable, que ce détendeur soit commandé par une membrane ou un piston hydrostatique en communication avec la mer.

Ainsi du moins pensait M. D'Allest et il comptait bien que sa très intéressante invention marquerait un immense progrès dans l'art de naviguer entre deux eaux. L'expérience, hélas, n'a point du tout réalisé les espoirs conçus et la chaudière à combustion sous pression est demeurée sans application pratique.

Les essais de semblables systèmes furent d'ailleurs toujours déplorables et si nous ajoutons encore que tout moteur thermique à cheminée dépense continuellement un certain poids de combustible qu'il est impossible de compenser au fur et à mesure, on conçoit tout de suite qu'un bateau sous-marin ne peut dans de semblables conditions conserver le moindre équilibre et par suite marcher dans des conditions même relativement satifaisantes.

Précisons un peu ces résultats en donnant quelques chiffres à l'appui.

Considérons, en effet, un sous-marin muni d'une machine à vapeur de 400 chevaux de force et dépensant en moyenne un kilogramme de charbon par cheval-heure. Étant donné que la combustion de un kilogramme de charbon dépense environ 20 kilogrammes d'air, il faudra pouvoir disposer, si l'on veut effectuer une plongée d'environ une heure, de $20 \times 400 = 8.000$ kilogrammes d'air ; soit environ 7.000 mètres cubes à la pression atmosphérique ordinaire. Supposons que l'on puisse emporter cet air sous une pression de 100 atmosphères et que l'on possède un détendeur convenable pour l'envoyer au foyer ; il faudra encore disposer de 70 mètres cubes de réservoirs qui avec leurs épaisseurs et la place perdue entre eux occuperaient près de 100 mètres cubes. Ajoutons à cela que ces réservoirs, susceptibles d'éprouver une élévation de température accidentelle qui porterait bien au delà de 100 atmosphères la pression de l'air qu'ils contiennent, seraient à bord un danger permanent d'explosion. Et tout cela pour réaliser une immersion de une heure et se trouver ensuite forcé de revenir à terre chercher péniblement de l'air comprimé.

Ces quelques mots suffisent à montrer que l'emploi des moteurs à feu, même en chambre close est absolument irréalisable pour la marche d'un navire entre deux eaux ; nous sommes donc réduits à chercher parmi les moteurs fonctionnant *sans combustion*.

Nous avons vu déjà que certaines torpilles automobiles — Whitehead et Schwartzkopp — sont munies d'un moteur à air comprimé. L'emploi d'un semblable système sur des masses aussi considérables que les bateaux sous-marins ne peut plus se faire dans les mêmes conditions. On se trouverait encore ici dans la nécessité d'emporter, pour pouvoir opérer dans un rayon d'action très restreint, des réservoirs à haute pression occasionnant à bord une surcharge et un encombrement exagérés ; ils seraient de plus comme nous l'avons vu une cause permanente de danger, — enfin les froids intenses produits par la détente continuelle de grandes masses d'air à haute pression mettraient l'équipage dans des conditions absolument anormales où il aurait toutes chances de ne plus disposer de ses moyens physiques et de ne pouvoir assurer convenablement le fonctionnement des organes confiés à ses soins et la conduite du navire.

Nous ne mentionnerons même pas les moteurs purement mécaniques analogues soit au volant de la torpille Howell, soit à un mouvement d'horlogerie ; ces genres de moteurs ne sauraient exister que pour des puissances infimes et n'approchant pas de celles dont doivent disposer les sous-marins.

Que nous reste-t-il alors comme système moteur possible ? Un seul pour le moment se présente qui semble satisfaire aux multiples conditions qui lui sont imposées : c'est le moteur électrique.

Nous remarquons en effet que dans la transformation de l'énergie emmaganisée dans un générateur électrique quelconque en énergie mécanique on en dynamisme se fait sans dépense d'air et sans changement de poids et que le transformateur électrique est le seul qui jouisse de cette propriété.

Nous verrons plus loin, à la suite d'une discussion plus complète quelle devra être la nature même de ce générateur électrique et de son recepteur, dès maintenant nous pouvons poser en principe, cela en nous nous renfermant naturellement dans le cercle des moteurs connus aujourd'hui, que tout sous-marin devra être muni d'un moteur électrique et que ce moteur seulement permettra dans des conditions satisfaisantes d'hygiène, de santé et d'équilibre la marche entre deux eaux sans communication avec l'air libre.

Avant de pousser jusque dans son détail cette discussion complexe il sera bon peut-être de la répérer en citant l'opinion de M. Ledieu qui s'exprime ainsi à ce sujet dans son étude sur les bateaux sous-marins.

« La force motrice appliquée aux navires sous-marins doit varier avec leur destination. Mais les uns et les autres ont besoin de s'approvisionner d'air comprimé, pour l'aération du navire d'abord, puis pour sa sécurité, afin de pouvoir, au besoin, émerger rapidement par la prompte expulsion de l'eau des compartiments de lestage. Dès lors, l'usage de l'air comprimé semble naturel pour propulser les bateaux de petites dimensions destinés à n'agir qu'à proximité d'un bâtiment ou d'un magasin de ravitaillement.

« Cependant, pour ces bateaux, l'emploi de l'eau sur-chauffée vers 195° (14^{atm}) a été proposé de préférence, quoiqu'il présente un désavantage marqué comme poids et encombrement par *cheval-heure* (l'énergie *totale* embarquée étant mesurée suivant l'habitude actuelle avec cette unité ambiguë qui n'est autre que 270 tonneaux-mètres). Ainsi il ne faut, par cheval-heure *indiqué*, que 20 kilogr. d'air comprimé à 100^{atm} avec un poids mort (réservoirs et machine proprement dite) de 36 kilogr., tandis qu'il faut 70 kilogr. d'eau surchauffée, avec un poids mort sensiblement égal au précédent. La préfé rence donnée à cette dernière combinaison tient à la diffi-culté de fonctionner avec de l'air comprimé à de très hau-tes tensions sans congeler les presse-étoupe et les matières lubrifiantes.

« Mais l'agent qui tend à dominer pour les petits navi-res plongeurs, et qui a fait brillamment ses preuves dans les essais du *Gymnote* à Toulon, c'est l'électricité fournie par les piles ou des accumulateurs actionnant des dyna-mos. Avec cette combinaison, le poids relatif à l'approvi-sionnement de l'énergie ne change pas pendant la marche ce qui est avantageux pour la conservation de l'assiette du bateau. Ce poids est en outre bien inférieur par cheval-heure *électrique* au poids de l'eau surchauffée afférent au cheval-heure *indiqué*. Dans le cas d'accumulateurs des derniers types, il vaut 37 kilogr. et ne diffère guère du poids correspondant de l'air comprimé à 100^{atm}, dont il n'est même que la moitié environ avec les piles légères chlorochromiques de M. Renard. Toutefois le travail des piles est bien moins uniforme que celui des accumulateurs, car elles donnent un coup de fouet au début et diminuent ensuite d'intensité ; de plus, au repos, elles continuent toujours à s'user plus ou moins.

« En tous cas, les dynamos avec leurs accessoires de transmission de mouvement, ce qui constitue ici le poids mort, sont beaucoup moins lourdes que les autres machines motrices, au moins pour les petites puissances (12 kilogr. par *cheval électrique*). En outre, au point de vue de l'encombrement, l'usage de l'électricité l'emporte de beaucoup sur les autres systèmes.

« La dépense est, par contre. très grande, mais la question de prix est ici secondaire.

« D'autre part, à bord du bâtiment ravitailleur, on peut facilement ou renouveler les piles, ou recharger les accumulateurs à l'aide de dynamos.

« Enfin nous prétendions que les dynamos peuvent influencer le compas jusqu'à rendre inerte l'aiguille aimantée. On peut remédier à cet inconvénient en éloignant la rose du champ électrique, ou, au besoin en ayant recours, soit à un électro-aimant compensateur alimenté par le même courant que la dynamo, soit à l'enroulement, autour d'un cadre en bois enveloppant l'aiguille, d'un fil parcouru par ledit courant »

Comme on le voit M. Ledieu semble n'abandonner qu'à regret le moteur à air comprimé, il faut cependant s'y résoudre comme il avait fallu abandonner auparavant l'utopie du chauffage en chambre close (travaux de Ledieu et Cadiat). Mais autre chose encore doit être mis de côté d'une façon définitive, c'est la pile employée comme générateur d'énergie. Les piles chlorochromiques elles-mêmes, malgré que bien plus puissantes que toutes les autres piles connues — puisqu'on obtient par leur moyen un cheval-électrique de 736 watts avec 50 kilogrammes de piles — n'ont pas donné de résultat satisfaisant et l'emploi des piles essayé par deux fois ; une fois sur le *Goubet* n° 1, une autre fois sur le *Gymnote* au début de ses essais, a toujours conduit à une déception.

Citons seulement pour mémoire l'inconvénient provenant du dégagement permanent de chlore qui incommodait l'équipage et risquait à chaque instant de l'empoisonner ou de l'asphyxier. La substitution de l'acide sulfurique à l'acide chlorhydrique avait permis de supprimer ce dégagement de gaz sans affaiblir sensiblement les éléments ; on était encore bien loin de la solution et, si l'on eut voulu essayer l'application d'un semblable système sur un sous-marin plus grand, l'échec eut alors été tel que l'aménagement même des piles eut été impossible.

Imaginons en effet que nous voulions établir une batterie de piles capable d'actionner un moteur de 500 chevaux, qui serait nécessaire pour un navire de 200 tonneaux capable d'une vitesse de 10 à 12 nœuds environ.

Le cheval-électrique équivalent au cheval-vapeur équivaut à 736 watts ; il nous faudra donc ici produire

$$500 \times 736 = 368.000 \text{ watts.}$$

Envisageons maintenant des éléments ayant une force électromotrice de 2 volts fournissant l'énergie à un électro-moteur déterminant une chute de potentiel de 200 volts ; il nous faudra employer une batterie de au moins 100 éléments en tension.

Mais pour assurer un débit de 368.000 watts sous un régime de 200 volts il nous faudra produire

$$\frac{368000}{200} = 1840 \text{ ampères}$$

Supposons alors ces piles assez considérables pour n'avoir qu'une résistance intérieure inférieure 0 ^{ohm}, 20 ce qui donnerait à chaque élément une puissance de 10 ampères. Nous voyons tout de suite que notre batterie de piles devra se composer de 100 groupes de 184 éléments associés en quantité, ces cent groupes étant, eux, associés en tension et nous arrivons ainsi au chiffre formidable de

$$184 \times 100 = 18400 \text{ éléments.}$$

Et nous avons supposé ici des piles relativement très puissantes et d'un débit élevé, que serait-ce alors si l'on voulait prendre les piles courantes plus solides, et plus régulières ? Une seule conclusion s'impose ; le générateur d'énergie électrique devra être à grande capacité à, grand débit et à régime régulier, et un seul jusqu'ici répond, imparfaitement encore parfois, à la question c'est *l'accumulateur* ou pile reversible.

Mais une objection immédiatement va naître, — une question au moins se poser : Dans l'emploi d'un sous-marin à la mer sa navigation devra-t-elle avoir lieu toujours dans la situation spéciale d'immersion qu'il est seul entre tous les navires à pouvoir prendre ? A priori nous pouvons repondre catégoriquement que non, et une rapide analyse des circonstances et des conditions de route et d'action va nous en donner de valables raisons.

D'abord, malgré ses appareils de vision extérieure, utilisables seulement comme nous le verrons plus loin dans une zone bien restreinte, le sous-marin immergé dirige difficilement sa route et encore d'une façon parfois incertaine. Ce n'est pas, à coup sûr dans une pareille position qu'il peut chercher son but pour mettre le cap sur lui ; cette recherche nécessite la vue directe et panoramique de l'horizon marin et cette vue n'est possible que si le bateau flotte à la surface comme une barque. En principe donc et par sa nature même et celle des actes qu'il doit effectuer le sous-marin ne doit naviguer entre deux eaux qu'une fois son but découvert, choisi et visé, autrement dit, seulement une fois l'action effective engagée et dans un rayon peu étendu autour du centre de cette action.

La conséquence immédiate de cette première remarque c'est que le bateau sous-marin naviguera plus souvent à la surface qu'en immersion.

Nous pouvons d'ailleurs considérer encore que la situation d'immersion complète est celle dans laquelle le navire attaque l'eau sous la plus grande surface, subissant ses résistances et ses frottements jusque sur sa partie supérieure et sur les organes qui peuvent la traverser, tels que tubes de vision, dôme de commandement, etc.; c'est donc la situation la plus défavorable à la marche, celle sous laquelle, dépensant la plus grande force, il aura la moindre vitesse.

Nous en conclurons comme précédemment que le bateau sous-marin a encore pour ce fait tout intérêt à ne s'immerger que lorsque l'action immédiate qu'il se propose d'accomplir exige pour sa réussite ou pour la sécurité du navire lui-même la disparition sous l'eau ; il se tiendra donc à la surface aussi souvent et aussi longtemps que la nécessité de plonger ne s'imposera pas pour lui.

Etant ainsi établi et admis que la manière d'être la plus fréquente, la plus courante, d'un navire sous-marin sera la navigation ordinaire à la surface de l'eau, il y a lieu de se demander s'il ne serait pas bon de le munir d'un moteur qui serait employé dans ce cas moins hérissé de difficultés et de conditions impératives que celui que nous avons envisagé d'abord, le moteur électrique dont nous l'avons doté déjà se trouvant réservé à la navigation en plongée ?

Malgré que certains encore — parmi les premiers surtout qui s'occupèrent de la navigation sous-marine depuis qu'elle est entrée dans sa phase méthodique et active — réprouvent cette manière de voir et ne conçoivent le sous-marin que uniquement électrique ; il nous semble — et c'est une opinion qui chaque jour s'affirme et se généralise davantage — que la réponse ne saurait être douteuse et que la véritable conception pratique du sous-marin — surtout s'il a un tonnage assez grand — doit être d'un navire à double source d'énergie, à double puissance motrice, l'une que nous avons indiquée déjà et qui serait réservée aux périodes d'immersion, l'autre que nous allons maintenant analyser et définir et qui actionnerait le bateau pendant ses périodes de marche à la surface.

Assurément, s'il n'y avait à tenir compte de la nécessité où peut se trouver le navire, de plonger à peu près instantanément — à l'apparition par exemple sur l'horizon d'un navire ennemi à grande vitesse — tout moteur quel qu'il soit serait applicable au cas qui nous occupe ici. Cette éventualité qu'il faut prévoir impose déjà à ce moteur la condition de pouvoir instantanément cesser d'agir pour laisser fonctionner à sa place le moteur électrique. Il sera donc nécessaire que ses feux puissent s'éteindre instantanément ce qui nous oblige de prime à bord à rejeter tout moteur thermique chauffé au charbon ou par un combustible solide quelconque.

Une autre raison, et qui a son importance, vient corroborer cette assertion. La combustion d'un élément solide, aussi riche soit-il en matières oxydables laisse toujours un résidu, solide lui-même ; et dont le poids est au poids de la matière première jetée au foyer dans un rapport variable toujours inconnu. Il en résulte que la compensation des pertes de poids dues à la combustion ne saurait être faite avec une approximation satisfaisante et nous verrons que ce maintien de l'uniformité du poids du navire est une condition essentielle de la rapidité et de la sécurité de ses mouvements de plongée. Ajoutons que l'emplacement dont on dispose à bord d'un sous-marin est très restreint et que l'encombrement causé par la quantité de houille qu'il faudrait embarquer est encore un vice redhibitoire — et non le moindre — du combustible solide.

Considérons au contraire un moteur chauffé au moyen d'un combustible liquide tel que le pétrole. On sait que dans ce cas une ventilation bien organisée permet la combustion absolument complète sans résidu solide d'aucune sorte et même sans dégagement de fumée. Nous avons donc ici le combustible dont le poids utilisé peut être à chaque instant connu avec exactitude et compensé de même. De plus l'extinction du foyer est immédiate, sans effet extérieur ni dégagement de gaz délétère d'aucune sorte. Rien ne s'oppose donc à l'emploi pour la marche à la surface d'un moteur à vapeur alimenté par une chaudière chauffée au pétrole; il n'y a pas d'ailleurs à se préoccuper outre mesure de la perte de poids dans la chaudière car des deux cas possibles aucun n'est un écueil dangereux. En effet ou bien la machine fonctionnera sans condenseur, rien ne sera plus facile alors que de munir la chaudière d'un robinet d'alimentation qui maintiendrait le niveau constant et par conséquent compenserait automatiquement la perte de poids par vaporisation, ou bien la machine fonctionnerait avec un condenseur qu'il est facile d'obtenir très avantageux en utilisant la source indéfinie de refroidissement qu'est la masse de l'eau de mer, et alors il suffirait de rendre ce condenseur bien étanche et de faire l'alimentation automatique de la chaudière avec l'eau de condensation. Cette solution est de beaucoup la plus avantageuse car le poids de l'eau reste ainsi rigoureusement constant en même temps que l'encrassement des chaudières et tuyaux devient aussi petit que possible, l'eau du condenseur remontant à la chaudière n'apportant avec elle aucune matière solide en suspension ou en dissolution.

Les mêmes qualités d'extinction immédiate et de perte de poids exactement connue et compensable sans difficulté se retrouvent dans les moteurs à pétrole ou à hydrocabures quelconques tels que la gazoline. Ces moteurs fonctionnant comme les moteurs à gaz par une série d'explosions produites dans le cylindre par l'air carburé ont été préconisés par plusieurs inventeurs ou constructeurs de navires. Théoriquement ils seraient peut être les plus avantageux, mais il faut bien avouer que le fonctionnement effectif des moteurs à hydrocarbure d'une puissance considérable est loin de donner satisfaction complète ; aussi croyons-nous qu'avant d'employer les moteurs à hydrocarbure sur des navires aussi délicats que les sous-marins il serait bon de perfectionner un peu ces moteurs et de les rendre d'abord sûrs et pratiques.

La question du chauffage des chaudières par le pétrole et les huiles minérales quelconques est relativement récente dans nos contrées bien qu'elle soit passée depuis de longues années dans la pratique à bord des bateaux qui transportent le pétrole sur la Mer Caspienne. Le combustible liquide n'ayant dans ces parages qu'une valeur presque nulle il était naturel qu'on cherchât à l'utiliser et ce sont les résultats obtenus qui ont amené les ingénieurs français et anglais à s'occuper de la question. Mais le principal obstacle à l'adoption de ce système dans nos pays a été jusqu'ici le prix élevé dont les huiles minérales, même à l'état de résidus inutilisables pour tout autre usage que le chauffage des chaudières, sont grevées par les frais de transport qu'elles ont a subir et malgré leur puissance calorique bien supérieure à celle des meilleurs charbons, les résidus de pétrole sont encore beaucoup trop

9

coûteux dans l'Europe occidentale pour remplacer la houille et la supplanter.

Si l'on fait abstraction de la question de prix, — qui dans le cas qui nous occupe est absolument secondaire, — on trouve au contraire que le chauffage au pétrole présente de nombreux et indiscutables avantages.

Pour raisonner sur des chiffres donnons d'abord un tableau permettant d'établir une comparaison entre les pouvoirs caloriques des pétroles et des charbons et leurs pouvoirs évaporatoires théoriques.

Nature du combustible	Carbone	Hydrogène	Oxygène	Pouvoir calorique déduit de la composition	Poids théorique d'eau vaporisée à 100° par un kilogramme de combustible
	o/o	o/o	o/o	Calories	Kilogrammes
Huile russe légère.	86,3	13,6	0,1	11.660	18.300
Huile lourde de Pensylvania	84,9	13,7	1,4	11.581	18.180
Huile russe lourde.	86,6	12,3	1,1	11.236	17.640
Résidus de pétrole.	87,1	11,7	1,2	11.070	17.375
Bons charbons anglais..........	80,0	5,0	8,0	8,187	12.850

Il résulte de ces chiffres que le pouvoir évaporatoire théorique des pétroles est d'environ 40 o/o supérieur à celui des meilleurs charbons. D'autre part, de nombreuses expériences ont montré que dans la combustion du charbon il se perd environ 30 o/o de la chaleur produite, absorbée par les gaz qui s'échappent par la cheminée, par les cendres, par les parties non brûlées qui se perdent en fumée, par le rayonnement, etc., de sorte qu'en réalité un kilogramme de charbon ne vaporise plus que 7 k. 5 à 8 k. 5 d'eau.

Ces pertes sont beaucoup moins considérables pour l'huile. Etant donné que, pour la brûler, on la réduit à l'état de fine poussière au moyen d'un jet de vapeur ou d'air comprimé, on arrive facilement à une combustion complète, les seules pertes de calorique se font alors par rayonnement et par les gaz de la cheminée. De plus le contact du combustible avec l'air comburant étant beaucoup plus intime il est inutile d'envoyer dans le foyer un aussi grand excès d'air froid ; la température du foyer se trouve accrue de ce fait et il en résulte une augmentation dans le rendement de la chaudière. — Enfin l'emploi du combustible liquide a l'avantage de simplifier considérablement la conduite des feux ; — la flamme une fois réglée le fonctionnement est absolument automatique et, sans charroi de charbon, sans nettoyage de grille, sans préoccupation des cendres, des escarbilles à enlever, un seul homme conduit sans peine, une chaufferie de plusieurs foyers. Quant à l'allumage il se fait simplement au moyen d'un paquet de chiffons enduits de pétrole et l'extinction — qui est immédiate — par la simple fermeture du robinet d'admission de huile.

De nombreux appareils ont été construits pour le chauffage des chaudières au pétrole, nous n'en décrirons pas en détail ici ; — tous reposent sur le principe de la pulvérisation au moyen d'un injecteur dont le modèle ne diffère pas de ceux qui sont journellement employés. Il faut cependant noter ici que les plus grands perfectionnements apportés aux appareils destinés au chauffage par le

pétrole sont dus à M. D'Allest à qui l'on doit de plus de
remarquables expériences sur le rendement d'une chaudière suivant le combustible employé. Nous emprunterons
à ses résultats la plupart des chiffres que nous allons mentionner pour élucider complètement cette importante
question.

Dans les chaudières des torpilleurs de 525 chevaux on
a constaté qu'on arrivait à brûler au maximum 800 kilos
de charbon à l'heure est que l'évaporation produite est de
5 à 7 kilos d'eau par kilogramme de charbon. Le maximum de la vaporisation totale est donc de :

$$7 \times 800 = 5.600 \text{ litres d'eau à l'heure.}$$

La surface de chauffe mouillée étant de 100 mètres carrés, la vaporisation par mètre carré et par heure est au
maximum de 56 litres.

D'autre part des essais bien plus complets ont été faits
à terre, par les soins de la Marine. La chaudière employée
était une de celle du *Marceau*.

Cette chaudière avait été installée dans une chambre
hermétiquement close où soufflait le ventilateur de façon
à réaliser le *vase clos* des torpilleurs à grande vitesse. La
plus grande vaporisation atteinte a été de 52 kil. 33 par
mètre carré de surface de chauffe mouillée.

Dans la Marine on prend souvent comme terme de comparaison non pas la quantité d'eau évaporée par mètre
carré de surface de chauffe, mais la quantité de charbon
brûlé par mètre carré de grille. On peut d'ailleurs conserver cette base pour la comparaison de la chaudière à charbon à la chaudière à pétrole si l'on tient compte des
puissances calorifiques des deux combustibles et en
imaginant dans la chaudière d'essai une grille fictive proportionnelle à la surface de chauffe.

Dans une expérience qui a duré cinq heures et en

employant comme combustible des résidus de pétrole, M. D'Allest est parvenu à 1.582 litres d'eau par heure en consommant dans le même temps 135 k. 21 de combustible, ce qui donne 11 kil. 70 d'eau vaporisée par kilogramme de pétrole brûlé. — Le charbon évaporant au maximum 8 litres d'eau par kilogramme de combustible, il aurait fallu pour évaporer la même quantité d'eau $\frac{1.582}{8} = 197$ kil. 70 de charbon. M. D'Allest a calculé que dans la chaudière à pétrole qu'il employait la consommation en charbon de la grille fictive aurait été de 457 kilogrammes par mètre carré de grille et par heure ; en se rapportant aux chiffres fournis par les torpilleurs où la vaporisation n'est que de 7 litres par kilog. de charbon ce qui donnerait pour évaporer 1.582 litres $\frac{1.582}{7} = 226$ kil. de charbon, tandis que la considération de la grille fictive dans la chaudière d'essai conduit au chiffre de 595 kilogrammes par mètre carré et par heure, soit 43 o/o de plus que sur le torpilleur.

La chaudière à pétrole a donc une puissance de vaporisation bien supérieure à celle d'une chaudière à charbon Le calcul du volume d'air nécessaire à la combustion et du volume des gaz produits par cette combustion va affirmer encore cette supériorité.

En effet : l'acide carbonique étant formée de 27,36 parties d'oxygène et 72,64 de carbone, il faut, pour brûler un kilogramme de charbon :

$$\frac{72,64}{27,38} = 2 \text{ kil. } 65 \text{ d'oxygène}$$

ou bien,

$$\frac{2,65}{1,43} = 1 \text{ m}^3,85 \text{ d'oxygène,}$$

la densité de l'oxygène par rapport à l'air étant de 1,1026 et le poids du mètre cube d'air de 1 kil. 300.

L'air contenant 21 o/o d'oxygène et 79 o/o d'azote inerte, le volume était nécessaire à la combustion sera :

$$\frac{1,85 \times 100}{21} = 8 \text{ m}^3,83 \text{ d'air.}$$

L'hydrogène en brûlant donnera de l'eau qui contient 11,1 o/o d'hydrogène et 88,9 o/o d'oxygène et il faudra, pour brûler un kilogramme d'hydrogène :

$$\frac{88,9}{11,1} = 8 \text{ kilogr. d'oxygène}$$

soit 5 m³,594 d'oxygène ou 26 m³,628 d'air.

La composition moyenne des résidus de pétrole que l'on doit brûler est :

Carbone	87,1 o/o
Hydrogène . . .	11,7 o/o
Oxygène	1,2 o/o

Le volume d'air nécessaire à la combustion de un kilogramme de ce combustible sera donc :

$$0,871 \times 8,88 + \left(0,117 - \frac{0,012}{8}\right) 26,638 = 10 \text{ m}^3,800$$

Péclet a trouvé expérimentalement que le maximum d'utilisation d'un combustible sur une grille a lieu en introduisant 33 o/o d'air en excès sur la quantité théorique. Cet excès ne sera certainement pas indispensable dans la combustion du mélange intime d'air et de pétrole pulvérisé, mais si on l'admet cependant, risquant seulement en cela d'avoir un chiffre trop élevé, la quantité d'air nécessaire à la combustion en foyer de un kilogramme de pétrole sera :

$$10,8 \times 1,33 = 14 \text{ m}^3,86.$$

Pour brûler un kilogramme de charbon il faut théoriquement 8 m³ d'air, et en y ajoutant 33 o/o,

$$8 \times 1,33 = 10 \text{ m}^3,64$$

c'est bien le chiffre expérimental trouvé.

Or, à température et à pression égales, le volume d'acide carbonique dégagé par la combustion du carbone est égal au volume d'oxygène qui l'a formé. Un kilogramme d'hydrogène exigeant 8 kilogrammes d'oxygène pour se brûler, chaque kilogramme d'oxygène donnera 1 kil. 125 de vapeur d'eau, soit :

$$1,24 \times 1,125 = 1 \text{ m}^3 4$$

de vapeur ramenée fictivement à 6°. Mais un kilogramme d'oxygène à la pression atmosphérique et à 5° occupe o m³,70, donc chaque kilogramme d'oxygène converti en vapeur d'eau donnera une augmentation de :

$$1 \text{ m}^3,4 - 0 \text{ m}^3,7 = 0 \text{ m}^3 7$$

ce qui revient à dire que le volume de vapeur produit est double du volume d'oxygène employé ($0,7 \times 2 = 1,4$).

En brûlant un kilogramme de résidu de pétrole les produits de la combustion seront donc :

$$0,87 \times 1,85 = 1 \text{ m}^3,609 \text{ d'acide carbonique,}$$
$$0,117 \times 2 \times 5 \text{ m}^3,6 = 1 \text{ m}^3,310 \text{ de vapeur d'eau,}$$

et comme on a employé 14 m³,36 d'air sur lesquels 1 m³,609 d'oxygène a servi à brûler le carbone, et $\left(0,117 - \dfrac{0,012}{8}\right)$ 5,6 = o m³,646 à brûler l'hydrogène il restera un excédent de :

$$14,36 - 1,609 - 0,646 = 12 \text{ m}^3,105 \text{ d'azote et d'oxygène non combiné.}$$

Le volume total des produits de la combustion d'un kilogramme de pétrole sera donc :

$$12,105 + 1,609 + 1,310 = 15 \text{ m}^3,024.$$

Ce volume est évalué ramené à 0°. Il faudra le dilater à la température du foyer et à celle de la cheminée s'il doit servir de base pour en déterminer les sections, mais il n'est pas nécessaire de faire cette dilatation pour la simple comparaison que nous allons faire entre les chaudières à pétrole et à charbon.

Dans la chaudière à charbon, quand on brûle 1 kil. de combustible il faut faire passer dans la cheminée 10 m³,64 de gaz et on évapore au maximum 8 litres d'eau. Dans la chaudière à pétrole le même poids de combustible occasionne un passage de gaz de 14 m³,36 et l'évaporation est de 13 litres d'eau.

En d'autres termes il faut, pour vaporiser un litre d'eau faire passer dans la cheminée, avec le charbon :

$$\frac{10,64}{8} = 1 \text{ m}^3,330 \text{ de gaz},$$

avec le pétrole :

$$\frac{14,36}{13} = 1 \text{ m}^3,104 \text{ de gaz},$$

ou bien encore ; la circulation de 1 m³, de gaz dans la cheminée correspond à l'évaporation de :

$$\frac{1}{1,330} = 0 \text{ l. } 75 \text{ d'eau}$$

avec le charbon et à :

$$\frac{1}{1,104} = 0 \text{ l. } 90 \text{ d'eau}$$

avec le pétrole.

Il en résulte qu'à égalité de section des conduits de fumée et par suite à surface de chauffe égale et dans les mêmes conditions de tirage la chaudière à pétrole :

$$\frac{0,90 - 0,75}{0,75} = \frac{0,15}{0,75} = 0.20$$

c'est-à-dire 20 o/o de plus que la chaudière à charbon.

On en déduirait que pour évaporer la même quantité d'eau dans le même temps, avec le même tirage, une chaudière à pétrole devrait être de 20 o/o plus petite qu'une chaudière à charbon. La pratique a montré que la différence est beaucoup plus considérable et cela provient de ce que, en brûlant du charbon, il faut forcément donner beaucoup plus d'air qu'il n'est nécessaire tandis qu'avec le pétrole l'excès d'air est infime à cause du mélange intime du combustible et du comburant et de leur écoulement régulier, toutes conditions qui tendent à rapprocher le plus possible de la combustion théorique.

Les chaudières à charbon ont d'ailleurs bien d'autres inconvénients, surtout à bord des torpilleurs, et les derniers essais n'ont fait que confirmer cette opinion qu'on ne peut guère compter sur les chaudières de ces petits bâtiments pour une marche à toute vitesse d'une durée de quelques heures.

Ces chaudières de torpilleurs sont du type locomotive, c'est-à-dire qu'elles ont des foyers carrés débouchés en dessous de la grille et que le faisceau tubulaire est en prolongement de cette grille. Quand on marche à toute vitesse les grilles s''encrassent rapidement, les escarbilles et mâchefers sont entraînés par le tirage, passent en partie par le faisceau tubulaire et la cheminée et ont ainsi déjà l'inconvénient de signaler de loin l'approche du torpilleur ; ce qui est plus grave c'est qu'un certain nombre de tubes finissent par s'obstruer d'un dépôt de coke qui vient former sur l'orifice une sorte de nid d'hirondelles. Le tirage est ainsi diminué fortement et ce n'est qu'à grands coups d'un ringard qu'on promène sur la plaque tubulaire qu'on peut les enlever avec peine.

La nécessité du tirage forcé sur les torpilleurs et les croiseurs à conduit à l'emploi de chaufferies fermées et soufflées, appelées avec raison *vase clos* ; tant que la chau-

9.

dière ne présente pas de fuite les chauffeurs enfermés dans le vase clos ne courent aucun danger, mais ce danger se manifeste aussitôt que la moindre fuite se produit. En pareil cas, en effet, le premier mouvement du chauffeur sera de chercher une issue pour fuir hors de la portée du jet de vapeur qui risque de le brûler, et s'il a le malheur d'ouvrir une porte de communication avec l'extérieur, la pression de la chaufferie disparaît brusquement et tout le personnel peut être brûlé gravement par le retour de la flamme ou la fuite de vapeur qui n'est plus entraînée dans la cheminée. Il faut dans ce cas un chef de chauffe assez énergique pour maintenir la chaufferie hermétiquement close, augmenter la vitesse du ventilateur, mettre bas les feux et évacuer la chaufferie seulement quand la chaudière est complètement vide.

Ce sont tous ces inconvénients, et bien d'autres, qui ont fait songer à l'emploi du pétrole et d'une chaudière appropriée, à bord des torpilleurs.

Un appareil où le pétrole ne subissait aucune pulvérisation avait été proposé par les Forges et Chantiers du Havre ; il fut reconnu insuffisant et ne reçut aucune application.

La chaudière proposée par M. D'Allest répond beaucoup mieux à la question et nous allons la décrire rapidement.

Cette chaudière, de la forme de celles qui sont actuellement en usage et correspond comme dimensions aux torpilleurs de 525 chevaux, mais comme la grille est supprimée, le foyer au lieu d'être carré a la même forme que la boîte à feu et l'enveloppe de la chaudière devient cylindrique sur toute sa longueur.

Cette chaudière, alimentée avec du pétrole, serait à l'abri de la formation des nids d'hirondelles, la présence d'un tore dans le foyer la rendrait élastique et préserverait ainsi des fuites et des déchirures, de plus, cette élasticité permettant la dilatation du faisceau tubulaire indépendamment de l'enveloppe, il n'y aurait jamais de fuites sur la plaque tubulaire. Resterait l'inconvénient de mettre encore cette plaque en contact direct avec la flamme. Mais il y a mieux et la suppression de la grille permet ici l'emploi du retour de flamme.

Dans cette chaudière représentée sur les figures 57 et 58 le foyer est fermé par une devanture en fonte à circulation d'eau pour l'empêcher de rougir ; les pulvérisateurs sont fixés sur cette devanture. Ces pulvérisateurs reçoivent le pétrole d'un réservoir A placé sur le côté de la chaudière tandis le courant d'air ou de vapeur qui produit la pulvérisation arrive par le tuyau D.

L'air soufflé par le ventilateur arrive dans la devanture en fonte par le conduit E et se divise en deux courants qui pénètrent dans le foyer par deux orifices. Il y a lieu de remarquer que ces deux courants viennent couper à angle droit le jet de pétrole pulvérisé ; cette disposition assure un brassage énergique du combustible et du comburant et l'expérience a montré que le résultat obtenu est meilleur ainsi qu'avec des jets d'air et de pétrole dans la même direction. Un autre avantage est celui-ci : Le jet de vent arrivant à angle droit perd sa vitesse qui devient $\frac{Q}{\Omega}$, Ω étant la section du foyer, au lieu de $\frac{Q}{\omega}$, ω étant la section du tube d'arrivée, qu'elle était à la sortie du tuyau ; cette diminution de vitesse permet aux gaz chauds de séjourner plus longtemps dans le foyer et le faisceau tubulaire et de se dépouiller plus complètement de la chaleur qu'ils contiennent. Une porte ménage l'accès de l'air dans le foyer pour marcher à tirage normal et deux petites portes permettent d'introduire les tampons enflammés pour l'allumage.

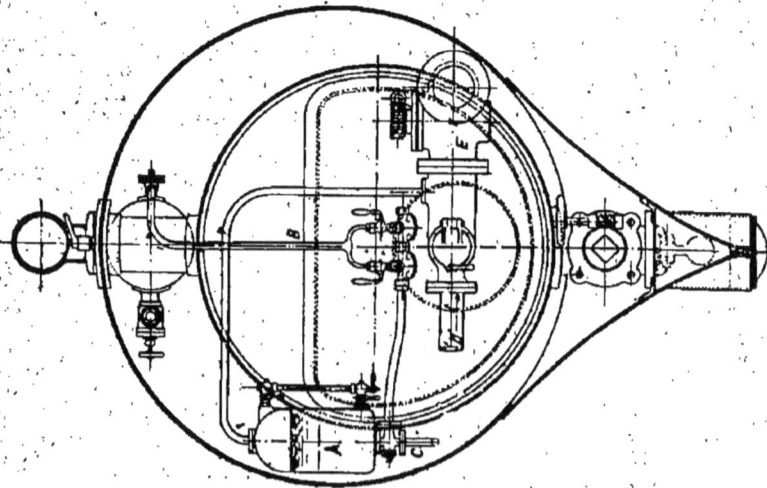

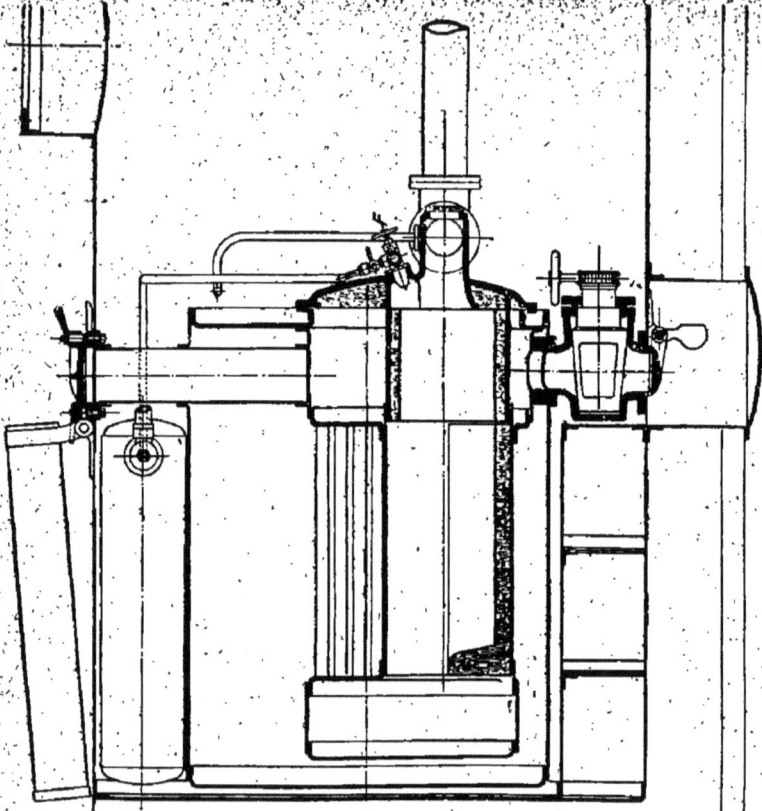

Fig. 57. Fig. 58

Chaudière chauffée au pétrole, pour machine de 525 chevaux, système « D'Allest » ; proposée pour torpilleurs et sous-marins : A. Réservoir à pétrole. — B. Conduit de vapeur. — C. Tuyau de refoulement du pétrole par le petit cheval. — D. Tube d'air comprimé. — E. Tube pour l'air soufflé. — F. Brûleur.

L'installation à bord est des plus simples ; — il n'est plus nécessaire ici de fermer la chaufferie et de la mettre sous pression, elle reste en communication avec l'air extérieur ; le ventilateur refoule par le conduit E l'air nécessaire à la combustion ; — le reste de l'installation n'a aucune modification à subir.

Les portes sont placées de chaque côté de la chaudière à la place des soutes à charbon ; — un petit-cheval prend le pétrole dans les soutes et le refoule par le tuyau C dans le réservoir A qui le distribue aux pulvérisateurs.

Il faut remarquer que, à bord d'un torpilleur, où la provision d'eau douce est très restreinte il y aurait inconvénient à employer la vapeur comme agent de pulvérisation, cet emploi ayant pour résultat de laisser échapper continuellement par la cheminée une quantité de vapeur égale à peu près à $\frac{1}{20}$ de la production totale de la chaudière. On peut la remplacer par l'air comprimé avec qui même la flamme est plus blanche surtout si on emploie de l'air préalablement chauffé. Le rendement reste sensiblement le même. Pour échauffer l'air il convient de le faire passer dans un tube traversant le réservoir de vapeur ou la cheminée. La pression qui convient le mieux à la pulvérisation est de o kil. 75.

Pour pulvériser un kilogramme de pétrole on emploie environ 500 litres d'air à cette pression de o kil. 75 La chaudière d'un torpilleur de 525 chevaux devant brûler au maximum 300 kilogrammes de pétrole par heure une pompe aspirant 300 m³ à l'heure, soit 5 m³ par minute, donnera un volume d'air plus que suffisant pour la pulvérisation. Une pompe à action directe, système Westhinghouse ayant 300 mm. de diamètre et 300 mm. de course et battant seulement 120 coups à la minute remplirait ces conditions. Un petit réservoir d'air comprimé que l'on fait passer à la chaudière par un détendeur sert pour l'allumage, quand l'eau de la chaudière est portée à 130° la pompe commence à fonctionner et continue ensuite même pour achever la mise en pression. Si l'on prend un réservoir à 120 kilogrammes de pression, comme ceux qui servent à l'alimentation des torpilles, il suffira de lui donner une capacité de 0 m³,07 pour pouvoir porter à 130° une chaudière de près de 3.000 litres d'eau, ce réservoir ne sera donc ni difficile à faire ni encombrant.

Toutes ces questions si complexes, malgré leur puissant intérêt, ne sont encore que bien incomplètement élucidées.

Avant de conclure d'une façon définitive rappelons un peu quelques opinions émises par certains auteurs dont les travaux ont déjà retenu plus d'une fois notre attention.

Voici d'abord un passage de l'étude de M. Ledieu.

« En ce qui concerne les bateaux sous-marins destinés à une certaine autonomie et à des parcours de quelque étendue, des dimensions comparativement élevées s'imposent pour la coque, en même temps que l'approvisionnement total d'énergie devient considérable. Le poids d'approvisionnement par cheval-heure avec les agents précédents cesse d'être pratique; il faut alors emprunter la force motrice principale directement à un combustible minéral alimentant une machine à vapeur très légère avec une consommation par cheval-heure indiqué ne dépassant pas aujourd'hui un kilogramme. Cette combinaison est d'autant plus rationnelle qu'en somme la navigation sous la mer n'est nécessaire qu'aux approches de l'ennemi et que, le reste du temps le navire peut naviguer à fleur d'eau.

« La chaudière est en ce cas à très haute pression ; elle peut brûler du charbon de terre comme d'habitude, et ne fonctionne que pendant les émersions en remplissant subsidiairement des réservoirs d'eau surchauffée. Au moment des descentes on clôt le foyer et la cheminée et on marche avec les réservoirs.

« Mais il est bien plus avantageux d'installer hardiment la chaudière de façon qu'elle continue à marcher sous l'eau en chambre close (1), entretenue par une provision d'air comprimé qu'il est facile de renouveler pendant les émersions. La tension à l'intérieur de la chambre doit être constamment maintenue supérieure à la pression d'immersion, de façon que la cheminée, débouchant en dehors de cette chambre et terminée par une disposition spéciale, puisse toujours déverser à la mer les gaz de la combustion.

« Toutefois, en raison des tensions élevées corrélatives des grandes profondeurs, les hommes sont obligés ici de se tenir à l'extérieur de la chaufferie. De là la nécessité d'avoir recours pour le combustible au pétrole pulvérisé dans un courant d'air par des jets de vapeurs lancés à travers des petites buses, le tout très aisément dirigeable à distance. Le pétrole ainsi brûlé est adopté depuis plusieurs années sur les locomotives du Caucase et les vapeurs de la mer Caspienne, qui se trouvent à proximité de sources de ce combustible liquide ; on est d'ailleurs parvenu à supprimer les dangers et les inconvénients du système.

« Le pétrole réduit d'un tiers le poids et le volume du combustible. Il est, à la vérité, 10 fois plus coûteux que le charbon ; mais, répétons-le, la considération de la

---

(1) Parmi les nombreuses recherches auxquelles nous nous sommes livrés, nous n'avons eu connaissance que de deux appareils construits dans cet ordre d'idées : la chaudière pyrotechnique du docteur Payerne, expérimentée en 1845 au Conservatoire des Arts et métiers, et celle de l'ingénieur d'Allest dont nous avons eu un modèle d'expérience à l'Exposition de 1889. — (Note de M. Ledieu).

dépense n'a pas d'importance pour les bâtiments plongeurs.

« Si nous recommandons aussi instamment la machine
à vapeur d'eau, c'est que, jusqu'à nouvel ordre, elle constitue le *moteur par excellence*, connu jusque dans ses
moindres détails, ne donnant lieu à aucun aléa dans sa
marche, n'atteignant, avec ses derniers perfectionnements,
qu'un poids mort de 40 kilogrammes par cheval *indiqué*,
y compris l'eau des chaudières, et surtout employant, dans
le charbon, celui de tous les agents producteurs d'énergie
présentement connus qui après le pétrole et ses dérivés,
est le plus riche dans sa combinaison avec l'air.

« Nous réservons l'avenir au sujet des recherches de
diverses sortes actuellement en cours pour trouver des
moteurs extra-légers et comme poids mort et comme
nature de l'approvisionnement d'énergie : tels que les
machines à hydrocarbure mélangé, suivant le cas, avec de
l'air ou du nitrate d'ammoniaque, le mélange se changeant par l'inflammation en une combinaison gazeuse à
l'intérieur même du cylindre moteur ou dans un compartiment annexe.

« Toutefois l'invention devra ici être multipliée en ce
sens qu'il faudra organiser les appareils de fonctionnement de la force motrice, de façon à éviter à la fois les
déflagrations, les trop hautes températures et les résidus
capables d'engorger ou de détériorer les récipients; en outre
de façon à réaliser un cycle d'opération à rendement avantageux. Parmi les divers hydrocarbures susceptibles d'être
employés, le pétrole ou mieux la gazoline volatilisée et
brûlée avec l'air est de beaucoup l'hydrocarbure le plus
avantageux comme énergie potentielle (10 à 11.000 calories
par kilogramme de combustible).

« Aussi est-ce vers le meilleur maniement de cette précieuse substance que se dirigent actuellement les efforts
de la plupart des inventeurs. »

Nous avons tenu à citer ce passage d'une communication déjà ancienne, nous n'insisterons pas à nouveau sur les erreurs fort excusables de l'auteur qui écrivait à une époque où la question était encore à l'état de problème sans solution. Nous savons aujourd'hui ce qu'il faut penser de la chauffe en chambre close et quelle irréalisable utopie est un navire conçu dans de tels principes. Quant au moteur à eau surchauffée, l'échec récent encore du Nordenfelt, pourtant consciencieusement étudié par un homme de haute valeur, — la nullité des résultats obtenus par ceux qui ont suivi cette voie, — sont autant de documents venant infirmer la valeur du procédé préconisé après la chauffe en vase clos par M. Ledieu.

Aujourd'hui on en est aux chaudières chauffées au pétrole on en sera peut-être bientôt aux moteurs à hydrocarbure que nous pouvons d'ores et déjà admettre en principe en faisant toutes réserves sur leur fonctionnement propre. Tel était, il y a quelques années déjà, l'avis de nombre d'autorités en la matière et voici ce que disent au sujet de M. Paul Baron qui le premier songea aux moteurs à pétrole pour assurer l'autonomie des sous-marins, MM. le commandant Z... et H. de Montéchant dans leur livre si intéressant, malgré les utopies qu'il prône parfois en toute sincérité et toujours avec une belle apparence de raison valable qui est là pour prouver une étude consciencieuse et éclairée d'une question à ce moment encore trop peu nette : « *Les Guerres navales de demain* ».

« Il y a déjà plusieurs années, un ingénieur civil, M. Baron, a proposé l'emploi d'une force unique assurant, d'après lui, l'autonomie sur l'eau et sous l'eau. Son moteur est à air carburé. C'est un dérivé du moteur à gaz. Il aspire automatiquement, dans le poste de l'équipage, l'air qui doit traverser le carburateur avant d'aller au cylindre et l'air qui viendra se mélanger avec celui-ci pour former le mélange détonant.

« La carburation se fait à l'aide de l'essence de pétrole. L'explosion du mélange, dans le cylindre, est déterminée par une étincelle électrique, donnée par le courant d'une petite pile et réglée par la machine elle-même.

« Avec ce système, plus de chaudières lourdes et encombrantes, plus de chaleur inutile et dangereuse, plus de foyers à éteindre quand on veut plonger, plus de feux à rallumer quand on revient à la surface; la machine fonctionne partout et toujours, le sous-marin est réellement autonome ».

Nous pouvons maintenant définir de façon précise un bateau sous-marin AUTONOME *à grand rayon d'actions*.

Ce sera un navire de tonnage assez élevé pour un sous-marin (150 tonneaux au moins — le *Narval* comme nous le verrons n'en a que 105 — 250 à 300 tonneaux au plus du moins pour le moment); il possédera un électro-moteur actionné par une batterie d'accumulateurs qui servira à la marche en immersion seulement; pour la marche à la surface il sera muni d'un moteur thermique soit à vapeur chauffé au pétrole, soit à hydrocarbure. La cheminée de cette machine thermique sera courte, étroite et telescopique de façon à pouvoir être instantanément rentrée dans le bateau et fermée au-dessous d'un capot étanche fixé à la partie supérieure de la coque et manœuvré de l'intérieur. Pour être complet il ne faut pas oublier que l'électro-moteur devra être tel qu'il puisse fonctionner comme machine réceptrice c'est-à-dire comme transformateur d'énergie. Il pourra alors, pendant la marche à la surface, être mis en mouvement par le moteur thermique dont on détournerait si possible, au détriment de la vitesse, une certaine quantité de force qui, transformée en courant par la dynamo, irait recharger les accumulateurs affaiblis par

la précédente plongée pour permettre une nouvelle navigation en immersion. Le sous-marin ainsi conçu n'aurait
plus besoin de rentrer à tout instant au port pour charger
ses accumulateurs à l'usine électrique ; il pourrait emporter du pétrole pour une navigation assez longue et il suffirait de fournir abondamment de ce liquide les croiseurs
et cuirassés opérant dans les parages du sous-marin
pour que celui-ci trouvât en pleine mer le moyen de
ravitailler sa source d'énergie et par conséquent fut capable d'accompagner l'escadre au large et d'aller prendre
part à toute opération prévue ou fortuite que nécessite-
raient les circonstances.

Là, est croyons-nous, le sous-marin de l'avenir au point
de vue militaire ; là encore seulement apercevons-nous la
voie qui pourra conduire à la découverte, pas encore
entrevue, du sous-marin capable d'une exploration scientifique, d'une étude de fond de rade, d'une vérification de
câble noyé par des fonds abordables et tant d'autres choses si intéressantes et si attirantes qui ne nous sont aujour-
d'hui que bien péniblement et bien imparfaitement
permises quand elles ne sont pas impossibles.

**

Ces généralités terminées abordons un peu l'étude
succincte et rapide des moteurs eux-mêmes et de leurs
générateurs d'énergie.

Comme au plus important puisque seul jusqu'ici il a
permis la navigation sous l'eau, au plus difficile aussi et
souvent plus décevant dans sa construction comme dans
son emploi ; donnons le pas sur les autres organes à
l'Accumulateur électrique.

Le principe de l'accumulateur est de toute simplicité :
prenons deux lames métalliques plongeant dans un
liquide rendu conducteur par une acidulation conve-

nable et réunissons ces deux lames aux pôles d'une pile quelconque. Un courant s'établit alors qui traverse la masse liquide de l'électrode positive à l'électrode négative produisant dans ce liquide un phénomène d'électrolyse qui se manifeste par le dégagement de bulles gazeuses à la surface. En même temps il se produit une oxydation de la surface au pôle positif et une réduction des oxydes qui peuvent exister au pôle négatif. Supprimons maintenant la pile génératrice et remplaçons-là par un galvanomètre ; nous constatons aussitôt que cet instrument nous accuse le passage d'un courant de sens inverse au courant que produisait la pile ; en même temps les électrodes polarisées reprennent leur état primitif et quand il est atteint le courant inverse cesse. Deux électrodes polarisées restituant en se dépolarisant le courant qui avait produit leur polarisation, tel est le principe on ne peut plus simple de l'accumulateur, principe découvert par Gaston Planté et appliqué directement par lui.

Voici d'ailleurs ce que dit au sujet des accumulateurs M. Aimé Witz dans la « Revue de l'Exposition de 1889 ».

« On sait que deux électrodes polarisées étant réunies par un fil conjonctif restituent l'électricité qui avait été employée à produire la polarisation ; toute la théorie des accumulateurs est renfermée dans ces quelques mots.

« Gaston Planté montra qu'en employant des lames de plomb on obtenait les effets de polarisation les plus considérables ; il eut ensuite l'idée d'utiliser cette propriété pour réaliser un *accumulateur d'énergie électrique* ; c'est de lui que vient le nom de la chose.

« Le couple de Planté était composé de deux lames de plomb parallèles et très rapprochées plongées dans de l'eau acidulée, le passage du courant de charge oxydait le métal au pôle positif et réduisait l'oxyde qui pouvait recouvrir le pôle négatif ; la décharge tendait à remettre les plaques dans leur état primitif. Il réussit ainsi à emmagasiner 60.000 coulombs par kilogramme de plomb, l'énergie disponible était de 40.000 à 50.000 watts soit 50.000 kilogrammes environ. On n'a pas fait mieux, il est vrai que nous signalons des expériences de laboratoire.

« Mais pour obtenir de semblables résultats il fallait soumettre préalablement le plomb à une série de charges et de décharges qui avaient pour effet de le rendre poreux et de faire intervenir une masse de métal plus considérable dans la réaction. Cette opération préliminaire s'appelle *la formation* de l'accumulateur ; elle était longue et dispendieuse, Planté trouva le moyen de l'abréger par une immersion des lames dans de l'eau acidulée par moitié de son volume d'acide azotique ; mais le travail était encore trop coûteux.

« C'est alors que M. Camille Faure eut l'idée ingénieuse de recouvrir les lames de plomb d'une pâte de minium retenue par un sac de feutre fixé au métal par des rivets de plomb, l'invention est de 1881 ; par cet artifice la formation fut singulièrement abrégée et facilitée ; il suffisait dès lors de charger l'accumulateur à refus deux fois et de le décharger pour que le minium donnât du peroxyde sur la lame positive et du plomb réduit sur la lame négative ; on obtient de la sorte une formation profonde d'une capacité considérable.

« Les appareils de Planté et de Faure sont les deux types auxquels peuvent être ramenés tous les accumulateurs qui se disputent aujourd'hui la faveur des électriciens ; nombreux sont les modèles qui ont été produits en vingt ans ; mais la classification que nous venons d'établir permet de les comprendre tous. »

Il semblerait d'après les quelques considérations qui

précèdent que les services que les accumulateurs devraient rendre à l'industrie en général soient si nombreux et si variés que l'on doive rencontrer ces appareils en usage dans toutes les installations électriques fixes ou mobiles. Le nombre des batteries employées est cependant relativement restreint et il faut en voir la raison tant dans les difficultés d'entretien des installations même bien conditionnées que dans les nombreux insuccès qui souvent rebutent et découragent les électriciens qui emploient des accumulateurs.

Les accumulateurs actuels ont en effet trois inconvénients principaux qu'ils partagent dans des proportions plus ou moins grande :

  Un poids exagéré,
  Un entretien difficile,
  Une durée assez faible.

Il peut être intéressant de rechercher en général les causes essentielles de ces mauvaises conditions d'emploi.

Sans revenir sur l'historique esquissé ci-dessus d'après le remarquable travail de M. Aimé Witz ; rappelons que Planté constituait ses éléments par deux lames de plomb parallèles, enroulées en spirale cylindrique de manière à obtenir une grande surface sous un petit volume. Lorsque les lames sont neuves elles ne peuvent emmagasiner, et par suite restituer, qu'une quantité très petite d'électricité. Pour augmenter leur receptivité Planté les chargeait et les déchargeait tantôt dans un sens tantôt dans l'autre en alternant le sens du courant d'abord rapidement, puis plus lentement de manière à attaquer aussi profondément que possible la surface des lames. Cette période d'action chimique appelée *formation* était fort longue et les appareils qui ne pouvaient être pratiquement utilisés qu'au bout de plusieurs milliers d'heures revenaient à des prix tellement élevés qu'ils furent dans le début inabordables.

Le jour où, sur les traces de Camille Faure on songea à remplacer l'attaque chimique du plomb par l'application mécanique d'une pâte d'oxyde ou de sulfate de plomb collée à des lames ou à des grillages en plomb servant de conducteur, on réalisa, surtout quant aux prix de revient, un progrès considérable.

Cette pâte est généralement comprimée sous forme de pastilles qui viennent s'encastrer dans des alvéoles ménagées dans les supports conducteurs. Les accumulateurs ainsi obtenus sont dits *à formation artificielle* — par opposition à ceux de Planté qui sont *à formation naturelle* — et ils peuvent être mis en service après avoir subi l'action du courant pendant quelques jours seulement.

Certes l'invention de l'accumulateur à formation artificielle était un grand pas vers la réalisation d'un accumulateur pratique ; de nombreux inconvénients subsistaient pourtant encore — on s'en défend même encore fort mal aujourd'hui — nous allons nous y attacher un instant.

1º *Enormité du poids.* — Dans les types courants d'accumulateurs on compte en général sur une capacité de 6 ampères-heure par kilogramme de plaques. La différence de potentiel aux bornes étant pendant la décharge de environ 2 volts, un kilogramme de plaques pourra fournir 12 watts-heure. Un cheval électrique de 736 watts — équivalant à peu près au cheval-vapeur de 75 kilogrammètres — on voit que la production de un cheval-heure exigera un poids de plaques égal à :

$$\frac{736}{12} = 61 \text{ kg. } 63.$$

Si nous voulons — et il le faut — tenir compte du poids du liquide et du poids des bacs qui le contiennent nous sommes forcés de conclure qu'une batterie capable d'un cheval-heure pèsera au moins 100 kilos.

On peut, d'autre part déterminer la quantité théorique de plomb nécessaire à la production d'un cheval-heure, soit de 736 watts-heure que nous supposons produits par un courant donnant $\frac{736}{2} =$ 368 ampères-heure sous une tension de 2 volts.

Un courant ayant une intensité de un ampère traversant un bain pendant une heure électrolyse 3 gr. 858 de plomb. La quantité intéressée à chaque pôle par un courant de un ampère-heure est donc de 3 gr. 858 et par conséquent sur les deux électrodes de 7 gr. 716.

Pour obtenir un cheval-heure, le poids de plomb utile sera donc théoriquement de :

$$7 \text{ gr } 716 \times 368 = 2 \text{ kg. } 839.$$

Si l'on tient compte de l'oxydation de l'électrode positive on peut fixer ce poids à environ 3 kilogrammes.

Si l'on compare ce chiffre au chiffre de 61 kg. 33 trouvé plus haut, on voit que la quantité de plomb intéressée dans l'action chimique n'atteint pas même le vingtième du poids total des plaques, donc les accumulateurs sont d'un très mauvais rendement au point de vue de l'utilisation des matières qui les constituent.

2° *Difficulté d'entretien*. — Dans les accumulateurs ordinaires, si la couche du liquide comprise entre deux plaques voisines cesse, pour une raison ou pour une autre, d'être absolument homogène (et le fait est permanent) il en résulte des différences de conductibilité sous l'influence desquelles le courant passant plus facilement en certains points qu'en d'autres attaque irrégulièrement les plaques de plomb qui se déforment en conséquence. La déformation une fois commencée s'accentue d'ailleurs d'autant plus vite que croissent les différences de conductibilité avec le défaut de parallélisme des lames. Les déformations les plus grandes sont celles des plaques positives. Il arrive même que les déformations et torsions des lames arrivent à les faire se toucher en un point ; dès lors un court-circuit existe et l'élément se décharge tout seul et est inutilisable. Le résultat immédiat est une chute dans le voltage de la batterie où tout élément ayant un court-circuit ne fournit plus rien. La remise en état d'un élément à court-circuit nécessite son démontage, toujours entouré de précautions spéciales et délicates ; il faut compter d'ailleurs que la constitution même des plaques de cet élément a pu être fortement ébranlée par la rapidité de la décharge intérieure effectuée entre les deux plaques venues au contact.

Il résulte de tout cela qu'une surveillance constante s'impose et que l'on devrait toujours confier la conduite et l'entretien d'une batterie à un électricien de profession si l'on voulait avoir chance d'éviter les accidents dus souvent à une négligence inconsciente ou à une manœuvre maladroite.

3º *Courte durée de fonctionnement normal.* — Quand on donne à un accumulateur le courant de charge il en résulte une augmentation de volume notable ou *foisonnement* de la matière active des plaques positives. La décharge remettant théoriquement les choses en état, produit un tassement qui rétablit à peu près le volume primitif. Les changements de volume subis par les plaques négatives sont beaucoup moins considérables.

Ces dilatations et contractions successives ébranlent et désagrègent la matière active qui s'effrite peu à peu et tombe de son support, diminuant ainsi la capacité de la plaques qui finit par devenir inutilisable.

En général une batterie bien faite et bien conduite dure plusieurs années et coûte comme entretien annuel environ 10 o/o de son prix d'achat. Mais quand on exagère les courants de charge et de décharge, *quand il y a des trépida-*

10

tions, la dislocation des plaques et l'usure définitive de-viennent rapides, surtout dans les accumulateurs à forma-tion artificielle. Ce dernier inconvénient est atténué un peu dans les accumulateurs à formation naturelle, mais leur poids considérable, leur entretien méticuleux demeurent, — aussi gênants et plus que dans les autres, — cependant que leur prix exhorbitant de revient est là pour compenser leur petite supériorité toute théorique.

Plusieurs électriciens ont voulu chercher la meilleure solution possible dans l'adoption d'un système mixte. Dans ce genre d'appareils les plaques reçoivent sur chaque face de simples entailles ou rainures où on comprime de la pâte active mais en bien moins grande quantité que dans les accumulateurs à formation uniquement artificielle. On a pu ainsi arriver à des éléments réunissant les avanta-ges des deux genres d'accumulateurs ; l'emploie de la pâte active doit les assimiler aux accumulateurs à formation artificielle au début de leur marche et les dispense ainsi de la longue période de formation nécessaire aux éléments Planté vers lesquels ils tendent en profitant de la période initiale de leur service pour acquérir une formation assez profonde.

On pourrait se demander si en réunissant ainsi les qua-lités de deux types on ne réunit pas aussi leurs défauts, c'est même absolument certain, dans une mesure indéter-minée il est vrai ; reste à savoir si le rapport du bon et du mauvais devient pire ou plus avantageux. Le temps seul et l'expérience répondront.

Nous n'ajouterons rien à ces généralités sur les accu-mulateurs, nous allons seulement indiquer ici les princi-pales dispositions adoptées par les constructeurs les plus importants.

Accumulateurs Commelin Desmazures. — Lors du lancement du *Gymnote* on avait d'abord songé à fournir l'énergie nécessaire à un moteur au moyen d'une pile primaire ; on avait disposé pour cela à bord une batterie de piles chlorochromiques du commandant Renard. Elles ne remplirent pas du tout leur but, nous avons vu plus haut pourquoi et comment.

Devant cet insuccès facile à prévoir on songea à utiliser une pile réversible et les piles chlorochromiques furent débarquées et remplacés à bord par une batterie d'accumulateurs du type *Commelin Desmazures.*

Cet accumulateur qui n'a plus guère qu'un intérêt historique était ainsi constitué :

Plaque positive : toile de fils de cuivre chargée de cuivre pulvérulent fixé par une compression de 1.000 kilogrammes par centimètre carré.

Plaque négative : toile de fils de fer étamés et amalgamés.

La plaque positive se loge dans un sac en parchemin formant vase poreux, des grillages en caoutchouc vulcanisé séparant les plaques pour prévenir les contacts.

Les plaques plongeaient dans une dissolution de zinc et de potasse caustique,

Ces accumulateurs ne peuvent fonctionner que tant que l'étamage et l'amalgamage du fer subsistent, la mise à nu de ce métal rend l'élément inerte

Nous ne dirons rien de plus de cet appareil aujourd'hui abandonné

Accumulateurs Laurent-Cély. — (Société anonyme pour le travail électrique des métaux). Lorsqu'il fallut changer la batterie du *Gymnote* elle fut remplacée par une batterie du type Laurent-Cély construite par la société anonyme pour le travail électrique des métaux. Nous ne décrirons pas ces appareils mais ceux plus perfectionnés que construit actuellement la même maison.

L'élément est à plaques hétérogènes, la positive étant du

genre Planté et la négative à matière active rapportée. La plaque positive (fig. 59) est faite de rubans de plomb

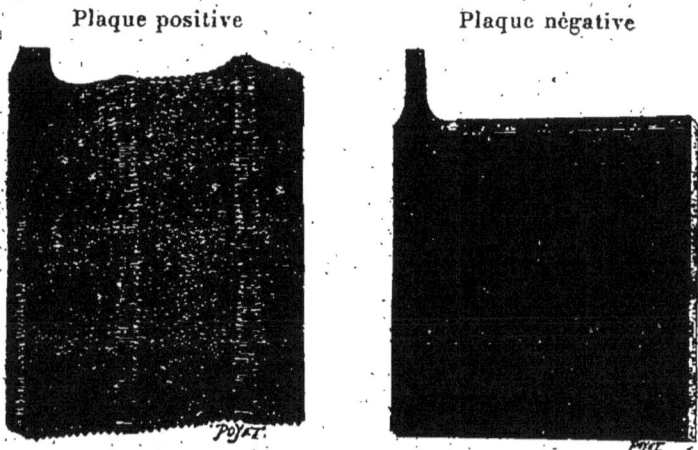

Plaque positive   Plaque négative

Fig. 59 et 60. Accumulateurs Laurent Cély.

enroulés de o m/m. 5 d'épaisseur et 3 m/m. de large, enfilés sur des tiges de plomb qui divisent la plaque en trois parties égales dans le sens de la largeur. A l'endroit où les tiges de plomb traversent les rubans, ceux-ci sont renforcés, sur une longueur de 6 m/m. par de petites pièces de plomb qui maintiennent ainsi un écartement convenable entre les rubans successifs. Sur le bord de la plaque opposé à la queue de connexion chaque ruban porte un renfort analogue et tous sont soudés ensemble de façon à former un des montants de la plaque. Sur le côté de la queue les rubans sont noyés dans une soudure de 4 m/m. de large qui forme l'autre montant. L'ensemble des rubans est maintenu serré entre les deux montants par les deux tiges que nous avons mentionné plus haut et qui sont légèrement soudées aux rubans supérieur et inférieur. Il y a ainsi 120 rubans superposés ayant chacun une surface utile de 25 dm². Chaque élément a 7 plaques et débite 120 ampères-heures ce qui correspond à 0,76 ampères-heure par décimètre carré de surface positive.

La plaque négative (fig. 60) est un quadrillage en plomb antimonié divisée en deux par une séparation verticale. Chacune de ces parties est divisée en quatre cellules par trois traverses horizontales. Les cellules ont 56 m/m. de long et 50 m/m. de large ; les pastilles comprimées qui les remplissent sont percées de neuf trous et la répartition du courant dans ces pastilles est amenée par des séparations intermédiaires placées de part et d'autre et divisant la pastille en trois parties égales. Les séparations correspondantes sont réunies à travers la plaque par deux rivets.

Les pastilles sont en chlorure de plomb fondu et coulé, on coule le quadrillage de plomb autour d'elles pour les réunir. Les queues de connexion placées sur le côté étant destinées à être soudées sont placées brutes de fonte.

Les plaques sont isolées par des feuilles d'ébonite ondulée et perforée et reposent au fond du bac sur un tasseau en ébonite. Les plaques de même polarité sont reliées entre elles par une barrette de plomb soudée sur les queues et qui porte la prise du courant.

L'électrolyte employé est de l'acide sulfurique à la densité de 1, 22 contenant 1330 de SO^4H^2 par élément, c'est-à-dire environ le triple de la quantité théorique, (438 gr., 20) qui donnerait 120 ampères heure. La densité à la fin de la décharge tombe à 1,162.

L'élément ainsi constitué pèse 19 kilo. 100, son bac a pour dimensions 13 cm., 7 en longueur, 18 cm., 3 en largeur et 20 cm. en hauteur ; il contient 7 plaques positives, 8 plaques négatives, écartées l'une de l'autre de 4 m/m et débite 120 ampères-heure.

Accumulateurs Fulmen. — Les plaques de cet élément sont à pastilles maintenues dans un grillage en plomb

10.

antimonié. Le grillage de la positive est formé par la superposition de deux grilles identiques dont les sépara- tions sont en forme de trapèzes accolés de telle sorte que leurs petits côtés soient en contact (fig. 61).

Plaque positive   Plaque négative

Fig. 61 et 62. Accumulateurs Fulmen.

Les pastilles sont au nombre de 30 ; elles ont 15 m/m. 5 sur 16 m/m. 15 ; elles sont percées de 8 trous et se trou- vent encastrées dans les deux grilles qu'elles effleurent de chaque côté.

Les cloisons constituant la grille ont 2 m/m. 5 de large et sont apparentes comme le cadre large de 3 m/m., aux points de rencontre des cloisons sont soudés des renforts de plomb.

La grille négative est identique à la précédente mais sans renfort aux cloisons tandis que sur chaque pastille est tracé un quadrillage léger de 0 m/m. 5 qui divise la pastille en 12 parties égales. Ce quadrillage forme un réseau qui fixe et retient la matière active (fig. 62).

Les plaques de même polarité sont soudées par leurs

connexions de plomb antimonié à une barre de même substance, de forme rectangulaire ayant 15 m/m sur 4 m/m de section. L'empâtage des plaques est fait en sorte que les divisions de la grille et les cadres émergent de la matière active.

Les plaques sont maintenues à distance du fond du bac par des tasseaux en caoutchouc d'une section triangulaire tronquée dont la base est en caoutchouc dur et le haut en caoutchouc souple. L'écartement des plaques est maintenu par des feuilles d'ébonite ondulées et perforées.

L'électrolyte contient 736 gr. d'acide libre (SO^4H^2).

Les bacs sont en ébonite unie de 3 m/m 5 d'épaisseur sur les côtés et 4 m/m au fond. Ils sont couverts d'une plaque d'ébonite qui pénètre de deux cm à l'intérieur; elle est percée de deux trous latéraux pour le passage des barres de connexion et d'un trou central fermé par un bouchon pour l'évacuation des gaz à la charge.

Les éléments sont réunis l'un et l'autre par des lames de cuivre rouge de 0 m/m 2 d'épaisseur, serrées contre les queues des connexions par des écrous de cuivre vissés sur des tiges filetées. Le tout est recouvert de vaseline.

Chaque élément contient dix plaques positives et 11 plaques négatives; il a 24 cm de haut, 18 cm de long et 11 cm. 5 de large; il pèse environ 15 kilog.

Les accumulateurs Blot-Fulmen sont à plaques hétérogènes, la plaque positive étant du genre Planté et la négative une plaque Fulmen.

L'accumulateur Blot, ou accumulateur à navettes est entièrement du genre Planté à formation naturelle.

Nous ne nous y arrêterons pas.

Accumulateurs Tudor. — Dans cet accumulateur qui passe pour un des meilleurs actuellement employés nous trouvons encore des plaques positives à formation naturelle et des négatives à oxydes rapporté.

La plaque positive (fig. 63) est en plomb doux fondu ;

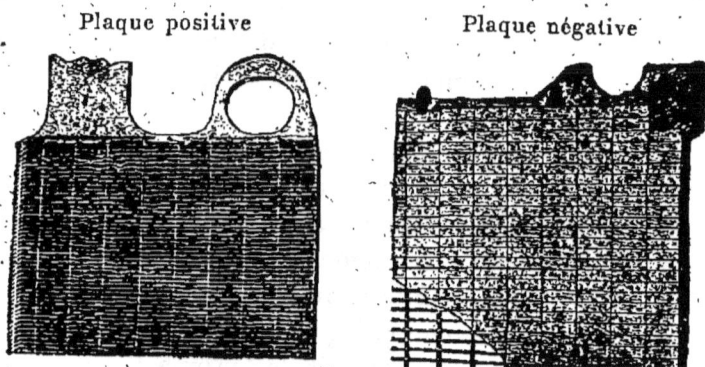

Plaque positive   Plaque négative

Fig. 63 et 64. Accumulateurs Tudor.

elle est divisée dans le sens de la hauteur par des intervalles qui la divisent en 140 lamelles ayant comme longueurs la largeur de la plaque et comme largeur son
épaisseur. Ces lamelles sont réunies entre elles et maintenues à distance convenable par une série de cloisons verticales de différentes épaisseurs. Les côtés latéraux de la
plaque constituent deux de ces cloisons qui avec deux
autres cloisons d'une épaisseur de 1 m/m environ partagent la plaque dans sa longueur en 3 bandes égales. Chacune de ces bandes est à son tour divisée en 5 bandes par
4 cloisons plus minces en sorte que la plaque se trouve
sectionné en 15 parties égales de 1 cm environ de largeur
sur une longueur égale à la hauteur de la plaque. La longueur d'une lamelle élémentaire comprise entre deux cloisons successives est seulement de 1 cm et la plaque
comporte 2.100 lamelles de cette sorte.

La plaque est complètement encadrée sur les côtés latéraux par deux renforcements dont nous avons parlé précédemment et en haut et en bas par une lamelle de plus
forte section. La traverse supérieure porte au milieu la

queue de connexion qui est très robuste et de chaque côté une autre pièce percée d'un trou central forment un anneau dont nous verrons l'utilité plus loin.

En outre les deux angles inférieurs de la plaque sont coupés de façon à former de chaque côté une échancrure de 3o m/m de haut sur 10 m/m de large qui servira au mariage.

La surface active est d'environ 24 dm² et, comme l'élément comporte 5 plaques, sa surface active est d'environ 120 dm². La capacité totale étant de 120 ampères-heure, chaque décimètre carré de surface fourni un ampère-heure il travaille au débit moyen de 0,8 ampère et au régime de 100 ampères.

La plaque négative (fig. 64) est à oxyde rapporté. Cet oxyde est supporté par un quadrillage très fin composé de 900 cellules environ. Ces cellules sont réparties suivant 16 rangées verticales; leur forme est rectangulaire et les dimensions de chacune d'elles sont d'environ 3 m/m sur 10 m/m; elles sont disposées de façon que le grand côté du rectangle soient dans le sens de la largeur de la plaque.

La plaque est complètement encadrée et la partie supérieure de ce cadre porte une série de saillies destinées à loger les isolants qui servent à séparer les plaques. Elle porte aussi les queues de connexion disposées à chaque angle supérieur de la plaque; cette queue de connexion fait également saillie sur les côtés latéraux et c'est sur cette dernière portion qu'on soude les barres qui réunissent les 6 négatives entre elles.

L'empatage ne laisse apparaître que le cadre extérieur.

Le montage de cet élément est tout à fait spécial; il a été étudié en vue de n'entraver en rien la dilatation des positives. Les négatives sont montées comme nous venons de voir avec les 4 bandes soudées qui les réunissent haut et bas, elles constituent ainsi un bloc qui vient reposer sur une saillie au fond du bac. On intercale dans ce bloc les positives réunies par les queues centrales et on glisse une barre d'ébonite dans chacune des deux séries d'anneaux que portent ces plaques. Les positives viennent donc reposer sur les négatives à l'aide des des barreaux d'ébonite et sont complètement libres à leur partie inférieure.

Les échancrures dont nous avons parlé plus haut ont pour but d'empêcher les positives de faire contact avec les lamelles de plomb soudées au bas des négatives. L'écartement des plaques est assuré par des baguettes de verre en forme d'Ω qui sont maintenues par les saillies des négatives.

Le volume de l'électrolyte correspond environ à 800 grammes d'acide libre (SO^4H^2), son niveau normal ne s'élève pas au-dessus des plaques.

Le bac est en ébonite très souple de 3 m/m. d'épaisseur.

Il porte à sa partie supérieure deux épaulements internes placés vis-à-vis l'un de l'autre, sur lesquels repose le bloc des plaques négatives, ces épaulements ont une hauteur de 2 cm. et une saillie de 5 m/m à 6 m/m environ.

Sur ces côtés le bac porte des saillies en forme de gouttes destinées à éviter le coincement dans les caisses de groupement.

Le bac d'un élément est haut de 27 cm. 5, large de 15 cm. et long de 18 cm. 5. L'élément total pèse 21 kg.500,

Nous ne dirons rien de plus sur les accumulateurs les curieux se renseigneront à leur aise dans les livres spéciaux d'électricité industrielle et surtout chez les fabricants d'accumulateurs eux-mêmes, car rien n'est tel pour concevoir et comprendre un organe quelconque que de l'avoir vu et au besoin manipulé.

**

Un mot avant de quitter cette question nous paraît bon

au sujet des électro-moteurs qui devront transformer en énergie mécanique l'énergie électrique formée par les accumulateurs.

En principe, un moteur électrique n'est autre qu'une machine dynamo-électrique dont la bobine mobile actionne directement ou par transmission un arbre d'hélice.

Le circuit inducteur reçoit le courant venant de la batterie d'accumulateurs, aussitôt l'induit se met en mouvement et actionne l'hélice.

Dans un bateau autonome pendant la navigation à la surface au moyen du moteur thermique ou à explosion que l'on emploie, il est facile de commander mécaniquement la bobine mobile de façon à créer dans le circuit fixe un courant induit qui peut servir à faire récupérer aux accumulateurs la quantité d'énergie qu'ils ont dépensé pendant la plongée.

Le fonctionnement des électro-moteurs actuels est très régulier et très satisfaisant ; on est parvenu d'ailleurs à construire des appareils de cette sorte capables d'une très grande puissance sous un volume relativement faible. De plus le couplage des accumulateurs par groupes associés à volonté en série ou en surface, permet de faire varier dans des limites étendues la force électro-motrice et par suite la vitesse du bateau sans fatigue anormale des machines.

Enfin, et c'est un point considérable, le moteur électrique fonctionnant par une rotation continue et sans à-coups ni soubresauts est extraordinairement silencieux, ce qui permet la navigation du sous-marin dans les eaux de son ennemi sans que celui-ci puisse avoir indication de sa présence par la mise en mouvement des microphones immergés que portent en général les navires de guerre. Nous reviendrons sur ce fait en parlant au rôle militaire d'un sous-marin.

Pour la théorie complète et l'étude des électro-moteurs

en général nous revenons aux traités spéciaux d'électricité industrielle.

Nous donnerons cependant en passant quelques considérations et une description succincte au sujet d'un moteur électrique à qui revient la gloire d'avoir été le premier employé à bord d'un sous-marin moderne, le *Gymnote*, dont la première machine n'était autre que celle qui va nous occuper ici.

Les premiers moteurs électriques employés en France à la navigation sous-marine sont, en effet, les moteurs Krebs qui ont été également appliquées à des tentatives d'aérostation faites en collaboration par MM. Renard et Krebs.

Le moteur qui a eu la première et la plus grande faveur à l'étranger est le moteur Reckenzaun.

Le nombre actuel des moteurs connus et applicables sans inconvénient à la navigation sous-marine est très considérable et croît de jour en jour. — Breguet, Sautter-Lemonnier, Ayrton et Perry, Cuttrès, Dal-Négro, Desprez, Davidson, Gramme, Froment Griscom, Hjorth, Jacobi Howe, de Meritens, Pagé, Ritchié, Siemens, Stargeon, Thompson, Trouvé, Weathstone, Wiesendanger, etc.., c'est une nomenclature bien incomplète qui montre que l'on n'a ici que l'embarras du choix.

Les moteurs les plus connus et les plus fréquemment employés dans la marine de guerre sont ceux du type Krebs et ceux du type Sautter qui tendent à prendre la suprématie.

Les moteurs Krebs sont multipolaires et présentent cette particularité peu commune dans ce genre de machines que les inducteurs sont généralement très petits et très légers en comparaison de l'induit.

Dans le choix du métal des noyaux et, en général, de toutes les pièces métalliques de l'inducteur on a soin de ne prendre que du fer pur ou de la fonte de fer ordinaire.

Le fer doux, le plus pur possible, a l'avantage de donner un champ magnétique d'une intensité beaucoup plus grande pour une intensité et une longueur de fil données. La fonte, étant moins magnétique, a besoin d'être plus volumineuse à champ magnétique égal et elle exige 30 à 50 pour 100 de fil en plus pour les noyaux.

La fonte a cependant un avantage ; celui de conserver un état magnétique sensiblement constant lorsque des variations légères de vitesse se produisent dans la rotation de l'induit.

Le moteur Krebs que nous allons rapidement décrire et qui est représenté fig. 65 et 66, est un moteur de 50 chevaux.

Il se compose d'une couronne d'électro-aimants dont le nombre s'élève à 16 sur tout le pourtour de la circonférence. Ces électro-aimants sont montés en série, ils reçoivent un courant maximum de 200 ampères et fonctionnent sous une différence de potentiel aux bornes de 200 volts. Les accumulateurs qui ont servi à fournir le courant d'excitation ont été des types Commelin-Desmazines, Laurent Cely ou Julien.

Les premiers moteurs Krebs étaient munis de deux couronnes d'électro-aimants, l'une intérieure, l'autre extérieure à l'anneau induit qui est le même que celui des machines Gramme.

Dans le cas de deux couronnes d'électro-aimants inducteurs le fil enroulé sur l'anneau est partagé en un certain nombre de secteurs ou bobines qui correspondent à autant de lames du conducteur. Il y en a eu jusqu'à 110.

Ces bobines sont réunies entre elles comme dans le système Gramme, c'est-à-dire que l'extrémité du fil d'une bobine et le commencement du fil de la bobine suivante sont reliés à la même lame du collecteur. Chaque couronne d'électro-aimants porte alors dix pôles, les pôles de même

11

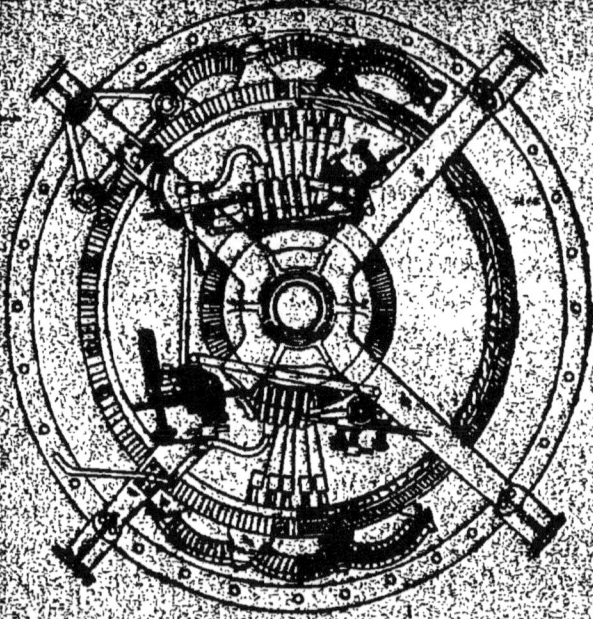

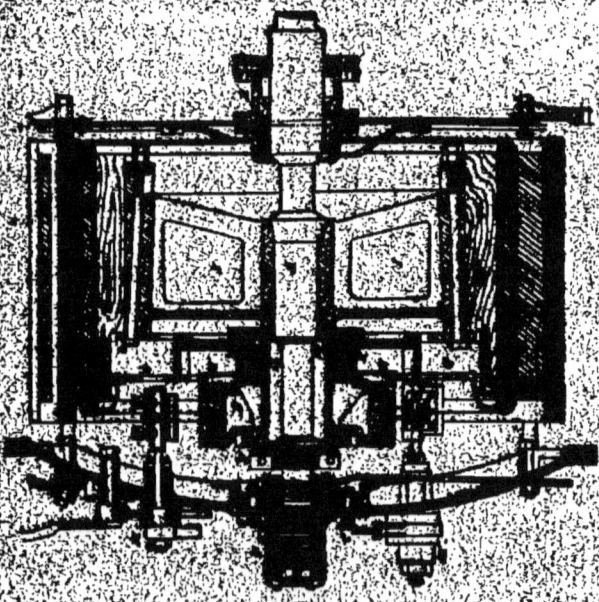

Fig. 85 et fig. 86.

Vue intérieure multipolaire de la génératrice système « Krebs » (16 pôles alternative et excitée). Trente ampères appliqué au sous-marin *Gymnote*.

nom de chacune des couronnes étant placés les uns en face des autres.

Il résulte de cette disposition que si, à partir d'un point quelconque, on partage la circonférence de l'anneau en cinq parties égales, les points de division obtenus occuperont constamment des positions similaires dans le champ magnétique et auront par conséquent, à un moment quelconque, le même potentiel.

De ce fait il faudrait cinq paires de balais pour recueillir le courant mais on évite cette complication d'une façon très simple. On établit, au moyen de pièces métalliques, une communication électrique entre les lames du collecteur qui sont au même potentiel ; de cette façon l'anneau est partagé en cinq secteurs égaux réunis entre eux en surface et une seule paire de balais suffit pour faire passer le courant. Pour éviter que pendant la marche en arrière les balais soient rencontrés à rebrousse poil par les lames du collecteur, on a placé deux paires de ces balais, une paire sert pour la marche avant ; l'autre, qui est inclinée en sens inverse sert pour la marche arrière.

La disposition de deux couronnes d'induction qui avait pour effet de rendre plus active la partie intérieure du fil enroulé sur l'induit avait en revanche le grave inconvénient de rendre difficile la fixation de l'anneau sur l'arbre. Cet anneau, en effet, n'est alors soutenu que par une extrémité et se trouve en porte à faux sur la plus grande partie de sa longueur. Afin d'établir l'anneau induit dans de meilleures conditions on a supprimé la couronne intérieure d'inducteurs sur tous les moteurs d'une puissance atteignant 25 chevaux.

Le moteur représenté ici se compose d'un arbre principal A dont l'extrémité est à collets venant s'encastrer dans un palier de butée ordinaire P. Ce palier est fixé à la carcasse de la machine au moyen de boulons C, C' L'autre extrémité traverse un presse-étoupe E formant palier et qui est supporté par le bâti même de la machine, lequel bâti est fixé d'une façon rigide et invariable à la coque du bateau.

Sur l'arbre A est calé d'une part l'induit I qui n'est autre qu'un anneau Gramme ordinaire tournant autour des électro-aimants C ; d'autre part, il supporte le collecteur D maintenu à poste au moyen d'un écrou F qui se visse sur une portion filetée de l'arbre.

Les lames du collecteur sont isolés de tout l'appareil par deux rondelles ou garnitures R, R' en fibrine ; elles sont également isolées les unes des autres par des lames de même forme en papier parcheminé et passé dans un bain au bitume de judée.

Les lames du collecteur sont reliées aux bobines de l'anneau au moyen de tiges en cuivre G, dont les extrémités sont reliées à chaque fil d'arrivée et de départ de deux bobines consécutives. A ces tiges G viennent se souder d'autres lames en cuivre H, terminées par des rondelles K s'emmanchant sur des tasseaux en bois L, et qui ont pour but d'isoler ces rondelles de l'appareil complet.

Cet agencement constitue ce que l'on appelle un *connecteur* et sert à réduire le nombre des paires de balais en réunissant électriquement toutes les lames du collecteur qui sont au même potentiel. Toutes les machines multipolaires possèdent d'ailleurs un connecteur et c'est une disposition de ce genre qui est adoptée sur les machines Desroziers, employées souvent comme machines auxiliaires dans la marine.

Deux paires de balais M, M' — N, N' assurent la rotation du moteur dans un sens ou dans l'autre, suivant que l'une ou l'autre paire est en communication directe avec le collecteur. Un levier spécial, visible sur la figure, assure la communication de ces quatre balais.

Le courant d'excitation fourni par les accumulateurs est envoyé dans la machine par l'intermédiaire d'un distributeur de vitesse qui modifie au gré du mécanicien le voltage de la batterie en couplant les batteries élémentaires de différentes façons en série ou en surface de façon à obtenir toute une échelle de vitesses diverses.

Nous verrons en nous occupant du *Gymnote*, qui était à l'origine mû par ce moteur quels sont ces voltages obtenus et les vitesses correspondantes. Nous y verrons aussi et surtout quels étaient les graves inconvénients du moteur Krebs dans ce sous-marin et pourquoi on l'a relégué sur un canot du port pour le remplacer par un autre.

On conçoit difficilement d'ailleurs un tel moteur avec une puissance de 250 ou 300 chevaux et il ne faut pas s'étonner si les bateaux modernes, plus grands, font usage de machines électriques plus robustes et plus simples.

Moteurs non électriques. — Nous avons vu précédemment que pour assurer l'autonomie et la possibilité de marche dans un rayon étendu d'un bateau sous-marin, on avait adopté pour celui-ci l'emploi d'un moteur auxiliaire servant à la navigation à la surface.

Les moteurs applicables dans ce cas sont, nous le savons, de deux sortes :

Moteurs à vapeur à combustible liquide.

Moteurs à hydrocarbure.

Si l'on adopte, — comme on l'a fait par exemple sur le *Narval*, — un moteur à vapeur, la première condition à réaliser sera d'alléger autant que possible les chaudières tout en leur maintenant une surface de chauffe considérable.

Un grand nombre de combinaisons ont été proposées pour cela, qui reposent toutes sur l'emploi de tubes à circulation d'eau, entre lesquels passe la flamme des brûleurs. Un modèle assez intéressant est celui proposé et construit par la *Liquid Fuel Enginnering* C⁰.

Cette chaudière représentée dans la figure ci-jointe (fig. 67) se compose d'une nombreuse série de tubes à eau

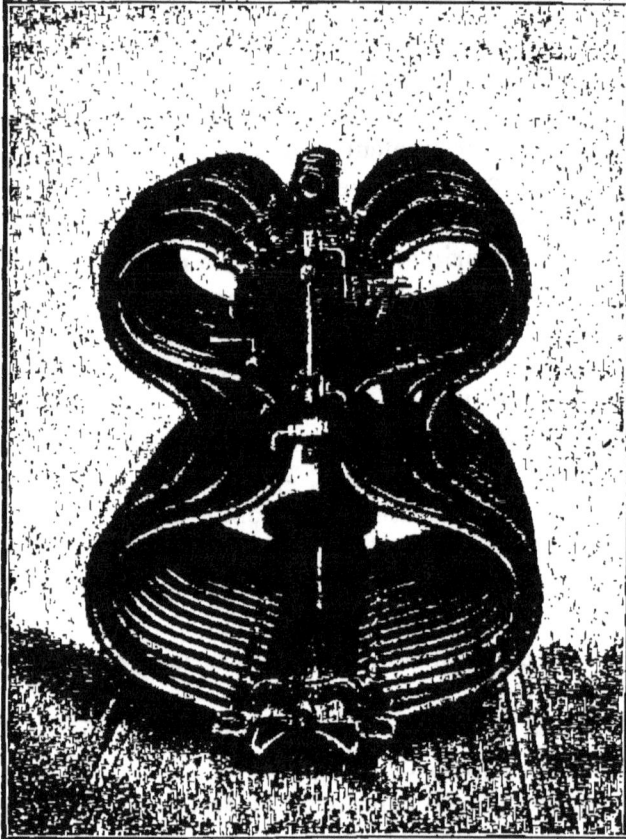

Fig. 67. — Chaudière aquatubulaire chauffée au pétrole.
(Liquid Fuel Engineering Cᵒ)

à double inflexion enveloppant une sorte de plateau rond sillonné de petits tubes creux parcourus par du pétrole qui y charge de vapeur carburée l'air qui sera brûlé à la sortie.

Le brûleur placé juste au-dessous de ce plateau fournit

une flamme intense et qui s'étend sur une grande largeur.
On peut ainsi obtenir une mise en pression très rapide. Il
faut remarquer que c'est ici la flamme du brûleur qui
échauffe le plateau où circulent les tubes servant de car-
burateurs ; il sera donc nécessaire pour la mise en train et
l'allumage de chauffer d'abord artificiellement ce plateau
convertisseur, ce qui se fait directement au moyen d'une
petite lampe à alcool.

La mise en pression s'obtient environ en dix minutes.

Les chaudières les plus employées actuellement à bord
des sous-marins sont les chaudières A. Seigle. Plusieurs
types ont été construits soit d'après le principe du retour
de la flamme par un tubulage intérieur à la masse d'eau,
soit, comme pour la chaudière précédente, en réunissant
des collecteurs au moyen de tubes à eau qui traversent la
flamme. C'est une chaudière de ce dernier type que nous
trouverons à bord du sous-marin *Le Narval*.

Ces chaudières à eau actionnent des machines à vapeur
de types parfaits en tous points analogues aux grandes
machines marines des navires de ligne. Leur puissance
peut être très grande sous un volume assez restreint et il
ne sera pas rare bientôt de voir un sous-marin de 200 tonneaux à peine, capable de développer normalement et sans
fatigue 500 à 600 chevaux de force. Ces proportions sont
d'ailleurs nécessaires à atteindre, au moins, si l'on veut
parvenir à la réalisation du bateau sous-marin à vitesse
assez grande et comparable à celle d'un navire de guerre
ordinaire.

Cette constatation de la puissance considérable qu'il
faudra donner aux machines des sous-marins nous conduit
à nous demander si jamais il sera possible d'assurer d'une
façon correcte la mise en marche d'un tel bateau avec le
moteur dont nous n'avons pas encore parlé : moteur à
hydrocarbure,

En principe, un moteur à hydrocarbure se compose d'un piston articulé à une bille et sous lequel vient détoner un mélange d'air pur et d'air chargé de vapeurs carburées. Ce n'est donc en réalité qu'un moteur à gaz à cette différence près que le gaz est fabriqué dans le moteur lui-même par le passage d'un courant d'air sur du pétrole dont les vapeurs sont entraînées par l'air en mouvement.

Trois organes essentiels apparaissent donc comme constituant un moteur à hydrocarbure :

Un carburateur ;

Un piston avec sa bielle ;

Un système d'allumage du mélange tonnant.

Sans entrer dans le détail d'aucun système, nous dirons seulement que le carburateur comporte en général une chambre dans laquelle l'air se charge de vapeurs carburées par son passage à travers une sorte de brosse mobile dont une partie plonge dans le pétrole liquide et dont la partie extérieure au liquide fournit une grande surface d'évaporation ; et d'une seconde chambre où l'air carburé abandonne, avant d'aller se joindre sous le piston au courant d'air pur, les molécules liquides mécaniquement entraînées.

Le piston est généralement mobile dans un corps de pompe court et étroit. Tout moteur à hydrocarbure porte d'ailleurs plusieurs pistons agissant sur des bielles différentes. Le courant d'air carburé et le courant d'air pur arrivent séparément et au moment de leur interruption une étincelle électrique provoque automatiquement l'explosion qui pousse le piston. Puis celui-ci revient quand la pression momentanée qui l'avait lancé en avant tombe et le même jeu recommence avec une très grande rapidité.

En théorie le moteur à hydrocarbure semble présenter, surtout pour la navigation d'un sous-marin, de nombreux avantages : — absence de chaudières, appareil toujours lourd et encombrant ; — absence de cheminée et de foyer, organes difficiles à loger et capables de nuire à l'étanchéité de la coque immergée, puisqu'il faut compter sur le bon fonctionnement du capot de cheminée ; — faible dégagement de chaleur à bord.

Tout cela serait bien séduisant s'il n'y avait la contrepartie. Un moteur à pétrole ne chauffe pas, mais il pue et entre la suffocation par la chaleur et la suffocation par l'odeur la première est assurément moins pénible et moins dangereuse. De plus, dès que l'on veut atteindre une puissance de quelques chevaux la multiplicité des bielles et organes de transmission dont il faut assurer la solidité, rend le moteur presque aussi lourd qu'une machine à vapeur avec sa chaudière. Enfin — et c'est le point capital — on n'a pas trouvé jusqu'ici le moteur à pétrole puissant et d'un fonctionnement régulier.

Bon pour les voitures où il ne faut qu'une force infime, (et encore il s'y comporte quelquefois assez mal), le moteur à hydrocarbure doit attendre, pour entrer dans le matériel naval, d'avoir été transformé — on peut dire complètement refait — par un constructeur qui lui donnera la même perfection que possèdent les autres machines marines. Jusque-là la prudence la plus élémentaire indique de ne pas s'engager dans l'aventure sans avoir bien vérifié auparavant qu'elle ne sera pas désastreuse.

Pour clore ce chapitre, nous allons indiquer ici, d'après les documents ayant le plus d'autorité et le plus généralement admis dans la marine, les éléments numériques convenables au bon fonctionnement des machines motrices et des propulseurs et les relations expérimentales qui lient ces éléments entre eux et aux autres constantes de construction du navire.

Considérons d'abord une machine motrice à vapeur, actionnée, comme nous le savons, par une chaudière

11.

aqua-tubulaire chauffée au pétrole pulvérisé dans un injecteur.

Soient :

P la puissance en chevaux-vapeur indiquée à la machine ;

D le diamètre des cylindres mesuré en centimètres (s'il s'agit d'une machine Compound D est le diamètre des cylindres à basse pression) ;

N le nombre des cylindres ;

c la course du piston mesurée en mètres ;

v la vitesse du piston en mètres par minute ;

n le nombre des tour de l'arbre de couche par minute ;

p la pression moyenne mesurée en kilogrammes par centimètre carré.

On peut écrire les égalités :

$$P = pN \; \frac{\pi D^2}{4} \; \frac{v}{60 \times 75}$$

$$v = 2cn$$

qui donneront la valeur de D quand on aura v et N et calculé p d'après la valeur de la pression absolue de la chaudière.

La vitesse du piston, dans la détermination de laquelle il faut considérer la longueur de la course et le nombre de tours, varie de 120 à 130 mètres par minute.

La longueur de la course est limitée par la grandeur de l'espace disponible pour la chambre des machines, le nombre de tours dépend des facilités du service, de l'action plus ou moins bonne de la distribution et est limité surtout par la grandeur du pas des hélices

Considérons une hélice actionnant un navire, soient h son pas et n le nombre de tours. Si l'hélice en tournant agissait exactement comme une vis, c'est-à-dire que ses ailes décrivent dans l'espace exactement l'hélicoïde dans

lequel elles sont découpées, quand l'hélice aurait fait un
tour, le bateau aurait avancé de h. En réalité, il aura
avancé d'une quantité moindre, à cause d'une sorte de pa-
tinement dans le mouvement du propulseur attaquant
l'eau. La différence entre l'espace théorique parcouru en
supposant que le bateau avance de h par tour et l'espace
vrai, rapporté à un déplacement effectif de un mètre est
ce que l'on appelle le recul de l'hélice ; nous le désignerons par ρ.

Si nous appelons V la vitesse du bâtiment en nœuds,
nous aurons alors :

$$1852 \, V \, (1 + \rho) = 60 \, hn.$$

Nous verrons d'ailleurs plus loin que le pas de l'hélice
est fonction de son diamètre et qu'il peut varier de 0,8 fois
à 1,6 fois ce diamètre. En général, le nombre de tours
varie d'un bâtiment à l'autre, en sens inverse de la puissance de la machine. Au-dessous de 300 chevaux de force
indiqués, on atteint des nombres de tours atteignant 150 à
200 par minute, pour 300 chevaux il est rare qu'on dépasse
130 tours, pour 600 chevaux, on s'en tient en moyenne à
100 tours, et ce nombre descend à 95 tours pour une puis·
sance de 1.500 chevaux qu'un sous-marin n'atteindra probablement jamais.

La pression moyenne p dépend de la pression absolue
p_a dans le générateur, du rapport d'admission ε dans
le cylindre et du fonctionnement de la distribution.

On peut écrire ici :

$$p = k p_a \varepsilon \left(1 + L \, \frac{1}{\varepsilon} \right)$$

L désignant un logarithme népérien. Le choix du rapport d'admission ε dépend de la pression dans la chaudière ; on a adopté la correspondance de chiffres suivante :

$$\text{pour } p_a = 2,5 \text{ on prend } \varepsilon = 0,6$$
$$p_a = 3 \qquad » \qquad \varepsilon = 0,35$$
$$p_a = 4 \qquad » \qquad \varepsilon = 0,24$$
$$p_a = 5 \qquad » \qquad \varepsilon = 0,20$$
$$p_a = 6 \qquad » \qquad \varepsilon = 0,10$$
$$p_a = 7 \qquad » \qquad \varsigma = 0,08$$

Quant au coefficient k il dépend de la distribution.

Dans une distribution à 4 soupapes ou 4 tiroirs k varie de 0,56 à 0,60 et croît avec la détente. Dans une distribution à coulisse, on prend $k = 0,56$ pour une machine à pression moyenne et on porte sa valeur jusqu'à 0,70 dans le cas d'une machine à haute pression fonctionnant avec un condenseur. La valeur de k admise pour les machines Compound est 0,60.

Précisons ces indications dans le cas d'une machine Compound à réservoir intermédiaire qui est un type courant de machines marines. On choisira le rapport des cylindres de telle sorte que le travail soit égal dans le cylindre à basse pression et dans le cylindre à haute pression. La relation déjà mentionnée :

$$P = pN \; \frac{\pi D^2}{4} \; \frac{v}{60 \times 75}$$

donnera alors le diamètre des cylindres à basse pression.

Pour déterminer les dimensions des cylindres à haute pression. Soient :

d le diamètre d'un de ces cylindres, en centimètres ;

N' le nombre de ces cylindres ;

p_a la pression d'admission en kilogrammes par centimètre carré ;

ε_1 le rapport d'admission correspondant ;

et supposons les vitesses des pistons, les mêmes dans tous les cylindres.

On aura les relations ci-dessous :

$$N' \varepsilon_1 \frac{\pi d^2}{4} = N \varepsilon \frac{\pi D^2}{4}$$

$$\frac{P}{2} = N' p_\alpha \varepsilon_1 \frac{\pi d^2}{4} \frac{v}{69 \times 75} L \frac{1}{\varepsilon_1}$$

en tire en tenant compte de la valeur déjà donnée de P :

$$L \frac{1}{\varepsilon_1} = \frac{p}{2 \varepsilon p_\alpha}$$

et de là le rapport entre les deux cylindres :

$$\frac{N \frac{\pi D^2}{4}}{N' \frac{\pi d^2}{4}} = \frac{\varepsilon_1}{\varepsilon}$$

La pression d'admission p_α est inférieure environ de o, kil. 5 à la pression p_a dans le générateur. La grandeur du réservoir intermédiaire varie de une à deux fois le volume du petit cylindre ; plus ce réservoir est grand, d'ailleurs, plus est grande l'uniformité des moments des forces transmises sur l'arbre de la manivelle.

Les tuyaux de vapeur sont déterminés ainsi :
section d'introduction :

$$s^1 = 0{,}0166 \frac{\pi D^2}{4} \frac{v}{60}$$

section d'échappement :

$$s_2 = 0{,}028 \frac{\pi D^2}{4} \frac{v}{60}$$

L'espace nuisible est de 5 à 7 o/o du volume des cylindres.

Le *Board of trade* a donné pour la détermination approximative des différentes dimensions des pièces de la

machine des formules empiriques très souvent employées.
Les mesures sont prises en mesures anglaises (livres et
pouces.

Désignons par :

D le diamètre du cylindre à basse pression ;

d le diamètre du cylindre à haute pression ;

l la course du piston ;

S le diamètre de l'arbre manivelle à l'endroit des pa-
liers ;

s le diamètre de l'arbre de l'hélice ;

R le diamètre de la tige du piston ;

r le diamètre de la tige du piston au fond du filet ;

b le diamètre des manetons et des bielles ;

n le nombre des manetons ;

P la pression dans le générateur ;

p la pression initiale dans le cylindre à basse pression ;
cette pression p est en moyenne de 30 livres par pouce
carré, (une livre par pouce carré équivaut à 0 kil. 0703 par
centimètre carré).

On a alors :

$$S = \sqrt[3]{\frac{d^2Pl}{2316}} = \sqrt[3]{\frac{D^2pl}{3240}}$$

$$s = \sqrt[3]{\frac{d^2Pl}{3130}} = \sqrt[3]{\frac{D^2pl}{4370}}$$

$$R = \sqrt{\frac{d^2P}{2435}} = \sqrt{\frac{D^2p}{3150}}$$

$$r = \sqrt{\frac{d^2P}{4400}} = \sqrt{\frac{D^2p}{5620}}$$

$$b = \sqrt{\frac{d^2P}{4500\ n}} = \sqrt{\frac{D^2p}{6050\ n}}$$

Le calcul des organes d'une machine marine ne diffère

pas d'ailleurs, de celui qu'on fait pour une machine à terre, il faut seulement avoir soin de soumettre la matière à des efforts de tension moins élevés.

La machine étant connue il faut encore déterminer les éléments de l'hélice de propulsion. Si l'on désigne par A l'arc de la développée des ailes de l'hélice en mètres carrés, par R la résistance totale du bâtiment en kilogrammes et V sa vitesse en nœuds, Froude a donné la formule :

$$A = 0,107 \ \frac{R}{V^2}$$

Il est rare que le rendement d'une hélice atteigne 75 o/o, on admet en général 66 o/o et on en conclut que l'effet du recul n'est pas un très grand désavantage ; sa valeur qui semble la plus favorable est de 20 à 30 o/o. Le rendement de l'hélice augmente d'ailleurs, avec son pas. Ce pas h est donné en général en fonction du diamètre d de l'hélice et le rapport $\frac{h}{d}$ varie de 0,9 à 1,6.

Le diamètre de l'hélice est limité par le tirant d'eau, — dans le cas d'un sous-marin par la hauteur de la pointe arrière sur quille, — mais ne peut descendre à une valeur qui donnerait :

$$A < 0,107 \ \frac{R}{V^2}$$

L'arête supérieure des ailes doit rester au moins à 30 centimètres au-dessous du niveau de l'eau, tandis que l'arête inférieure doit passer à 10 ou 20 centimètres au-dessus de la quille.

Les bâtiments marchands emploient des hélices à trois et même quatre ailes, sur les navires de guerre, on n'emploie que des hélices à deux ailes plus faciles à hisser sur le pont en cas de danger d'une attaque de torpilleur par l'arrière. Ils ont d'ailleurs souvent deux et trois hélices ;

disposition très avantageuse pour les bâtiments à grande vitesse ayant peu de hauteur sur quille.

Sur un bâtiment en bronze ou revêtu de cuivre, on emploie une hélice en bronze ; — un bâtiment de fer a des hélices en fonte, ou en acier. Le poids des hélices Q à deux ailes, moyeu compris, est donné approximativement par les relations :

$$\text{hélices en fer :} \qquad Q = 127,7 \, lhd$$
$$\text{hélices en bronze :} \qquad Q = 242,5 \, lhd$$

ce poids est en kilogramme pour l, h et d mesurés en mètres.

Nous ne dirons rien de plus sur les machines motrices et les propulseurs, ces considérations succintes suffisent à montrer quelles sont les questions qui se posent et comment on s'y prend pour les résoudre, — les principaux résultats sont notés, nous en verrons l'application pratique sur les modèles en service.

CHAPITRE III

PROBLÈME DE L'IMMERSION

Étant donné un navire extérieurement et intérieurement organisé de façon à pouvoir naviguer entre deux eaux — c'est-à-dire un navire dont la coque répond, en tant que forme et que constitution, aux conditions que nous avons déterminées déjà, dont les machines motrices et les appareils de propulsion sont tels que nous les avons analysés et définis dans le précédent chapitre ; — *Comment s'y prendra-t-on pour faire enfoncer ce bateau à une profondeur déterminée ; — comment changera-t-on au besoin cette profondeur d'immersion ; — et comment fera-t-on revenir rapidement et sûrement ce bateau à la surface quand on le jugera convenable ?* Tel est, simplement et exactement énoncé, le *problème de l'immersion* d'un bateau sous-marin dont nous allons nous occuper ici pour découvrir d'abord quelles conditions d'être spéciales il faudra créer à ce navire pour qu'il se comporte ainsi — puis pour déduire de cette analyse une notion exacte de la nature et enfin de la forme même et de la disposition des organes annexes dont il faudra le pourvoir pour obtenir semblable résultat.

Tout navire, quelles que soient ses dimensions et sa forme, lorsqu'il est en équilibre à la surface de l'eau — soit au repos soit en marche — obéit au *principe des corps flottants*, c'est-à-dire qu'il déplace par ses œuvres vives un volume d'eau dont le poids est égal au poids total du navire. Cela revient à dire que, tiré vers le bas par son poids il subit en même temps une *poussée* verticale ascendante mesurée par le poids de l'eau déplacée et qui le maintient en équilibre.

Considérons maintenant un bateau sous-marin dans sa position d'immersion. Ce bateau complètement immergé obéit au *principe d'Archimède* dont le principe des corps flottants n'est qu'une conséquence, c'est-à-dire que tandis que son poids P tend à l'entraîner vers le fond une poussée π égale au poids de l'eau déplacée agit en sens inverse et tend à le ramener à la surface (fig. 68). Le poids

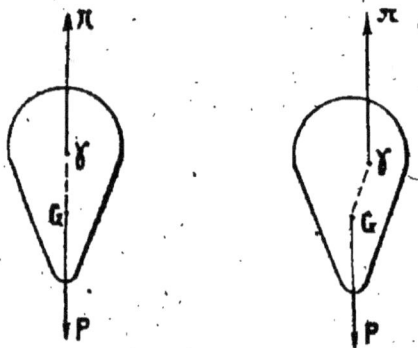

Fig. 68.

P du bateau à son point d'application au centre de gravité G du navire tandis que la poussée π à son point d'application au centre de gravité γ de l'eau déplacée, c'est-à-dire au centre de gravité du volume du navire. Ce centre de gravité γ d'un solide homogène qui aurait même limites extérieures que le corps immergé (centre de gravité du volume immergé) est appelé ici, comme dans le cas d'un navire ordinaire *centre de carène*.

Il est clair que pour qu'un pareil système soit en équilibre il est nécessaire que les points G et γ soient situés sur la même verticale ; — de plus l'équilibre ne pourra être stable qu'autant que G sera au-dessous de γ en sorte que si l'on donnait au corps immergé une inclinaison quelconque les forces P et π produisent sur le bras du levier G γ un couple de redressement tendant à ramener le corps à sa position primitive, et non un couple de bascule tendant à augmenter l'écart avec la verticale et à faire effectuer au corps immergé une rotation de 180°, ce qui se produirait si γ était au-dessous de G.

Supposons donc ces conditions remplies, c'est-à-dire la masse non homogène du corps immergé répartie de telle sorte que son centre de gravité G soit au-dessous du centre de gravité γ de son volume ; — il est clair que dans ce cas le système de forces P, π placera de lui-même la ligne G γ suivant la verticale.

Trois cas peuvent alors se présenter suivant les valeurs relatives des forces P et π.

1° $P > \pi$: — Le corps immergé, sollicité vers le bas par une force $f = B - \pi$, coule vers le fond en suivant les lois de la pesanteur, l'accélération de son mouvement étant à l'accélération de la pesanteur dans le rapport de P à $P - \pi$; — cela dit indépendamment des actions extérieures de frottement. C'est là un cas qui théoriquement rentre dans un autre que nous rencontrerons plus loin, $(P < \pi)$: nous n'aurons jamais à le considérer dans la pratique.

2° $P = \pi$: — Le corps immergé soumis à l'action de deux forces égales et directement opposées se tient *théoriquement* en équilibre au sein de la masse liquide qui l'environne.

3° $P < \pi$: — Le corps immergé, sollicité vers le haut par une force $f = \pi - P$, remonte vers la surface le long

de la verticale d'après un mouvement uniformément accé-
léré s'il n'est gêné par aucune action extérieure. Il vient
alors émerger d'une certaine quantité telle que le volume
demeurant immergé déplace un poids d'eau égal au poids
total P du corps.

La force

$$f = \pi - P$$

dont nous aurons souvent à nous occuper s'appelle *flottabilité*.

Il est clair que si nous considérons la relation

$$f = \pi - P$$

dans son sens algébrique, les trois conditions ci-dessus
définies se réduiront à :

$$f < o \quad \text{flottabilité négative}$$
$$f = o \quad \text{—} \quad \text{nulle}$$
$$f > o \quad \text{—} \quad \text{positive.}$$

La première et la troisième condition rentrent évidemment dans le même cas théorique et le calcul ne saurait
faire aucune distinction entre les deux alternatives de
signe que comporte la condition

$$f \gtrless o$$

Dans la pratique nous n'aurons jamais intérêt, — au
contraire,— à réaliser la condition $f < o$ et nous resterons
en présence seulement des deux cas distincts

$$f = o$$
$$f > o$$

que nous allons envisager et étudier successivement avec
quelques détails.

$_1^{er}$ *cas.* — *Flottabilité nulle.* $(f = 0)$

Considérons d'abord le navire au repos et flottant à la surface. Il est hermétiquement clos évidemment de toutes parts et il s'agit de rendre son poids égal au poids de son volume d'eau, c'est-à-dire sa densité moyenne égale à la densité de l'eau, densité prise à la profondeur à laquelle on veut faire descendre le navire pour qu'il y demeure en équilibre.

Imaginons alors que, dans cette coque hermétiquement close, on introduise au moyen d'un jeu de pompes convenablement disposé, une quantité d'eau progressivement croissante qui va se loger dans des réservoirs *ad hoc*, aménagés d'ailleurs de telle manière que l'introduction d'eau à leur intérieur ne crée pas de déséquilibre longitudinal ou latéral et ait seulement pour effet de déplacer légèrement le centre de gravité G sur sa verticale. Le volume du bateau demeurant constant, cependant que son poids total augmente de tout le poids de l'eau introduite, sa densité moyenne croît graduellement. Quand elle atteint la densité de l'eau à la surface le bateau se trouve complètement enveloppé d'eau, sa partie supérieure étant tangente à la surface libre. Si une légère quantité d'eau est introduite encore le bateau commence à couler suivant la verticale pour aller se fixer en équilibre indifférent dans les couches inférieures d'eau dont la densité est égale à sa densité moyenne.

Il faut remarquer en effet que l'eau est légèrement compressible et que, par suite, sa densité augmente avec la profondeur en raison des pressions verticales qu'exercent l'une sur l'autre, en vertu de leur poids, les couches d'eau superposées.

Il peut sembler intéressant — au moins au point de vue théorique — de chercher une relation entre les éléments ici mis en cause : densité, pression et profondeur.

Désignons par k le coefficient de compressibilité de l'eau de mer rapporté au kilogramme de pression normale par centimètre carré de surface, par Δ_0 la densité de cette eau à la surface, par Δ_z sa densité à une profondeur z; par p_z la pression exercée *par l'eau* sur un centimètre carré placé à la profondeur z et par H la pression atmosphérique.

Nous aurons d'abord

$$\Delta_z = \Delta_0 \left(1 + k\, p_z\right)$$

Cherchons maintenant à exprimer p_z en fonction de la hauteur z et des constantes connues Δ_0 et k.

Le poids de l'élément de volume évalué à une profondeur arbitraire, — poids qui représente évidemment l'élément de pression, — sera, Δ étant la densité et p la pression à cette profondeur.

$$dp = \Delta\, dz = \Delta_0 \left(1 + kp\right) dz$$

d'où

$$dz = \frac{1}{\Delta_0}\, \frac{dp}{1 + kp}$$

et en intégrant de o à z

$$z = \frac{1}{k\, \Delta_0}\, \mathrm{L}\left(1 + kp_z\right)$$

De cette expression de la profondeur en fonction de la pression nous tirerons l'expression inverse de la pression en fonction de la profondeur.

Nous aurons ainsi

$$p_z = \frac{1}{k}\left(e^{k\Delta_0 z} - 1\right)$$

Si nous voulons avoir la pression totale P_z, supportée par unité de surface, par le corps immergé à cette profondeur, il faudra, à l'expression précédente de la pression exercée par l'eau seule, ajouter la pression atmosphérique qui s'exerce sur la surface et nous aurons alors :

$$P_z = H + \frac{1}{k} \left(e^{k\Delta_0 z} - 1 \right)$$

Il faut remarquer que l'unité qui mesure z est ici toute spéciale et définie par la définition même de p ; c'est la hauteur d'une colonne d'eau prise à la surface et exerçant sur l'unité de surface l'unité de pression, c'est-à-dire, pour demeurer dans le système de mesures que nous avons adopté, *la hauteur d'une colonne d'eau verticale de un centimètre carré de section droite, ayant une densité constante, égale à Δ_0, et pesant un kilogramme.*

La hauteur de cette colonne d'eau théorique, mesurée en mètres, sera égale à $\frac{10}{\Delta_0} = \frac{10}{1.026}$; 1.026 étant la densité de l'eau de mer prise à la surface. Si donc nous voulons calculer au moyen de la formule précédente des tables donnant P_z en fonction de la hauteur d'immersion mesurée en mètres il faudra remplacer z par $\frac{\Delta_0}{10} Z, Z$ étant cette hauteur en mètres.

Quant au calcul de ces tables il serait peu commode au moyen de la formule précédente, mais nous allons voir que son développement en série est très rapidement convergent et par suite, en réalité, fort avantageux pour un semblable calcul.

Nous pouvons en effet écrire, en conservant pour le moment z pour la simplicité de l'écriture et du raisonnement :

$$P_z = H + \frac{1}{k} \left[\frac{k\Delta_0 z}{1} + \frac{k^2\Delta_0^2 z^2}{1 \cdot 2} + \frac{k^3\Delta_0^3 z^3}{1 \cdot 2 \cdot 3} + \quad \text{etc.} \right]$$

ou pour plus de symétrie

$$P_z = H + \frac{1}{k}\left[\Delta_0\,\frac{k^2}{1} + \Delta_0{}^2\,\frac{(kz)^2}{1\cdot2} + \Delta_0{}^3\,\frac{(kz)^3}{1\cdot1\cdot3} + \text{ etc.}\right]$$

nous avons vu que l'unité qui mesure z et qui est égale à $\frac{10}{\Delta_0}$ est voisine de 10 ; la valeur de k est

$$k = 0,000046$$

du cinquième ordre décimal.

Pour que z atteignît la valeur 10 il faudrait réaliser une profondeur d'immersion de près de 100 mètres ; or les sous-marins en réalité ne descendent jamais au delà de 20 à 25 mètres au maximum ; — nous pouvons donc affirmer que z demeurera toujours inférieur à 10 et par conséquent que kz sera au moins du quatrième ordre décimal.

Il est facile d'en conclure que $\frac{1}{k}\frac{\Delta_0{}^3}{1\,2\,3}(kz)^3$ sera au moins du quatrième ordre décimal et que, en prenant la formule réduite aux deux premiers, termes de la série

$$P_z = H + \frac{\Delta_0 z}{1} + k\,\frac{\Delta_0{}^2 z^2}{2}$$

on aura P_z avec au moins 5 décimales exactes. Il serait facile de voir, en effectuant le calcul numérique que l'on aura en réalité, dans toute la limite d'immersion pratique d'un sous-marin, et même bien au delà, au moins 7 décimales exactes.

Si l'on prend la formule plus complète

$$P_z = H + \Delta_0 z + \frac{1}{2}k\,\Delta_0{}^2 z^2 + \frac{1}{6}k^2\Delta_0{}^3 z^3$$

on pourra être assuré de au moins onze décimales exactes. Il n'y aura jamais lieu de pousser plus loin le développement l'approximation avec laquelle on connaît les chiffres

expérimentaux des éléments de la formule n'étant pas
supérieure à celle que nous obtenons ici.

Si l'on voulait au contraire calculer la valeur de z ou
de Z en fonction de la pression, il faudrait s'en référer à
la formule

$$z = \frac{1}{k\,\Delta_0}\, L\left(1 + k\,p_z\right)$$

p_z étant ici la différence entre la pression P_z lue au
manomètre et la pression atmosphérique H qui est en
réalité mal connue puisqu'on ne peut que noter la pression
au moment de la plongée et admettre qu'elle demeure la
même par la suite.

Nous aurons donc pour formule définitive donnant Z
en mètres en fonctions d'un logarithme vulgaire au
lieu d'un logarithme népérien

$$Z = \frac{10}{\Delta_0}\frac{1}{k\Delta_0}\, \mu \log\left[1 + k(P-H)\right]$$

ou

$$Z = \frac{10\,\mu}{k\Delta_0^2} \log\left[1 + k(P-H)\right]$$

μ étant le module donné par les tables.

Ce module μ qui n'est autre chose que $\log e$ est égal à
0,434.294.482.

Cette formule donnera directement Z avec au moins 7
décimales exactes, si on suppose H connu avec cette approximation, — ce dont on n'est jamais certain, cette
pression n'étant pas observable en même temps que P.

En réalité les tables d'immersion dont on pourrait se
servir à bord des sous-marins n'ont nul besoin d'une telle
précision. Calculées sur des valeurs moyennes de H et de
Δ_0, quantités variables d'un instant à un autre, comme
d'un point à un autre, elles remplissent parfaitement leur

but qui est non pas de donner au millimètre près la cote d'immersion mais de faire connaître *à peu près* la cote du plan d'immersion dans lequel le navire veut se maintenir, et il sait qu'il y est parvenu lorsqu'il voit l'aiguille de son manomètre demeurer fixe. Cela est tellement vrai qu'en réalité on ne construit même pas de tables et on se contente de graduer directement le manomètre en mètres et en décimètres de profondeur d'après des valeurs moyennes admises une fois pour toutes pour Δ_0 et pour H.

En réalité les conditions théoriques que nous venons de définir sont dans la pratique infiniment moins simples et ce serait s'abuser étrangement que de croire qu'un sousmarin s'immerge directement par annulation de sa flottabilité sans qu'il se produise en même temps nombre de phénomènes absolument étrangers à celui de sa chute verticale et de son arrêt dans son plan d'immersion.

Considérons en effet le bateau au moment où, sous l'action des pompes qui remplissent peu à peu les réservoirs d'immersion il passe par une densité moyenne égale à la densité de l'eau à la surface. A partir de cet instant, — le coefficient k étant égal à 0,000046, — une augmentation de 46 millionnièmes de son poids suffit à lui faire gagner une profondeur d'immersion de 10 mètres environ. Supposons que l'on veuille s'enfoncer à 5 mètres seulement, la quantité d'eau à introduire, ou excès de *watter-ballast*, sera de 23 millionnièmes du déplacement du bateau, donc sur un bateau de 100 tonneaux il ne faudrait pas deux litres et demi d'eau pour provoquer une immersion de 5 mètres. Si l'on considère que ce système à été appliqué à des bateaux très petits, (10 à 20 tonneaux) nous voyons qu'une variation de moins de un quart de litre dans le jeu des pompes d'immersion d'un 10 tonneaux fait varier de plus de 5 mètres la profondeur d'immersion.

Il est vrai que l'excès de poids pris par le bateau sur l'eau à la surface est alors très faible et que si l'on cherche une immersion de 5 mètres l'accélération produite au début du mouvememt de chute par la force qui entraîne le bateau vers son plan d'immersion sera environ les 23 millionnièmes de l'accélération de la pesanteur dans le vide ; cette accélération est d'ailleurs variable et tend vers zéro quand le bateau s'approche de son plan d'immersion. Aussi la chute verticale d'un navire à flottabilité nulle, gagnant sous l'influence d'un léger excès de poids à la surface, sa profondeur d'immersion est-elle très lente ; il met 8 à 10 minutes pour atteindre 5 mètres de profondeur.

Il n'en acquiert pas moins pendant cette chute de nature spéciale une certaine vitesse verticale et par conséquent une certaine quantité de force vive, énergie enfermée en lui-même au moment où il atteint son plan d'immersion et qu'il devra dépenser avant de s'arrêter dans son mouvement. Il va alors naturellement traverser son plan d'immersion, continuer sa course verticale dans les couches d'eau inférieures qui, étant plus denses que lui le soumettent à l'action d'une poussée verticale ascendante qu'il doit vaincre et qui annule peu à peu sa puissance vive. Alors il s'arrête mais dans une masse liquide dont il déplace un volume de poids supérieur au sien et la poussée qui en résulte le relance vers le haut dans un mouvement inverse au mouvement de chute, mouvement dont l'accélération s'annule dans le plan d'immersion cherché laissant au bateau en mouvement vertical ascendant une force vive qui va lui faire continuer sa course vers le haut dans les couches moins denses où il a un excès de poids comme il avait continué auparavant son mouvement de descente dans les couches inférieures. Et ce seront ainsi de part et d'autre du plan d'immersion une série d'oscillations pendulaires dont l'amplitude décroîtra chaque fois, la force vive acquise du bateau subissant la déperdition graduelle qui lui infligent les frottements et les résistances de la masse liquide dans laquelle il se meut.

Il y a donc intérêt dans la pratique a rendre ces résistances passives aussi grandes que possible et même à en créer d'artificielles si possible afin de réduire dans la plus grande mesure le temps que passe le bateau à osciller autour de son plan d'immersion.

Augmenter le frottement et la résistance au mouvement on l'a fait en dotant les sous-marins d'ailerons horizontaux assez larges et régnant sur presque toute la longueur de chaque bord. Ce système très avantageux pour l'immersion au repos a un désavantage notable dans ce fait que, si le bateau est en marche et prend sur l'horizontale une inclinaison quelconque, les ailerons forment alors un plan d'appui sur l'eau environnante et favorisent, en les augmentant encore de grandeur, les embardées en hauteur ou en profondeur dues à la vitesse alors dirigée suivant une ligne oblique sur le plan horizontal. Nous trouverons ces ailerons horizontaux sur l'un des petits sous-marins construits par M. Goubet où ils ont d'ailleurs donné satisfaction assez complète.

Créer des résistances artificielles ou des actions venant s'opposer au mouvement du bateau en dehors de son plan d'immersion on l'a fait au moyen des pompes auxiliaires commandées par un servo-moteur relié directement au manomètre ou au piston hydrostatique et qui, automatiquement, augmentent le water ballast dès que le bateau remonte et le diminuent quand il descend au-dessus ou au-dessous du plan d'immersion choisi, créant une force auxiliaire qui vient s'ajouter à celle de l'eau environnante pour agir en sens inverse du mouvement et annuler rapidement l'énergie acquise. L'emploi des servo-moteurs tellement général à bord des sous-marins, mérite que nous revenions sur eux d'une façon toute spéciale. Notons seulement en passant que, dans le cas qui nous occupe ici, ils ont parfaitement rendu ce que l'on attendait d'eux et que l'on a obtenu par leur action une immersion très suffisamment régulière et une réduction a très peu de chose de l'amplitude et du nombre des oscillations du bateau de part et d'autre de son plan d'immersion.

Dans les cas qui nous occupe la manette du servo-moteur est reliée à la tige d'un piston glissant dans un manchon où il forme point étanche; d'un côté il supporte directement la pression de l'eau extérieure et de l'autre celle d'un ressort que l'on règle au moyen d'une clé pour faire équilibre à la hauteur d'eau voulue (fig. 69). Si le

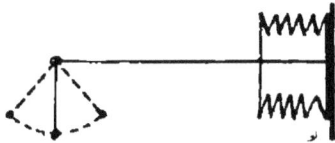

Fig. 69

piston s'enfonce trop le servo-moteur actionne la pompe au refoulement et le bateau s'allège et tend à remonter; si au contraire la pression de l'eau est insuffisante le piston sort vers l'extérieur et le servo-moteur actionne la pompe à l'aspiration, le bateau s'alourdit et tend à descendre. La seule précaution à prendre est donc de régler exactement la tension du ressort qui mesure, pour ainsi dire, la hauteur d'immersion.

Le simple schema ci-joint suffit à faire bien saisir l'action du piston hydrostatique sur la manette du servo-moteur et par suite le jeu possible des pompes d'immersion qu'il commande.

Certains constructeurs préfèrent à ce système celui d'un bateau prenant à la surface un excès de water ballast qu'une pompe, asservie comme la précédente et reliée à un manomètre, expulse au moment où le manomètre passe par la profondeur d'immersion cherchée. Le réglage de la stabilité d'immersion se fait alors automatiquement comme dans le cas précédent qui, en somme, n'en diffère qu'au moment du départ.

Toute la théorie qui précède est énoncée comme si le navire était au repos et s'enfonçait suivant la verticale. Si nous considérons au contraire un navire en marche nous n'avons rien à changer à ces explications ; il faudra remarquer seulement que la composition des deux vitesses de marche horizontale et de chute verticale fera prendre au bateau une vitesse oblique variable d'ailleurs avec l'excès du poids du navire ou de l'eau (fig. 70). La trajectoire du bateau se

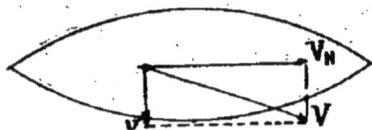

Fig. 70

rendant à son plan d'immersion sera donc courbe et les oscillations qu'il effectue avant de se fixer dans ce plan dessineront une sorte de sinusoïde aux flèches décroissantes, à cheval sur le plan d'immersion. Tous les organes pompes, pistons, manomètres, servo-moteurs, fonctionnent d'après les mêmes principes que pour une immersion au repos et rien n'est à dire de nouveau à leur sujet.

Il faut noter cependant que si le navire se déplace avec une certaine vitesse on ne sera plus du tout certain que la pression sur le piston hydrostatique représentera la pression de l'eau extérieure. La variation de cette pression latérale avec la vitesse est d'ailleurs absolument inconnue et on ne peut compter jamais sur l'indication donnée par un piston hydrostatique que si le bateau qui le porte n'est animé que d'une très faible vitesse horizontale.

Revenons enfin sur l'emploi des ailerons adaptés par M. Goubet a son deuxième modèle. Nous avons vu que la résistance de ces lames est très avantageuse pour l'arrêt rapide des oscillations verticales ; dans le cas d'un bateau animé d'une certaine vitesse il sera à craindre qu'une inclinaison ne se produise suivant l'axe et que les ailerons, prenant appui sur l'eau, ne contrarient le relèvement, facilitant et augmentant ainsi une embardée en hauteur ou en profondeur que l'on doit toujours tendre à éviter. L'attention devra donc se porter sur le point de maintenir l'horizontalité de l'axe du navire.

Au sujet des effets produits par ce déséquilibre horizontal nous citerons quelques observations faites par l'amiral Bourgeois au sujet du *Plongeur*.

« Le produit $P \times \overline{OG}$ est ce qu'on appelle le *moment de la stabilité de poids* dans la théorie du navire. Cette stabilité de poids est la seule que possèdent les corps complètement immergés attendu que leur inclinaison n'apporte aucun changement à leur immersion (fig. 71).

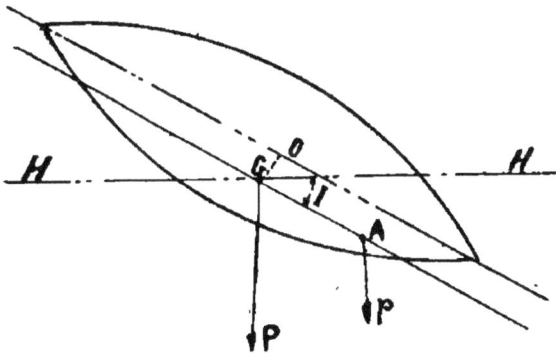

Fig. 71

« Dans le projet de bateau sous-marin que nous avons

particulièrement en vue P est égal à environ 350.000 kilogrammes, et $\overline{OG}$ peut être évalué approximativement à 0 m. 50.

« Si l'on suppose $p = 1.500$ kilogrammes et $\overline{AG} = 10$ mètres on trouve

$$tg\ I = \frac{1.500 \times 10}{350.000 \times 0,50} = 0,0857$$

d'où

$$I = 4^{\circ},54'$$

« P étant le poids du navire ;

« $\overline{OG}$ la distance du centre de gravité au centre de carène.

« $\overline{AG}$ la distance du centre de gravité à laquelle sera porté un poids $p = 1.500$ kilogrammes.

« I, l'angle d'inclinaison produit par le déplacement de ce poids.

« Ce déplacement d'un tonneau et demi, à 10 mètres sur l'avant ou sur l'arrière du centre de gravité, dépasse dans la construction que nous considérons tous les déplacements accidentels que l'on peut raisonnablement prévoir pendant la navigation entre deux eaux, et l'on voit qu'il ne produirait qu'une inclinaison modérée et sans aucun inconvénient, pourvu toutefois que le centre de gravité, fût placé à 0 m. 50 au-dessous du centre de carène, comme nous l'avons admis. »

« Or c'est là une condition qu'il sera toujours facile de remplir, en plaçant du lest en fer dans les parties inférieures du bateau et en munissant celui-ci d'une quille en fer de fortes dimensions. »

Le dispositif le plus fréquent pour maintenir ou rectifier l'équilibre horizontal se compose de deux réservoirs à eau placés l'un à l'avant l'autre à l'arrière et reliés par un tube qui traverse une pompe fonctionnant dans les deux sens sous l'action d'un servo-moteur commandé par un pendule. Ce pendule fonctionne d'une façon absolument analogue au piston hydrostatique ; il est mobile dans le plan vertical de l'axe du bateau ; quand le bateau pique de l'avant le pendule commande la pompe pour une chasse de l'avant à l'arrière, si au contraire l'avant relève la chasse d'eau se fait de l'arrière à l'avant. L'eau agit ainsi comme un poids compensateur dont la bascule règle l'horizontalité du navire.

La chasse d'eau d'un réservoir équilibrant à l'autre peut encore se faire au moyen d'air comprimé ; on obtient ainsi une chasse plus rapide mais aussi des à coups capables non pas de réaliser l'équilibre mais de changer de place la bascule en provoquant un déséquilibre inverse qui ne s'atténuerait qu'après une série d'oscillations dans le sens de la longueur. Toutefois si cette chasse a lieu non par entraînement pris au milieu du tube de communication mais par adduction d'air comprimé dans les réservoirs eux-mêmes, la régulation de l'assiette longitudinale est assez satisfaisante pourvu que l'on emploie pour faire agir l'air des détendeurs bien construits et ne laissant introduire l'air dans les réservoirs que sous 2 à 3 kilogrammes de pression, tandis qu'il est pris dans des réservoirs à 100 atmosphères.

L'amiral Bourgeois avait d'abord préconisé pour régler cette assiette longitudinale l'emploi de lourds wagonnets que l'on faisait courir en sens convenable sur une ligne de rails disposés de l'avant à l'arrière sur le plancher de la chambre du bateau. La position des wagonnets réglait l'assiette du navire et rectifiait les inclinaisons accidentelles et les tendances à plonger ou à remonter sous leur influence.

Au sujet des réservoirs équilibrants voici ce que dit l'amiral Bourgeois :

« On peut établir à l'avant et à l'arrière du bateau, des compartiments à eau installés, comme il a été dit, de façon à recevoir le liquide ambiant ou à permettre son expulsion par l'effet de la pression de l'air des réservoirs. »

« En introduisant le liquide dans l'un de ces compartiments, on rendra le bateau plus lourd et, en même temps, on déplacera son centre de gravité, en le faisant marcher vers l'extrémité où se trouve le compartiment dont il s'agit. De sorte que, si l'on emplit, par exemple, le compartiment de l'avant, le bateau s'enfoncera par l'effet de l'accroissement de son poids et par celui de l'inclinaison qu'il prendra sur l'avant, si toutefois on le suppose animé d'une certaine vitesse. Si l'on vide, au contraire, ce même compartiment, le bateau, allégé, remontera vers la surface par l'effet même de cet allégement et par celui de la pente en arrière qui résultera de la diminution de pesanteur de l'avant. »

« En résumé, ce premier moyen de direction dans le plan vertical a l'inconvénient d'occasionner une certaine dépense d'air comprimé, mais il produit son effet aussi bien quand le bateau est stationnaire que lorsqu'il est en marche. Tous les bateaux doivent donc être installés pour en faire usage. »

Le plus grave reproche qu'on puisse faire à ce système de régulation de l'assiette est sa brutalité dont nous avons déjà parlé ; on y pare à peu près de façon satisfaisante en constituant les réservoirs par des chambres étroites séparées par un cloisonnage qui amortit le choc de la masse d'eau projetée d'un réservoir à l'autre.

Il faudrait redouter ici le cas où l'inclinaison serait assez grande pour que le tube de communication format siphon entre les deux réservoirs et effectuât ainsi la vidange complète du plus haut dans le plus bas. Le meilleur moyen d'éviter cet accident est d'incurver le tube assez haut au-dessus des réservoirs eux-mêmes et d'avoir soin d'y faire passer une chasse d'air après chaque chasse d'eau.

Un procédé dont nous avons vu précédemment l'application au bateau de M. André Constantin qui le préconisa le premier et au *Nautilus* de MM. Campbell et Ash qui suivirent sans plus de succès que lui ses traces, consiste à annuler la flottabilité du bateau par variation de son volume.

Nous n'entrerons pas dans le détail de ce procédé d'immersion que son insuccès manifeste a fait abandonner complètement (fig. 72).

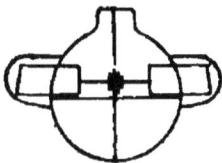

Fig. 72

Les systèmes employés pour réaliser pratiquement l'immersion, pour en maintenir la régularité et pour assurer ou rétablir l'assiette longitudinale accidentellement détruite seront décrits en parlant des bateaux modernes qui en sont pourvus.

**

Deuxième cas. — Flottabilité positive ($f > o$)

Le problème qui va se poser ici est tout différent du précédent. Nous conserverons cette fois au bateau un poids toujours inférieur au poids d'eau déplacée et nous chercherons à produire son immersion par le moyen d'organes mécaniques annexes qu'il nous faudra déterminer.

Avant d'entrer dans la théorie de ce procédé d'immersion qui tend de plus en plus à se généraliser supposons que nous ayons résolu la question qu'il pose et comparons le un peu, en tant que résultat, au procédé d'immersion par annulation de la flottabilité.

Considérons alors deux navires, l'un à flottabilité nulle l'autre à flottabilité positive, supposés immergés côte à côte et imaginons qu'un accident survienne à tous les deux rendant leur manœuvre impossible ; par exemple que l'équipage à demi asphyxié, comme cela est arrivé une ou deux fois, soit impuissant à faire fonctionner aucun organe et même à décrocher un poids de sûreté. Il est clair que le navire aussi lourd que l'eau demeurera en place sans que aucune chance apparaisse pour lui de revoir jamais la lumière extérieure ; il est même évident que cet état stationnaire ne saurait être bien long car, malgré toutes précautions prises, il est rare que la coque ne laisse pas filtrer par quelque interstice des goutelettes infimes d'eau dont le poids ne tarderait pas à atteindre la valeur si faible qui produit une augmentation sensible de la profondeur d'immersion ; le bateau s'enfonçant de plus en plus la pression extérieure augmentera, avec elle l'infiltration et par suite la rapidité de la chute vers le bas et bientôt le bateau, intérieurement désemparé, atteindra les grands fonds où il sera détruit par écrasement, ou bien s'en ira reposer pour jamais sur le sol infra pélagique si, à son aplomb, la profondeur de la mer n'est pas très grande. Dans les deux cas il sera perdu avec son équipage.

Tout au contraire, si dans un bateau plus léger que l'eau et immergé par un procédé mécanique toute manœuvre s'arrête, les organes d'immersion cessent forcément de fonctionner et le bateau abandonné à lui-même cède à la poussée verticale qui le ramène à la surface où il trouvera de l'air et au besoin du secours.

Il ne faut pas cependant s'exagérer outre mesure cette valeur de la sécurité produite par la flottabilité positive. Cette flottabilité en effet, comme nous le verrons plus loin, est toujours assez faible et, si quelque infiltration se produisait dans le navire, elle serait bien vite détruite et remplacée même par un excès de poids que le navire, il est vrai, pourrait combattre avec ses organes d'immersion comme il combat l'excès de poussée ; mais, si, à ce moment même venait à se produire l'accident dont nous avons parlé, il coulerait tout aussi bien que l'autre et se perdrait de même. L'aventure fâcheuse est une fois arrivé au sous-marin « *Holland* » qui eut été irrémédiablement perdu si le dégagement de quelques bulles d'air par une fissure de la coque n'était venu produire à la surface un bouillonnement indicateur de la place où il se trouvait. Le bateau fut repêché et l'équipage aux trois quarts asphyxié en fut quitte pour la peur.

On tend cependant aujourd'hui à donner aux sous-marins une flottabilité assez considérable que n'auraient pu vaincre les premiers appareils d'immersion employés ; cette flottabilité devient alors un facteur important de sécurité ; en même temps, ainsi que va nous le montrer la théorie, elle crée une véritable force d'équilibre assurant mieux que n'importe quel dispositif intérieur l'assiette du bateau en plongée et en marche dans son plan d'immersion. C'est là à coup sûr un élément considérable et qui n'a pas peu contribué à faire admettre le principe de l'immersion mécanique de navires plus légers que l'eau.

Le système d'immersion par annulation de la flottabilité semble aujourd'hui restreint aux bateaux de tonnage infime. Nous ne trouverons de navires modernes qui s'y soumettent que les modèles de M. Goubet ; — ils sont fort curieux à coup sûr, mais de même qu'ils ont marqué le premier succès manifeste de la navigation sous-marine, il est probable qu'ils marqueront aussi la dernière application, la seule pratiquement obtenue d'ailleurs, de l'immersion par annulation de la flottabilité.

Considérons donc maintenant et uniquement un bateau qui demeurera plus léger que l'eau. Nous réglerons en

13

général sa flottabilité en le faisant s'enfoncer sous l'influence de ses réservoirs d'immersion jusqu'à ce qu'il ne laisse hors de l'eau que son dôme de commandement et parfois la partie supérieure de sa plate-forme. Ce sera le poids d'un volume d'eau égal au poids de cette partie alors au-dessus de la surface qui constituera la flottabilité à conserver en immersion ; cette valeur a varié jusqu'ici de 15 à 150 kilogrammes sur des navires allant de 30 à 275 tonneaux ; on tend maintenant à augmenter cette proportion et nous verrons même qu'on y arrive.

Quant aux procédés eux-mêmes employés pour produire l'immersion dans ces conditions ils sont de deux sortes :

L'emploi d'hélices à arbres verticaux ;

L'emploi de gouvernails à palette mobile autour d'un axe horizontal ou *gouvernails de plongée*.

Ce sont ces deux systèmes dont nous allons successivement étudier le principe et le fonctionnement.

Immersion par hélices à arbres verticaux. — De même que l'on pousse en avant un navire au moyen d'une hélice tournant autour d'un arbre horizontal, de même il doit être possible de pousser vers le bas un navire flottant en le soumettant à l'action d'une ou plusieurs hélices, naturellement immergées, et agissant dans le sens vertical de façon à visser pour ainsi dire le bateau dans la masse liquide.

Cette idée semble assez naturelle et il n'y a rien d'étonnant à ce qu'elle soit venue à un constructeur ; — il fallait cependant pour cela qu'il connût l'hélice et ses propriétés, et même qu'il la connût bien et fût pour ainsi dire familiarisé avec elle. C'est pour cela que nous n'ajouterons guère de foi aux récits qui nous rapportent que *la Tortue* de Bushnell, en 1773, était munie d'une hélice d'immersion ; et il semblerait fort bizarre que Bushnell eût découvert et caché avec soin l'instrument de propulsion que Sauvage

devait 5o ans plus tard étudier et faire admettre dans la
marine.

Nous avons vu d'ailleurs à ce sujet, et nous reproduisons
ici (fig. 73, 74 et 75) certaine gravure prétendue du temps et où

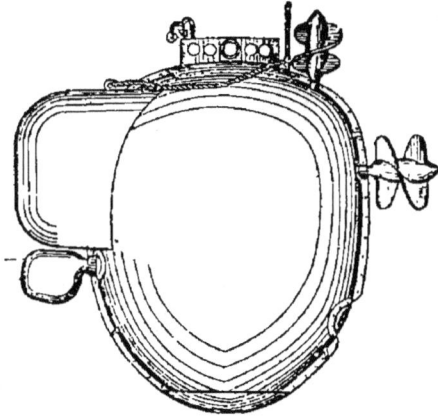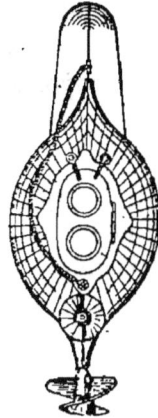

Fig. 73   Fig. 74

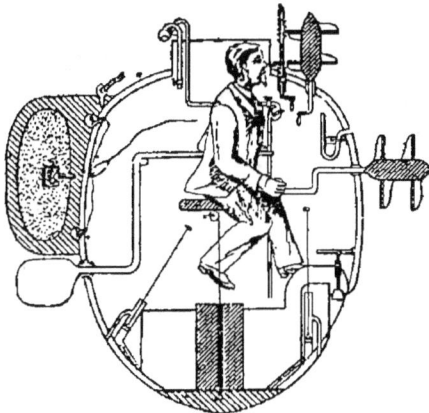

Fig. 75

La *Tortue* ; bateau sous-marin de W. Bushnell. (D'après des gra-
vures certainement modernes et probablement fantaisistes). —
Fig. 73 et 74 : Elévation et plan pris extérieurement. Fig. 75 :
Coupe du navire

la Tortue avait en effet une hélice dans le haut et une hélice à l'arrière ; mais la présence à l'intérieur de ce bateau figuré en coupe d'un mécanicien en veston très *modern style* et en pantalon long, sans même de sous-pieds, passant devant ses talons plats par trop second Empire ne nous a guère laissé de doute sur la date apocryphe de ce document fantaisiste. Aussi, sans vouloir rien enlever de son mérite à Bushnell croyons-nous bon et équitable de lui laisser ses avirons propulseurs et l'hélice à Sauvage et à ceux qui l'ont suivi.

Quant à l'application de l'hélice à l'immersion d'une coque flottante elle est bien plus récente encore. Voici ce qu'en disent MM. Le Commandant Z... et H. de Montechant ; (« *Les guerres navales de demain* ») :

« Nous affirmons que la navigation d'un sous-marin de plus de 200 tonneaux ne sera jamais pratique si le bateau immergé ne possède pas une flottabilité de plusieurs dizaines de kilogrammes, flottabilité qui serait combattue par une hélice à arbre vertical passant par le centre de carène et ayant son palier de butée au centre de gravité.

« Sans flottabilité, ou avec une flottabilité insignifiante, le sous-marin immergé se trouve dans une position d'équilibre indifférent ; la moindre variation dans les forces en jeu le conduit à changer d'assiette et à prendre des inclinaisons souvent dangereuses. C'est qu'aucune force ne contribue à le maintenir dans sa position normale.

« Au contraire, avec de la flottabilité et l'hélice dont nous avons parlé, dès que l'assiette du bateau change, les actions de la flottabilité et de l'hélice tendent toutes deux à la ramener.

« La position d'équilibre n'est acquise que si ces deux actions sont exactement dans le prolongement l'une de l'autre et de même grandeur. Or, elles ne se trouvent en pareille situation que dans le sous-marin droit. La stabi-

lité d'un sous-marin dépend donc de la grandeur de sa
flottabilité et aussi de la distance séparant son centre de
gravité de son centre de carène. Ceux-ci doivent se trouver
sur une même verticale et le plus espacés possible. Il en
résulte que la tourelle d'observation devra se trouver au-
dessus d'eux ».

Sans vouloir ici même reprendre point par point ce
texte où fourmillent de petites erreurs qui deviennent grosses par leur nombre, remarquons d'abord que, si il sera
théoriquement facile d'établir le plan d'un bâteau où un
arbre vertical d'hélice passerait par le centre de carène et
viendrait s'appuyer sur le centre de gravité , il n'est aucun
constructeur qui puisse garantir que l'outil qu'il livrera
remplira exactement ces conditions sans lesquelles cependant l'hélice serait un organe déséquilibrant incapable de
remplir en aucune manière la fonction qui lui serait confiée. En voilà assez, et on pourrait donner mille autres
raisons, pour faire mettre de côté *a priori* l'hélice verticale
centrale dont aucun modèle même d'essai n'a d'ailleurs
jamais été pourvu.

Pour parer de son mieux aux impossibilités de construction d'une hélice centrale le constructeur du *Waddington*
avait pourvu son navire de deux hélices à arbres verticaux
tournant dans des puits disposés symétriquement par rapport au centre du navire (fig. 76), dans le sens de sa lon-

Fig. 76

gueur. On espérait ainsi en même temps régler par des
différences de vitesses de ces hélices la stabilité longitudi-

nale du navire si elle se dérangeait en cours de route. Ce bateau dont nous avons parlé déjà n'a rien donné d'intéressant.

La disposition adoptée par M. Nordenfelt semble un peu meilleure. Il plaçait, comme nous le savons, ses hélices de chaque côté, à hauteur du centre de carène, et réglait l'horizontalité de l'axe au moyen d'un gouvernail horizontal placé à l'avant. Ses tentatives réitérées furent presque un échec et M. Nordenfelt lui-même abandonna l'étude d'une question si décevante et si fertile en déboires.

Si l'on examine en effet de plus près les conditions du problème on voit que, pour obtenir une immersion régulière, il sera nécessaire d'obtenir une concordance parfaite des moteurs actionnant les hélices; ces moteurs cependant ne peuvent se coupler à cause de la nécessité où l'on sera d'accélérer l'un ou l'autre momentanément si un déséquilibre accidentel se produit (fig. 77). Or, déjà dans le cas beaucoup plus simple de la propulsion d'un navire ordinaire par deux hélices, on sait que jamais on n'obtient le mouvement concordant et que la prédominance de l'une des hélices sur l'autre force toujours à donner de la barre de son côté pour maintenir le bateau dans sa direction. Ces hélices de propulsion travaillent d'ailleurs normalement en pleine eau et ce n'est plus le cas des hélices verticales fonctionnant dans des puits où se produisent des remous inconnus dus à la vitesse horizontale du bateau, remous d'ailleurs incessemment variables sans qu'on en puisse fixer la grandeur ou la direction pas plus que les éléments analogues de la force

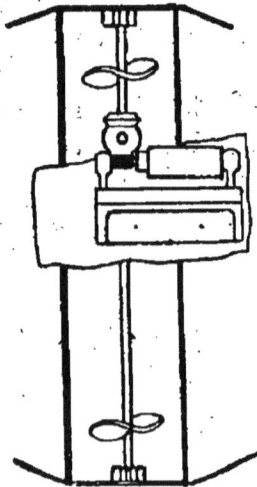

Fig. 77
Disposition d'une hélice
de sustentation.

provenant de la réaction de l'eau laissée en arrière par le bateau en marche sur les ailes des hélices verticales qui semblent toujours employées à produire un bouillonnement informe de force et de direction impossibles à apprécier.

Il ne faut donc pas s'étonner de l'échec subi par ceux qui cherchèrent l'immersion au moyen d'hélices ; — il faut leur tenir compte de leurs efforts consciencieux qui n'ont pas été totalement perdus, car en somme leurs navires avaient d'autres organes que les hélices d'immersion, — mais pour résoudre ce problème spécial il faut chercher dans une autre voie ; et c'est ce que l'on a fait.

Immersion par des gouvernails horizontaux. — Si l'idée ne nous a point semblé étrange de prendre pour immerger un navire l'organe propulseur qui le pousse en avant et d'en essayer l'application pour produire une poussée verticale, — aussi naturelle encore doit nous paraître la conception d'un organe directeur agissant pour incurver la trajectoire dans le sens vertical de la même façon qu'il agit pour faire virer d'un bord ou de l'autre dans le sens horizontal, le navire marchant à la surface.

Partant donc de ce principe on a cherché à doter le sous-marin d'un gouvernail à palette horizontale (ou plutôt mobile autour d'un axe horizontal perpendiculaire au plan médian longitudinal, — nous dirons désormais pour abréger le langage, *gouvernail horizontal*), et à manœuvrer cet organe de façon à produire une inclinaison de l'axe du navire sur le plan horizontal. Dans une semblable position il est clair que la poussée de l'hélice s'exerçant dans une direction oblique au plan horizontal le mouvement résultant sera lui aussi oblique et le bateau plongera ou remontera vers la surface suivant le sens d'inclinaison du gouvernail horizontal.

Une conséquence immédiate de cette conception c'est que

le système d'immersion envisagé ici ne saurait fonctionner autrement que pendant la marche du navire qui ne peut dès lors ni s'immerger sur place ni stopper entre deux eaux puisque la force d'immersion destinée à combattre sa flottabilité n'est que la réaction de l'eau sur une palette inclinée sur la direction du mouvement.

Nous avons vu déjà que les torpilles automobiles sont munies de gouvernails horizontaux d'immersion ; ce procédé d'ailleurs avait déjà été mentionné et recommandé par les frères Couëssin en 1809 et par Montgery en 1825. La première application qui en fut faite à la torpille Whitehead, puis à la torpille Howell donna satisfaction suffisante. Il nous faut voir maintenant ce que va donner cet organe adapté à un sous-marin proprement dit, ayant naturellement une flottabilité appréciable.

Considérons donc un tel navire que nous supposons pourvu d'un gouvernail horizontal placé, comme celui d'une torpille, à l'arrière du bateau : si nous inclinons vers le bas la palette du gouvernail, la réaction de l'eau sur cette palette va tendre à la relever dans l'espace et comme elle ne peut se déplacer maintenant par rapport au navire cette réaction aura pour effet de faire pivoter ce navire dans le plan vertical où il prendra une position oblique, la pointe inclinée vers le bas. L'hélice agira alors dans le sens de cette inclinaison et sa poussée oblique aura une composante horizontale qui fera continuer au bateau sa marche en avant et une composante verticale qui viendra lutter contre la poussée due à la flottabilité. On conçoit dès lors que suivant l'inclinaison du gouvernail horizontal, cette composante verticale puisse être supérieure à la flottabilité, ce qui détermine la plongée, — égale à cette poussée, ce qui détermine l'équilibre dans le plan d'immersion atteint, — inférieure à cette poussée, et alors le bateau remonte à la surface.

La première conséquence immédiate de ces observations est que la plongée et la navigation entre deux eaux d'un sous-marin à flottabilité positive pourvu d'un gouvernail horizontal à l'arrière ne peut se faire et se maintenir que sous une inclinaison du navire, l'avant plus bas que l'arrière.

Considérons d'ailleurs un sous-marin de flottabilité positive dans un plan d'immersion I de cote l au-dessous de l'horizon HH'. Soient γ le centre de carène et G le centre de gravité (fig. 78).

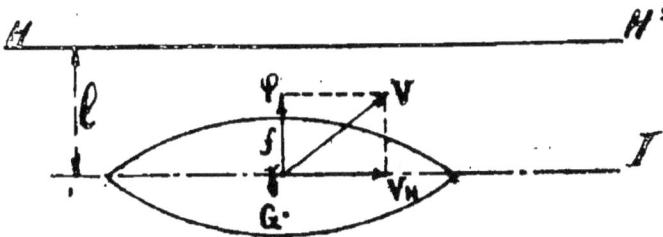

Fig. 78

Les vitesses du bateau peuvent être considérées comme appliquées au centre de carène γ. Ces vitesses sont la vitesse V_H qu'il reçoit directement de son hélice et la vitesse φ qu'il doit à la poussée verticale de la flottabilité f. La vitesse vraie à l'instant considéré sera la résultante de ces deux vitesses; ce sera la diagonale V du parallélogramme construit sur V_H et φ. Cette vitesse V ne saurait être horizontale si V_H est lui-même horizontal, donc la trajectoire instantanée du centre de carène sera oblique dans ce cas et le bateau remontera dans l'angle formé par V_H et φ.

Si au contraire V_H est incliné au-dessous de l'horizon on conçoit fort bien que cette inclinaison puisse être telle que la diagonale V vienne se placer dans le plan horizontal I ;

13.

le bateau marchera dans une direction horizontale, son avant étant toujours au-dessous et son arrière au-dessus, du plan d'immersion du centre de carène (fig. 79).

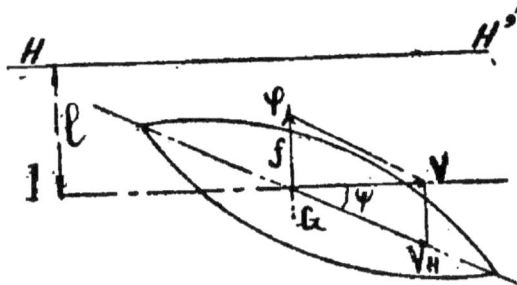

Fig. 79

Désignons par ψ cette inclinaison de l'axe du bateau au-dessous du plan horizontal ; la figure nous donne immédiatement :

$$\varphi = V_H \sin \psi$$

ce qui détermine l'angle ψ par la relation :

$$\sin \psi = \frac{\varphi}{V_H}$$

et la vitesse horizontale résultante V par la formule :

$$V = V_H \cos \psi = \sqrt{V_H{}^2 - \varphi^2}$$

Mais on peut établir entre les divers éléments ici en jeu des relations plus complètes et définissant le jeu des forces créées par l'action du gouvernail.

Désignons par θ l'angle dont on a fait tourner ce gouvernail c'est-à-dire son inclinaison sur l'axe du navire AB qui se déplace horizontalement sous une inclinaison ψ de son axe sur la direction de sa route dans le plan 1 de cote l au-dessous de la surface libre HH' (fig. 80).

Les forces agissant sur ce corps en mouvement sont ici :

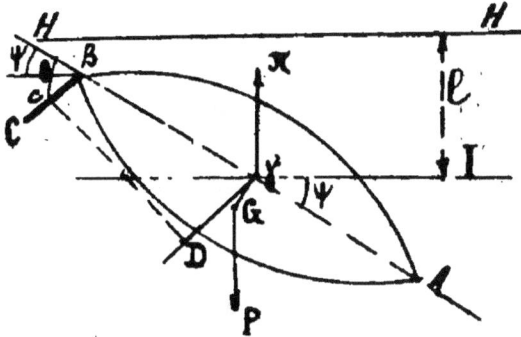

Fig. 80

a) La poussée τ appliquée verticalement au centre de carène γ et le poids P appliqué au centre de gravité ; système qui se réduit à la flottabilité f appliquée en γ et le couple de moment $P\delta \sin \psi$, δ désignant la distance γG du centre de gravité au centre de carène. — Le constructeur a soin de placer la ligne γG dans une direction perpendiculaire à l'axe AB et nous supposerons toujours par la suite cette condition remplie :

b) L'effort de poussée de l'eau sur la palette du gouvernail, effort dont la seule composante utile est la force F normale à ce gouvernail. Cet effort normal est proportionnel à la surface σ de la palette, au carré de la vitesse V du navire et au sinus de l'angle sous lequel la palette attaque l'eau ; cet angle d'attaque est évidemment $(\theta - \psi)$; nous pouvons donc écrire en désignant par K un coefficient expérimental :

$$F = K \sigma V^2 \sin (\theta - \psi)$$

Cette force F peut se décomposer en une force verticale F_1 dirigée vers le haut qui aura dès lors pour expression :

$$F_1 = F \cos (\theta - \psi)$$
$$= F \sigma V^2 \sin (\theta - \psi) \cos (\theta - \psi)$$

et un couple situé dans le plan vertical et tendant à produire une rotation autour d'un axe perpendiculaire au plan vertical médian, c'est-à-dire parallèle à l'axe de rotation du gouvernail.

c) La poussée R de l'hélice, dirigée dans le sens de l'axe AB et donnant par suite une composante verticale dirigée en bas et ayant pour expression :

$$R_1 = R \sin \psi$$

d) La résistance de l'eau au mouvement du navire, résistance qui est fonction de la forme de la carène et de l'inclinaison de l'axe et proportionnelle au carré de la vitesse. Nous la représenterons par :

$$Q = K_1 V^2 \lambda (\psi)$$

K_1 étant un coefficient expérimental dépendant du profil de la carène et $\lambda (\psi)$ une fonction inconnue de l'angle ψ, fonction dans laquelle peut même figurer la forme du navire.

La première condition d'équilibre du système, nullité de la somme des projections, appliquée à un axe vertical, nous donne l'équation :

$$f + K \sigma V^2 \sin (\theta - \psi) \cos (\theta - \psi) - R \sin \psi$$
$$- K_1 V^2 \lambda (\psi) = 0$$

Une deuxième équation d'équilibre nous sera fournie en égalant à zéro la somme des moments des couples. Or ces couples sont le couple $(P - P)$ provenant du poids P et de la poussée π dont on a retiré la flottabilité f, son moment est $P\delta \sin \psi$.

Le moment de l'effort F sur le gouvernail est :

$$Fx. \overline{\gamma D} = K\sigma V^2 \sin (\theta - \psi). \overline{\gamma D}$$

et en négligeant la demi largeur Bc du gouvernail, toujours très faible comparativement à la longueur de l'axe:

$$F.\overline{\gamma D} = K\sigma\, V^2 \sin(\theta - \psi)\, \overline{\gamma B} \cos\theta$$

et si nous désignons par 2L la longueur AB du navire :

$$M(F) = K\sigma V^2 L \sin(\theta - \psi) \cos\theta$$

Reste le moment de la résistance de l'eau ; nous ne pouvons expliciter son expression et, comme nous avons représenté la force par $K_1 V^2\, \lambda\,(\psi)$, nous écrirons seulement pour son moment $M\,[K_1 V^2\, \lambda\,(\psi)]$, ce qui nous donnera pour deuxième équation d'équilibre :

$$P\delta \sin\psi - K\sigma\, V^2 L \sin(\theta - \psi)\cos\theta - M\,[K_1 V^2\, \lambda\,(\psi)] = o$$

Les forces considérées ici, agissant toutes dans le même plan ces deux équations seront des conditions suffisantes d'équilibre, les quatre autres conditions des équations générales étant évidemment vérifiées d'elles-mêmes puisque les deux autres axes de projection seraient perpendiculaires aux forces considérées ; nous pouvons donc écrire ainsi le système d'équations d'équilibre du corps ici considéré :

$$f + K\sigma\, V^2 \sin(\theta - \psi) \cos(\theta - \psi) - R \sin\psi$$
$$- K_1 V^2\, \lambda\,(\psi) = o$$
$$P\delta \sin\psi - K\sigma\, V^2 L \sin(\theta - \psi)\cos\theta$$
$$- M[K_1 V^2\, \lambda\,(\psi)] = o$$

L'application de ces formules à des données numériques serait à coup sûr laborieuse sinon presque impossible, surtout en raison de la présence dans leurs expressions des coefficients K et K_1 que l'expérience ne donnerait pas facilement et encore bien plus de la fonction $\lambda\,(\psi)$ qui est absolument inconnue et dont la détermination empirique serait certainement pénible et hasardeuse.

Mais il est un cas où elles vont nous permettre de retrouver d'emblée un résultat déjà connu par un autre raisonnement. Supposons en effet un bateau naviguant avec son axe horizontal, c'est-à-dire faisons dans les équations précédente $\psi = o$.

Dans ce cas la résistance de l'eau n'ayant plus de composante verticale l'expression $K_1 V^2 \lambda(\psi)$ sera nulle aussi bien que son moment pris ici par rapport à un axe qu'elle rencontre, et nos équations d'équilibre se réduiront à :

$$f - K\sigma V^2 \sin \theta \cos \theta = o$$
$$K\sigma V^2 \sin \theta \cos \theta = o$$

qui reviennent à :

$$f = o$$
$$\sin \theta \cos \theta = o$$

Si nous prenons le groupe :

$$f = o$$
$$\sin \theta = o$$

on voit que l'angle θ s'annule en même temps que la flottabilité, donc le bateau est à flottabilité nulle et ne se sert pas de son gouvernail horizontal qui demeure dans la direction de l'axe. C'est ce que nous avons déjà vu géométriquement en établissant la nécessité d'une inclinaison du navire, l'avant dirigé vers le bas.

Quant au groupe :

$$f = o$$
$$\cos \theta = o$$

qui tendrait à nous présenter un bateau à flottabilité nulle et plaçant son gouvernail perpendiculairement à l'axe, soit en haut, soit en bas, elle nous apparaît évidemment comme une solution étrangère dont il n'y a pas lieu de tenir compte. Si nous nous rappelons d'ailleurs que nous avons négligé la largeur de cette palette et considéré l'effort de l'eau comme appliquée en β nous voyons qu'elle n'agirait ici que comme une résistance dans le sens du mouvement et pourrait être considérée non comme un gouvernail mais comme faisant partie de la carène qui s'appuie contre la masse d'eau environnante.

La complication du système de forces et de couples rotatifs que crée l'adaptation à un sous-marin d'un gouvernail horizontal de plongée, — forces et couples qui doivent se maintenir en équilibre malgré leurs variations constantes, et souvent inconnues, puisqu'elles sont fonctions des mouvements et des actions de la masse d'eau dont l'état dynamique est impossible à déterminer, fait concevoir toute la difficulté que l'on rencontrera pour obtenir sous cette influence une stabilité d'immersion satisfaisante.

En réalité, le sous-marin ainsi constitué ne se tiendra jamais dans son plan d'immersion mais chevauchera constamment de part et d'autre suivant une ligne sinussoïdale dont même on ne parviendra pas toujours à restreindre les flèches dans une limite pratique et commode.

Cette trajectoire onduleuse que nous avons déjà rencontrée avec ces torpilles était alors cependant suffisamment allongée pour que la régularité d'immersion pût être pratiquement admise. Sur les bateaux sous-marins on a constaté qu'il n'en était plus de même et la raison en est facile à concevoir. Nous avons trouvé en effet précédemment pour expression du sinus de l'angle d'inclinaison du navire sur le plan horizontal.

$$\sin \psi = \frac{\varphi}{V_{\text{H}}}$$

Cette valeur V_{H} de la vitesse imprimée par l'hélice est considérable dans les torpilles où elle atteint 28 à 30 nœuds tandis que la flottibilité f qui procure la vitesse φ

est très faible. Dans un sous-marin φ sera plus grand tandis que V_H sera beaucoup moindre et l'angle ψ atteindra une valeur assez grande qui parfois rendra même le séjour du bord impossible à cause de la pente du plancher; — en tout cas ce grand angle ψ sera le facteur déterminant d'embardées considérables qu'il faudra combattre au moyen du gouvernail horizontal en en produisant naturellement une autre de sens inverse. En fait la manœuvre à la main d'un seul gouvernail d'immersion est absolument impossible au point de vue pratique.

Dans son « *Etude sur les bateaux sous-marins* », M. Ledieu affirme que l'usage d'un servo-moteur est ici indispensable, mais en même temps il réduit presque à zéro la flottabilité. Avant de passer à l'examen plus approfondi des conditions qui nous permettront une marche régulière avec une flottabilité élevée, citons le passage en question du travail de M. Ledieu :

« Sans l'emploi de *servo-moteurs*, il n'y a pas de stabilité d'immersion possible ; c'est là un point dont l'importance a longtemps échappé aux inventeurs de bateaux sous-marins. En d'autres termes, il faut que les divers organes qui concourent à la stabilité d'immersion soient *asservis* de façon à suivre docilement les mouvements de la main qui les commande.

« Quant à ces organes eux-mêmes, ils doivent d'abord, pour les cas de repos ou de petite vitesse, comprendre des *pistons régulateurs*, jouant dans des cylindres destinés à contenir de l'eau et à s'en vider, et placés partie vers l'avant du navire, partie vers l'arrière. A ce procédé fondamental, il importe d'adjoindre à la poupe du bateau un gouvernail horizontal double destiné, dès que la vitesse s'accentue, à diriger verticalement le navire, de même que le gouvernail vertical le guide horizontalement ; et, bien entendu, la mise en mouvement doit s'obtenir par une machine avec servo-moteur.

« Ce dernier mécanisme peut être avec avantage conduit automatiquement par un piston hydrostatique à diaphragme, en contact par une de ses faces avec l'eau ambiante, et contretenu sur sa seconde face par des ressorts antagonistes plus ou moins bandés suivant la profondeur à atteindre. Ce piston ne saurait, comme la main de l'homme, modérer ou accélérer son effet sur le servomoteur du gouvernail horizontal à mesure que le bateau se rapproche ou s'éloigne du plan d'immersion convenu ; et, abandonné à lui-même il lancerait sans cesse ce navire, au-dessus ou au-dessous de ce plan, par bonds plus ou moins désordonnés. Mais il y a moyen de l'accoupler à un lourd pendule servant de modérateur ou d'accélérateur de son action.

« Par cet accouplement la tige du piston A (fig. 81)

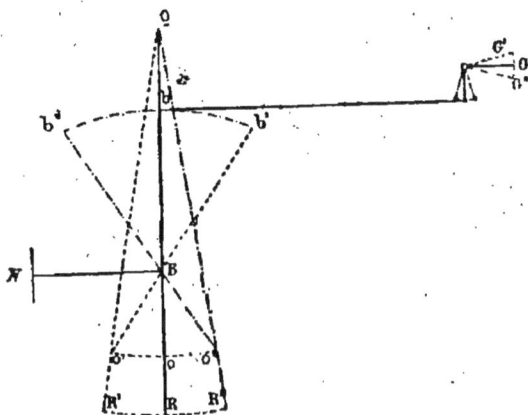

Fig. 81

s'articule en B avec une tringle ob dont le haut b est relié au servo-moteur du gouvernail G, et dont le bas est articulé en o avec la tige QR du pendule (tige vue sur la figure en arrière de la tringle). En balançant le pendule

QR en QR' et QR'' sans bouger le piston, la tringle oscille autour du point *B* et de *ob* en *o'b'* et *o''b''*. Au contraire en mouvant le piston sans toucher au pendule, la tringle oscille autour du point *o* qui vient successivement en *o'* et *o''*.

« Daprès cela les effets simultanés du piston et du pendule seront de même sens ou de sens contraire à bord du bateau sous-marin, suivant qu'il s'éloignera ou se rapprochera de son plan d'immersion, aussi bien proue en bas que proue en haut ; et son centre de gravité décrira ainsi des lacets verticaux très aplatis et presque insensibles à très grande vitesse, en réalisant un équilibre dynamique d'immersion très stable.

« L'idée du piston hydrostatique a été mise en avant par M. Courbebaisse, un des ingénieurs attachés aux essais du *Plongeur* de l'amiral Bourgeois. Mais l'invention du pendule régulateur est due à M. Whitehead, de Fiume (Autriche) ; il l'a appliqué dès 1872 avec un éclatant succès à ses célèbres torpilles automobiles, et a été suivi en cela par M. Schwartzkopf en Allemagne et par les usines établies un peu partout aujourd'hui pour confectionner ces engins. Toutefois, qu'on ne l'oublie pas, la combinaison si remarquablement ingénieuse de M. Whitehead, serait demeurée stérile sans l'invention du servo-moteur par M. Farcot. »

Revenons au gouvernail appliqué à un bateau à flottabilité assez grande, tel que nous l'avons imaginé dès l'abord. Une autre influence néfaste du gouvernail horizontal nous apparaît encore dans ce fait que si le bateau, sous l'action d'une cause quelconque : déséquilibre du lest, courant intérieur à la masse d'eau....., arrive à donner de la bande sur un bord, — et le fait sera presque continuel, — la réaction de l'eau sur la palette donnera une composante horizontale perpendiculaire à la route qui aura pour effet de faire dévier le bateau latéralement;

L'adaptation au sous-marin d'un pendule mobile dans un plan perpendiculaire à son axe commandant un servo-moteur convenablement relié au gouvernail vertical de direction permettait à la rigueur de rectifier automatiquement cette déviation latérale en redressant en même temps le navire. Ce dispositif employé sur certaines torpilles où il a donné, malgré la complication du mécanisme qu'il apporte, d'assez bons résultats, ne saurait être convenable à un bateau sous-marin où il faut éviter de multiplier ces actions complexes qui finalement au lieu de se corriger et de se compenser se trouveraient toujours à la recherche de leur équilibre mais sans le trouver jamais toutes ensemble. La conséquence serait une incertitude absolue d'immersion et de route que l'on ne saurait admettre.

La solution théorique du gouvernail horizontal arrière est donc manifestement insuffisante ; — les premiers essais du *Gymnote* et du *Gustave-Zédé* en ont fait la preuve, — il faut donc chercher mieux sans pour cela abandonner une voie où nous apercevons déjà une issue satisfaisante.

Le gouvernail horizontal arrière nous a procuré des déceptions ; il y a lieu d'en chercher l'origine vraie et la cause directe.

Il n'est pas besoin d'une bien profonde réflexion pour l'entrevoir dans la position même du gouvernail. Si nous nous rappelons en effet maintenant quelle est la nature de l'action du gouvernail nous voyons qu'elle se réduit à une force verticale dirigée en bas et un couple de rotation autour d'un axe parallèle à celui du gouvernail. Il y a lieu de remarquer ici que si nous arrivons à faire agir la réaction de l'eau sur le centre de carène lui-même l'effet sera tout autre. La composante verticale de cette réaction serait alors directement opposée à la force de flottabilité tandis que le couple de rotation deviendrait

nul ou plutôt se remplacerait par une simple force retardatrice dont nous nous occuperons un peu plus loin.

Appliquer le gouvernail directement au centre de carène
est naturellement impossible et il apparaît immédiatement
que nous ne pourrons appliquer à ce point la réaction de
l'eau qu'en faisant agir cette réaction sur deux surfaces
identiques placées symétriquement par rapport à ce centre
de carène.

De là à passer à la notion de deux gouvernails placés
l'un à l'arrière et l'autre à l'avant et que l'on inclinerait en
sens inverse il n'y a qu'un pas. C'est le premier système
imaginé de *gouvernails équilibrés*. Dans ce cas les
réactions de l'eau sur les palettes placées en A et B se
composent en une action double et parallèle qui se trans-
porte au centre de carène où elle donne évidemment une
force verticale dont on dispose par l'inclinaison des gouvernails pour la faire lutter avec la flottabilité et une force
horizontale dirigée d'avant en arrière et qui se retranche
de la poussée de l'hélice (fig. 82).

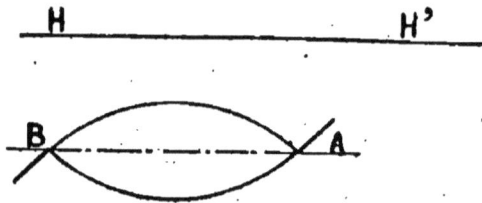

Fig. 82

Ce système qui n'a jamais été exécuté en grand est encore pratiquement mauvais. Il faut bien se rendre compte
en effet que le point d'application de la résultante des poussées sur les palettes avant et arrière ne viendrait jamais
coïncider exactement avec le centre de carène et que
par suite les couples de rotation ne seraient pas annulés

mais seulement changés de place sans être pour cela mieux connus. Ils seraient cependant moins puissants ayant des bras de levier beaucoup plus courts et l'inclinaison de l'axe en serait forcément réduite. Là n'est pas assurément la grande question mais bien plutôt dans la possibilité de bien connaître et de guider facilement les mouvements et les oscillations du navire et il n'apparaît pas que nous soyons ici en bien meilleure posture qu'avec un seul gouvernail placé à l'arrière.

Les mêmes reproches — moins énergiques pourtant — seraient à faire à la combinaison proposée et adaptée à certains modèles de bateaux sous-marins et qui consiste à faire passer par le centre de carène un axe horizontal perpendiculaire au plan médian longitudinal du navire et à caler sur cet axe et de chaque côté du bateau les palettes identiques du gouvernail horizontal (fig. 83). Théorique-

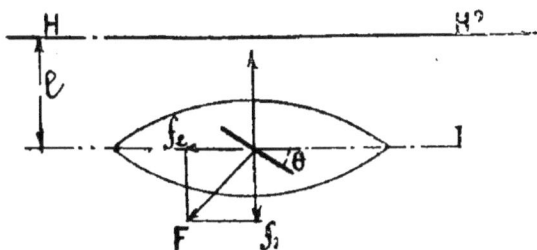

Fig. 83

ment cette solution semble bonne et elle le serait en réalité si l'on pouvait obtenir un bateau dans lequel la distance du centre de gravité au centre de carène soit considérable, de façon à assurer au navire une stabilité de poids effective et active. Tel n'est pas le cas et il arrive alors qu'un tel navire est susceptible de s'incliner sur l'horizon sous une influence extérieure, et que dès lors il se trouve dans une position anormale de route qui lui fait prendre, par obéissance à l'hélice, une trajectoire désordonnée dont personne ne peut être le maître. Il ne peut même parfois rétablir son équilibre qu'en remontant à fleur d'eau pour plonger de nouveau dans des conditions normales jusqu'à ce qu'il soit forcé de recommencer cette manœuvre longue, pénible et parfois impossible puisque si elle avait lieu pendant une action militaire elle mettrait le sous-marin dans une situation si dangereuse qu'il ne pourrait coûte que coûte risquer l'aventure.

Sans pousser plus loin cette discussion arrivons directement à la solution pratique qui a été expérimentée et a donné de bons résultats.

Imaginons un sous-marin d'axe horizontal I ayant son centre de gravité en G, son centre de carène en γ, et pourvu de quatre gouvernails horizontaux montés deux par deux, un de chaque bord, sur des axes perpendiculaires au plan médian longitudinal et symétriques par rapport au plan vertical perpendiculaire à l'axe qui contient le centre de carène et aussi, en position d'équilibre, le centre de gravité.

La figure 84 représente le profil schématique de cette disposition (la coque elle-même n'est pas tracée). Examinons alors la nature des réactions de l'eau.

Sur la palette avant A la réaction de l'eau est une force F dirigée suivant l'axe en sens inverse du mouvement (fig. 84). Cette force F peut se décomposer en deux forces rectangulaires l'une φ_1, normale à la palette, l'autre φ_2 parallèle à cette palette et qui dès lors se perd en pleine eau dans la direction de la ligne courante. La force agissante φ_1 va alors se décomposer en deux forces rectangulaires, l'une φ verticale et dirigée vers le bas, l'autre φ_3 horizontale et dirigée en sens inverse du mouvement ; — cette force φ_3 est la portion agissante de la force F dans le sens contraire au mouvement c'est-à-dire une force retardatrice.

Le même travail de décomposition fait sur la réaction F'
supportée par la palette arrière A' nous conduit à la force

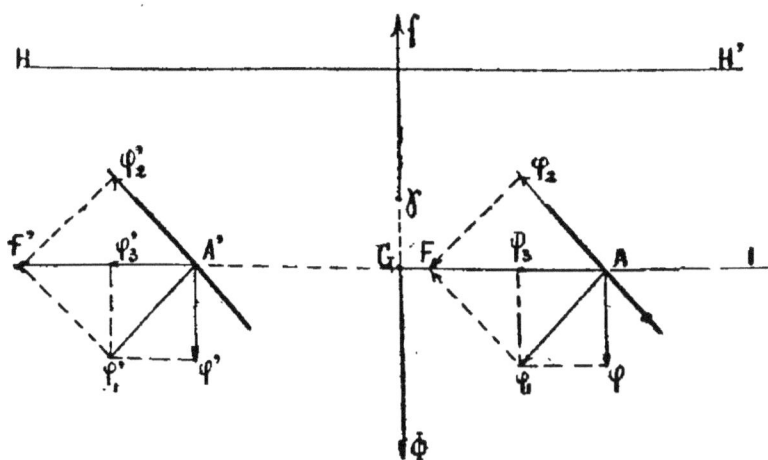

Fig. 84

perdue en pleine eau φ'_1 et aux forces actives φ' agissant
verticalement vers le bas et φ'_2 travaillant comme force
retardatrice du mouvement.

Si les gouvernails sont égaux et inclinés du même
angle nous devons admettre que les efforts F et F' seront
égaux ; donc φ et φ' seront égales, parallèles et équidis-
tantes de G, leur résultante donnera une force directe-
ment opposée à la flottabilité f qui déterminera et réglera
la plongée, dès lors convenable, comme une sorte de glissement du navire à travers l'eau, sur les surfaces d'appui
des gouvernails A et A', sans inclinaison de cet axe sur
l'horizon.

Il faut noter toutefois qu'en vertu de l'inégale répartition des pressions, les efforts F et F' ne seront pas
rigoureusement égaux ; il en résultera un déplacement
latéral de la résultante Φ qui pour des positions identiques

des gouvernails sera toujours un peu vers l'avant ou vers l'arrière. Il sera nécessaire pour la ramener à sa position normale de créer une action auxiliaire.

Certains auteurs ont proposé la liaison invariable des deux paires de gouvernails latéraux qui seraient alors commandés par la même roue de barre et auraient constamment des inclinaisons égales ; il faut alors adjoindre à ce système un petit gouvernail horizontal auxiliaire que l'on place à l'avant ou à l'arrière. L'arrière est toujours préférable parce qu'il cause une moins grande déformation des lignes courantes qui peuvent s'échapper en pleine eau au lieu de venir s'incurver sur la coque en produisant des remous inconnus qui ne peuvent que gêner et contrarier l'action du gouvernail avant.

Il nous semble que la solution serait meilleure et plus simple en dotant les gouvernails latéraux de deux roues de barre repérées l'une sur l'autre et capables d'un mouvement différentiel appréciable. On les tournerait alors ensemble pour mettre le bateau en route de plongée, puis, arrivé au plan d'immersion, on fixerait dans une position convenable et facile à trouver l'une d'elles, par exemple celle de la paire arrière, et on garderait libre l'autre qui agirait par tout petits mouvements sur la paire de palettes avant pour régler et maintenir l'équilibre.

Telle est la solution pratiquement très satisfaisante qui semble prévaloir aujourd'hui. Elle donne la possibilité de plonger rapidement et sans incliner l'axe du navire ; — en réalité, en raison de la différence d'action des deux gouvernails, il existera toujours une légère inclinaison mais à peu près insensible et ne provoquant pas ces embardées en hauteur qui rendaient impossible la manœuvre des sous-marins à gouvernail de plongée unique.

Mentionnons pour finir que ces gouvernails de plongée sont toujours construits de telle sorte que leur axe horizontal de rotation passe par le centre de la palette ; — la réaction de l'eau passe alors par cet axe et par suite ne fatigue pas la roue de barre qui demeure très souple à la manœuvre, qualité nécessaire puisqu'il s'agit ici d'agir par petits déplacements ne modifiant que de façon infime l'assiette du navire.

Une dernière remarque à faire c'est que les gouvernails horizontaux, par l'appui qu'ils donnent au navire sur la masse d'eau environnante et par la nature de leur action, sont en réalité en même temps que des organes d'immersion des appareils de stabilité, et il n'y a pas lieu de doter le sous-marin ainsi conçu de mécanismes compliqués et délicats qui feraient double emploi et arriveraient à être aussi gênants —, et plus —, qu'utiles.

Quant à la manœuvre des gouvernails horizontaux on a songé parfois à la rendre automatique et à la commander par un servo-moteur. L'expérience a prouvé que, avec la disposition équilibrée que l'on adopte aujourd'hui, la manœuvre à la main est bien meilleure et ne présente aucune difficulté. La douceur est d'ailleurs le meilleur garant du maintien de l'équilibre qu'il s'agit au moins autant de ne pas rompre que de rétablir par à-coups successifs d'un sens ou d'autre comme le font les moteurs asservis.

Les dispositions mécaniques adoptées dans la pratique par les constructeurs se trouveront dans la description des bateaux modernes établis d'après les principes ci-dessus formulés.

14

CHAPITRE IV

PROBLÈME DE LA ROUTE

Un bateau sous-marin étant complètement immergé et en équilibre dans son plan horizontal d'immersion il est clair qu'il obéira à son gouvernail vertical et évoluera horizontalement sous son influence dans les mêmes conditions sensiblement qu'un navire ordinaire flottant à la surface. Nous n'aurons donc ici en aucune manière à nous occuper du fonctionnement ou de la manœuvre de la barre de direction mais à définir cette direction et à aviser aux moyens de la suivre avec facilité et exactitude. Dans le cas d'un navire flottant la vision directe de l'horizon et des repères qu'il peut offrir, l'observation des mouvements de l'avant du navire qui sont visibles pour l'homme de barre dont la position sur le pont ne coïncide jamais avec l'axe vertical autour duquel s'effectue la rotation du bateau, (on sait que cet axe est à peu près aux deux tiers à partir de l'étrave de la moitié avant du navire), sont autant d'éléments qui facilitent et contrôlent l'observation du compas. Dans un sous-marin va-t-il en être de même ? A priori, nous pouvons affirmer que non.

Laissant de côté d'abord pour en parler en temps utile l'étude des conditions spéciales dans lesquelles fonctionne le compas à bord d'un sous-marin dans lequel les évolutions latérales de l'avant ne sont pas perceptibles pour l'homme de barre qui n'a pas de repère extérieur pour les apprécier, nous nous occuperons en premier lieu de la conduite du bateau vers un lieu déterminé et situé manifestement à l'intérieur du cercle de vision nette qu'embrasserait un navire flottant dans la verticale du bateau immergé.

Il est clair que si l'eau de mer était douée d'une transparence comparable à celle de l'atmosphère il suffirait de disposer sur les bords et vers l'avant du sous-marin des hublots assez larges et aux vitres bien nettes par lesquels le pilote observerait son but pour gouverner sur lui. Hélas il n'en est rien et c'est tout au plus si par les hublots supérieurs pénètre, par un temps clair, assez de lumière pour l'éclairage intérieur du navire. Des observations les plus récentes et les plus précises faites à ce sujet il résulte que, par un temps très clair et dans une eau limpide, dès que le bateau sous-marin atteint 7 à 8 mètres de profondeur d'immersion, c'est tout au plus si les hommes placés à l'intérieur peuvent distinguer un objet immergé dans leur plan horizontal dans un rayon de 10 à 12 mètres ; encore cet objet apparaît-il comme embrumé et d'une teinte uniforme d'un bleu noirâtre.

Nous ne saurions mieux éclaircir d'ailleurs ces brèves explications qu'en citant un passage de la communication faite à l'Académie des sciences, le 27 mai 1890, par le Dr H. Fol sous le titre : *Observations sur la vision sous-marine faites en Méditerranée à l'aide du scaphandrier.*

« L'éclairage au fond de la mer, — dit M. H. Fol, — tel qu'on le voit en descendant en scaphandre, vient uniquement d'en haut. Il ressemble à celui d'une salle sans fenêtres qui recevrait le jour par un vitrage occupant le milieu du plafond.

« La cause de ce phénomène est facile à trouver ; il suffit de regarder en haut par la vitre frontale du casque.

L'on voit alors un grand espace circulaire lumineux dont les limites sous-tendent dans l'œil de l'observateur un angle de 52°,5 environ. Au-delà de ce cercle la surface de l'eau paraît sombre et présente la même nuance que la mer vue de haut en bas depuis le bord d'un bateau. La limite entre la surface lumineuse et celle qui présente une réflexion totale n'est jamais régulière ; la moindre ondulation de la surface suffit à y introduire des échancrures et des enclaves qui s'étendent au loin lorsque la mer est agitée.

« Les rayons de soleil sont pâles déjà à quelques mètres de profondeur. Ils se présentent sous forme de chatoiements mobiles produits par la réfraction à la surface des vagues. Dans un appartement situé sur le bord de l'eau et dont les persiennes sont closes, on peut voir, en regardant au plafond, un phénomène très analogue à celui que le scaphandrier voit sur le fond.

« Au moment où le soleil descend vers l'horizon, le plongeur qui se trouve à plus de 10 mètres de profondeur voit subitement le crépuscule succéder au grand jour. — Il m'est arrivé de remonter, croyant à l'arrivée de la nuit, et une fois sorti de l'eau, de me voir avec étonnement incendié par les rayons d'un soleil encore assez éloigné de son coucher. — Cette diminution de l'éclairage au moment où l'angle d'incidence des rayons solaires ne leur permet guère de pénétrer dans l'eau est très brusque.

« La couleur de l'eau de la Méditerranée le long du littoral varie beaucoup d'un jour à l'autre suivant que les courants amènent l'eau pure du large où l'eau trouble de la côte. Vue horizontalement par la vitre du scaphandrier, elle varie du vert grisâtre au bleu verdâtre. Les objets prennent tous un ton bleuté d'autant plus accentué que l'on descend plus bas. Déjà à 25 ou 30 mètres, certains animaux d'un rouge sombre tels que les *Muricæ Placonnus*

paraissent noirs, tandis que les algues colorées en vert ou
en bleu prennent des teintes plus claires par comparaison.
En remontant rapidement à l'air les yeux accoutumés à
cette lumière bleue voient en rouge le paysage aérien.

« Les rayons rouges sont donc éteints dans une proportion très-sensible à une faible profondeur, tandis que
les rayons bleus sont moins absorbés par l'eau·

« Le degré de transparence de l'eau le long du littoral
varie, de même que sa coloration, dans de larges proportions d'un jour à l'autre. Même lorsqu'elle est relativement
claire, si le ciel est couvert, on y voit si mal à 3o mètres
de profondeur qu'il est bien difficile de récolter de petits
animaux. Dans la direction horizontale on ne peut pas,
dans ces conditions, distinguer un rocher à plus de 7
ou 8 mètres de distance, Si le soleil brille et que l'eau soit
exeptionnellement claire, l'on peut arriver à voir un objet
brillant à 20 mètres, parfois même à 25 mètres ; — mais
dans les conditions ordinaires, il faut se contenter de la
moitié de ce chiffre.

« Ces faits constatés nombre de fois pendant les fréquentes
descentes que j'ai exécutées depuis trois ans dans le scaphandre dont est muni le laboratoire que j'ai installé à
Nice, me paraissent importants à plusieurs points de
vue.

« D'abord il est clair que les animaux marins, j'entends
ceux qui vivent dans les eaux supérieures et éclairées de
la mer, se meuvent comme dans un brouillard. Ils ne
peuvent pas éviter les surprises et une vue à longue portée leur serait utile ; aussi voyons-nous que tous ceux d'entre eux qui sont agiles, ont l'habitude lorsqu'on les
effraye de fournir une course effrénée de quelques mètres
et puis de s'arrêter comme s'ils sentaient qu'ils ont dépassé
le cercle de vision de leur persécuteur.

« Les engins de pêche consacrés par l'expérience seraient

14.

inefficaces pour capturer des animaux capables de voir à quelque distance.

« Les changements dans la transpprance des eaux voisines de la côte enlèvent toute valeur aux expériences relatives à la pénétration lumineuse qui ne seraient pas faite très au large.

« Mais il est un point pratique sur lequel je crois devoir insister en terminant. *Jamais un bateau sous-marin ne pourra se diriger d'après ce qu'il est possible de distinguer à travers l'eau.* Pour peu qu'il soit rapide il ne pourrait pas s'arrêter devant un obstacle qui surgirait subitement dans le cercle restreint de la vision aquatique. *Une fois immergé il ne pourra se guider que sur des directions prises avant de plonger.* La navigation sous-marine se trouve resserrée dans d'étroites limites. »

Les dernières affirmations énoncées d'une façon si catégorique par M. H. Fol sont hélas d'une réalité brutale.

Il est nécessaire que le bateau sous-marin prenne sa direction avant de plonger et qu'ensuite il la conserve pendant la navigation entre deux eaux. Deux procédés possibles sont alors en présence pour conserver cette direction ; soit garder la vision indirecte d'un repère situé au-dessus de la surface, soit naviguer en ligne droite d'après l'observation des instruments de route.

Ces deux cas, le second bien plus général, nous le verrons, que le premier, méritent une étude spéciale ; nous aurons ainsi deux questions distinctes :

1º Navigation sous-marine à l'aide d'appareils de vision ;

2º Navigation sous-marine à l'aide d'instruments de route.

Nous allons successivement en indiquer les conditions et les méthodes.

I. *Appareils de vision.*

Le problème qui se pose ici est le suivant :

Le but vers lequel on doit se diriger étant choisi et tel qu'il soit en partie au moins situé au-dessus de la surface de l'eau, (comme c'est le cas d'un navire qu'il s'agirait d'aller torpiller), *déterminer un système optique tel que cette portion supérieure du but soit visible pour un observateur placé à l'intérieur du sous-marin immergé.* Cela revient évidemment à ramener la vision horinzontale d'une portion de l'horizon à un plan inférieur au plan de l'horizon.

Le premier appareil imaginé dans ce but est le *tube optique* ou *prismoscope* dont le principe a été formulé par le Major Daudenard qui avait même imaginé et décrit un appareil de ce genre, mais tellement compliqué, de façon inutile d'ailleurs, qu'il n'a jamais pu servir.

Voici en quoi consiste essentiellement le tube optique :

Deux prismes à réflexion totale, généralement de même dimension, P et P' sont placés verticalement l'un au-dessus de l'autre de telle sorte que leurs hypothénuses ou facés refléchissantes soient parallèles et inclinées de 45° sur le plan horizontal, les masses réfringentes se trouvant comprises entre les faces refléchissantes comme l'indique la figure 85.

Un tube vertical rigide T relie ces deux prismes dont l'un, P, demeure au-dessus de la surface libre de l'eau, tandis que l'autre, P' est à l'intérieur du sous-marin dans lequel le tube T pénètre à travers un presse-étoupe bien étanche.

Un tel système optique se comporte exactement comme l'ensemble de deux miroirs plans parallèles, occupant la place des faces hypothénuses des prismes, la face réfléchissante étant celle qui est tournée vers la masse réfringente du prisme. La seule raison pour laquelle on remplace les miroirs plans par des prismes à réflexion totale et que ceux-ci sont plus faciles à construire sans qu'il y ait risque de déformation de la surface réfléchissante, qu'ils sont plus faciles à fixer aux bouts d'un tube dont ils doivent obturer exactement l'orifice sans couvrir la surface réfléchissante, et enfin que la déperdition de lumière par réfraction dans un cristal, est de beaucoup inférieure à la déperdition causée par la réflexion sur un miroir.

Voyons maintenant comment fonctionne le tube optique. — Imaginons un objet *mn* situé au-dessus ds la surface libre HH' de l'eau, — par exemple une embarcation accrochée aux porte-manteaux du navire sur lequel on se dirige (fig. 85). Le prisme P se conduisant vis-à-vis de cet

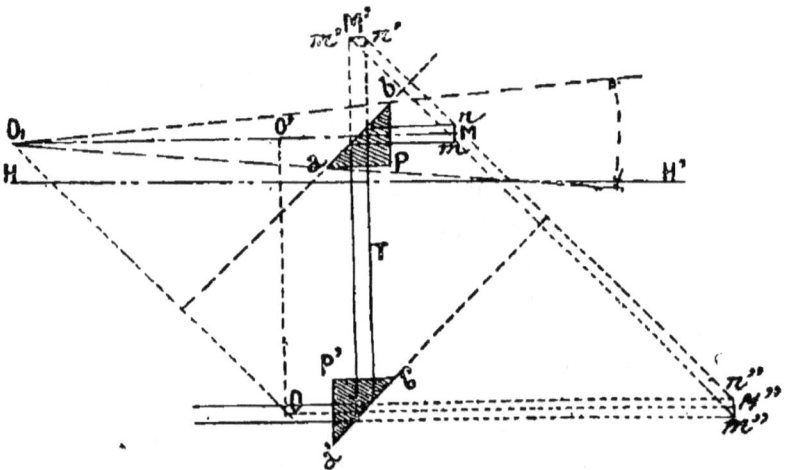

Fig. 85

objet comme un miroir plan *ab* figuré par sa face réfléchissante donnera une image virtuelle *m'n'* en M' symétrique de M par rapport à *ab*. Cette image *m'n'* se comportant vis-à-vis du prisme P', c'est-à-dire vis-à-vis du

miroir plan que figure la face réfléchissante $a'b'$ de P.'
comme un objet lumineux réel donnera en M'' une image
m'' n'' virtuelle droite et égale en grandeur à mn. L'œil
placé en O de l'autre côté du prisme verra cette image
comme un œil placé en O_1 verrait directement ab si le tube
optique n'existait pas.

Le champ en hauteur du tube optique est limité par l'angle
$\overline{a \; O_1 \; b}$, a et b étant les bords de la face réfléchissante et
O_1. le point symétrique de O par rapport à cette surface réfléchissante, c'est-à-dire l'image de O dans le miroir plan
ab. Ce champ dans la pratique est assez faible ; quant au
champ en largeur il serait limité de même par les droites
issues de O_1 et s'appuyant sur les bords latéraux de la face
réfléchissante ab. Ce champ en hauteur comme en largeur dépend de deux éléments : la grandeur de la face réfléchissante et la longueur du tube. Plus le tube s'allonge,
plus le champ se restreint et la pratique seule pourra définir la meilleure longueur qu'il faudra atteindre et ne pas
dépasser.

Quant à la distance à laquelle l'observateur placé en O
voit l'image $m''n''$ il est facile de voir qu'elle est égale à
O'M. Si nous projetons verticalement O en O' sur l'horizontal O_1M du point O_1 nous voyons que la distance horizontale réelle de l'objet observé est O'M et que la distance
à laquelle on examine son image est OM'' et on a immédiatement l'égalité évidente sur la figure :

$$\overline{OM''} = \overline{O'M} + \overline{OO'}$$

c'est-à-dire que l'on voit l'image droite et en vraie grandeur de l'objet à une distance égale à sa distance réelle
augmentée d'une quantité fixe qui est la longueur du tube
optique ; — longueur absolument négligeable dans la pratique. — (nous verrons un peu plus loin qu'elle est toujours inférieure à un mètre).

Le tube optique, qui donne des images nettes et facilement observables des objets situés dans son champ, présente cependant un inconvénient très grave ; — il a un champ horizontal très restreint (10 à 12° degrés au plus) et par suite ne permet l'inspection que d'une très faible partie de l'horizon. Pour parer dans les limites du possible à cet inconvénient on a songé à rendre le tube optique mobile autour de son axe vertical de façon à ce qu'il puisse successivement viser toutes les directions et par suite embrasser l'horizon tout entier par une rotation de 360 degrés. Malgré l'ennui qu'il y a de tourner autour de l'oculaire pour examiner l'une après l'autre les diverses directions horizontales ce procédé cependant donne des résultats assez satisfaisants, encore que bien incomplets, car on ne peut se condamner à tourner tout le temps, et quand il devient nécessaire de suivre un objet déterminé, tout l'horizon devient invisible excepté la faible portion qui contient le but visé. Une remarque est à faire ici :

Quand on veut faire tourner un tube optique pour inspecter l'horizon tout entier il est absolument nécessaire de rendre ce tube invariable en lui-même et de fixer l'un à l'autre les prismes de telle sorte que leurs positions respectives demeurent à chaque instant celles que nous avons indiquées ; dans ce cas seulement, en effet, l'image obtenue est droite, et toute inclinaison des faces réfléchissantes l'une sur l'autre se traduit par une inclinaison de l'image que l'on peut définir exactement ainsi : — L'angle dont a tourné le tube optique, c'est-à-dire l'angle formé par le plan vertical perpendiculaire à la surface réfléchissante fixe avec le plan vertical perpendiculaire à la surface réfléchissante mobile compté de 0 à 180° à partir du plan fixe qui n'est autre que le plan vertical médian du navire.

On voit immédiatement, et sans même qu'il soit nécessaire pour cela de construire une figure que, en supposant

l'oculaire fixe et le prisme supérieur mobile autour de
l'axe du tube, l'image observée d'un objet mn vertical
sera inclinée sur la verticale de l'angle des normales aux
faces réfléchissantes, c'est-à-dire de l'angle dont aura
tourné le prisme mobile depuis la position initiale dans
laquelle nous l'avons étudié. En particulier, l'observation
d'un objet situé à l'arrière (rotation de 180°) montrerait
cet objet renversé (fig. 86), c'est-à-dire qu'un navire serait

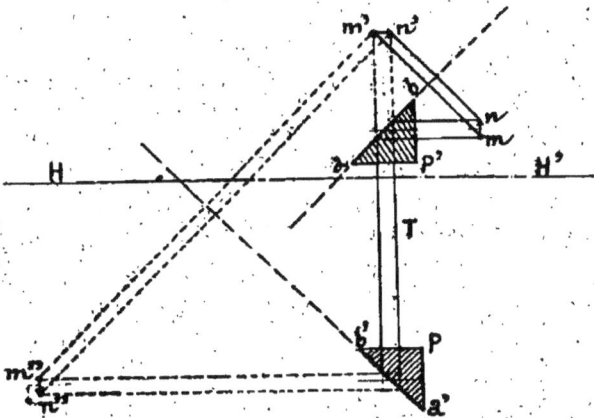

Fig. 86

vu dans cette direction la mâture en bas. Cette complication qui déroute absolument l'observateur et ne lui permet
en aucune sorte de se rendre compte du panorama qu'il a
parcouru, doit être évitée absolument, en ne rendant le
tube optique mobile que comme système invariable des
deux prismes aux positions respectives immuables. On a
bien vu d'ailleurs dans l'application inconsidérée d'un
tube optique à oculaire fixe et à objectif mobile, faite une
fois à un sous-marin, qu'un tel appareil ne peut rendre
que des services illusoires en dehors de la direction fixe
définie par la position de l'oculaire, c'est-à-dire dans le

plan vertical normal à sa face réfléchissante ; — on n'a pas renouvelé cette erreur qu'il était bon de signaler.

Le tube optique ayant un champ restreint et ne permettant l'inspection de divers points de l'horizon que successivement est à coup sûr un appareil de vision bien incomplet, aussi dès longtemps a-t-on cherché à réaliser un système optique répondant au même but mais permettant l'observation d'une *image panoramique* de l'horizon.

Une fois on a cru y être arrivé par l'invention du *périscope* ; mais la déception fut prompte et il fallut bien avouer que le panorama donné par le périscope était tellement insuffisant et imprécis qu'il ne pouvait servir à rien. Nous décrirons cependant ici cet appareil, au moins dans son principe, non seulement à cause de son intérêt historique — (car des périscopes importants et soignés ont été construits) — mais encore à titre d'indication et pour jalonner la route sur laquelle on verra les points où une recherche aurait chance d'aboutir et ceux qu'il faut abandonner, absolument certain qu'ils ouvrent la voie conduisant à un échec.

Le *Périscope* (σκοπέω, je vois ; περι alentour) a été imaginé par le commandant Mangin puis perfectionné peu après par le colonel Laussedat alors commandant en second de l'Ecole Polytechnique.

Son principe repose sur la propriété connue et caractéristique de la parabole d'avoir le rayon vecteur issu du foyer à un point de la courbe et la parallèle à l'axe menée par ce point dans la concavité, également inclinés de chaque côté de la normale en ce point.

Considérons alors une parabole d'axe horizontal ayant son foyer en F et un objet quelconque, par exemple un segment vertical *mn* situé au-dessus et dans le voisinage de l'horizon HH' (fig. 87). Le faisceau horizontal issu de *mn* viendra se réfléchir sur la concavité de la parabole en un faisceau convergent au point F. Cela veut dire, — si l'on veut bien se reporter un instant aux éléments d'optique géo-

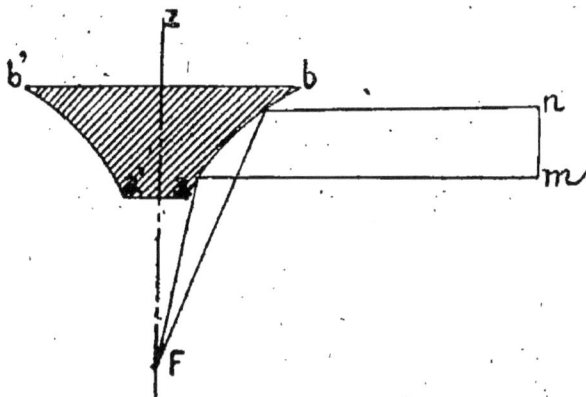

Fig. 87

métrique et se remémorer la théorie des miroirs courbes de faible ouverture, que l'objet *mn* donnera par réflexion dans le miroir *ab* une image réelle au voisinage du point F.

Si maintenant nous imaginons que l'arc *ab* de parabole tourne autour de l'axe vertical F*z* passant par son foyer, le même phénomène évidemment se reproduira dans tous les azimuths, c'est-à-dire dans tous les méridiens de la surface de révolution *ab a'b'* et nous aurons finalement autour du point F une image *panoramique* de l'horizon tout entier. Mais que va être cette image ? — Elle sera réelle évidemment et pourra être reçue sur un écran ou observée dans l'espace à volonté par tel procédé que l'on voudra ; — mais il n'est pas besoin d'une réflexion bien longue pour voir aussi qu'elle sera réduite dans de grandes proportions et, ce qui est plus grave, que ce rapetissement sera variable avec la distance de l'objet au miroir, ce qui revient à dire que l'image panoramique sera déformée, ne présentant

15

plus dans les distances respectives de ses points les mêmes rapports que dans les distances réelles des objets qui les ont fournis. Une image réduite, on eût pu à la rigueur l'observer à la loupe ou au microscope, malgré qu'il y ait là une sorte de contradiction flagrante puisque le but de l'appareil est d'obtenir, un panorama et que l'emploi du microscope ne permettrait l'observation de ce panorama que par points successifs, c'est-à-dire détruirait le panorama lui-même pour replacer l'observateur dans des conditions aussi défectueuses que celles où il se trouvait avec le tube optique. Mais, passant encore sur cette pierre d'achopement, malgré qu'elle soit bien grosse, nous en trouvons une autre dans la déformation dont la conséquence est que les distances respectives, les positions relatives des objets flottants, ne peuvent être déterminées et observées sur l'image fournie par le périscope, qui fournit ainsi un panorama fantaisiste, guide illusoire pour le navigateur, et d'ailleurs si flou, si imprécis dans ses lignes, qu'il est parfois totalement indéchiffrable. Nous avons ouï dire qu'un sous-marin muni d'un périscope et évoluant en rade au milieu de bâtiments qui lui étaient parfaitement connus avait été complètement incapable, non seulement de relever leurs positions mais même de les distinguer les uns des autres.

D'importantes maisons d'instruments d'optique ont cependant construit des périscopes très soignés ; nous n'en décrirons aucun dans son détail, nous indiquerons seulement, à titre de document, comment on fixe les constantes physiques et géométriques de l'appareil et comment on calcule, d'après elle, les divers éléments de la construction.

Reprenons la parabole d'axe horizontal définie tout à l'heure et envisageons l'arc *ab* de faible ouverture, dont la révolution autour de l'axe Fz doit engendrer la **surface** du miroir (fig. 88). Nous remarquerons d'abord que cet arc doit évidemment se trouver tout entier du même côté de Fz,

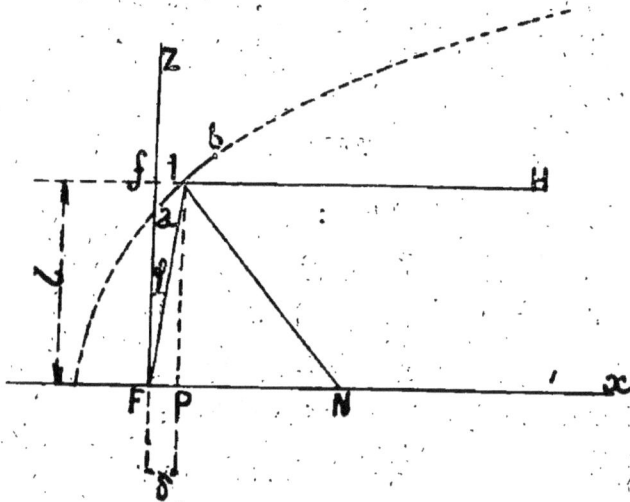

Fig. 88

dans la portion du plan opposé à celle qui contient le sommet de la parabole. Cet arc ab ayant une très faible ouverture pourra pratiquement être confondu avec l'arc de cercle osculateur en son point milieu et limité aux mêmes normales ; le centre de ce cercle osculateur sera en un point de l'arc très petit de la développée compris entre les contacts avec cette développée des normales en a et b : c'est d'abord le rayon de ce cercle, — rayon de courbure de la parabole au milieu de ab — que nous allons déterminer en fonction des constantes de l'appareil.

On a choisi pour constantes de l'appareil, — choix normal assurément, — la distance verticale F$f = l$ du foyer où se fera l'image au plan horizontal moyen de la surface réfléchissante et l'angle φ fait par le rayon vecteur du milieu de ab avec la verticale Fz.

Une propriété connue de la parabole nous donne entre le rayon de courbure ρ au point I, la normale en ce point et limitée à l'axe, $\overline{IN}$; et la sous-normale constante $\overline{PN}$ la relation :

$$\rho = \frac{\overline{IN}^2}{\overline{PN}^2}$$

Mais nous pouvons écrire :

$$\overline{PN} = \overline{IN} \cos \widehat{INP}$$
$$= \overline{IN} \cos \widehat{HIN} \text{ (alternes internes)}$$
$$= \overline{IN} \cos \widehat{FIN} \text{ (incidence et réflexion)}$$

Nous avons alors dans le triangle FNI :

$$\widehat{IFN} + \widehat{FNI} + \widehat{NIF} = \pi$$

ou en appelant i l'angle d'incidence $\widehat{HIN}$ qui est égal à $\widehat{NIF}$ et à $\widehat{FNI}$ et en remplaçant $\widehat{IFN}$ par sa valeur $\left(\frac{\pi}{2} - \varphi\right)$:

$$\left(\frac{\pi}{2} - \varphi\right) + 2\,i = \pi$$

d'où :

$$2\,i = \frac{\pi}{2} + \varphi$$

et

$$i = \frac{\pi}{4} + \frac{\varphi}{2}$$

et nous aurons alors dans la relation :

$$\overline{IP} = \overline{IN} \cos \widehat{PNI} = \overline{IN} \cos i$$
$$IP = h = IN \cos \left(\frac{\pi}{4} + \frac{\varphi}{2}\right)$$

Comme nous avons d'autre part :

$$\rho = \frac{\overline{IN^3}}{\overline{PN^2}} = \frac{\overline{IN}}{\cos^2 \widehat{FIN}} = \frac{\overline{IN}}{\cos^2 i}$$

ou :

$$\rho = \frac{IN}{\cos^2 \left(\frac{\pi}{4} + \frac{\varphi}{2}\right)}$$

il viendra immédiatement en remplaçant IN par sa valeur

$$\frac{h}{\cos \left(\frac{\pi}{4} + \frac{\varphi}{2}\right)}$$

$$\varphi = \frac{h}{Cos^3 \left(\frac{\pi}{4} + \frac{\varphi}{2}\right)}$$

Cette formule, facilement calculable, donne la valeur du rayon de courbure ρ en fonction des constantes l et φ.

Si l'on veut éviter les constantes angulaires on définira l'appareil par la hauteur $Ff = l$ et la distance horizontale $FP = \delta$. Il faudra alors calculer d'abord l'angle φ en fonction de l et de δ ce qui se fait au moyen de la relation :

$$\overline{FP} = \overline{IP}\, tg\, \widehat{FIP} = \overline{IP}\, tg\, \varphi$$

ou

$$\delta = l\, tg\, \varphi$$

ce qui donne :

$$tg\, \rho = \frac{\delta}{l}$$

La détermination du petit angle φ par sa tangente est toujours très précise et il y a lieu d'être satisfait théoriquement de la détermination des éléments du périscope.

Cette détermination étant faite il n'en demeure pas

moins la difficulté matérielle de construire l'appareil. En fait il ne faut guère songer à obtenir une surface réfléchissante concave d'une forme aussi compliquée que celle qui est ici en jeu : un arc de parabole (ou de son cercle osculateur) effectuant une révolution autour d'une droite perpendiculaire à l'axe de la courbe. On pourrait, il est vrai, traiter au besoin une telle surface approximativement obtenue à la taille ou au moulage par la méthode des retouches locales expérimentales dont on use dans la confection des grands miroirs paraboliques des télescopes ; signalons seulement que cette méthode déjà très pénible avec un segment de paraboloïde de révolution deviendrait totalement impraticable pour la formation d'une surface à courbures opposées qu'il faudrait étudier et retoucher point par point au moyen de diaphragmes linéaires orientés dans le sens de l'axe de révolution, avec la grande probabilité que la petite erreur commise entre deux zones méridiennes voisines s'augmenterait en passant à la zone suivante de façon à détruire peu à peu le travail déjà fait.

D'ailleurs l'image que peut fournir le périscope n'est déjà pas si claire pour que l'on puisse lui sacrifier la grande quantité de lumière absorbée par une réflexion simple sur une surface polie fût-elle du métal le plus fin. Il est nécessaire pour réduire la déperdition de lumière à son minimum d'employer un appareil à réflexion totale présentant des incidences et des réfractions à peu près normales aux faces traversées par la lumière, c'est-à-dire où la déperdition par réflexion devient sensiblement nulle.

Le système réfléchissant du périscope sera donc formé par une sorte de prisme en forme de tore dont le méridien serait formé de trois arcs de courbe l'un, l'arc engendrant la face réfléchissante — dont la convexité ici seule nous intéresse — serait l'arc de cercle osculateur à la parabole théorique dont nous avons calculé plus haut le rayon de courbure ; les deux autres *ac* et *bc*, des arcs de cercle orthogonaux de courbure facile à calculer et sur la détermination desquels nous ne nous arrêterons pas (fig. 89).

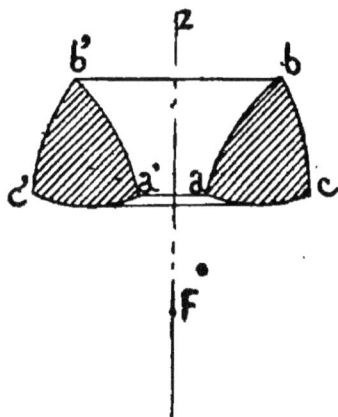

Fig. 89

On aura ainsi un organe de réflexion totale dont la figure ci-jointe donne une idée — son montage sur des tubes rigides et la disposition des écrans et des microscopes ne valent pas, pour le piteux résultat qu'on en tire, qu'on s'attache à leur détail (1).

(1) Il faut signaler ici l'existence récente d'un autre appareil de vision indirecte. Cet appareil bien supérieur, dit-on, au tube optique et au périscope est l'œuvre de M. Garnier, directeur des constructions navales qui en a formulé le principe et des lieutenants de vaisseau Daveluy et Violette qui l'ont réalisé à titre d'essai à bord du *Gymnote*. Aucun détail n'a d'ailleurs été fourni au public pas plus sur l'appareil lui-même que sur son fonctionnement.

D'autre part, j'ai personnellement étudié il y a fort peu de temps un appareil de vision panoramique donnant — avec un plus grand nombre il est vrai de pièces réfléchissantes ou réfringentes que les tubes optiques ou périscopes, — une image panoramique de l'horizon en vraie grandeur et sans déformation appréciable. Les ré-

Le périscope est un instrument tellement mauvais qu'il est illusoire et nul aujourd'hui ne songe à s'en servir.

Tous ces appareils de vision extérieure ont en outre, — surtout le périscope, — le défaut d'être très difficiles à établir dans de bonnes conditions, et d'être très fragiles ; sans compter l'inconvénient, — beaucoup moins grave il est vrai dans la circonstance, — de coûter fort cher. Ils restreignent d'ailleurs la navigation sous-marine à une zone très mince au-dessous de la surface. Il faut compter en effet avec le degré de résistance des matériaux possibles à employer et considérer que, quelque soin que l'on prenne pour sa construction, un tube creux, sans renfort intérieur possible ni entretoise droite ou oblique, — car il faut bien laisser l'âme du tube libre pour la circulation de la lumière, — ne saurait être fait bien long pour ne pouvoir atteindre, sous l'effort des poussées, réactions et courants extérieurs, une flexion suivant un arc dont la flèche couvrirait une partie de la surface lumineuse. Dans la pratique un appareil de vision extérieure, — nous dirons un *tube optique* puisque tel est probablement le seul système sinon pratique du moins praticable, — ne saurait s'élever au-dessus de la plate-forme supérieure du sous-marin à plus de 5o à 6o centimètres ; quand on voudra plonger plus bas il faudra s'en passer, et nous verrons bientôt comment on s'en passe, et ce qu'il faut subir pour cela.

Auparavant et comme suite à la notion que nous venons d'acquérir de la faible profondeur que peut attein-

sultats théoriques qui sont exposés dans la note placée à la fin de ce volume, semblent satisfaisants ; il faut attendre pour être absolument fixé sur la valeur pratique de cet appareil qu'il ait été construit et essayé à bord d'un bateau quelconque. J'espère toutefois — et il ne faudra guère attendre pour en avoir confirmation, — que les résultats obtenus en suivant cette voie nouvelle seront, sinon parfaits, au moins bons ; — je veux dire *meilleurs*.

(N. de l'A.).

dre un sous-marin qui s'astreint à conserver la vue plus ou moins restreinte de l'horizon supérieur à la surface, signalons ici l'adoption par presque tous les navires de ce genre d'un dôme de commandement. Ce n'est qu'une sorte de casque cuirassé qui s'élève au-dessus de la partie supérieure du sous-marin. Dans ce dôme prend place le commandant qui peut de là, lorsque le bateau navigue en affleurement, inspecter directement l'horizon par des hublots disposés sur le pourtour. A sa portée sont des appareils de contrôle de marche, des enregistreurs automatiques des mouvements de la barre et des organes de transmission d'ordres. Ce dôme est généralement assez étroit et cuirassé de plaques d'acier très épaisses ; il est donc assez lourd mais son peu de volume ne le rend pas absolument déséquilibrant de la stabilité du bateau en reportant plus haut le centre de gravité. Contrairement à ce qui se fait à bord des cuirassés et des croiseurs où le dôme de commandement est généralement placé un peu en avant du milieu et affecte une forme elliptique dont le grand axe est dirigé transversalement pour permettre d'apercevoir par les extrémités les mouvements de l'arrière du bateau qui, pour le milieu du dôme, seraient masqués par les mâts et par les cheminées ; — sur les bateaux sous-marins le dôme de commandement se place au milieu et on lui donne une forme elliptique ou au moins effilée à chaque bout dans le sens de l'axe du bateau. Cette disposition est ici nécessaire pour que ce dôme ne crée pas, lorsque le bateau est immergé plus profondément, une résistance à la marche dans l'eau qui fatiguerait, outre mesure, les moteurs et les hélices.

Le dôme de commandement est le seul appareil de vision dont soient munis certains bateaux dont nous dirons un mot en temps utile : les torpilleurs submersibles. Ces navires, à proprement parler, ne sont pas des sous-marins, ils n'immergent que leur coque, y compris la plate-forme supérieure et laissent toujours hors de l'eau le dôme de commandement et ses hublots et la cheminée du moteur qui est généralement étroite et peu élevée.

Une autre solution a bien été proposée ; — c'est celle du dôme de commandement mobile qui serait susceptible d'être ramené au contact de la coque de façon à ne former aucune saillie extérieure créant une résistance à la marche quand le bateau s'immerge complètement. Toutefois quand on a voulu appliquer ce principe on a cru bon de former ce dôme d'un casque plat, cuirassé fortement, surmontant une couronne de hublots : — cette partie qui seule demeurait hors de l'eau était reliée à la coque par une toile épaisse plissée en accordéon. Nous verrons en parlant plus tard des bateaux à qui ce système de casque mobile a été adapté combien était défectueuse cette solution, — dangereuse aussi et aujourd'hui abandonnée. Il serait préférable à coup sûr, si l'on adopte le principe d'un casque mobile, de faire celui-ci rigide et glissant, — tel un piston de presse hydraulique, — dans un ou plusieurs grands presse-étoupes munis au besoin de gouttières embouties qui assureraient l'étanchéité du joint. Aucun navire n'existe encore qui soit pourvu d'un semblable organe, mais il n'y a rien d'impossible à ce qu'il soit essayé dans une prochaine construction.

Quand un sous-marin muni d'un dôme de commandement possède un tube optique c'est par la partie supérieure du casque que ce tube sort du bateau, rendant ainsi plus profonde de toute la hauteur du dôme l'immersion possible pendant laquelle on conserve la vision partielle et indirecte de l'horizon.

Envisageons maintenant le cas d'un sous-marin naviguant à une profondeur quelconque, supérieure seulement à la longueur que peut atteindre un tube optique. Dans ce cas, le navire devra aller complètement à l'estime et, ayant pris avant de s'immerger une direction convenable, s'occuper seulement de ne pas dévier de cette direction et de faire route en ligne droite.

« La question se pose alors de le munir d'instruments de route aussi parfaits, aussi délicats que possible, et sur les indications précises desquels on puisse absolument compter.

« Le premier de ces instruments dont l'idée se présente d'elle-même est assurément le *Compas*. On a donc muni le sous-marin d'un compas bien réglé et bien sensible. Dès le premier essai cependant on s'est aperçu que celui-ci ne donnait pas aussi entièrement satisfaction qu'on aurait pu l'espérer. Il semblait, et cela était un peu évident *a priori* ; ne pas se comporter de la même façon que dans les circonstances où il est employé d'ordinaire.

« En fait le compas d'un sous-marin se trouve placé à l'intérieur d'une coque métallique fermée de toutes parts et à proximité d'un moteur électrique et de courants puissants, fort capables peut-être de l'influencer, sinon de le fausser complètement.

« Il faut donc redouter, dans la marche d'un tel compas, pour se prémunir contre eux, des troubles anormaux dont les causes peuvent-être :

« 1º Les courants produits normalement par le moteur électrique ;

« 2º Les courants anormaux circulant dans certaines parties inconnues de la coque par suite de défauts d'isolement ;

« 3º L'aimantation permanente ou passagère de la coque si celle-ci est faite d'un métal magnétique.

« Il y aurait à craindre aussi un affaiblissement de la force directrice, mais c'est là un point tout spécial et que nous éclaircirons à part.

« Il sera facile d'éviter a peu près totalement l'influence

des courants réguliers du moteur en équilibrant de façon aussi complète et parfaite que possible les conducteurs d'aller et de retour par rapport au compas. C'est là une précaution qu'on ne manque jamais de prendre dès la construction, et au bon maintien de laquelle on veille de façon constante.

« Quant aux courants locaux circulant dans la coque, c'est encore par des précautions de construction et une surveillance attentive de tous les instants qu'on pourra les éviter, en se gardant de tout contact des générateurs et des conducteurs avec les parties non isolées de la coque elle-même. Toutefois il sera bien difficile d'empêcher absolument la production de ces courants, de même que l'aimantation accidentelle de certaines parties de la coque ; il va donc falloir s'en défendre de son mieux.

« Notons en passant que, pour ce qui est d'une aimantation permanente d'une coque en métal magnétique, il sera toujours facile d'en atténuer les effets par une compensation convenable, expérimentalement déterminée. Il en sera autrement quand on envisagera le cas d'une aimantation passagère accidentelle et celle des courants locaux. S'il est possible en effet de compenser une influence fixe, ou variant suivant un régime régulier et déterminé, toute compensation devient absolument illusoire dans le cas de courants inconnus et essentiellement variables, aussi bien que le magnétisme qu'ils engendrent.

« Nous avons donc là un groupe de causes perturbatrices qui échappent à toute correction. Aussi devra-t-on se préoccuper de placer le compas dans des conditions telles que l'effet inconnu de ces causes indéterminées ait toutes chances d'être le moindre possible.

« Imaginons un élément m du compas soumis à l'influence d'un élément m' de la coque et soit r la distance qui les sépare. L'action réciproque de ces deux masses magnétiques sera donnée par là loi de Coulomb :

$$f = \frac{mm'}{r^2}$$

« Cette action sera donc minima lorsque r^2 sera le plus grand possible, ce qui revient à dire, puisque nous ignorons la position de l'élément m' que nous aurons tout avantage à placer le compas au centre de figure du bateau.

« Considérons le même élément m du compas, influencé par un élément ds parcouru par un courant d'intensité i et dont la direction fait avec la distance r de m à ds un angle α, l'action réciproque de ces éléments sera donnée par la formule de Laplace :

$$f = \frac{m \, i \sin \alpha}{r^2} \, ds.$$

« Ce sera ici encore le centre de figure qui apparaîtra comme le point le plus favorable pour l'emplacement du compas. C'étaient là d'ailleurs des résultats presque évidents *a priori*, et il semble intuitif d'énoncer en l'affirmant, que jamais un compas placé notablement en dehors de l'axe ne donnera d'indications satisfaisantes.

« On a cependant fait parfois à cette nécessité de placer le compas au centre de figure une objection, spécieuse même, mais illusoire et fondée sur une connaissance imparfaite des phénomènes magnétiques. En plaçant, disait-on, le compas sur l'axe d'un navire dont la coque est complètement fermée, on le dispose, par ce fait, au centre d'un écran magnétique formé par cette coque, et on lui supprime toute force directrice.

« Remarquons d'abord que, si elle était exacte, cette observation subsisterait en un point intérieur quelconque et par conséquent, dans le sous-marin tout entier, l'aiguille du compas serait indifférente. Mais en faisant semblable objection, on semble ne pas tenir compte de ce fait que la coque d'un sous-marin est très mince — 4 à 8 millimètres tout au plus, — et que par conséquent sa section donne un cercle de métal magnétique beaucoup trop faible pour arrêter au passage le flux total provenant du champ magnétique terrestre. Il y aura en réalité une absorption, peut-être assez considérable, du flux terrestre par le métal de la coque mais encore le champ magnétique intérieur demeurera-t-il suffisamment intense pour laisser au compas, dans la direction de ses lignes de force, une puissance directrice assez grande pour que l'aiguille, légèrement suspendue et bien équilibrée, donne des indications précises et rapides.

« C'est là d'ailleurs un fait largement confirmé par de multiples expériences. En employant dans ces expériences des boussoles d'oscillation très sensibles, on a constaté que, à bord d'un sous-marin marchant dans une direction presque perpendiculaire à celle du pôle magnétique, en plaçant la boussole au centre de figure, la durée d'oscillation n'est guère plus grande qu'à terre et loin de toute masse magnétique. A mesure que l'on s'éloigne de l'axe dans une direction quelconque, la durée d'oscillation augmente, et si l'on veut bien se souvenir que la force directrice est en raison inverse des carrés des temps d'oscillation, on verra tout de suite que plus on s'éloigne de l'axe, plus le compas devient paresseux et en même temps plus il est influençable par les causes perturbatrices, la force directrice provenant du champ magnétique terrestre décroissant rapidement à mesure que croît la paresse au déplacement.

« La démonstration étant faite et le résultat admis que l'emplacement le plus convenable du compas, à bord d'un sous-marin, est le centre de figure et qu'on ne saurait le placer de façon plus défectueuse que vers le haut ou vers le bas de la coque, comme on l'avait mis d'abord sur le *Gymnote*, il faut bien reconnaître cependant que les causes perturbatrices inconnues diminuent et que leur réduction au minimum ne prouve jamais leur disparition complète. De là, la presque nécessité de joindre au compas un autre instrument, si possible, qui lui servirait comme de contrôle et le remplacerait au cas où l'une des causes de troubles déjà signalées viendrait à prendre tout à coup une importance assez grande, comme dans le cas d'un contact imprévu d'un conducteur avec la coque.

« Cette indication complémentaire ou de contrôle, on l'a demandée au *gyroscope*,

« Tout le monde connaît cet appareil inventé par Foucault, et qui jouit de la propriété curieuse de garder son axe de rotation invariable en direction dans l'espace quels que soient les déplacements ou les déformations de son support.

« Une très intéressante application du gyroscope avait déjà été faite par M. Howell pour assurer le mouvement et la direction de sa torpille automobile. Dans un sous-marin, le gyroscope ne sera plus un instrument de direction automatique, — il faudrait pour cela un appareil trop lourd et trop encombrant, — mais un repère de direction, par son axe de rotation invariable, que l'on aura avec soin repéré au moment de la plongée.

« L'emploi combiné du compas et du gyroscope dont on tient les indications en parallèle a permis d'obtenir une régularité suffisante de direction. Il faut noter cependant que si, sous l'influence d'une cause extérieure, telle qu'une lame, un courant violent prenant le navire par le flanc ; celui-ci subissait une embardée latérale ayant pour effet de le transporter hors de sa route pour lui faire prendre une route parallèle à la première, ni le compas ni le gyroscope n'accuseraient ce déplacement et leur fonctionnement continuerait à être normal malgré que le bateau ait quitté, sans que rien l'indique, son plan vertical d'immersion » (1).

En réalité, — ainsi que nous le verrons en traitant de l'utilisation militaire et de la tactique du sous-marin — les indications fournies par le compas à un sous-marin naviguant par une profondeur supérieure à la longueur maxima d'un tube optique sont insuffisantes, celles du gyroscope, qui seules seraient encore plus imparfaites peut-être, ne parviennent à les compléter suffisamment en toute sécurité — et il n'y a d'autre moyen de contrôler et d'assurer absolument la route ou la direction vers un but choisi avant la plongée que de marcher à l'estime en observant ses instruments de route et de revenir de temps à autre à la surface pour y vérifier pendant une émersion rapide suivie d'une plongée immédiate si l'on est toujours bien dans la direction du but et au besoin s'y replacer par une manœuvre à la main de la barre du gouvernail vertical.

En résumé le bateau sous-marin navigue, ainsi que nous le savons déjà, dans quatre positions distinctes ayant chacune leur procédé de direction et de contrôle de route.

1° *A la surface comme un torpilleur ordinaire* : La conduite du bateau ne diffère alors en rien de celle d'un navire quelconque ;

2° *Immergé jusqu'à la plate-forme supérieure, le dôme de commandement laissant ses hublots hors de l'eau* : La direction du navire se fait absolument comme dans le cas précédent, — la seule difficulté est alors que l'observation de l'horizon à partir d'un point voisin de la surface de l'eau est beaucoup moins facile et surtout permet beaucoup moins bien à l'œil le mieux exercé l'appréciation des distances et des rapports de distance sur lesquels un navigateur expé-

(1) La navigation sous-marine, par M. H Noalhat. (*Revue technique*).

rimenté se trompe fort peu dès qu'il a pour son observation un poste d'une certaine hauteur au-dessus de l'horizon. Nous avons signalé déjà que certains bateaux, dits *torpilleurs submersibles* ne sont pas susceptibles, de naviguer autrement que dans les deux positions ci-dessus.

3° *Complètement immergé mais par une profondeur très faible* (ne dépassant pas 5o à 6o centimètres au-dessous de la plate-forme supérieure ou du dôme de commandement quand il y en a un). La direction vers un but déterminé se fait encore par l'observation indirecte de ce but au moyen du tube optique qui traverse la partie supérieure du bateau et dont le prisme objectif émerge de quelques centimètres. De temps à autre on pourra faire effectuer au tube optique, s'il est mobile autour de son axe, une rotation de 36o°. pour s'assurer que l'horizon ne s'est pas chargé d'objets nouveaux et dangereux, et on reviendra prendre la visée sur le but. Nous savons que, pour le moment, le seul appareil de vision *panoramique* connu, le périscope, ne donne aucun résultat convenable aussi n'est-il pas employé pour le but qu'on se proposait de lui donner et le tube optique demeure seul, jusqu'ici, pour aider la conduite d'un sous-marin naviguant entre deux eaux dans le voisinage de la surface.

4° *Complètement immergé mais par une profondeur supérieure à la longueur maxima d'un tube optique.* Le seul moyen de direction possible est ici, comme nous l'avons vu, l'observation des instruments de route, — compas et gyroscope, — que l'on a soin de maintenir bien réglés et en parfait état, et le contrôle intermittent nécessaire de leurs indications par des retours périodiques à la surface pendant lesquels on s'assure que l'on n'a pas dévié de sa route ou on s'y replace si une cause inconnue vous en a écarté.

Tel est actuellement l'état du problème de la direction

d'un bateau sous-marin dans les différents cas où il peut être engagé. Certes plus d'un point ne comporte encore qu'une solution bien imparfaite, il n'en demeure pas moins que la conduite d'un bateau sous-marin, encore que difficile et pénible, est possible. Les progrès accomplis d'ailleurs consécutivement et si vite dans les dernières années donnent bon espoir et font croire, non sans raison sans doute, que l'heure viendra où un progrès encore, puis un autre, rendra enfin normale ou a peu près la question de diriger un sous-marin. Des travaux sont en cours à ce sujet, nous ne pouvons qu'attendre avec patience la publication des résultats obtenus.

Avant d'abandonner la question de la conduite de la route d'un navire immergé un mot nous paraît bon sur les instruments de route eux-mêmes, au moins, sur ceux qui ne sont pas d'un usage courant et trop connus.

Nous n'insisterons donc pas sur le compas de route qui n'est qu'un compas d'habitacle ordinaire. On sait qu'il se compose essentiellement d'une aiguille aimantée fixée sous un cadran qui porte une rose des vents et est mobile autour de son centre. Une suspension de Cardan maintient le système horizontal. Le tout est contenu dans un habitacle en laiton portant de chaque côté de la vitre par laquelle regarde le timonier deux lampes destinées à éclairer le cadran pendant la nuit.

Le gyroscope est beaucoup moins répandu et surtout moins connu. Nous ne saurions mieux faire que d'en donner la théorie avec la description d'un appareil en usage d'après l'ouvrage de M. Dessaint : « *La navigation sous-marine* ». Voici le passage en question :

« Cet appareil est basé sur le principe du gyroscope électrique de la démonstration du mouvement de la terre. »

« Ce gyroscope, le premier en date, a été imaginé, dès 1865, par M. Trouvé, et réalisé par lui à l'instigation de M. Foucault.

« Il se compose d'un tore électromoteur, mobile autour d'un axe d'acier à pointes de rubis, perpendiculaire à son plan, qui occupe le milieu d'une cage formée par une armature en fer et un anneau en cuivre sur lequel il pivote ; cage et tore sont suspendus à une potence par un fil inextensible, au centre d'un anneau portant les degrés du cercle.

« Le tore est composé intérieurement de l'électromoteur ou pignon électro-magnétique à huit branches, qui agit sur l'armature en fer en forme de limaçon.

« Pour donner à ce tore une apparence lisse et métallique, M. Trouvé noie le pignon, muni de son axe et de son commutateur, dans un ciment spécial, le porte au tour pour lui donner la forme d'un tore évidé au centre et l'équilibre d'une façon parfaite.

« Puis, après l'avoir plongé dans un bain de cuivre pendant plusieurs jours, jusqu'à ce que le dépôt du métal ait atteint une épaisseur de quelques millimètres, il le tourne de nouveau et l'équilibre.

« Ce tore tourne avec une vitesse de 3oo à 4oo tours par seconde.

« Une aiguille indicatrice, faisant partie du système suspendu et immobile, permet d'apprécier chaque degré de déplacement du cercle qui participe au mouvement de la terre.

« Quant au courant électrique, il est amené au tore électromoteur par deux aiguilles de platine isolées entre elles, et plongeant dans le mercure contenu dans deux petites cuves en ébonite circulaires, concentriques et indépendantes, reliées aux deux pôles du générateur d'électricité.

« Dans ces conditions, le gyroscope électrique peut être mis en expérience pendant un temps très long, indéterminé, et plus que suffisant pour qu'un observateur s'aperçoive d'une révolution entière des objets voisins autour de l'instrument.

« Cette révolution serait de vingt-quatre heures aux pôles. »

Voici, d'après le *Dictionnaire des Mathématiques appliquées* de M. Sonnet, les expériences fondamentales que l'on a exécutées avec cet appareil :

« M. Quet a démontré, par l'analyse, que lorsqu'un corps est animé d'un mouvement de rotation autour d'un axe dont un point est entraîné dans le mouvement diurne du globe, la direction de l'axe de rotation demeure invariable dans l'espace absolu ; de telle sorte que, pour un observateur, emporté à son insu dans la rotation diurne, cet axe paraîtrait se mouvoir uniformément autour de l'axe du globe, en sens contraire du mouvement réel de la terre.

« Le gyroscope permet de vérifier exactement cette loi, que M. Foucault avait énoncée et formulée.

« Le gyroscope étant en marche et complètement libre, on voit l'axe du tore se mouvoir comme une lunette constamment pointée sur une étoile très voisine de l'horizon.

« Le mouvement en azimut demeure sensiblement constant pendant la durée de l'expérience, quel que soit l'azimut initial, et égal au mouvement diurne estimé en sens contraire et multiplié par le sinus de la latitude du lieu de l'observation.

« Les choses se passent comme si la terre tournait autour de la verticale, du lieu, pendant que cette verticale tournerait autour d'une parallèle à la méridienne.

« C'est la première de ces deux composantes, prise en sens contraire, qui produit l'apparence du mouvement en azimut (1).

(1) « L'azimut est l'angle que fait, avec le méridien, le plan déter-

« L'axe du tore est contraint à demeurer horizontal, et ne peut plus tourner que dans son plan horizontal par suite du mouvement en azimut de l'anneau-cercle K, représenté sur la figure 90.

« M. Foucault, dans ses expériences, place l'axe du tore de façon à ce qu'il soit dirigé à peu près de l'est à l'ouest, l'axe de rotation, entendu d'après les conventions adoptées, étant pointé à l'ouest ; c'est-à-dire qu'un observateur placé à l'est de l'appareil et regardant vers l'ouest, verrait le tore tourner dans le sens des aiguilles d'une montre.

« Le cercle K étant libre de se mouvoir, on le verra tourner autour de la verticale, jusqu'à ce que l'axe de révolution du tore vienne se placer dans le plan du méridien en pointant vers le nord.

« Il dépasse un peu cette position, mais il y revient pour la dépasser en sens contraire.

« En somme, il oscille autour de cette position et finit par s'y fixer.

« Par conséquent, l'axe du tore tend à se placer dans le méridien de manière que la rotation soit de même sens que celle du globe.

« Cette tendance est due à la rotation du globe, mais elle n'est pas produite par la composante de cette rotation autour de la verticale, comme on pourrait le croire.

« Parce que, s'il en était ainsi, il faudrait que l'axe de rotation, ou la direction de la résultante puisse venir se placer dans l'angle formé par l'axe du tore et par la verticale, ce qui est absolument impossible puisque cet axe est contraint de faire un angle droit avec la verticale.

miné par la verticale du lieu, et par un point donné, une étoile, par exemple.

« Dans la marine, on compte les azimuts de o à 180°, à partir du sud, et en allant vers l'est ou l'ouest ».

« C'est, au contraire, la rotation composante autour de la méridienne qui produit l'effet observé.

« De ce fait, l'axe du tore ne devient stable que si cet axe est dirigé vers le nord ; car, dans ce cas, le sens de rotation est le même que celui du globe.

« M. Foucault a formulé le résultat général de cette expérience dans ce qui suit :

« Tout corps, tournant autour d'un axe libre de se diriger sans sortir du plan horizontal, fournit un nouveau signe de la rotation de la terre; car cette rotation développe une force directrice qui sollicite l'axe du corps vers le méridien, et dispose ce corps pour tourner dans le même sens que le globe. Par conséquent, sans le secours d'aucune observation astronomique, la rotation d'un corps à la surface de la terre suffit à indiquer le plan du méridien. »

« Dans une autre expérience, faite par M. Foucault, il démontre un autre phénomène important.

« Le plan du méridien étant connu, le tore est placé dans l'intérieur du cercle K rendu immobile de façon à rester dans le même plan vertical.

« L'expérimentateur place l'axe du tore horizontalement, de manière que l'axe de sa rotation pointe vers le nord.

« L'appareil étant abandonné à lui-même, on voit son axe s'incliner peu à peu jusqu'à ce qu'il devienne parallèle à l'axe du globe, l'axe de rotation pointant toujours vers le nord, pour un observateur placé au sud de l'appareil ; c'est-à-dire que la rotation du tore est de même sens que celle du globe.

« Ce phénomène s'explique par la rotation du globe qui, en se composant avec celle du tore, rapproche la direction de la rotation résultante de la direction de la ligne des pôles.

« Comme nous avons déjà vu, l'axe du tore dépasse cette position, pour y revenir par des oscillations successives, et son axe vient se placer dans une position parallèle à l'axe du globe, la rotation se faisant naturellement dans le même sens que celle de la terre ; sans cette condition, l'équilibre serait instable.

« De cette expérience M. Foucault a conclu et formulé un deuxième principe, qui est celui-ci :

« Tout corps tournant autour d'un axe libre de se diriger sans sortir du méridien jouit de la propriété de s'orienter parallèlement à l'axe du monde, et de manière à tourner dans le même sens que la terre.

« Par conséquent on peut dire que la rotation d'un corps à la surface de la terre suffit à faire connaître la latitude du lieu, le méridien étant connu. »

« L'axe du monde est une droite autour de laquelle s'exécute le mouvement de rotation de la terre. Cet axe est, en réalité, mobile dans l'espace.

« En somme, le gyroscope n'est qu'un perfectionnement de l'appareil de *Bohnenberger*, qui sert à produire un mouvement analogue à celui auquel est due la précession des équinoxes (1).

« On appelle précession des équinoxes, le mouvement lent de celles-ci sur l'écliptique (2), en sens inverse du mouvement réel de la terre, ou du mouvement apparent du soleil.

« D'après *la Mécanique céleste* de Laplace, ce mouvement est dû à l'action du soleil sur le renflement équato-

(1) « L'équinoxe est l'époque de l'année où le soleil se trouve dans le plan de l'équateur.

« On donne aussi le nom d'équinoxe aux points d'intersection de l'équateur céleste avec l'écliptique. »

(2) « L'écliptique est le grand cercle de la sphère céleste que le centre du soleil décrit d'occident en orient dans son mouvement propre apparent. »

rial. Il est rétrograde autour de l'axe de l'écliptique ; il en résulte que l'équateur, tout en continuant à faire le même angle avec l'écliptique, coupe celui-ci suivant une droite qui tourne elle-même lentement, uniformément, et dans le sens rétrograde, autour de l'axe de l'écliptique ; les extrémités de cette intersection sont les équinoxes.

« La précession a été découverte par Hipparque, vers la fin du IIe siècle.

« Ce phénomène a plusieurs conséquences : de déplacer le pôle de l'équateur autour du pôle de l'écliptique, ce qui fait varier les distances polaires des étoiles. Ainsi l'étoile polaire était à 20° du pôle, à l'époque des plus anciennes observations; elle est aujourd'hui à 1° 28'. En 2605, elle n'en sera plus qu'à 0° 30' ; puis elle s'en éloignera jusqu'à 46, dans l'espace de treize mille ans, pour s'en rapprocher ensuite (*Dictionnaire des Mathématiques appliquées*).

« Gyroscope Marin

« Le gyroscope servant à la navigation sous-marine n'est autre que celui que nous avons précédemment décrit, mais modifié dans certaines parties, qui le rendent propre à son nouvel emploi.

« Un petit moteur électrique sur l'axe duquel est monté le tore donne le mouvement à ce dernier.

« L'inducteur est formé par quatre masses en fer, à pôles conséquents.

« L'appareil est invariable dans l'espace, et ce sont les objets qui se meuvent par rapport à lui.

« Tout le système, au lieu d'être suspendu à un fil inextensible comme dans le premier, est soutenu au milieu d'une suspension à la Cardan, par un axe terminé en pointes, qui pivotent dans des crapaudines, comme l'axe du tore lui-même.

« La suspension à la Cardan est munie d'un pendule à tige rigide, fixé sur le prolongement de l'axe du système, et lui donne une verticalité parfaite, malgré les oscillations continuelles du bateau.

« On conçoit, en effet, que les faibles déviations que pourrait subir l'appareil sont d'autant plus petites que le pendule est plus long, puisqu'elles se trouvent réduites dans le rapport de la longueur du pendule au rayon du tore.

« Ainsi constitué, le gyroscope n'a plus à redouter ni le tangage, ni le roulis du bateau. »

L'axe de rotation du gyroscope est absolument invariable dans l'espace ; si on a eu soin de l'orienter dans une position connue, celle-ci devient une ligne de repère parfaite.

« Description du gyroscope

« Cet appareil, dont la représentation est faite sur la figure, se compose d'un socle A, rectangulaire, en fer, sur lequel sont fixées deux bornes de prise de courant B'C, dont l'une, C, est complètement isolée de toute la masse (fig. 90 et fig. 91).

« Quatre pieds en fer, D, D, fixés au moyen d'écrous, sur le socle, supportent à leur partie supérieure un cercle en cuivre E fixé d'une façon rigide aux pieds D, D, par des écrous.

« Aux extrémités d'un même diamètre, le cercle E est traversé par deux petits boulons F, F'; dont les bouts sont creusés pour former deux crapaudines, dans lesquelles viennent s'engager les pointes d'un autre cercle en cuivre H.

« Ce cercle oscille autour de ces deux pointes, dans un plan horizontal.

« Dans un plan perpendiculaire au cercle H, pivote un

16

troisième cercle J, autour de deux pointes identiques aux

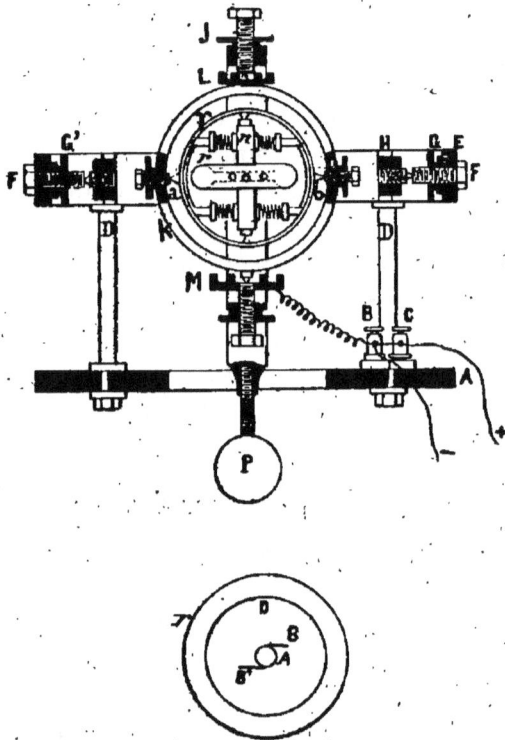

Fig. 90 et fig. 91
Gyroscope marin.

précédentes dont les crapaudines sont fixées sur le cercle H.

« D'après cet agencement, on voit bien que ce n'est autre qu'un joint de Cardan, puisque les deux cercles peuvent osciller dans deux plans différents.

« Le cercle J porte à sa partie inférieure une boule en fonte Q, qui n'a d'autre but que de lester l'appareil et de le maintenir dans une verticalité parfaite.

« Ce cercle porte, en outre, une petite cuvette M, que l'on remplit de mercure.

« Un quatrième cercle K porte une deuxième cuvette à mercure, L.

« Ce cercle oscille, entre le troisième J, autour de deux pointes venant s'engager dans deux crapaudines formées par les deux boulons du cercle J.

« D'après cette disposition, le cercle K peut faire un tour complet autour de ses deux pivots.

« Un cinquième cercle en fer supporte le tore électromoteur.

« Il oscille entre le cercle K, et sur deux pivots.

« Le tore, représenté sur la figure 91, est calé sur un arbre R, dont les extrémités forment deux collecteurs.

« Deux petits balais B, B'' viennent appuyer sur chacun des collecteurs.

« Les inducteurs sont des masses en fer entourées de fil de cuivre.

« L'induit est identique à celui des petits moteurs Siemens.

« Dans la figure 91, nous avons représenté le tore vu en plan pour donner plus de clarté au dessin.

« En marche normale, le cercle P supportant le tore électromoteur se meut dans un plan perpendiculaire à celui du cercle K.

« Le pourtour du cercle P porte un limbe de cuivre gradué en degrés où vient s'appuyer un index fixé à l'appareil et qui sert à accuser les déplacements de l'appareil.

« Pour la mise en marche, on relève tout d'abord le point sur lequel on doit se diriger en amenant le bateau dans cette direction.

» On met en marche le moteur électrique en faisant arriver un courant provenant d'un certain nombre d'accumulateurs aux bornes B et C.

« En supposant que le pôle positif soit à la borne C, isolée de tout l'appareil ; le courant ira à la cuvette M, et de là communiquera, par une aiguille de platine plongeant dans cette cuvette, aux deux balais positifs du moteur.

« Le courant de retour passant par les inducteurs et par toute la masse de l'appareil s'en ira aux accumulateurs par la borne B.

« Ceci étant établi et disposant d'une force électromotrice de 20 à 25 volts, le tore se mettra en marche avec une vitesse de 300 à 400 tours à la seconde.

« Comme nous avons dit plus haut, l'appareil accusera toujours la même route ; si le bateau s'en écartait, on en serait averti par le déplacement du limbe sous l'index ; il suffirait de ramener l'appareil au point primitif en gouvernant convenablement, et le bateau reprendra sa route primitive » (DESSAINT, la Navigation sous-marine).

Le gyroscope, comme on le voit, n'est pas un appareil absolument simple et son observation aussi mérite une attention et une pratique spéciales mais qui s'acquiert très vite.

Quant aux appareils de direction eux-mêmes c'est-à-dire au gouvernail avec sa roue de barre et au système de transmission du mouvement, ils sont, à bord d'un sous-marin, absolument identiques à ceux que portent les bateaux ordinaires. Il n'y a donc pas lieu de les décrire et chacun les connaît pour les avoir vus nombre de fois et même souvent manœuvrés.

CHAPITRE V

SÉCURITÉ ET HABITABILITÉ

Les conditions spéciales — évidemment si différentes de celles d'un navire ordinaire — dans lesquelles navigue un bateau sous-marin ne peuvent laisser que de créer à celui-ci une façon d'être toute particulière d'où découlent des nécessités et des dangers qu'il faut prévoir et contre lesquels il faut convenablement se prémunir. Il est de toute évidence d'ailleurs que si une apparence — et même une réalité — de sécurité n'est pas assurée à l'équipage il aura trop à faire de penser aux menaces qui se dressent de toutes parts contre sa vie et en perdra le sens pratique de la manœuvre, autrement dit il courra à une perte certaine et rapide seulement parce qu'il n'aura pas confiance et qu'il craindra la mort.

Il importe donc de bien définir les dangers constants ou passagers que peut courir un sous-marin et de le doter d'appareils propres à le prémunir contre eux ou à l'en dégager.

Le premier de ces dangers, celui qui résulte de la nature même du sous-marin et de sa façon de naviguer est l'exagération anormale de la profondeur d'immersion sous l'influence d'une embardée brusque provenant, par exemple, d'un déséquilibre intérieur qui aurait fait

16.

prendre à l'axe du navire une inclinaison exagérée sur l'horizontale.

Le seul moyen de parer à cette influence néfaste d'un mauvais réglage ou d'une fausse manœuvre des appareils de stabilité longitudinale (réservoirs compensés ou gouvernails horizontaux) est de mettre le navire en état de supporter une embardée considérable qui sera toujours rectifiée ou enrayée si l'équipage en a le temps avant que le bateau ait plongé par les fonds où, ayant atteint la zone où la pression extérieure est supérieure à la résistance de la coque, celle-ci subisse des déformations notables et travaille à l'écrasement jusqu'à la rupture.

Pour obtenir ce résultat il faut d'abord établir l'épaisseur de bordé sur la base d'une pression extérieure possible bien supérieure à celle que devra supporter normalement le sous-marin dans son immersion la plus profonde. Une bonne précaution à y adjoindre sera encore le cloisonnage étroit fait de plaques rigides et renforcées de cornières dans le sens du travail des pressions. Cela reviendra en effet à entretoiser solidement l'intérieur et on conçoit sans peine qu'une semblable disposition ne peut qu'augmenter considérablement la résistance des parois extérieures.

Mais un accident peut arriver encore, consécutif à cette embardée en profondeur ou produit par une manœuvre brutale ou maladroite faite à l'intérieur. Imaginons, en effet que, pour une cause quelconque, une voie d'eau se déclare ou qu'une pompe se brise de telle sorte qu'un réservoir se remplisse de lui-même jusqu'au bord sans que rien puisse parvenir à expulser l'eau ainsi introduite. Dans les deux cas ce sera le remplissage d'une chambre étanche qui aura lieu et le poids du navire augmentera du poids d'eau contenu dans cette chambre ; il coulera donc, rapidemement peut-être, et nulle manœuvre des pompes demeurées en bon état ne saurait le sauver. Ces pompes d'ailleurs seraient bientôt dans une situation telle que la pression extérieure ne permettrait plus leur amorçage.

Deux procédés ont été prescrits pour parer à ce danger si grave et tous deux sont appliqués à bord de tous les sous-marins qui ne doivent jamais être mis à la mer sans être munis d'appareils convenables pour cela. Le premier est la chasse de l'eau des réservoirs par la vidange d'un réservoir d'air comprimé à haute pression; le second, plus énergique encore, mais qui est un moyen extrême puisqu'il change d'une façon définitive et jusqu'au retour du navire sur une cale de radoub, son poids total est le *poids de sûreté*. Ce poids de sûreté n'est autre chose qu'une série de blocs de fer ou de plomb clavetés sous le navire et que l'on peut lâcher de l'intérieur par une manœuvre excessivement rapide. Il doit être toujours bien supérieur au poids total de l'eau qui remplirait entièrement tous les réservoirs d'immersion.

Sur beaucoup de navires on a pris comme poids de sûreté la quille elle-même qui est alors fragmentée par morceaux indépendants que l'on peut lâcher l'un après l'autre ou tous ensemble en appuyant sur des leviers placés à proximité du poste de manœuvre dans l'intérieur du sous-marin.

Il est évident que si on a à lutter seulement contre un suintement ou une filtration légère par un point mal calfaté ou par un presse-étoupe en mauvais état la manœuvre des pompes de refoulement sera en général suffisante surtout si elles sont capables d'un grand débit. Mais si une voie d'eau venait à se déclarer il n'y aurait pas à hésiter, tous les moyens de sécurité possibles devraient agir ensemble, chasse d'air comprimé dans les réservoirs, lâchement du poids de sécurité et manœuvre simultanée de toutes les pompes de refoulement. En même temps, si on dispose de gouvernails horizontaux on les tournera de façon à faciliter et même à déterminer normalement le retour à la surface.

Certains inventeurs parmi lesquels il faut rappeler l'Amiral Bourgeois dans le *Plongeur* et M. Hovgaard, lieutenant de la marine danoise, dans un projet qui n'a jamais été exécuté, ont muni leurs sous-marins d'un canot de sauvetage fixé à la partie supérieure de la coque et capable, après avoir été rapidement largué du bateau, de recevoir tout l'équipage qui y trouvait des avirons, une voile et un petit mât, et des vivres pour plusieurs jours. Malgré que la manœuvre du canot de sauvetage du *Plongeur* ait été une fois faite, au cours des essais, avec une certaine facilité, il n'apparaît pas que ce soit un moyen bien pratique et il est fort probable qu'en cas de détresse ce serait une ressource de salut plutôt vaine.

Comme on le voit c'est par la construction même du navire que sa sécurité peut être assurée et il est bon que l'équipage connaisse bien tout ce détail avant de s'embarquer de façon à garder tout son sang-froid pour exécuter si le besoin s'en faisait sentir une manœuvre en laquelle il aurait confiance.

Nous mentionnerons seulement pour mémoire les dispositifs adoptés par M. Goubet pour parer à la rupture ou à l'arrêt des machines motrices, par exemple, par épuisement des accumulateurs dans lesquels un court-circuit est toujours à redouter. Dans son premier modèle il avait disposé des avirons qui pouvaient être manœuvrés de l'intérieur et permettre ainsi la propulsion du navire à bras d'hommes jusqu'à sa rentrée au port. Le modèle numéro deux est muni d'un mécanisme annexe de transmission au moyen duquel on peut actionner l'hélice au moyen de pédales. Il faut reconnaître d'ailleurs que, pour ingénieux qu'ils soient, ces organes de marche actionnés directement à bras ne sauraient être appliqués à des navires de tonnage un peu élevé.

La grande question d'ailleurs est d'assurer le retour des navires à la surface dans tous les cas possibles et tous les organes sans exception d'un bateau sous-marin sont conçus pour cela ; reste seulement à les bien connaître pour les maintenir toujours en parfait état et les manœuvrer avec sûreté et rapidité dans tous les cas, même les plus critiques.

Une autre condition dont il faut se préoccuper dans un sous-marin est celle de son habitabilité, c'est-à-dire qu'il doit être conçu et aménagé pour que les hommes y puissent vivre et se mouvoir librement.

La question de la facilité des mouvements ne dépend que du constructeur qui devra ménager pour la manœuvre des espaces suffisamment larges et hauts pour que nulle gêne ne vienne entraver les hommes d'équipage ou les obliger à prendre des postures peu commodes ou dans lesquels ils utiliseraient difficilement leur force ou leur adresse. Cette condition est en général réalisée de façon très satisfaisante et c'est dans le carénage et l'aménagement des organes intérieurs qu'elle doit être prévue ; il n'y a donc pas lieu d'y insister.

Mais il est autre chose d'une plus grande importance encore, c'est d'assurer la vie normale de l'homme d'équipage, c'est-à-dire de lui fournir en quantité suffisante l'air pur nécessaire à sa respiration. On sait que l'air absorbé par un homme est rejeté par lui sous forme d'acide carbonique chargé de matières organiques qui viennent se joindre aux produits de la transpiration et aux matières en suspension dans l'atmosphère pour rendre bientôt celle-ci irrespirable. Voici d'ailleurs comment Troost dans sa *Chimie* apprécie ce phénomène.

« Si l'air libre a une composition constante il n'en est plus de même de l'air enfermé dans une enceinte où il ne peut se renouveler. La composition de cet air s'altère rapidement, soit par les combustions, soit par la respiration des animaux. Un homme brûle par la respiration, tant en carbone qu'en hydrogène, l'équivalent de 12 grammes de charbon par heure, ce qui correspond à 22 litres d'acide carbonique, et l'air sortant des poumons contient 4 o/o d'acide carbonique.

« L'insalubrité de l'air confiné dans les habitations croît comme la proportion d'acide carbonique, et quand cette proportion atteint 1 pour 100 par l'*effet de la respiration*, le séjour des hommes est accompagné d'une sensation de malaise très prononcée ; ce malaise n'est pas uniquement dû à la présence de l'acide carbonique ; il est dû surtout aux émanations animales qui accompagnent la transpiration pulmonaire ou cutanée ; leur nature n'a pu être déterminée par l'analyse ; mais leur présence est accusée par l'odeur désagréable qui se répand dans les salles où un grand nombre de personnes se trouvent rassemblées. Le renouvellement de l'air devient indispensable, et la quantité d'air à fournir par la ventilation pour un homme et par heure est d'environ 10 mètres cubes, si l'on veut que la respiration puisse se prolonger sans difficulté ».

Il est donc nécessaire de disposer à l'intérieur d'un sous-marin d'une quantité d'air respirable assez grande pour suffire aux besoins de l'équipage et il apparaît tout de suite que la masse d'air contenue dans le navire à la pression ordinaire serait manifestement insuffisante pour une plongée un peu longue et que l'équipage serait asphyxié.

Certains auteurs ont proposé d'épurer l'air de son acide carbonique au moyen de procédés chimiques plus ou moins compliqués en même temps qu'on lui restituerait son oxygène par l'électrolyse de l'eau. On ne dit pas alors ce qu'on ferait de l'hydrogène qui viendrait à l'autre électrode, —

et d'ailleurs la quantité et la nature des matières organiques qui vicient l'air sont mal connues et toujours variables — et ces matières sont au moins aussi néfastes que l'acide carbonique. L'échec éprouvé par ce procédé n'a donc rien qui doive étonner. On est cependant parvenu à lui donner une certaine valeur pratique dans certains cas mais il n'y faut guère compter. Quant à la restitution de l'oxygène à l'air faite au moyen d'oxygène pur ce serait un moyen dangereux à cause de la grande énergie comburante de ce gaz qui, s'il se trouvait momentanément en excès, ferait dépenser en quelques minutes aux hommes plus de force vitale qu'ils n'en usent dans l'air en plusieurs heures. De là une énergie passagère suivie d'une prostration pareille à un excès de fatigue qui mettrait l'homme hors d'état de faire un service convenable. Il ne faut donc utiliser l'oxygène pur qu'avec les plus grandes précautions et il est même mieux de l'éviter.

Un autre procédé consiste à emporter des réservoirs d'air comprimé que l'on vide peu à peu en même temps que l'on expulse au moyen de pompes l'air vicié de l'intérieur. Il faut craindre aussi dans ce cas une augmentation de la pression dans le bateau et il suffit d'être allé une seule fois dans un scaphandre ou même d'avoir entendu parler de ses sensations par quelqu'un qui y soit descendu pour savoir combien est pénible et pendant combien peu de temps est possible la vie normale sous une pression supérieure à la pression ordinaire de l'atmosphère. Enfin la détente de l'air comprimé produit un froid qui peut devenir assez intense et partant fort gênant.

C'est pourquoi on a souvent muni les sous-marins de tuyaux de prise d'air maintenus à la surface par des flotteurs. Ce procédé aujourd'hui abandonné ne laisse plus au navire comme moyen de renouveler son air que de revenir à la surface s'aérer directement, mais les appareils d'immersion et d'émersion sont aujourd'hui si précis et si rapides dans leur action qu'une telle manœuvre ne présente aucune difficulté.

Il ne conviendrait pas de terminer ce chapitre sans signaler la découverte encore peu connue faite récemment par M. Georges Jaubert, ancien préparateur à l'Ecole polytechnique, et que M. le Docteur Laborde présentait à l'Académie des sciences le 24 janvier 1899.

Le problème que s'était posé M. Jaubert est le suivant :

« *Un homme étant placé dans un espace hermétiquement clos, lui fournir le moyen pratique de préparer artificiellement lui-même l'air respirable dont il a besoin* ».

Voici ce que l'on trouve à ce sujet dans la « Revue médicale » qui rend compte de la communication faite par M. le Docteur Laborde :

« Prenant pour base la notion classique, la composition de l'air respirable est de 79 o/o d'azote et 21 o/o d'oxygène (bien qu'en réalité elle diffère sensiblement de ces chiffres, abstraction faite des nouveaux gaz découverts récemment dans l'atmosphère), M. Jaubert a examiné tout d'abord dans de l'air vicié par la respiration où la combustion et dont l'oxygène avait été combiné si les 79 o/o d'azote restaient intacts, et si par une réaction spéciale éliminant l'acide carbonique et la vapeur d'eau, cet azote mélangé à de l'oxygène pur en quantité convenable pourrait reconstituer le volume d'air normal.

De nombreuses analyses chimiques lui ont démontré que cette hypothèse était exacte en tous points et que l'air vicié par la respiration de l'homme sain, et ensuite épuré, ne contient pas autre chose que de l'azote chimiquement et, comme le dit Tyndall, optiquement pur, en quantité pratiquement égale à la quantité d'azote que contenait l'air, avant son passage dans les poumons ; en d'autres termes, l'azote paraît jouer un rôle purement passif dans la fonction respiratoire.

Il résultait de là que, pour la *préparation de l'air artificiel*, il n'était pas nécessaire de se préoccuper de l'azote, cet azote ne servant que de diluant et pouvant resservir, comme tel, indéfiniment.

Restait la question la plus importante, celle de la régénération de l'oxygène.

« A la suite de longues et patientes recherches, M. Georges Jaubert a trouvé, — dit M. Laborde, — une substance chimique qui, sous un poids relativement léger et *par une seule opération* :

« 1° Débarrasse totalement l'air vicié de son acide carbonique, de sa vapeur d'eau et des autres produits irrespirables ;

« 2° Lui redonne automatiquement, en échange, la quantité d'oxygène mathématiquement exacte qui lui manque.

« En un mot cette substance, *par son simple contact* avec l'air vicié par la respiration, régénère totalement celui-ci et lui restitue toutes ses qualités premières.

« Sans pouvoir entrer, relativement à cette substance, dans de plus amples détails, cette note n'étant destinée qu'à prendre date, et, en outre, *des expériences étant en cours sous les auspices du Ministère de la Marine*, l'auteur se borne à dire aujourd'hui qu'avec 3 à 4 kilogrammes de ce nouveau produit il est possible de faire vivre, dans un espace hermétiquement clos (par exemple, dans un bateau sous-marin, ou un scaphandre) un homme sain et adulte pendant vingt-quatre heures ».

« Les expériences que, grâce aux encouragements de l'amiral Miot et de plusieurs Ministres de la Marine, il a

17

entrepris sur des animaux d'abord, puis sur l'homme ensuite, lui ont donné la preuve convaincante.

« MM. Laborde et Jaubert se proposent d'entretenir l'Académie ultérieurement de cette même question et de l'examiner alors au point de vue de son application à la médecine et aux besoins de la thérapeutique.

« Voici, du reste, les résultats de deux essais typiques que MM. Laborde et Jaubert signalent à l'Académie de Médecine, expériences exécutées l'une sur l'animal et l'autre sur l'homme.

1º SUR L'ANIMAL VIVANT

« Un cobaye est placé sous une cloche en verre rodé, analogue à la cloche d'une machine pneumatique, et s'appliquant exactement sur une platine en verre rodé également; la fermeture est donc hermétique.

« Cette cloche possède une tubulure munie d'un bouchon en caoutchouc par lequel passent deux tubes, l'un servant à l'aspiration de l'air vicié, et se rendant au générateur d'air artificiel ; l'autre, qui dépasse à peine le bouchon de fermeture en caoutchouc, servant à la rentrée de l'air épuré dans la cloche.

«L'air mis en mouvement par une petite pompe aspirante et foulante qui marche par la pression de l'eau et forme joint hydraulique, est ainsi forcé de sortir de la cloche par le tube d'aspiration, de passer par le régénérateur pour s'y épurer, puis de retourner à la cloche en suivant le cycle indiqué.

« Le régénérateur lui-même est formé des substances chimiques dont nous avons parlé, absorbant l'acide carbonique et l'eau, et produisant de l'oxygène.

« Or, dans ces conditions, l'on peut faire vivre l'animal pendant un temps indéterminé et proportionné à la capacité du régénérateur ; avec un appareil assez grand, on pourrait prolonger l'expérience plusieurs semaines ».

2° SUR L'HOMME

N'ayant pas à cette époque, à notre disposition, de cloche assez grande ou de scaphandre qui eût pu remplacer la cloche, l'expérience a été réalisée au moyen d'un masque respiratoire particulier, en même temps que le dispositif de l'expérience, dans laquelle l'animal est simplement remplacé par un homme (le frère de M. G. Jaubert, qui s'y est prêté de la meilleure grâce).

L'expérience a pleinement réussi, la respiration se faisant normalement, dans ces conditions, grâce au régénérateur.

Un seul et dernier mot des APPLICATIONS DE L'AIR ARTIFICIEL.

Elles sont de deux sortes : préventives contre l'*asphyxie* et proprement *médicales*.

Nous ne parlerons des premières, en cours d'expériences, que pour rappeler qu'elles rentrent essentiellement dans le domaine des appareils submersibles (bateaux sous-marins, scaphandres, etc.), ou des appareils destinés à pénétrer dans des milieux irrespirables (casques pour pompiers, égoutiers, mineurs, etc.).

Relativement aux applications *médicales* proprement dites, nous ferons remarquer que la substance chimique en question est actuellement, de beaucoup, le réservoir d'oxygène le plus léger qui existe ; ainsi, avec quelques grammes que l'on peut facilement loger dans la poche du gilet d'un homme, il est possible de disposer *instantanément* de quelques dizaines de litres d'oxygène, quantité bien suffisante, en général, pour les besoins de la thérapeutique.

« En outre, l'oxygène obtenu par ce procédé est chimiquement pur ; on ne peut lui comparer, comme degré de pureté, que l'oxygène électrolytique, car l'oxygène en

tubes du commerce, extrait de l'air atmosphérique —
comme M. Ségalas (de Bordeaux) l'a démontré dernièrement — contient jusqu'à 10 o/o d'azote, sans compter souvent des hydrocarbures provenant des huiles de grais-
sage des pompes à compression. »

On ne sait pas aujourd'hui encore quels sont les résultats définitifs des recherches de M. Jaubert mais il est certain que si elles aboutissent à quelque chose de réellement pratique un grand pas aura été fait tant dans la
science et la biologie que dans l'étude de la conduite des
sous-marins et autres appareils d'exploration sous-marine.

Nous ne dirons rien de la découverte de l'air liquide
faite récemment par le Dr Dewar ; malgré que son appareil semble assez pratique pour obtenir et conserver une
certaine quantité d'air liquide à l'état statique il n'apparaît pas qu'il doive entrer bien vite dans le matériel courant. Il faudrait compter d'ailleurs avec les grands froids
que produirait la vaporisation et la détente et il semble
que ces absorptions considérables de chaleur doivent être
évitées à bord des sous-marins où déjà la température se
maintient en général au-dessous de la moyenne ordinaire
des températures à l'air libre.

TROISIÈME PARTIE

Bateaux sous-marins modernes.

LE GOUBET N° 1

Les travaux de l'ingénieur Goubet sur la navigation sous-marine comptent parmi les plus anciens de la série contemporaine. Son premier modèle : *Le Goubet n° 1*, a été construit en 1885 à Paris.

C'est un bateau de un tonneau trois quarts de forme pointue aux deux extrémités et présentant une section centrale ovale, allongée dans le sens de la hauteur (fig. 92).

La longueur totale du bateau est de 5 mètres ;

la hauteur verticale du maître couple 1 m. 75 ;

la largeur horizontale du maître couple de 1 m.

Le bateau armé mais sans ses deux hommes d'équipage et les réservoirs d'immersion étant vides pèse 1.450 kilos ; les réservoirs pleins jusqu'au bord contiennent 300 kilos d'eau et le déplacement total du bateau complètement immergé est de 1 m³,800.

Le poids de sûreté, qui assure en même temps la stabilité de l'équilibre est une masse de fer fixée au-dessous de la quille et pesant 300 kilos.

Le système d'immersion repose sur le principe de l'annulation de la flottabilité,

17.

Le moteur est électrique ; c'est une machine dynamo actionnée par une batterie de piles. L'équipage se compose de deux hommes assis dos à dos sur la caisse contenant toute la machinerie et les réservoirs d'air.

Ces caractéristiques principales étant données, entrons un peu dans le détail de la construction et de la manœuvre.

Le bateau étant à flot et son dôme ouvert, l'officier et son matelot y pénètrent ; le premier se place vers l'avant, l'autre vers l'arrière et on ferme le dôme dont le bord vient s'abattre dans une rigole garnie d'une couronne de caoutchouc qui forme joint étanche. On le fixe et on le serre dans cette position au moyen d'un écrou à goupille.

L'officier regardant alors par le hublot placé devant lui prend au moyen du guidon m la direction du but ; il repère sur cette direction son compas o en notant l'angle de l'aiguille avec la direction du but et manœuvre aussitôt le robinet d'immersion p. Ce robinet dont la clé porte un levier est à trois voies et peut, suivant les nécessités de la stabilité longitudinale, toujours contrôlée par un pendule, alimenter les réservoirs h situés vers l'avant ou les réservoirs h' situés vers l'arrière ou tous les deux à la fois.

Le manomètre z placé encore sous les yeux du commandant indique la profondeur ; aussitôt que l'immersion désirée est atteinte on ferme le robinet p et on dirige le bateau dans un plan horizontal en observant la boussole.

Le régulateur de la stabilité est ici le pendule A mobile autour du point a et commandant directement par une tige horizontale l'embrayage à droite ou à gauche d'une pompe à double effet en relation directe avec la machine motrice. Cette pompe fait passer, suivant le cas, de l'eau du réservoir A au réservoir A' ou inversement, de façon à maintenir ou rétablir l'équilibre horizontal pendant la marche. Ces réservoirs A. A' ne servent qu'à cette régulation de l'équilibre tandis que les réservoirs h, h'

sont plus spécialement destinés à régler la profondeur
d'immersion.

Fig. 92. — Coupe du *Goubet* n° 1.

Le poids de sûreté X est fixé sous le bateau au moyen
d'une tige filetée à son extrémité inférieure et faisant prise
dans un écrou encastré dans le poids lui-même. Il suffit
de tourner la tige pour la dévisser de l'écrou et aussitôt le
poids abandonne le navire qui s'allège d'autant et remonte
brusquement à la surface.

La machine motrice est une dynamo Edison qui actionne
l'hélice propulsive et les diverses pompes et mouvements
du mécanisme intérieur. L'énergie lui est fournie par une
batterie de piles Stchetline disposée à l'avant du navire.
Enfin des réservoirs d'air *b* servent à renouveler l'air du
navire ; — une pompe spéciale expulse au fur et à mesure
l'air vicié.

Nous retrouverons presque toutes ces dispositions, un
peu plus parfaites seulement dans le *Goubet* n° 2, nous ne
nous attachons donc pas ici à leur détail.

L'armement du *Goubet* n° 1 se compose d'une torpille
accrochée à l'arrière du bateau d'où elle peut être lâchée
par un simple déclic manœuvré de l'intérieur. Un fil recou-

vert de gutta–percha enroulé sur un tambour la relie, après son abandon, au navire qui s'éloigne et la fait éclater quand il est à distance convenable en lançant au moyen d'un commutateur un courant dans le fil.

Enfin, à l'avant, qui peut être éclairé au moyen d'une petite lampe électrique, se trouve une pique que l'on peut sortir de 3 mètres et qui sert à couper les fils des torpilles fixes garnissant une entrée de port.

Les essais du *Goubet* eurent lieu d'abord à Paris, puis il fut mis dans la Seine, au pont d'Auteuil, le 25 septembre 1893 et fit de nouvelles expériences.

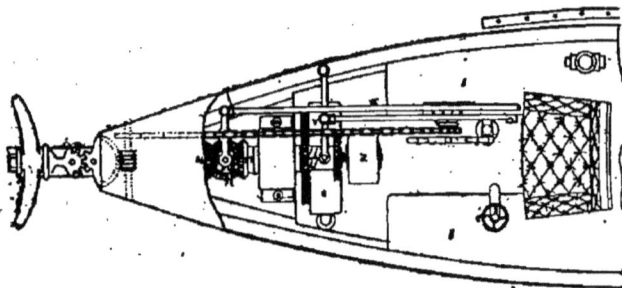

Fig. 93
Le *Goubet* n° 1, plan de l'arrière.

Enfin, des essais officiels furent commandés et le petit bateau s'en alla à Cherbourg où il fut examiné dans le port par une commission technique et de nombreux représentants de la marine et de la presse.

Ces expériences qui firent alors grand bruit et soulevèrent de longues controverses méritent d'être rapportées, au moins à titre de documents. Nous en emprunterons le récit au rédacteur du *Génie civil*, spécialement délégué pour les suivre :

« Deux séries d'expériences ont été faites le même jour : le matin, en présence d'officiers, de quelques représentants de la presse parisienne et des rédacteurs des journaux de Cherbourg ; l'après-midi, publiquement et devant environ un millier de personnes, parmi lesquelles on remarquait de nombreux officiers de marine de tous les grades, l'amiral Réveillère, M. Cabart-Denneville, député de Cherbourg, M. le sous-préfet, M. le procureur de la République, M. le commissaire central, etc., etc.

« Premières expériences. — Les expériences ont commencé, vers dix heures, dans le fond du bassin du commerce, et ont été exécutées dans une eau assez limpide.

« Un petit radeau mesurant 6 mètres sur 3 m. 5o, et mouillé au milieu du bassin, sert de port d'attache au *Goubet*. Les assistants montent à bord de cinq torpilleurs rangés côte à côte et mouillés à quelques mètres de là, tandis que les deux hommes composant l'équipage du *Goubet* entrent dans leur bateau. Bientôt, les amarres étant détachées, on voit *le Goubet* s'éloigner du radeau, et, tout en s'enfonçant avec une lenteur extrême, évoluer en divers sens. Le torpilleur sous-marin, en ce moment, manœuvre uniquement à l'aide de ses deux paires de rames, *dorsale* et *abdominale*, dont le fonctionnement est comparable aux nageoires d'un poisson. D'ailleurs, provisoirement, *le Goubet* a dû retirer son hélice, un ordre administratif lui ayant interdit d'en user dans l'intérieur du bassin du commerce.

« Quoi qu'il en soit, après avoir effectué quelques évolutions en différents sens et à des profondeurs variables, *le Goubet* vient se placer, étant au ras de l'eau, à moins de 1 mètre de la rangée des torpilleurs et perpendiculairement à leur axe.

« En cet endroit, la profondeur est de 6 mètres d'eau. Les torpilleurs calant environ 1 m. 5o, il reste au-dessous une hauteur d'eau de 4 m. 5o. Sans avancer d'une ligne, *le Goubet* s'immerge alors lentement, jusqu'au moment

où il a atteint la profondeur nécessaire pour pouvoir passer librement sous les bateaux au mouillage, c'est-à-dire
jusqu'à environ 3 mètres de la surface du bassin ; alors,
évitant les chaînes des ancres retenant les torpilleurs, il
franchit assez vivement les 15 mètres qu'occupent les cinq
bateaux rangés bord à bord, et, son passage accompli,
remonte doucement. Il effectue ensuite un virage complet
dans un espace moindre que sa longueur, c'est-à-dire
moindre que 5 mètres, et, obliquant légèrement en se
tenant immergé jusqu'au ras de l'eau, il vient passer entre
la chaîne d'amarre de l'un des torpilleurs, et l'avant de
ce bâtiment, c'est-à-dire dans un espace à peine large de
quelques mètres ; puis, changeant une nouvelle fois de
direction, il vient border doucement le steamer anglais
Saint-Margaret comme s'il eût dû déposer une torpille le
long de ses flancs, et enfin il s'éloigne et regagne son port
d'attache.

« L'immersion totale du bateau a été d'environ qua-
rante-cinq minutes.

« Deuxième série d'expériences. — Les autres expériences
ont encore eu lieu dans le bassin du commerce, mais à
une petite distance de l'endroit où avaient été faites les
premières, vis-à-vis de l'hôtel de l'Amirauté.

« Le radeau, remorqué au milieu du bassin, était fixé
par quatre ancres. Sur sa face regardant le quai Ouest du
bassin, une hélice mouillée était entièrement libre.

« Sur le côté du radeau dirigé vers la mer, une perche
mobile surmontée d'un drapeau, et qu'un système de con-
trepoids tendait à maintenir dressée, fut abaissée dans
l'eau et maintenue dans cette position au moyen d'un lest
attaché par un fil.

« Enfin, de distance en distance, dans le bassin, environ
à 50 mètres les unes des autres, plusieurs petites bouées,
témoins furent immergées par le même procédé. La posi-

tion de certaines de ces bouées était indiquée par de petits
drapeaux qui venaient affleurer à la surface ; d'autres, au

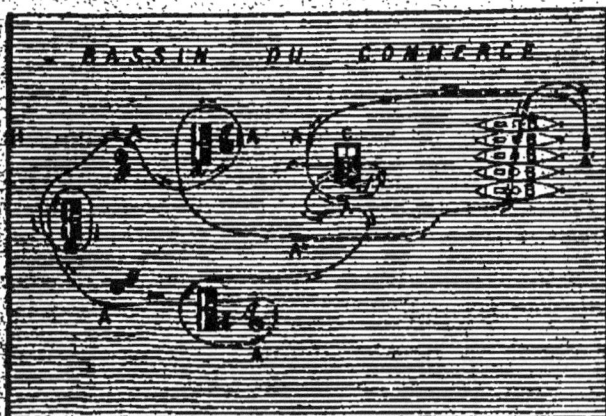

Fig. 94

Tracé du chemin parcouru (sous l'eau) par *le Goubet*, durant les
expériences publiques du 13 avril 1890, à Cherbourg. — A", *le
Goubet* stationne devant les cinq torpilleurs B. — C, radeau
immobilisé par des ancres *d,d'*, bouées d'amarrage. — *e*, perche
mobile. — *f*, hélice. — *g,g*, petites bouées. — H,H, portes ouvertes
du bassin communiquant avec la mer. — A,A,A,A, *le Goubet* à
différentes profondeurs.
Le double pointillé indique le passage sous les cinq torpilleurs et
sous le radeau.

contraire, étaient entièrement enfoncées au-dessous de la
surface.

« Cette fois, à la suite de la marée, l'eau, limpide le
matin, était devenue trouble et noirâtre.

« Cependant, les choses étant ainsi disposées, le bateau
Goubet, qui était demeuré dans le fond du bassin, arrive,
signalant uniquement sa présence aux spectateurs par le
point formé par l'extrémité de son tube optique, que l'on
voyait émerger de temps à autre.

« Tout d'abord, contournant le radeau, le torpilleur

coupe avec son sécateur le fil maintenant abaissée la perche mobile, que l'on voit brusquement se dresser. Puis, continuant sa route, il vient au-devant du radeau où il dépose entre les bras de l'hélice une longue tige de fer ; il passe ensuite — évitant sans peine les chaines d'amarrage, malgré leur rapprochement — sous l'eau, où il abandonne une fausse torpille de 102 kilogrammes, et quittant enfin le radeau, il s'en va à la recherche des petites torpilles dont il doit couper les fils.

« Successivement *le Goubet* se dirige vers chacune d'elles, cherchant si bien les fils d'attache qu'il retourne au besoin sur ses pas et recommence son opération, s'il n'a pas réussi au premier abord, les sectionne avec son sécateur, et les bouées, devenues libres, s'en vont à la dérive. Certaines bouées ont ainsi été mises en liberté, le bateau étant en marche.

« Au cours de ces évolutions, des boules de verre pouvant servir à renfermer des dépêches ont été envoyées de l'intérieur du torpilleur sous-marin.

« Après deux heures et demie d'évolutions diverses, la dernière des bouées ayant été délivrée de ses attaches, *le Goubet* est enfin remonté à la surface ; son capot a été ouvert et ses deux hommes d'équipage se sont montrés, aussi dispos qu'avant l'expérience.

« C'est à cet instant qu'a eu lieu le relèvement de l'hélice immergée, comme nous avons dit, dès le début des évolutions sous l'eau.

« A son émersion, chacun a pu voir se dresser entre ses branches la barre de fer déposée par le bateau *Goubet*, et, pour bien montrer combien l'entravement était complet, un homme monta sur l'une des palettes et demeura assis, immobile, sans que son poids fît bouger en aucune manière cette hélice, que l'on avait vue, avant son immersion, tourner autour de son axe sous une simple pression de la main.

« Telles sont, minutieusement notées, les diverses expériences que le bateau *Goubet* a exécutées sous les yeux de la population de Cherbourg.

« Leur intérêt ne saurait être mis en doute ; elles semblent, en effet, prouver d'une manière certaine que le problème de la possibilité pratique de la navigation sous-marine est résolu dans une large mesure » (*G. Vitoux*, « *Génie civil* », *19 avril 1890*).

LE GOUBET N° 2

De construction beaucoup plus récente que le bateau dont nous venons de parler, *le Goubet n° 2* repose sur les mêmes principes que son aîné ; — il est seulement plus grand, plus complet et plus parfait de détails ; — d'un fonctionnement meilleur aussi et d'une plus grande puissance.

Une étude descriptive et critique due à la plume autorisée de M. Emile Duboc et parue dans le journal *Le Yacht* du 18 février 1899 va nous donner d'abord les caractéristiques générales et précises et une idée de la valeur de ce navire dont nous détaillerons ensuite les pièces mécaniques particulières. Voici les passages essentiels de l'article de M. Duboc :

« La question des sous-marins étant à l'ordre du jour, j'ai saisi avec empressement ces jours-ci, l'occasion qui m'était offerte d'aller visiter le *Goubet n° 2* mouillé dans le bassin des docks de St-Ouen. Pour tout dire j'allai voir le *Goubet* par acquit de conscience, étant encore sous le coup des expériences de Cherbourg (mai et juin 1891), d'où il paraissait ressortir que ce bateau d'un système spécial était fort imparfait et loin de répondre aux desiderata des partisans de la guerre sous-marine. J'en suis revenu convaincu au contraire que nous avions là en dehors du

18

Zédé une deuxième solution très acceptable et très satisfaisante du problème qui nous occupe. Qu'il puisse être
perfectionné, je l'accorde, mais j'estime que nous avons
dans la main un engin de guerre sérieux, facile à construire, robuste, pas cher et capable de renouveler avec le
même succès les expériences d'attaque effectuées par le
Zédé contre le *Magenta*.

« Avant tout je dois rendre hommage à l'éminent ingénieur qui a donné son nom au *Zédé* et qui, fort de l'appui
de l'amiral Aube, a construit le *Gymnote* considéré comme
un type devant servir à élucider les premières inconnues du
problème. Le nom de M. le Commandant Darrieus qui a
puissamment contribué, par des perfectionnements essentiels à rendre presque pratique la solution adoptée ne doit
pas non plus être oublié. Quant à M. Goubet, déjà connu
depuis longtemps par diverses inventions très appréciées
en mécanique, notamment par son joint Goubet, avant
qu'il ne se lançât dans l'étude de la navigation sous-marine
à ses risques et périls et à ses frais, je laisse au lecteur le
soin d'apprécier son œuvre.

« Son premier bateau, expérimenté à Cherbourg, avait
été commandé par la Marine. La Commission émit l'opinion qu'il laissait à désirer sur certains points. On le laissa
pour compte à l'inventeur qui, loin de se décourager, con-
struisit un modèle de plus grandes dimensions que le premier, et, profitant de l'expérience acquise, le dota d'organes perfectionnés susceptibles de remédier aux défauts
reprochés au type primitif. Telle a été l'origine du *Goubet*
n° 2 dans lequel nous allons pénétrer.

« Au moment où nous y entrons, son dôme est ouvert et
il émerge d'environ o m. 5o. L'aspect intérieur en est fort
engageant et fort simple. Il est peint tout en blanc et des
banquettes d'acajou verni recouvrent, à tribord et à babord,
des batteries d'accumulateurs. Au centre, auprès de la

fermeture du dôme, se trouve un volant qui manœuvre le gouvernail, ou plutôt une cage de gouvernail dans laquelle se meut l'hélice. L'arbre porte-hélice est articulé avec l'arbre moteur au moyen du joint Goubet, ce qui permet d'évoluer sans vitesse et presque sur place. Tout autour du dôme sont des hublots grâce auxquels, quand on est à fleur d'eau, on peut inspecter tout l'horizon. Le *Goubet n° 1*, long de 5 mètres, était fondu en bronze d'un seul morceau ; le *n° 2* est du même métal fondu en trois sections raccordées ensemble par des surfaces parfaitement alésées et boulonnées intérieurement à travers de fortes nervures venues de la même coulée avec interposition, au centre de joint qui est à section brisée, d'une lame de caoutchouc comprimé.

« L'épaisseur de la tranche centrale est de 2 cm. 1/2. Les

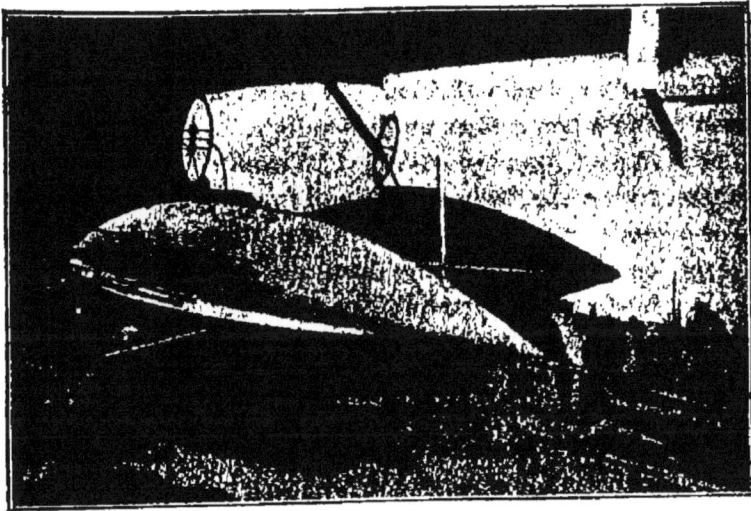

Fig. 95. — Le *Goubet* n° 2 dans les docks.

deux parties extrêmes vont en s'amincissant jusqu'à

15 millimètres. Sous une telle épaisseur de métal inoxydable on se sent en sécurité. Le fait est qu'un jour le bateau est tombé à la mer d'une hauteur de 5 mètres au moment où on le hissait avec une grue, et que rien n'a été endommagé. Cette étanchéité parfaite et cette résistance énorme à l'écrasement ont leur raison d'être non seulement pour résister à la pression extérieure qui atteint un kilogramme par centimètre carré à une profondeur de 10 mètres (1) mais surtout pour que la coque soit à l'abri des différences rapides et continuelles qui se produisent dans la pression extérieure. Il en est des sous-marins comme des chaudières et l'on sait combien celles ci fatiguent et sont sujettes à avaries, toutes les fois que, pour une cause ou pour une autre, la pression de régime n'est pas constante ; sur un sous-marin les rivets se cisaillent, les joints suintent, et il en résulte une voie d'eau dont le moindre inconvénient est de détruire l'équilibre statique.

« Sous ce rapport, le *Goubet* offre toute sécurité. Il est étanche d'une façon absolue, et à l'abri de toute déformation jusqu'à 300 mètres de profondeur.

« Mon poste de manœuvre est à l'avant. Je suis commodément assis sur la banquette qui forme le fer à cheval et j'ai à ma portée : 1° une paire d'avirons qui se manœuvrent en tournant autour d'un axe vertical et dont les pelles se couchent à plat quand on les rappelle sur l'avant ; 2° un robinet tribord et babord pour l'introduction de l'eau dans le water-ballast ; 3° à mes pieds, deux volants, entre lesquels se trouve un levier faisant fonctionner une pompe de refoulement à deux fins. Selon la position don-

---

(1) La forme du *Goubet* est un solide de révolution, ce qui lui assure le maximum de resistance. Avec 2 cm. 1/2 de bronze on estime théoriquement qu'il peut résister à une pression d'écrasement de 150 atmosphères, ce qui correspond à une immersion de 1.500 mètres.

née aux volants on expulse soit de l'air vicié, soit de l'eau.

« A l'arrière, enfin, qui est le poste du mécanicien, se trouve la machine motrice, une prise d'eau à grand débit pour le cas où une plongée rapide serait nécessaire, et une pompe rotative à refoulement mue par l'électricité. Autrement dit, mêmes organes qu'à l'avant, mais plus puissants. De plus, un appareil sur lequel il ne m'est pas permis d'insister, appareil nouveau appliqué pour la première fois sur le *Goubet*, n⁰ *2* et qui a pour effet de maintenir le bateau lorsqu'il est en marche, à une immersion constante. Nous l'appellerons le régulateur d'immersion automatique. Comme la machine motrice il est électrique et la source d'électricité est une batterie d'acccumulateurs.

« Le dôme est fermé. Nous allons nous immerger. Les robinets de prise d'eau, tribord et babord sont ouverts. Nous entendons l'eau s'introduire dans le ballast sans que la stabilité en soit troublée. Le niveau monte le long des hublots, l'aiguille du manomètre s'avance. Le sommet du dôme est à fleur d'eau. Les robinets sont fermés. L'immersion est complète et nous restons immobiles, en équilibre. Les robinets sont ouverts encore un instant, de quoi introduire un verre d'eau dans le ballast, nouvelle position d'équilibre statique à 10 cm. au-dessous de la surface. Celle-ci divise le champ du tube optique sorti au-dessus du dôme en deux parties égales comme le ferait un fil de réticule horizontal. La visibilité de la berge est très nette, et cependant nous ne montrons que la moitié du prisme qui forme la partie supérieure du tube optique. C'est à peu près gros comme la moitié d'une pièce de 5 francs.

« Nous restons ici une dizaine de minutes ; je me déplace à plusieurs reprises et, remettant l'œil au tube optique, je constate que le champ de la lunette est toujours divisé en deux par la surface de l'eau. Nous sommes maîtres de la profondeur d'immersion au millimètre près.

18.

« Supposons que cet équilibre soit détruit, si nous nous sommes rapprochées de la surface, l'ouverture des robinets pendant une seconde nous remettra au niveau primitif. Si nous nous sommes enfoncés, un coup de levier sur la pompe que j'ai sous la main expulsera un peu de liquide et le manomètre reviendra à la profondeur du réglage. En marche la manœuvre est la même. L'opérateur a les yeux sur le manomètre comme un homme de barre a les yeux sur le compas ; il gouverne sur 5 mètres de profondeur comme un timonier gouverne au degré de la rose. En marche ce n'est pas plus difficile ; les mêmes causes : expulsion ou introduction de l'eau, produisent les mêmes effets.

« C'est ainsi que l'on procédait lors des expériences de Cherbourg ; mais l'on conçoit que l'attention soutenue de l'homme chargé de l'immersion soit à la longue fatiguée, voilà pourquoi M. Goubet a imaginé le régulateur automatique d'immersion qui marche à l'électricité, qui a des effets plus puissants que les appareils à main, et surtout qui est instantané dans son action. Pour une déviation aussi faible qu'on voudra de l'aiguille du manomètre, il augmente ou il diminue à la seconde, le poids d'eau nécessaire pour rendre au bateau le poids spécifique correspondant à l'immersion de réglage.

« Dans le *Goubet n° 1* à Cherbourg, au cours des expériences, un tube de niveau d'eau reconnu inutile depuis, vint à casser pendant une plongée. Il en résulta une voie d'eau. L'état-major et l'équipage, composés en tout de deux quartiers-maîtres de la marine, usa aussitôt des grands moyens : le poids de sûreté fixé à la quille fut déclanché et le bateau bondit subitement à la surface, comme lancé par un ressort. Le *Goubet n° 2* qui a 8 mètres de longueur a un poids de sûreté de 1.500 kilos.

« J'ai tout dit sur les manœuvres d'immersion et d'émersion, au repos et en marche. On voit qu'elles sont fort simples. J'arrive maintenant à une qualité maîtresse du *Goubet*, c'est-à-dire à sa stabilité dans le sens diamé-

Fig. 96. — Intérieur du *Goubet* n° 2.

tral et dans le sens longitudinal. Elle est due à une sta-bilité de poids énorme (1.500 kilos de poids de sécurité, environ 200 litres d'eau bien compartimentés, un lest intérieur de gueuses en plomb d'environ 700 kilos), avec cette circonstance particulière que tous ces poids sont accumulés sous la tranche centrale dont l'épaisseur atteint comme nous l'avons vu 2 cm. 1/2. Joignez à cela une col-lerette horizontale faisant le tour du bateau et large de 60 cm. qui s'oppose en même temps au roulis et au tan-gage sans gêner en rien les évolutions. On conçoit main-tenant pourquoi le *Goubet* est à peine sensible aux dépla-cements intérieurs du personnel. Il oppose une inertie énorme à toute inclinaison. Il se comporte comme un rocher et possède une stabilité de plate-forme surprenante, même en navigation de surface. Il cède à l'action des lames en se déplaçant parallèlement à lui-même, de même qu'il conserve son horizontalité en s'enfonçant et en s'émergeant.

« Comme appareil militaire, il est formidablement armé, puisqu'il possède de chaque bord, dans des tubes-carcasses placés sur la collerette, une torpille Whitehead de 45 cm. qu'un levier manœuvré de l'intérieur met en marche en ouvrant la prise d'air.

« Je dois ajouter que j'ai vu le bateau évoluer avec la plus grande aisance à la surface, avec le tube optique seul et même sous l'eau dans le bassin de Saint-Ouen, large de 20 mètres et long de 600 mètres, dans une eau très sale et peu profonde, ce qui augmentait les difficultés de la manœuvre, car le moindre contact sur le fond aurait fait rebondir le bateau au-dessus de l'eau, ce qui ne s'est jamais produit.

« J'estime donc que le *Goubet n° 2* peut naviguer sous l'eau en immersion constante, qualité contestée au *Goubet n° 1*, par la commission de Cherbourg, qui y attachait une importance capitale, exagérée à mon avis. Le grand point est de savoir si l'engin en question peut s'approcher d'un ennemi qui croise le long d'une côte pour la bombarder, tout en restant pratiquement invisible et invulnérable, et, dans ces conditions, l'atteindre avec une torpille. Voilà l'expérience qu'il convient de faire aujourd'hui avec le nouveau *Goubet* agrandit et perfectionné.

« On accorde au *Goubet* la faculté de rester immobile à telle profondeur que l'on veut, mais on lui conteste celle de se tenir en marche en immersion constante, ce qui serait réservé aux seuls sous-marins construits sur le principe du *Zédé* avec une flottabilité restante et un gouver nail horizontal. Mais les calculs théoriques sont parfois démentis par l'expérience. De savants ingénieurs n'ont-ils pas prouvé mathématiquement, il y a trente ans à peine, que jamais un bateau de 200 tonnes ne pourrait dépasser 18 nœuds? et nous avons cependant vu le *Forban* filer 31 nœuds.

« J'attache infiniment plus d'importance à des expériences qui soient en quelque sorte l'image du combat, comme l'ont été celles du *Zédé* ; mais que ces expériences soient faites, non pas par deux quartiers-maîtres, mais par un officier et deux hommes à son choix.

« On a encore reproché au *Goubet* sa faible vitesse qui est de 5 à 6 nœuds. Je réponds à cela : que filerait le *Zédé* s'il était réduit à 8 mètres de long ?

« Pour conclure, j'appelle respectueusement l'attention du Ministre de la marine sur le nouveau sous-marin qui fait l'objet de cette étude. Qu'il veuille bien le faire examiner officiellement par une Commission qui décidera s'il y a lieu de faire des expériences en mer, à Cherbourg et à Toulon.

« Peut-être sera-t-on amené à en construire un plus grand, d'après le même système ; mais tel qu'il est, coûtant 150.000 francs, pouvant être construit en 3 mois, puis à raison d'un par mois, pour les commandes successives, le *Goubet n° 2*, dont la coque vide ne pèse que 5.000 kilos peut être transporté facilement sur le pont d'un grand navire, à Bizerte et dans toutes nos colonies pour lesquelles, il serait, comme pour nos ports de la métropole, un appoint de défense avec lequel il faudrait compter. »

Il ne nous reste pour compléter ces intéressants détails qu'à donner la description sommaire de divers mécanismes spéciaux qui ne sont ici que signalés.

La machine motrice est une dynamo Siemens mais elle est actionnée par un batterie d'accumulateurs qui rempla-

cent avantageusement les piles Stchetline à oxyde de cuivre
dont les 60 éléments employés sur le *Goubet n° 1*, malgré
qu'ils fussent enfermés dans une caisse aussi hermétique
que possible ne laissaient pas que de dégager dans le
bateau des vapeurs délétères fort gênantes.

Une particularité curieuse de ce bateau est son manque
de gouvernail. La direction dans le plan horizontal est
obtenue par l'hélice propulsive elle-même, qui est disposée

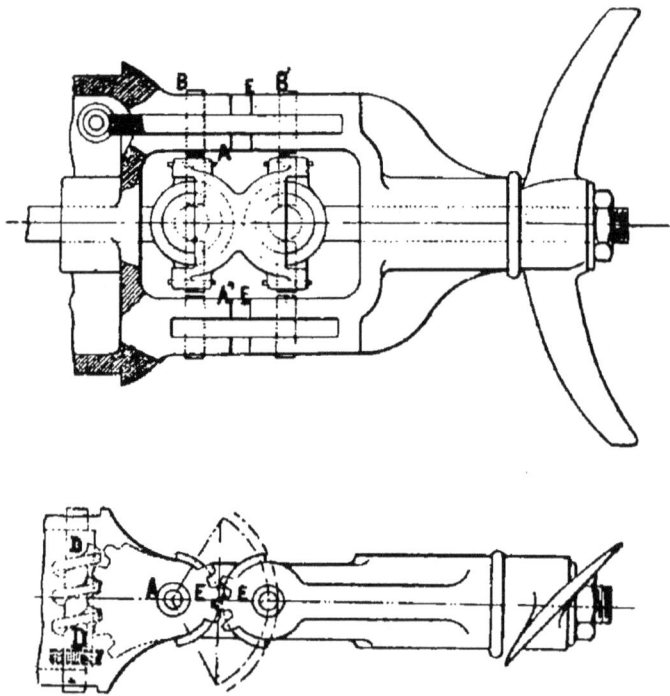

Fig. 97 et 98. — Hélice mobile, système *Goubet*.

de telle sorte qu'elle puisse prendre une direction oblique
dans tous les sens par rapport à l'axe du navire sans gêner
son mouvement de rotation.

A cet effet deux charnières A, A' sont articulées sur les axes B, B', fixés l'un sur le support mobile C de l'hélice mobile, l'autre sur l'étambot même. C'est la charnière A seulement qui produit la déviation de l'hélice mobile. Elle se termine par un secteur denté qui obéit à une vis sans fin commandée de l'intérieur par un volant muni d'une chaîne de Galle. Ce secteur denté de la charnière A roule sur un autre secteur denté E qui est fixé sur l'étambot. (fig. 97 et fig. 98).

La liaison de l'arbre moteur à l'arbre de l'hélice mobile est faite par un joint système Goubet.

Ce joint universel a pour but de transmettre exactement le mouvement d'un arbre tournant à un autre arbre incliné d'un angle quelconque sur le premier.

Il se compose de deux sphères voisines l'une de l'autre et fixées à l'extrémité de chaque arbre. Dans chacune d'elle est creusée une gorge passant par l'axe de l'arbre et où viennent se placer des colliers reliés par un manchon et quatre tourillons diamétralement opposés (fig. 99).

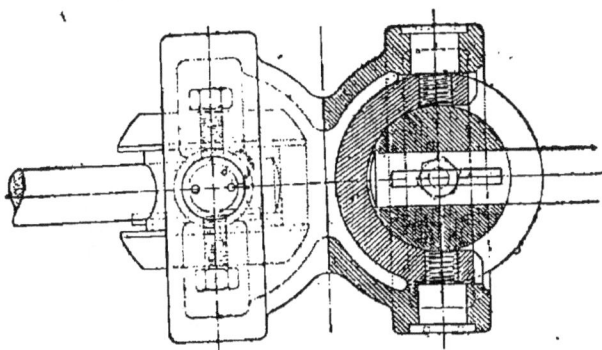

Fig. 99. — Joint universel *Goubet*.

Si un des arbres est mis en mouvement, la sphère de

cet arbre appuiera par sa gorge sur ses tourillons et les fera tourner. Par l'intermédiaire du collier, ces tourillons mettront en mouvement le manchon qui fera tourner alors les tourillons de l'autre sphère et mettra ainsi en mouvement l'arbre commandé. Le mouvement transmis par ce joint est exactement celui de l'arbre moteur quelle que soit l'inclinaison des axes des arbres l'un sur l'autre.

Quant au régulateur automatique d'immersion nous en emprunterons la description complète, — que M. Duboc n'osait faire, — à un article de M. N. Noalhat dans le *Bulletin technique*.

« L'introduction de l'eau pour une profondeur déterminée se fait au moyen d'un robinet S dans un cylindre de bronze A. (fig. 100). le cylindre est fermé d'un côté par un

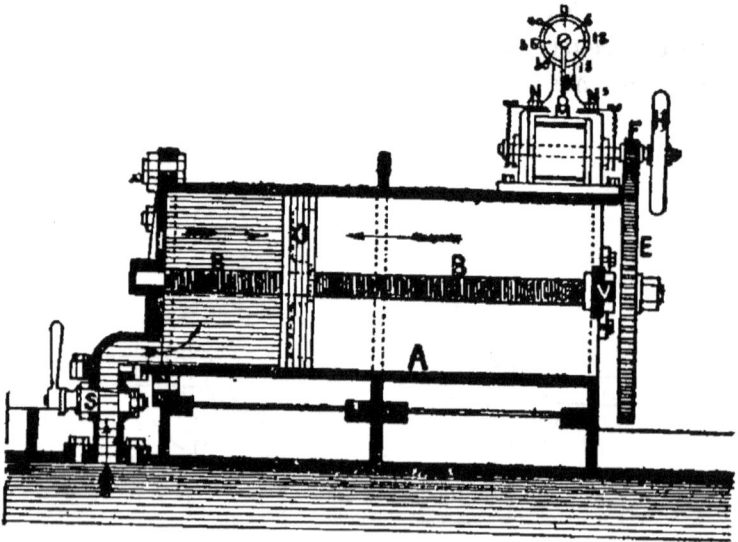

Fig. 100. — Régulateur automatique d'immersion.

couvercle I et de l'autre côté par une traverse support V.

Il est, en outre, traversé dans toute sa longueur par une tige filetée B supportée à ses deux extrémités par le couvercle du cylindre A et la traverse support V.

Sur cette tige est vissé un piston O dont la partie milieu est taraudée de façon à pouvoir se déplacer suivant une direction rectiligne d'après le sens de rotation de la tige. Cette tige est manœuvrée par une roue E, actionnée elle-même par la roue dentée F clavetée sur l'arbre de la dynamo.

Dans son mouvement de va-et-vient, le piston est, en outre, guidé sur toute la longueur du cylindre par deux guides-supports maintenus à leurs extrémités au fond du cylindre. Des presse-étoupes convenablement disposés assurent l'étanchéité du mécanisme.

Sur le cylindre est installée une dynamo sur laquelle sont fixés deux contacts N et N' à droite et à gauche d'un commutateur M placé à l'extrémité d'une tige K. Cette tige, dans laquelle passe un courant de faible force électro-motrice, est isolée de l'axe de l'aiguille d'un manomètre, et peut indifféremment suivre les mouvements de l'aiguille ou être rendue libre sur son axe au moyen d'une vis de pression.

Désire-t-on, par exemple, descendre de 6 mètres de profondeur. On procède de la façon suivante : on rend libre le commutateur en desserrant la vis de pression et on établit le courant en mettant le commutateur en communication avec le contact N, aussitôt la dynamo se met en marche et actionne au moyen des engrenages F et E la tige filetée. Le piston O se déplace en arrière et permet l'introduction de l'eau dans le cylindre. Dès que l'aiguille du manomètre indique la profondeur désirée (6 mètres), on coupe le circuit en laissant retomber le commutateur à sa position primitive ; ensuite, à l'aide de la vis de pression, on le rend solidaire de l'aiguille de façon que si,

18..

pour une cause ou une autre, le bateau avait des tendances à monter ou à descendre de son plan d'immersion normal, l'aiguille du manomètre indiquerait immédiatement
ces différences, et, par suite, entraînerait le commutateur
qui rétablirait le courant entre les contacts N ou N'. La
dynamo recommencerait son action soit pour aspirer ou
rejeter la quantité d'eau nécessaire pour faire revenir le
bateau à sa profondeur normale et par suite l'aiguille du
manomètre.

Pour remonter complètement à la surface, il n'y a qu'à
rétablir le courant en mettant le commutateur M avec les
contacts, jusqu'à ce que le piston O ait complètement
refoulé l'eau contenue dans le cylindre. A ce moment un
désembrayage interrompt le courant qui actionne la
dynamo et l'on ferme le robinet S. Le volant H est utilisé
dans le cas où on désirerait faire toutes ces diverses manœuvres à la main.

Ajoutons enfin que, outre son poids de sécurité, fixé
dans le *Goubet n° 1* au-dessous de la quille, le *Goubet n° 2*
porte encore un mécanisme permettant d'actionner l'hélice
mobile directement si les machines motrices venaient à ne
ne plus fonctionner (fig. 101).

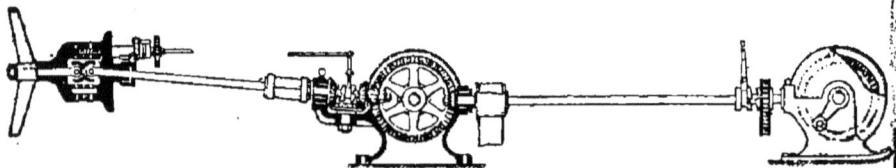

Fig. 101. — Appareil de commande de l'hélice par des pédales.

Sur le *Goubet n° 1* ce système était remplacé par des
avirons passant dans des douilles étanches et que l'on
pouvait manœuvrer de l'intérieur. La figure ci-jointe
montre assez bien comment les hommes d'équipage peuvent actionner l'hélice mobile a moyen de pédales.

Nous ne dirons rien de plus sur les bateaux de M. Goubet qui, malgré que fort bien étudiés et capables de quelques heures de bonne navigation sont réellement trop petits pour satisfaire aux conditions de puissance et de rayon d'action que l'on doit exiger aujourd'hui d'un navire sous-marin.

LE GYMNOTE

Le *Gymnote*, le premier sous-marin à flottabilité positive, comme le Goubet était le premier sous-marin à flottabilité nulle a été imaginé et étudié par l'ingénieur Gustave Zédé commis à cette charge par le ministre de la marine. Les premiers principes du *Gymnote* avaient été posés par M. Dupuy de Lôme qui mourut au bout de fort peu de temps et laissa seul son collaborateur de la première heure, M. Gustave Zédé qui remit en 1888 ses plans au sous-ingénieur de première classe, M. Romazzotti, chargé de diriger la construction. Elle fut faite à Toulon et le nouveau sous-marin fut mis à la mer 1889.

Les caractéristiques principales sont :

Longueur : 17 mètres,
Diamètre au maître couple 1 m. 80,
Déplacement 30 tonneaux.

La forme est cylindro-conique symétrique par rapport au maître couple, la section droite est circulaire.

Le principe de l'immersion du *Gymnote* est celui de la conservation d'une flottabilité positive combattue pour obtenir la plongée par un gouvernail horizontal.

Le premier dispositif adopté a été celui d'un gouvernail unique placé à l'arrière mais le résultat de ce procédé d'immersion a été très mauvais. Pour plonger le bateau prenait une inclinaison exagérée fort pénible pour l'équipage et gênant de plus beaucoup les évolutions du navire.

Cette inclinaison atteignait 5 à 6° et avait pour conséquence une différence de tirant d'eau de 1 m. 50 à 1 m. 75 entre l'avant et l'arrière. Encore faut-il ajouter que l'équilibre dans cette position peu avantageuse était très instable et que souvent, malgré son attention et son adresse, le timonier placé au volant du gouvernail horizontal perdait absolument toute influence sur le navire qui ne lui obéissait que par intermittences aussitôt que la plongée se prolongeait un peu.

En 1894 on a adjoint à ce gouvernail ancien une paire de palettes gouvernails mobiles autour d'un axe horizontal traversant le bateau en son milieu. Ce système déjà beaucoup meilleur que le précédent a donné, sur le *Gymnote,* des résultats assez satisfaisants, encore que bien incomplets.

Le Gymnote est un bateau à moteur uniquement électrique. Le premier moteur qu'on lui avait donné était une invention du capitaine Krebs. Cette machine, capable théoriquement d'une puissance d'environ 60 chevaux était à 16 pôles et à excitation en série. Elle était calée à l'arrière du navire directement sur l'arbre de l'hélice (1).

Quant au générateur d'énergie il avait été d'abord une batterie de piles chlorochromiques du commandant Renard Ces piles n'ont jamais fourni l'énergie nécessaire d'une façon continue, de plus elles dégageaient des vapeurs délétères et il fallait les débarquer et mettre à leur place une batterie d'accumulateurs.

En même temps on s'apercevait que le moteur Krebs, théoriquement très joli, avait des défauts tellement grands qu'il était presque impossible de s'en servir. Pour ne citer que les plus graves signalons l'impossibilité de visiter et

---

(1) Cette machine a été décrite et étudiée dans la deuxième partie de ce livre, chap. II, page 181.

de nettoyer sur place une machine qui occupe exactement toute la section du bateau à sa hauteur, la difficulté de

Fig. 102. — Le *Gymnote*.

recherche et de suppression des contacts accidentels avec la coque, — enfin, — et surtout, l'impossibilité d'arrêter instantanément le moteur et l'obligation d'attendre pour lancer le courant en sens inverse que la bobine induite, très lourde, se soit arrêtée d'elle-même, — ce qui demande un temps assez long pendant lequel le bateau, forcé d'avancer contre son gré, peut courir au danger et même à sa perte malgré qu'il ait vu comment l'éviter.

En même temps qu'on installait les accumulateurs à bord on débarquait donc le moteur Krebs qui sert maintenant sur un canot dans le port de Toulon et on le remplaçait par une dynamo beaucoup plus simple.

La première batterie d'accumulateurs installée sur le *Gymnote* était du type Commelin, Desmazures, Baillehache

18...

et Cie, dont les éléments sont au plomb et au zincate de potasse alcalin. Elle comprenait 540 éléments groupés en 6 batteries élémentaires de 90 éléments chacune, associés par 2 en surface et 45 en série. La différence de potentiel aux bornes extrêmes pouvait être variée par des couplages divers de ces 6 batteries élémentaires entre elles.

En mettant les 6 batteries en série on avait une différence de potentiel de 45 volts, qui devenait de 85 volts quand on prenait 2 batteries en surface pour former trois groupes en série. Les couplages inverses de 3 batteries en surface donnant deux groupes en série et des 6 batteries élémentaires en surface donnaient des voltages respectifs de 115 et 150 volts. Les vitesses obtenues dans ces conditions étaient respectivement de 5, 6, 7 et 8 nœuds.

Les éléments de cette batterie avaient un débit de 100 ampères environ et une capacité de 400 ampères-heure. Le poids total de la batterie était de 11.000 kilos.

La première batterie étant venue hors d'usage elle fut remplacée par une batterie d'un autre modèle. Les accumulateurs choisis furent ceux de la « Société anonyme pour le travail électrique des métaux », (Brevets Laurent-Cely), au plomb et à l'acide sulfurique. Ces éléments à 5 plaques chacun pèsent 30 kilos, ce qui donne pour poids total de la batterie, faite ici de 204 éléments, 6.120 kilos. Cette batterie sensiblement plus légère que la première (près de cinq tonnes de moins) est, comme elle, divisée en 6 batteries élémentaires comprenant cette fois chacune 34 éléments associés par 2 en surface et 17 en série. Les divers groupements de ces batteries élémentaires conduisent à quatre régimes différents à peu près identiques à ceux que donnait la batterie précédente.

Le rayon d'action du *Gymnote* dans ces conditions est d'environ 35 milles à une vitesse de 8 nœuds ; il approche de 100 milles quand on réduit la vitesse à 4 nœuds. Les vitesses intermédiaires donnent aussi des rayons d'action intermédiaires.

La direction du navire en période d'immersion est assurée et contrôlée par des instruments de route (compas et gyroscope), des apareils de vision (tube optique) et un kiosque placé à la partie supérieure de la coque ; nous allons en dire un mot en particulier.

Le compas a été placé un peu en dehors du centre de figure, il a fonctionné d'une façon très irrégulière. Le gyroscope n'a pas donné de bien remarquables résultats.

Le tube optique fonctionnait assez bien mais on avait commis dans son installation une bévue énorme et inexplicable.

Le prisme supérieur monté sur un tube spécial était mobile non seulement dans le sens vertical mais encore autour de l'axe du tube cependant que le prisme inférieur était fixé dans une position invariable. Il en résultait, ainsi que nous l'avons signalé dans l'étube du tube optique, — que l'objet visé était vu droit seulement dans la direction de l'avant du navire et, dans tout autre position, incliné sur la verticale de l'angle dont avait tourné le tube. Nous avons vu précédemment combien cette disposition est fâcheuse et que le seul moyen d'y remédier et de lier invariablement l'un à l'autre les deux prismes en rendant le tube tout entier mobile dans le sens vertical, (il peut être pour cela télescopique), et autour de son axe de façon à ce que la visée soit régulière dans toutes les directions.

Le périscope appliqué au *Gymnote* n'a donné sur ce bateau que les piteux résultats qu'on a toujours et seulement obtenus par la suite de ce malencontreux appareil.

Le kiosque supérieur du *Gymnote* était de forme spéciale, — et d'ailleurs très désavantageuse. Il se composait essentiellement d'une sorte de lanterne vénitienne en forte toile à voile imperméabilisée qui se développait ou se tassait sous l'action d'un moteur électrique spécial. La partie supérieure portait des hublots surmontés d'une calotte métallique dont le bord venait reposer au moment de l'immersion dans une rainure garnie de caoutchouc ménagée dans la partie supérieure de la coque du bateau. Cet appareil, séduisant en théorie, n'était en réalité qu'un leurre au point de vue de l'étanchéité et de la solidité. Battu par les lames il causait à chaque instant des fuites et des infiltrations qui auraient assurément causé la perte du navire si on ne s'était décidé à fermer définitivement et avec soin ce dangereux appareil pour ne le rouvrir jamais.

L'habitabilité du bateau, d'abord déplorable au temps où la force motrice était fournie par des piles, est devenue assez satisfaisante depuis leur remplacement par des accumulateurs.

Quant aux poids de sécurité il n'était pas en rapport avec le tonnage ; il n'est même pas de 3oo kilos ; il eût dû être au moins double.

La coque du *Gymnote* est en acier ; son épaisseur est de 6 mm. au maître couple et elle va s'amincissant pour n'avoir plus que 4 mm. aux extrémités du navire.

Le Gymnote construit seulement en vue d'études théoriques et de la fixation des meilleurs moyens d'immersion, de propulsion et de route ne portait d'abord aucune arme offensive.

On lui a adjoint ensuite deux appareils à grille à parallélogramme capables de lancer chacun une torpille du calibre de 35o mm.

Le *Gymnote* est attaché à la défense mobile du port de Toulon.

(Le journal *The Naval et Military Record*, qui paraît à Plymouth, publie, dans son numéro du 13 septembre 1900, un article très documenté sur les bateaux sous-marins français. Nous en extrairons les passages intéressants et capables de compléter les indications ci-dessus).

—..... La tenue à la mer du bateau soumis à l'influence du gouvernail horizontal est très mauvaise. Pour des plongées un peu longues, comme cela serait nécessaire, par exemple, dans le forcement d'un blocus, l'instabilité du bateau devient très grande..... A cause de cette instabilité une vitesse supérieure à six nœuds n'a jamais pu être atteinte en immersion. Pour cette vitesse, l'inclinaison de l'axe au bateau était de 3 à 5 degrés, l'avant en bas. La différence de tirant d'eau entre l'avant et l'arrière était de o m. 88 pour une inclinaison de 3⁰; pour 5⁰ elle atteignait 1 m. 50.

Un autre système de gouvernail de plongée proposé en 1891, exécutée en 1893 et essayé vers la fin de 1894, consiste dans l'emploi de deux gouvernails horizontaux placés de chaque côté du bateau, à la hauteur du maître couple. Leur emploi, combiné avec celui du gouvernail arrière a donné de meilleurs résultats.

. . . .

Le *Gymnote* porte encore, pour voir l'horizon quand il navigue à la surface ou en affleurement, un casque mobile à hublots. Cet appareil se compose essentiellement d'un casque plat en acier muni de hublots sur tout son pourtour. Un cylindre en forte toile à voile cousu sur des ressorts en acier qui assurent sa rigidité relie le casque à la partie supérieure de la coque. Des plis horizontaux faits à l'avance permettent à cette toile de se tasser régulièrement sur elle-même de telle sorte que, à tassement complet le haut du casque vient se mettre au niveau de la plate-forme supérieure du navire.

Pendant la navigation à la surface ou en affleurement, l'ensemble tout entier peut s'élever par le moyen d'une vis à volant dont l'écrou mobile constitue la partie inférieure d'un cadre vertical formé de montants métalliques. Quand tout le système est à bout de course vers le haut, la toile se trouve complètement tendue.

Il n'est pas difficile de concevoir qu'un tel système ne devait guère donner de résultats satisfaisants..... Etant donnée la faible résistance que peut opposer une toile, même montée sur des ressorts d'acier, il était indispensable de la protéger contre la pression de l'eau pendant la plongée ; pour cela le casque était muni d'une couronne en caoutchouc dont la partie inférieure, formant bec, venait lorsque le système était complètement fermé, appuyer sur une rondelle de caoutchouc formant point étanche au fond d'une gorge circulaire. Mais il eut fallu être sûr que le bec reposait bien exactement au fond de la gorge. On avait disposé pour cela une petite purge qui devait donner de l'eau quand l'étanchéité n'était pas suffisante ; mais ce n'était là qu'un moyen de contrôle illusoire, surtout si l'on considère que la purge en question est le plus souvent obstruée par les herbes et autres détritus rencontrés par le navire. Il y avait là pour le sous-marin un danger permanent et, avec cet appareil, par trois fois, le *Gymnote* et son équipage n'ont échappé à la mort que par une chance inespérée.

Mais, à côté de ses graves défauts, l'appareil ne présentait aucune des qualités requises pour remplir efficacement son rôle. A la moindre houle, des paquets d'eau, se précipitant contre la toile, la mettaient en danger d'être crevée et obligeaient à rentrer le casque, qui devenait inutile. En outre, la nécessité de maintenir pendant l'immersion l'étanchéité du joint rendait longues les émersions effectuées pour rectifier la direction ; la manœuvre de la vis, qui prenait un temps assez considérable, devait être effectuée deux fois et il y avait beaucoup de temps perdu....
Ce casque mobile avait o m. 35 de diamètre.

Pour faire varier la vitesse, on effectuait ainsi le couplage des accumulateurs :

Batterie en quantité.	En tension.	Force électro-motrice.	Vitesse.
1	6	45 volts	4 nœuds
2	3	84 —	5 1/2
3	2	114 —	7 —
6	1	150 —	8 —

..... La coque a bien résisté à l'eau de mer et n'a pas
souffert des nouveaux accumulateurs qui sont à acide sulfurique. Il est vrai qu'on avait pris la bonne précaution de
recouvrir l'intérieur d'une épaisse couche de coaltar.....

LE GUSTAVE ZÉDÉ

Le *Gymnote* avait à peine effectué sa première plongée
que, emporté par le succès, bien petit pourtant, qui venait
d'être obtenu, l'ordre venait bien vite de mettre en chantiers un grand sous-marin, muni d'un armement puissant
et reposant sur les principes mis en œuvre dans le *Gymnote* et encore très imparfaitement vérifiés et mis au point
pratique.

Les plans et avant-projets du nouveau navire furent
commis aux soins de M. Romazzotti, en 1890, et peu de
temps après le bateau entrait en construction au Mou-
rillon.

Le *Gustave Zédé* fut lancé en juin 1893. Sa construction, quand on manquait d'éléments suffisants pour les
études avait été une faute ; son premier essai en rade fut
un échec si manifeste que le bateau revint sur cale et y
resta plusieurs années avant qu'on l'ait mis en état de
tenir, encore que bien mal, la mer.

Il est facile de se rendre compte que cette déception première aurait du être prévue et qu'il ne pouvait guère manquer d'en être ainsi.

Donnons d'abord les éléments numériques du navire :

Longueur. . . . .   48 m. 50
Largeur au maître-bau . . .   3 m. 75
Déplacement total . . . . .   266 tonneaux.

Si nous nous rappelons le *Gymnote* et ses 30 tonneaux de déplacement nous n'aurons pas besoin de nous montrer grand clerc pour affirmer que en augmentant dans le rapport de un à neuf le tonnage, ce qui revient à augmenter les dimensions linéaires dans le rapport de un à $\sqrt[3]{9}$, nous aurons un bateau qui ne sera plus du tout dans les conditions du premier, — et, partis d'un navire passable à peine, nous aurons toutes chances d'arriver à un navire très mauvais. Somme toute, pour faire le *Gustave Zédé* on a agrandi le *Gymnote,* c'est-à-dire supposé implicitement que toutes les actions et influences intérieures et extérieures varient suivant les puissances d'un rapport constant, puissances qui seraient les dimensions des unités qui les mesurent ; — un élève sait que cela est faux et qu'il n'existe guère de formule d'utilisation quelconque qui n'ait au moins deux termes ou trois.

Donc le *Gustave Zédé* ne devait pas marcher, et il ne marcha pas.

Quand on l'eut enfin modifié, transformé à loisir, en profitant pour cela, en les interprétant un peu mieux, des résultats donnés par les essais divers du *Gymnote*, le *Gustave Zédé* vint en rade et commença à naviguer.

Malgré que l'appareil eut été déjà reconnu mauvais sur le *Gymnote* et qu'il apparût en évidence qu'il serait d'autant plus mauvais et de beaucoup que le navire serait plus long, on avait laissé au *Gustave Zédé* un gouvernail horizontal placé à l'arrière et destiné à déterminer et régler la

plongée, — le navire devant conserver toujours une flottabilité positive.

Sous l'action de ce gouvernail le navire plongeait régulièrement sous un angle d'environ 5⁰ qui établissait entre
l'avant et l'arrière une différence de tirant d'eau de 4 m. 5o
environ. C'était déjà plus que gênant, mais il fallait compter encore avec les à-coups imprévus, et ils n'étaient pas
rares. Un jour entre autres, — la Commission d'expériences étant à bord, — le *Gustave Zédé* effectua une plongée puis, tout à coup, faisant bascule sur lui-même, sans
que l'on sût pourquoi, s'inclina de 3o à 35⁰, bousculant
et jetant sur le plancher les commissaires et l'équipage, —
et piqua une embardée en profondeur qui avait atteint

Fig. 1o3. — Le *Gustave-Zédé* en affleurement.

2o mètres quand on put l'enrayer et revenir d'un bond irré-
gulier jusqu'à l'affleurement. La conduite d'un tel navire
se montrait manifestement impossible dans des conditions
acceptables, — le *Gustave Zédé* revint sur chantiers et
on lui adapta un autre système de gouvernails horizontaux.

Les palettes centrales avaient assez bien réussi au *Gymnote*, on jugea cette fois, et avec raison, qu'elles seraient
insuffisantes pour assurer la stabilité longitudinale d'un

19

navire aussi long que le *Gustave Zédé* et on adopta un
système de gouvernails d'immersion un peu plus complexe
mais ayant plus de chances de donner satisfaction. Ce système se compose de six palettes gouvernails disposées en
trois paires symétriques, mobiles chacune autour d'un axe
horizontal perpendiculaire à l'axe du navire. Ces trois
paires de palettes horizontales mobiles sont disposées une
au maître couple comme sur le *Gymnote,* une vers l'avant
et une vers l'arrière du bateau.

Le *Gustave Zédé*, muni de cet appareil encombrant dans
lequel on se demande ce que viennent faire les palettes centrales, voulut bien enfin se tenir à la mer d'une façon à peu
près convenable et régulière. L'inclinaison qu'il prenait
pour plonger ne dépassait plus 3⁰ et la plus grande différence de tirant d'eau entre l'avant et l'arrière allait à peu
près à 2 mètres ; — c'était supportable, même pour passer
par-dessous un grand navire, surtout si l'on tient compte
que, une fois arrivé à son plan d'immersion le bateau s'y
tient à peu près et navigue dans une position très sensiblement horizontale.

Le *Gustave Zédé* possède quatre réservoirs à water-ballast destinés à réduire au minimum la flottabilité avant la
plongée. Ces réservoirs disposés, pour qu'ils se fassent
équilibre, un à chaque extrémité et deux au milieu, sur les
bords, sont alimentés par quatre pompes Thirion qui
refoulent l'eau sous l'action d'un petit moteur électrique
spécial.

Arrivons-en à la machine motrice ; — elle a donné, ses
accumulateurs au moins ont donné, autant de soucis et de
déboires qu'en avait causé le gouvernail horizontal
arrière.

Le moteur, électrique, se compose de deux moteurs distincts, calés directement sur l'arbre de l'hélice à l'arrière du
navire. Ces deux moteurs, du type Thury, sont à 6 pôles et

à excitation séparée. Couplés en surface ils atteignent la puissance maxima et doivent fournir ainsi 720 chevaux de force. Ce moteur a un poids total de 27.000 kilos et imprime à l'hélice une vitesse maxima de 250 tours à la minute. Malgré les quelques difficultés de manœuvre que présente ce moteur, très soigné d'ailleurs comme construction, il n'y a pas à s'en plaindre et son fonctionnement est régulier.

Pour les accumulateurs il en a été autrement.

Afin d'obtenir une puissance et un rayon d'action assez grands on avait à l'origine doté le *Gustave Zédé* d'une batterie tellement formidable qu'on n'a jamais vu nulle part la pareille. Elle se composait de 720 gros éléments contenant 29 plaques chacun et débitant 400 ampères sous une capacité de 1.800 ampères-heure. La force électro-motrice aux bornes était de 100 volts. Le navire avait à peine marché que la batterie ne donnait presque plus rien ; la plupart des éléments s'étaient mis en court-circuit par suite du sulfatage excessif des plaques ; il fallut débarquer la batterie tout entière.

Pour parer aux inconvénients subis on enleva deux plaques par élément afin de gagner dans chaque bac la place nécessaire pour pouvoir envelopper chaque plaque positive d'une chemise en toile d'amiante. La batterie un peu allégée et perfectionnée fut replacée à bord où on lui envoya le courant de charge. L'effet presque immédiat fut la mise en flammes des couvercles et joints en ébonite et un commencement d'incendie dans le bateau. Il fallut bien se rendre à l'évidence et reconnaître qu'une telle batterie était absolument inutilisable autrement qu'à poste fixe. On se décida à la réduire à 360 éléments et on put ainsi faire marcher le *Gustave Zédé* à 8 nœuds ; — on avait espéré qu'il en filerait près de 16.

La coque du *Gustave-Zédé* est en bronze *Roma*, —

c'est un métal non magnétique et inattaquable à l'eau
de mer. Sa forme est toute particulière. La section
centrale est circulaire et le demeure jusqu'à l'arrière qui
est cylindro-conique. Du coté avant la partie supérieure
de la coque est horizontale et la section droite est alors
une ellipse dont le grand axe est vertical et dont l'excen-
tricité croît de telle sorte que, partie du cercle central,
cette section arrive à la portion de ligne droite verticale qui termine l'avant en étrave. Cette forme spécialement étudiée pour éviter au bateau la tendance qu'il a à
piquer de l'avant vers le bas pendant la plongée est d'ailleurs très bonne.

Les instruments de route employés ici se sont réduits
au compas. Il a fourni d'assez bonnes indications mais,
placé beaucoup trop haut et loin du centre de figure, il
est devenu très paresseux. Il est probable que si la coque
avait été en fer il eût été absolument inutilisable dans
cette position.

On n'a pas placé de gyroscope dans le *Gustave-Zédé*.

Ce navire a encore un tube optique qui fonctionne normalement et il est encombré d'un énorme périscope, très
soigné comme exécution et qui a coûté très cher, mais
qui est incapable de rendre aucun service pratique. Ce
périscope très lourd et qui occupe un cylindre de 40 centimètres de diamètre et de plus d'un mètre de long nécessite
encore pour sa manœuvre un petit moteur qui augmente
l'encombrement. On a d'ailleurs renoncé absolument à
s'en servir (1).

(1). Le *Gustave-Zédé* possède un tube optique et un périscope
dont les principales dimensions sont les suivantes :
Diamètre extérieur............................... 364ᵐᵐ
Distance de l'image à la partie émergée de l'appareil.   1ᵐ
Champ total.................................... 27⁰
(Dont 20⁰ au-dessus et 7⁰ au-dessous de l'horizon).
Angle sous lequel on voit le chapeau supérieur du

Le *Gustave-Zédé* a enfin un dôme de commandement fixe et rigide, invariablement lié à la partie supérieure de la coque.

L'habitabilité du navire est satisfaisante pourvu que l'on ait soin de le faire évacuer par tout son équipage pendant la charge des accumulateurs et d'aérer ensuite fortement avant de l'y laisser rentrer.

Pour le poids de sûreté il faut lui faire le même reproche qu'à celui du *Gymnote* ; il est de plus de moitié trop faible.

Enfin, une dernière remarque, concernant l'aménagement des organes essentiels vise la faute commise en installant le manomètre, le pendule d'immersion et la roue de barre des gouvernails horizontaux à l'avant du navire. L'homme chargé de cette manœuvre est alors isolé et éloigné du commandant qui doit se tenir près du kiosque central et aucun contrôle ne s'exerce sur la conduite des gouvernails de plongée.

Le *Gustave-Zédé* porte, à l'avant, un tube lance-torpille, dirigé suivant l'axe. Un capot étanche ferme l'orifice de ce tube et peut être manœuvré de l'intérieur pour permettre le lancement. A l'arrière du tube se trouve une soupape, par laquelle on peut au moyen d'une chasse d'air comprimé à haute pression, purger le tube de l'eau qui y a pénétré après le lancement avant d'introduire un nouveau projectile.

---

point de concours des rayons...................... 3⁰
Rapetissement................................... 1/9
L'image obtenue est examinée par un procédé très compliqué, au moyen d'une lunette. Les résultats obtenus ont été mauvais. Ce périscope très soigné et d'une grande précision a été construit par la maison Sautter-Harlé, mais il ne répond pas à son but. Il figure encore pourtant sur le *Gustave-Zédé* où il est monté dans un tube qui se déplace dans un presse-étoupes sous l'influence d'un moteur électrique..... Le moteur a été construit par la maison Sautter..... (*The Naval and Military Record*).

49.

Ces projectiles sont des torpiles Whitehead de o m. 450 de diamètre, au nombre de trois, dont l'une est dans le tube de lancement et les deux autres en réserve à côté.

Cet appareil de combat fonctionne bien.

Voici d'ailleurs comment l'apprécie, en décrivant une expérience, M. Lockroy dans la *Défense navale*.

« Exercice d'attaque du *Magenta*, par le *Gustave-Zédé*.

« Les trois cuirassés *Magenta, Neptune, Marceau,* tirent sur le *Gustave-Zédé* avec leurs pièces moyennes et légères.

« L'exercice commence au signal à 3 h. 17, la torpille est lancée à 3 h. 28. La durée de l'attaque et du tir est donc de onze minutes.

« La torpille, dont la trajectoire est oscillante, atteint le *Magenta* dans la verticale de la tourelle avant, babord.

« Le *Gustave-Zédé* a plongé à 3 h. 20 pour la première fois, à partir de ce moment il a émergé cinq fois. La plus longue apparition a duré une minute trente secondes ; la plus courte trente secondes.

« La défense connaissait la position initiale du sous-marin ; ce qui était pour elle un avantage considérable.

« Dans chaque exercice le *Gustave-Zédé* ne montrait que son kiosque.

« L'expérience avait lieu en plein jour. Les trois cuirassés connaissaient non seulement l'heure où elle devait se produire, mais encore la position exacte du *Gustave-Zédé*. Cependant la petitesse du but qu'il offrait à leurs coups, la durée très minime des émersions, n'auraient certainement pas permis à l'artillerie de l'atteindre à moins d'un hasard heureux. S'il avait été muni de l'appareil de visée actuellement en service, il n'aurait plus été dans l'obligation de montrer son kiosque, et les cuirassés se seraient trouvés sans défense. »

Le rapport du commandant du *Gustave-Zédé*, s'exprime ainsi sur le même sujet :

« Aux termes de la dépêche ministérielle du 19 novembre 1898, l'expérience devait porter principalement sur la possibilité d'utiliser l'appareil militaire du bâtiment et, à ce point de vue, il semble que l'on a constaté l'exactitude de l'opinion émise par la commission d'essais dans sa séance du 3 novembre 1898.

« Si une escadre ennemie se présentait au large de
« Toulon ou tentait un coup de main contre les îles
« d'Hyères, le *Gustave-Zédé* sortirait et aurait des chances
« de réussir à torpiller un ou plusieurs des bâtiments
« ennemis. »

De ce qui précède, il semble que l'on puisse conclure à l'excellente condition de l'armement du *Gustave-Zédé*, qui apparaît comme une unité de combat, éventuelle mais importante.

Les derniers essais de marche ont prouvé d'ailleurs que sa stabilité de route est maintenant obtenue en toute satisfaction. Il suffit de rappeler à ce propos le voyage du *Gustave Zédé* de Toulon à Marseille, voyage au cours duquel il navigua régulièrement et sans peine et n'eut jamais à demander l'appui du navire qui le convoyait par précaution. A Marseille, on essaya les accumulateurs et, après avoir constaté que leur charge était suffisante encore pour effectuer le trajet de retour à Toulon, on déclara l'expérience concluante et on rechargea quand même les accumulateurs pour revenir.

En résumé, le *Gustave-Zédé* était d'abord bien mal venu, il a donné beaucoup de peine et de nombreux déboires. De patientes intelligences en ont fait un navire sérieux et il faut les en louer et s'en louer.

LE MORSE

Le *Morse* mis en chantiers un peu après le *Gustave-Zédé* mais bien avant la fin de la construction de ce dernier a été établie sur les plans et projets de M. Romazzotti. C'est un bateau en tous points très analogue au *Gustave-Zédé* mais d'un tonnage bien moindre. Il est long de 36 mètres et large de 2 m. 75 au maître couple et déplace 145 tonneaux.

Sa coque en bronze Roma est de forme à peu près semblable à celle du *Gymnote*.

La machine motrice est une dynamo du type Thury ; elle a 6 pôles et leur excitation est séparée. Le générateur d'énergie est une batterie d'accumulateurs de la « Société anonyme pour le travail électrique des métaux » fonctionnant sous un régime de 100 volts. Le moteur développe une force de 350 chevaux et imprime à l'hélice une vitesse de rotation de 250 tours à la minute.

Les appareils d'immersion et de direction sont absolument ceux du *Gustave-Zédé* dans leurs derniers perfectionnements mais on n'a pas jugé utile d'encombrer le nouveau bateau d'un périscope, pratiquement inutile.

Le *Morse* est armé d'un tube lance-torpilles placé à l'avant et de trois torpilles automobiles Whitehead de 0 m. 450 de diamètre.

Ce navire, en somme fort simple, et qui n'est qu'une réduction et un perfectionnement pratique du *Gustave-Zédé*, a failli devenir sous-marin autonome et servir à l'essai d'un moteur à hydrocarbure qui aurait servi à sa propulsion pendant la marche à la surface.

Une longue correspondance échangée à ce sujet entre M. Baron, promoteur de l'idée, et les divers bureaux du Ministère nous apprend que la réalisation de ce projet a été bien près d'être un fait accompli. Il faut même croire que sans certains dissentiments d'ordre privé survenus entre les personnes intéressées à cette affaire cela se serait fait.

De toutes ces tergiversations il résulta que le *Morse* demeura près de 7 ans à l'étude et que sa construction ne fut effectivement entreprise qu'à la suite des concours organisés en 1897 par le Ministère de la Marine. Il a été construit à l'arsenal de Cherbourg et lancé enfin le 5 juillet 1899.

Il fut amenagé en hâte et, en septembre, il se trouvait prêt à prendre la mer.

Le *Morse* dont l'équipage se compose d'un commandant et de huit matelots a un rayon d'action de près de 150 milles.

Il a coûté en tout 648.000 francs.

Somme toute c'est encore un sous-marin uniquement électrique ; mais, à tout prendre cela vaut peut-être mieux que d'en avoir fait un autonome dont l'autonomie aurait été assurée par une machine aussi peu sûre qu'un moteur à hydrocarbure. Les essais du *Morse*, qui se sont terminés par les manœuvres de sous-marins effectuées à Cherbourg devant le Président de la République, le 19 juillet dernier, ont été de tous points satisfaisants.

LE NARVAL

Le *Narval*, le dernier type créé de bateau sous-marin, — le plus complet aussi et le plus parfait — a été établi sur les plans et projets présentés au concours ouvert en 1897 par le Ministère de la Marine par M. Laubeuf qui y reçut une médaille d'or. Ce bateau diffère essentiellement de tous les types que nous avons rencontrés jusqu'ici.

C'est un bateau de 34 mètres de long et 2 m. 40 de large, son déplacement est de 106 tonneaux à l'état lège, c'est-à-dire en navigation à la surface; il est de 200 tonneaux en immersion complète.

Il possède cette particularité qu'il est *autonome*, c'est-à-dire possède un moteur électrique qui sert uniquement à la marche en immersion et un moteur thermique destiné à la marche à la surface ou en affleurement. Ce second moteur peut d'ailleurs, pendant la navigation à la surface actionner la bobine mobile de la dynamo qui devient ainsi machine receptrice et transformateur d'énergie et fournit un courant puissant qui va recharger les accumulateurs et les mettre en état de fonctionner au besoin pour une nouvelle plongée.

Le moteur électrique placé à l'arrière du bateau ne présente rien de bien particulier. Les accumulateurs qui l'actionnent sont du système Fulmen ; la batterie comprend 158 éléments.

Le moteur thermique qui sert à la navigation à la surface a été construit par les ateliers Brûlé et Cie ; sa force est de 250 chevaux. C'est une machine à vapeur à triple expansion, très parfaite, à qui la vapeur est fournie par une chaudière aquatubulaire d'une forme spéciale, construite par la maison Adolphe Seigle et chauffée par cinq brûleurs injecteurs à pétrole lourd.

Cette chaudière se compose essentiellement de deux collecteurs inférieurs A, A, et d'un collecteur supérieur ou générateur G, reliés par des séries de tubes T toujours remplis d'eau dont le niveau est en *ab* dans le générateur. Un dôme de vapeur D s'élève au-dessus du milieu du générateur et une caisse B, en tôle forte enveloppe le tout (fig. 104).

Les tubes T sont en cuivre et ont une section de 30 mm. de diamètre ; chaque groupe de tubes se compose de douze tubes disposés sur deux plans parallèles. Les groupes de tubes se succèdent l'un derrière l'autre jusqu'au fond de la chaudière qui a environ 2 m. 50 de profondeur.

A travers la plaque de tôle qui ferme la partie antérieure de la chaudière passent les becs de cinq brûleurs dont la

flamme remplit jusqu'au fond la chambre de chauffe C.
Les principales dimensions sont indiquées sur la figure.

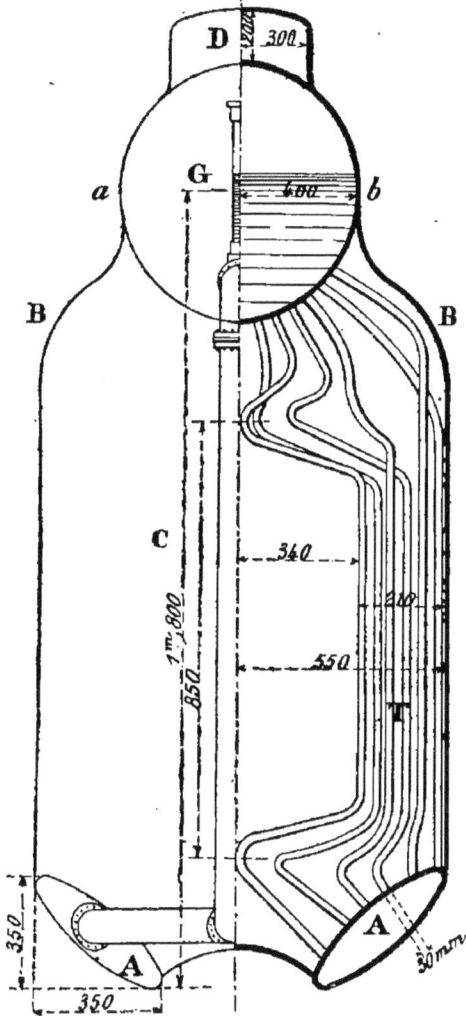

Fig. 104. — Chaudière du *Narval* (coupe transversale).

Cette chaudière pèse en tout, à pleine charge d'eau,

3.000 kilos, ce qui ne fait que 12 kilos par cheval-vapeur fourni par le moteur, puisque celui-ci développe 250 chevaux.

La chauffe se fait au moyen des brûleurs dans lesquels la pulvérisation du pétrole est obtenue par une adduction de vapeur sous pression, dosée à 4 o/o du poids de pétrole employé. — La machine fonctionnant en marche normale la vaporisation obtenue est environ de 14 kilos d'eau par mètre carré de surface de chauffe pour une consommation de 1 kilo de mazout ou pétrole brut ; — en poussant les feux à l'extrême, on réduit cette vaporisation à 11 kilos par mètre carré de surface de chauffe et par kilo de mazout, mais la consommation de pétrole atteint le triple de ce qu'elle était auparavant de sorte que la quantité de vapeur fournie dans un temps donné augmente dans le rapport de 33 à 14.

La vaporisation totale de la chaudière peut être évaluée normalement à 70 kilos d'eau environ par heure de chauffe.

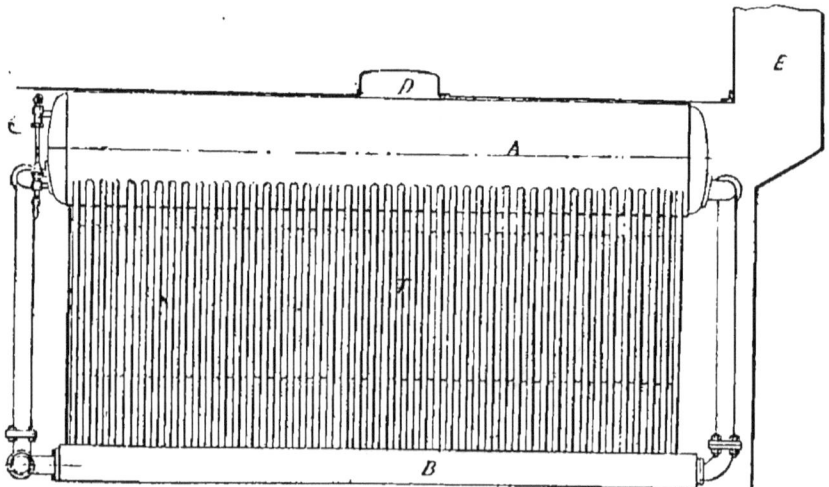

Fig. 105. — Chaudière du *Narval* (profil).

Le *Narval* possède les rayons d'action suivants :

1° A la surface :

252 milles à une vit. de 11 nœuds ; — 23 h. de navig.
ou 624   —   8 —   ; — 78   —

2° en plongée :

25 milles à une vitesse de 8 nœuds
ou 70 milles   —   5 —

La coque présente ici une disposition toute spéciale ; elle est double.

La coque intérieure, en tôle d'acier épaisse a une section circulaire et se termine en pointe aux deux extrémités ; la coque extérieure, qui l'enveloppe à une certaine distance, est en tôle mince et affecte la forme dissymétrique de la coque du *Gustave-Zédé*, l'arrière terminé en pointe, la partie supérieure avant horizontale et l'avant terminé par une sorte d'étrave verticale. Cette coque extérieure n'est pas étanche, au contraire elle est volontairement percée de trous au voisinage de la quille vers l'avant et l'arrière et à la partie supérieure ; — l'eau de la mer circule ainsi librement entre les deux coques où elle forme comme une cuirasse très sérieuse pour la coque intérieure tandis que la coque extérieure peut être criblée de projectiles qui la percent sans qu'il en résulte le moindre inconvénient (fig. 106).

Le *Narval* porte à sa partie supérieure un dôme de commandement cuirassé qui traverse la coque extérieure et auquel est adossée la cheminée courte, étroite et télescopique du foyer de la chaudière. Cette cheminée peut être rentrée, au moment de la plongée, au-dessous d'un capot étanche manœuvré de l'intérieur.

Le *Narval* peut naviguer dans trois positions différentes :

1° A la surface comme un torpilleur ordinaire ;

2º En torpilleur submersible, le dôme et la cheminée émergeant seuls.

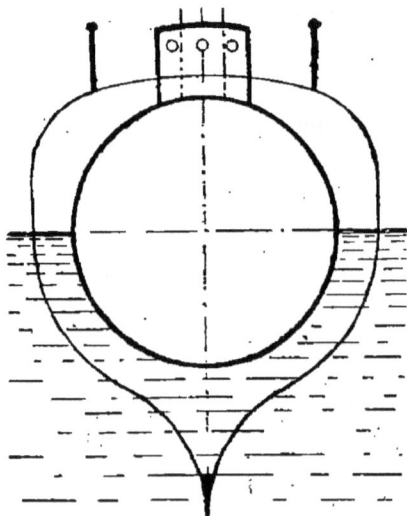

Fig. 106. — Le *Narval*.
Coupe schématique de la coque.

Dans ces deux positions l'hélice est actionnée par le moteur à vapeur.

3º En immersion complète, mu alors par son moteur électrique.

La flottabilité du *Narval* est toujours positive, la plongée, très régulière et laissant sensiblement horizontal l'axe du navire, s'obtient au moyen de deux paires de palettes horizontales placées symétriquement de chaque côté du bateau, une paire vers l'avant et une paire vers l'arrière. Ces gouvernails de plongée sont manœuvrés à la main au moyen d'un volant placé à peu près au centre du navire.

Le *Narval* est armé de quatre torpilles automobiles Whitehead de 0 m. 450 de diamètre que l'on confie à des appareils lance-torpilles du système Drzewiecki, lançant les torpilles par le travers.

Cet appareil lance-torpilles, très compliqué, est breveté ; nous renverrons donc ceux qui voudraient le connaître en détail au brevet dont le texte a été rédigé par l'inventeur.

Les essais du *Narval* qui avaient dû être interrompus au commencement de 1899 pour remédier au déséquilibre produit par la compensation imparfaite des pertes de poids dues à la combustion du pétrole ont été repris en novembre 1899. Ils ont d'ailleurs donné pleine et entière satisfaction et on considère si bien le *Narval* comme une unité de combat sérieuse et précieuse qu'il est probable qu'on en va faire un type régulier et définitif qui servira de modèle à toute une série de sous-marins actuellement en projet.

LE HOLLAND

(*Sous-marin américain*).

Le premier sous-marin imaginé par M. Holland fut honoré du prix mis au concours par le Ministère de la marine des Etats-Unis pour la construction d'un torpilleur sous-marin en 1895. Les bateaux de ce modèle sont aujourd'hui encore construits, comme ceux du modèle plus récent, par la « Holland Torpedo-Boat Company » de New-York, concessionnaire des brevets de M. Holland.

Voici d'après divers documents réunis par *le Yacht*, la description de ce bateau.

Le *Holland* a la forme d'une torpille Whitehead, sur le dos de laquelle est placé un capot en forme de périssoire renversée. A l'avant de ce capot, existe un aileron vertical qui va jusqu'à la pointe de l'avant. Au-dessus, s'élève la cheminée. La longueur de la coque est d'environ 24 mètres, et son diamètre maximum de 3 m. 40 (fig. 107).

Le *Holland* peut naviguer de trois façons, soit lège, soit à fleur d'eau, soit complètement immergé. Lège, il

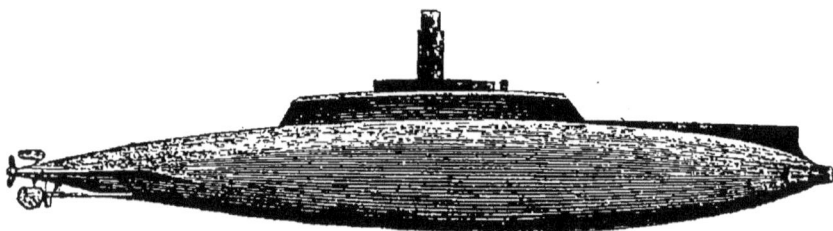

Fig. 107. — Le *Holland* (premier modèle, vue extérieure).

déplace environ 118 tx ; son capot tout entier et la partie supérieure de sa carène émergent au-dessus de la surface de l'eau. Lorsqu'il se trouve à fleur d'eau, il déplace 137 tx 84, la partie supérieure du capot seule émerge, ainsi que la cheminée. Dans cette position, une fois la cheminée rentrée à l'intérieur, il ne possède plus qu'une flottabilité, de 620 kg que l'action des gouvernails horizontaux suffit à vaincre. Complètement immergé, il déplace 138 tx 5.

L'appareil moteur du *Holland* se compose d'une chaudière à tubes d'eau, chauffée au pétrole, de trois machines à vapeur à triple expansion actionnant chacune une hélice, de trois dynamos montées sur les arbres porte-hélices, enfin d'une batterie d'accumulateurs. C'est le dispositif de cet appareil moteur, qui constitue la supériorité du *Holland* sur nos sous-marins actuels *Gymnote*, *Gustave-Zédé*, lesquels sont uniquement mus par des dynamos actionnées par des batteries d'accumulateurs.

La nécessité de revenir charger les accumulateurs au port, le peu d'énergie électrique qu'ils peuvent emmagasiner réduisent dans des limites beaucoup trop faibles le rayon d'action et la vitesse de nos sous-marins. Les accumulateurs sont, de plus, des appareils capricieux, mal connus et sujets à se détériorer rapidement. La surveil-

lance et l'entretien simultanés du grand nombre d'accumulateurs que l'on est obligé de rassembler dans l'intérieur d'un sous-marin pour fournir l'énergie électrique
nécessaire à sa propulsion, sont pratiquement impossibles.
Ces diverses circonstances enlèvent presque toute valeur
militaire à des sous-marins uniquement mus par des accumulateurs. Le *Holland*, au contraire, navigue à la vapeur
comme un torpilleur ordinaire tant qu'il peut maintenir
sa cheminée hors de l'eau. Lorsqu'il est contraint de plonger, la cheminée est rentrée entièrement à l'intérieur et
son passage obturé, la vapeur fournie par l'eau sous pression de la chaudière continue à faire tourner les machines.
Quand cette vapeur est complètement épuisée, les machines
à vapeur sont débrayées et les hélices sont mues par les
dynamos auxquelles le courant est fourni par la batterie
d'accumulateurs.

Le temps pendant lequel un sous-marin a besoin de
faire route sous l'eau est assez faible, quelques heures au
maximum. Dans la plupart des opérations militaires où il
paraît susceptible d'être employé il n'aura même probablement besoin d'exécuter que des plongées de quelques
minutes. Les batteries d'accumulateurs n'ont donc pas
besoin d'être extrêmement puissantes. Elles pourront être
composées d'éléments lourds et beaucoup plus stables et
plus faciles à entretenir que les éléments de poids réduit
que l'on est obligé d'employer dans les sous-marins purement électriques. Enfin, point capital, elles peuvent être
rechargées pendant la marche à la vapeur, au moyen des
dynamos-motrices. Le rayon d'action du *Holland*, étant
donc simplement limité par la dimension de ses soutes à
combustibles, peut être aussi étendu que celui de n'importe
quel torpilleur.

D'après le marché passé entre le Gouvernement des
Etats-Unis et la « Holland Torpedo-Boat Company », le

temps nécessaire pour mettre le *Holland* en état de plonger ne doit pas excéder une minute, lorsqu'il navigue dans la position lège. Lorsqu'il se trouve à fleur d'eau, le temps nécessaire pour éteindre le feu, rentrer la cheminée et obturer son passage ne doit pas dépasser trente secondes.

Les machines du *Holland* développent environ 1.800 chevaux à l'allure maxima. A cette puissance correspond une vitesse de 15 nœuds, lorsque le bâtiment navigue lège et une vitesse de 14 nœuds, lorsqu'il navigue à fleur d'eau. Complètement immergé et mû par les dynamos, il filera de 8 à 9 nœuds. Un couplage particulier des accumulateurs lui permettra même d'atteindre la vitesse de 12 nœuds, pendant quelques instants.

Le *Holland* peut passer de la position à fleur d'eau à la position submergée de deux façons ; par l'action de ses gouvernails horizontaux lorsqu'il est en vitesse ; par celle de deux hélices à axe vertical et situées sous le bateau, l'une à l'avant, l'autre à l'arrière, lorsqu'il est au repos Dans ce dernier cas, la flottabilité est réduite à 150 kilos environ par l'emplissage d'un petit réservoir. Le jeu des hélices horizontales permettra évidemment de maintenir le bâtiment immobile entre deux eaux. Les mouvements d'émersion et d'immersion nécessaires pour passer de la position lège à la position à fleur d'eau s'obtiennent au moyen de la vidange et de l'emplissage d'un water-ballast. L'emplissage se produit par la simple ouverture de prises d'eau, la vidange est obtenue soit au moyen de pompes mues par des dynamos, soit en mettant le water-ballast en communication avec un réservoir à air comprimé et en ouvrant les prises d'eau.

De plus, paraît-il, les différents compartiments du water-ballast communiquent les uns avec les autres au moyen d'une pompe actionnée par un dynamo et mise en mouvement par les changements d'assiette dus aux déplacements

des poids à bord. Les mouvements de l'eau qui forme lest
sont calculés de façon à contrebalancer ces changements
d'assiette.

Les échantillons de la coque du *Holland*, sont suffisants
pour que le bâtiment puisse naviguer à une profondeur de
vingt mètres, sans crainte de déformation. Un mécanisme
de sécurité l'empêche de descendre plus bas. Il consiste en
un diaphragme soumis à la pression de l'eau ambiante et
équilibré à deux atmosphères. Lorsque la pression dépasse
ce chiffre, le diaphragme se déplace, établit un contact
électrique et met en mouvement une pompe de vidange
du water-ballast. Outre cet appareil, le *Holland* possède
d'autres moyens pour empêcher sa submersion ; un poids
de plusieurs centaines de kilos peut être abandonné instantanément ; la mise en communication du réservoir à
air comprimé et du water-ballast permet de vider ce dernier en un temps très court.

Le *Holland* est muni de l'appareil de visibilité ordinaire
des sous-marins et qui consiste en un tube à télescope
émergeant au-dessus de la surface et portant à son extrémité un prisme à réflexion totale.

Lorsque le bâtiment navigue sous l'eau et que le tube
de visibilité est complètement rentré, l'inventeur pense
suivre une route rigoureusement rectiligne au moyen d'un
flotteur de forme rectangulaire remorqué à l'arrière et
agissant sur la barre du gouvernail vertical. Théoriquement, au moins, les déplacements latéraux d'un pareil flotteur, causés par les embardées, peuvent se repercuter sur
le gouvernail de façon à les compenser.

L'air nécessaire à la respiration est fourni à l'équipage
d'une façon continue par le réservoir d'air comprimé, l'air
vicié étant refoulé au dehors. La provision du réservoir
peut être renouvelée au moyen d'une pompe qui aspire
l'air au moyen d'un tube de caoutchouc terminé par une
poire qui flotte à la surface de l'eau.

Le capot du *Holland* renferme à l'avant le poste du commandant et les mécanismes de commande de tou_s

Fig. 108. — Le *Holland* à fleur d'eau (coupe).

les appareils du bord ; au milieu le passage de la cheminée ; à l'arrière les trous d'homme de communication avec l'extérieur. La partie supérieure de ce capot et ses murailles latérales sont protégées par des plaques harveyées. Elles ont 15 mm. d'épaisseur en haut et 50 mm. à la jonction du capot et de la coque. A l'avant, les murailles du capot sont percées de hublots, de sorte que le capitaine voit directement sa route lorsque le bâtiment navigue dans la position lège, et même lorsque dans la position à fleur d'eau, il se trouve au sommet d'une vague.

L'armement du *Holland* consiste en deux tubes lance-torpilles installés à l'avant et lançant des torpilles automobiles de 450 mm. de diamètre. Le bâtiment peut emporter cinq torpilles chargées.

Le *Holland* est le premier sous-marin construit sur des données rationnelles. Il peut croiser comme un torpilleur ordinaire. Il n'emploie les appareils particuliers, qui lui permettent de plonger, qu'au moment précis où il a besoin de le faire. Tant qu'il possède du pétrole dans ses soutes il peut se tenir prêt pour l'action. Bien que son défaut de vitesse lui interdise de poursuivre et d'atteindre aucun des navires de guerre de construction récente, il n'en possède pas moins une valeur militaire incontestable. Lorsqu'il navigue à fleur d'eau, il est pratiquement invulnérable, à cause du peu d'étendue de la cible qu'il offre aux coups. Il le devient tout à fait dès qu'il s'enfonce sous l'eau. Malheureusement il n'est pas aussi invisible qu'un sous-marin uniquement mu par des accumulateurs. Sa cheminée et la fumée qui s'en échappe le signaleront de loin et la plupart du temps avertiront son ennemi à temps. S'il peut le surprendre, ou si cet ennemi n'a pas le temps de se mettre en vitesse suffisante, il s'en approchera impunément, plongera hors de la portée des torpilles automobiles et marchant vers lui en remontant deux ou trois fois à la surface pour rectifier sa route, il arrivera à bonne distance pour le torpiller sûrement.

De même, il pourra rendre de grands services dans la défense d'une passe, le forcement d'une ligne de blocus. Enfin il pourra servir de courrier et traverser n'importe quelles lignes ennemies. Naviguant à fleur d'eau, plongeant de temps à autre pour dépister l'ennemi il peut passer partout. Il peut ainsi parcourir en toute sécurité de longues distances, parce que, pouvant recharger ses accumulateurs lorsqu'il navigue à la vapeur, il est toujours prêt à plonger. Si par hasard il est pris au dépourvu, avec ses accumulateurs à peu près déchargés, il n'a qu'à plonger et demeurer entre deux eaux immobile jusqu'à lasser la patience de l'ennemi.

Le deuxième sous-marin construit par M. Holland diffère peu du précédent ; — il présente cependant quelques perfectionnements notables, décrits et appréciés en leur temps dans la revue *Scientific American.*

Le *Holland* a 15 m. 60 de longueur et 3 m. 10 de diamètre. Son déplacement lége est de 64 tx. Quand il est complètement immergé, il déplace 74 tx 4. Sa réserve de flottabilité est alors de 0 t. 2. Lorsqu'il demeure immobile, ou qu'il navigue les gouvernails horizontaux droits, il flotte à la surface, le sommet de sa tour à gouverner hors de l'eau. Sa coque, de section circulaire, a la forme d'une torpille Whitehead ; elle est plus grosse à l'avant qu'à l'arrirre. Elle porte sur son dos une superstructure terminée par une surface plane, laquelle sert de pont lorsque le bateau navigue lège ; la tour à gouverner se trouve à peu près exactement en son milieu.

Comme le montre la section longitudinale reproduite-ci-contre (fig. 109), la coque du *Holland* est divisée en trois

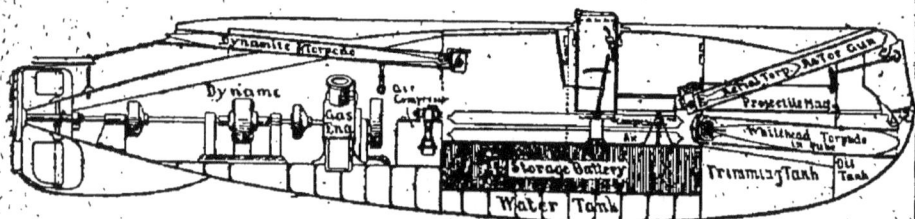

Fig. 109. — Le *Holland* (second modèle), coupe longitudinale.

compartiments. Le premier contient le tube lance-torpilles et le canon pneumatique, le réservoir à pétrole et un réservoir à eau qui sert spécialement à conserver l'assiette. Le compartiment milieu contient la tour à gouverner, les réservoirs d'air comprimé, les batteries d'accumulateurs et, dans le fond, un water-ballast. Dans ce compartiment se trouvent tous les appareils de manœuvre et de réglage. Enfin à l'arrière, se trouvent la machine à gaz et la dynamo motrice, ainsi qu'un second canon pneumatique.

La machine à gazoline développe 5o chevaux, et actionne une seule hélice. Lorsqu'elle marche à toute vitesse le bateau file 8 nœuds à fleur d'eau. Sur l'arbre moteur se trouve une dynamo, qui sert à charger les accumulateurs et à actionner l'hélice au moyen de l'électricité emmagasinée dans ces accumulateurs, lorsque le bateau est complètement immergé.

L'approvisionnement de gazoline est paraît-il suffisant pour permettre au *Holland* de parcourir 2.000 milles. Les accumulateurs pèsent 21 tonnes, ils sont assez puissants pour permettre à la dynamo de développer 5o chevaux sur l'arbre moteur, de sorte que le *Holland* possède à peu près la même vitesse complètement immergé et à fleur d'eau.

L'immersion s'obtient par l'emplissage des water-ballast et l'inclinaison des gouvernails horizontaux, lorsque le bateau est en marche, et simplement par l'emplissage des water-ballast lorsqu'il est en repos. Un manomètre indique la profondeur à laquelle il se trouve. Cette profondeur peut être réglée automatiquement par des appareils analogues à ceux des torpilles Whitehead. La coque, construite en tôle et cornières d'acier est susceptille de résister à une pression de deux atmosphères de sorte que le *Holland* peut naviguer en toute sécurité entre la surface et un plan situé à 2o mètres en dessous. La situation des accumulateurs et des réservoirs à eau, qui se trouvent au-dessous de l'axe du bateau, assure la stabilité latérale. Des appareils compensateurs qui font circuler l'eau d'un réservoir à l'autre quand on déplace des poids à bord, ou introduisent l'eau extérieure au fur et à mesure de l'épuisement des soutes à pétrole ou lorsqu'on décharge une torpille, assurent la fixité de la position du centre de gravité en longueur et la stabilité longitudinale du sous-marin.

La tour à gouverner a un diamètre de o m. 6o. Elle est

à télescope : deux secondes suffisent pour la faire monter à o m. 60 au-dessus du pont et la rentrer complètement à l'intérieur. Quand le bateau navigue à fleur d'eau, le com-

Fig. 110. — Le *Holland*, bord à quai.

mandant inspecte l'horizon par les hublots percés au sommet de cette tour. Quand il est complètement immergé, un tube portant à son extrémité un prisme à réflexion totale fait saillie au-dessus de la surface de l'eau et projette une image de la mer sur une feuille de papier blanc. L'air frais est fourni à l'équipage par les réservoirs d'air comprimé et l'air vicié est expulsé par une pompe. En marche, sous l'eau, on peut remplir les réservoirs à l'aide d'une pompe qui aspire l'air au moyen d'un tuyau aboutissant à une poire en caoutchouc flottant à la surface de la mer.

Les réservoirs peuvent fournir l'air respirable nécessaire à l'équipage pendant huit ou dix heures sans avoir besoin de recourir à cet expédient. Enfin, le *Holland* remorque une boule suspendue à un câble. Lorsqu'elle touche le fond ou un objet quelconque, le choc détermine un contact électrique, lequel met en jeu une sonnerie d'avertissement.

L'armement du *Holland* comprend un tube lance-torpilles sous-marin ordinaire placé dans l'axe, à l'avant ; un canon pneumatique installé au-dessus du tube, et qui peut lancer dans l'atmosphère des projectiles de 90 kilos contenant 50 kilos d'explosifs à une portée maximum de 1.600 mètres ; enfin, à l'arrière, un second canon pneumatique, capable de lancer sous l'eau, à une portée de 90 à 100 mètres, un projectile contenant 50 kilos d'explosifs. Le *Holland* est aménagé pour emporter 3 torpilles, 6 projectiles aériens et 5 projectiles sous-marins. Son équipage normal est de six hommes, mais à la rigueur quatre suffisent pour la manœuvre.

Le *Holland* est, paraît-il, fort réussi. Il manœuvre supérieurement et plonge à volonté. Sa course sous l'eau est très facilement réglée par ses divers appareils automatiques. Il remonte instantanément à la surface en mettant ses réservoirs d'air comprimé en communication avec ses water-ballast.

Ce succès n'a rien que de naturel d'ailleurs, M. Holland s'occupe des questions de navigation sous-marine depuis plus de vingt ans et le *Holland* est le sixième sous-marin dont il dresse les plans et le cinquième qu'il expérimente. Le premier, construit en 1877, à New-York, par l'Albany City Iron Works, avait 4 m. 40 de long, o m. 90 de large et o m. 75 de creux. Il était à double coque, l'enveloppe intérieure cylindrique contenait l'appareil moteur, une machine à pétrole de 4 chevaux et l'espace compris entre

20..

les deux coques servait de water-ballast. Ce bateau ou plutôt ce petit modèle, était muni de gouvernails horizontaux
et verticaux. Il fut soumis à une série d'expériences qui
durèrent neuf mois et au cours desquelles M. Holland
acquit la certitude que le parcours d'un sous-marin sous
la surface de l'eau pouvait être réglé et contrôlé.

A la suite de ces essais, la machine, qui d'ailleurs n'a-
vait pas donné de bons résultats fut retirée du bateau, et
la coque fut coulée. Le second bateau de M. Holland, construit aux chantiers de la Delamater Iron Works, à New-
York, lui fut livré en 1881. Ce bateau avait 9 m. 50 de
longueur, 1 m. 80 de diamètre et 15 tx de déplacement. Il
fut muni d'un moteur à pétrole Brayton de 15 chevaux et
d'un canon pneumatique de 3 m. 15 de longueur et
o m. 23 de diamètre. M. Holland manœuvrait son bateau
avec l'aide d'un seul mécanicien. La plupart de ses
courses sous l'eau eurent lieu dans la North-River à New-
York. Le canon pneumatique lançait des projectiles à
40 mètres environ. C'est de ces expériences que date la
vogue des canons pneumatiques aux Etats-Unis. Après ce
sous-marin, M. Holland en fit construire un autre, qu'il
avait l'intention de munir d'une machine utilisant l'énergie produite par l'explosion de la poudre à canon. Mais
avant qu'il pût mettre son projet en exécution, le bateau
sombra par accident, le mouvement de fermeture des valves
n'ayant pas fonctionné. Il fut remplacé par le *Zalinski*
construit à Fort-Lafayette. Ce bateau avait 12 mètres de
longueur, 2 m. 60 de diamètre ; il devait être armé d'un
canon pneumatique de fort calibre. Sa coque était de construction composite avec bordé extérieur en bois. Malheureusement, à son lancement, le *Zalinski* brisa son berceau
se jeta sur les rochers et se fit de graves avaries. Il ne fut
que sommairement reparé et servit dans un bassin à des
expériences d'immersion et de manœuvre des water-ballast.

Des résultats de ces différents essais, M. Holland conclut que dans un sous-marin la position du centre de gravité doit être maintenue aussi fixe que possible. Quand

Fig. 111. — Le *Holland* (dernier modèle), vue bâbord avant.

un sous-marin navigue complètement immergé, le centre de gravité ne doit pas être déplacé. Ce sont les changements de position du centre de gravité qui sont cause de la plupart des insuccès et des accidents. Ils empêchent de plonger à volonté ou font descendre à une trop grande profondeur. De là, les mécanismes placés dans les deux derniers bateaux de M. Holland, le *Plongeur* et le *Holland* et destinés à compenser automatiquement les déplacements et les pertes de poids.

Le *Plongeur,* construit pour le compte du gouvernement, a 25 m. 50 de longueur, 3 m. 50 de diamètre. Lorsqu'il navigue à la surface de l'eau, il déplace 150 tx et lorsqu'il navigue entièrement immergé, 165 tonneaux. Sa réserve de flottabilité est d'environ 1/4 de tonne. Il est mu par trois machines à vapeur, deux de 600 chevaux et une de 300 chevaux et actionnant chacune une hélice. La vapeur est fournie par une chaudière multitubulaire du type Mosher de 270 mètres carrés de surface de chauffe et brûlant 900 kilos de pétrole à l'heure. La vitesse lége et lorsque le bâtiment navigue à la vapeur est de 15 nœuds. A fleur d'eau la vitesse garantie est de 14 nœuds pendant douze heures.

Fig. 112. — Le *Holland* (dernier modèle), vue babord arrière.

Lorsque le *Plongeur* est immergé, ses hélices sont mues par une dynamo de 70 chevaux actionnée par une batterie d'accumulateurs. Dans ces conditions il peut marcher à six heures à huit nœuds seulement.

Le *Plongeur* est muni de tous les appareils de contrôle et de manœuvre qui existent sur le *Holland*. Il possède, en plus, deux hélices horizontales qui ont été installées après coup. Le *Holland* n'a d'ailleurs été construit que pour permettre l'essai de ses appareils et de juger leur valeur avant leur application au *Plongeur*.

En résumé, les Américains sont arrivés au point où nous en sommes depuis le *Gymnote* et le *Zédé*, c'est-à-dire qu'ils ont résolu les questions de pure navigation sous-marine. Il leur reste, comme à nous, à trouver ou plutôt à mettre en lumière l'utilisation militaire du sous-marin. Les trois tubes lance-torpilles du *Holland* sont des armes d'une incontestable valeur, mais encore faut-il pouvoir s'en servir, et voir suffisamment le but à atteindre pour pouvoir le viser. Les Américains ne semblent pas attacher la moindre importance au peu d'étendue et au manque de netteté du champ de visibilité à bord des sous-marins. Peut-être aussi, en France, nous exagérons-nous cette difficulté. Il est après tout possible qu'avec de l'habitude certains commandants parviennent à se diriger facilement au moyen de la chambre claire.

LE PÉRAL

(bateau sous-marin espagnol)

Le bateau sous-marin appartenant au gouvernement espagnol, qui semble vouloir faire grand secret de sa nature et de son organisation intérieure, a été imaginé par le lieutenant Isaac Péral en 1886. Construit sous la direction de son inventeur à l'arsenal de la Carrache il a été lancé le 25 octobre 1887 et en même temps la couronne

Fig. 113. — Le *Péral*, schéma des aménagements.

20...

d'Espagne faisait noble Don Isaac Péral et lui allouait une prime honorifique et rémunératrice de 500.000 francs.

Le *Péral* est un bateau de 87 tonneaux de déplacement total avec un tirant d'eau de 0 m. 95 seulement quand il flotte à la surface. Il est long de 22 mètres et large de 2 m. 85 au maître couple. Il a deux hélices de propulsion actionnées chacune par un moteur électrique de 30 chevaux environ puisant leur énergie à une batterie d'accumulateurs de 600 éléments.

L'immersion s'obtient au moyen de réservoirs à eau formant water-ballast et qui servent à rendre à peu près nulle la flottabilité; des hélices de sustentation à axe vertical viennent achever l'immersion et régler sa profondeur.

Ces hélices de sustentation sont actionnées par deux moteurs électriques de cinq chevaux chacun. Trois autres moteurs de cinq chevaux actionnent les pompes à eau et à air et servent à assurer tous les services du bord.

Le *Péral* contient de grands réservoirs d'air comprimé destinés à renouveler l'air à l'intérieur ; on a prétendu — mais il faudrait en être bien sûr — que ces réservoirs permettaient au bateau de demeurer immergé pendant 48 heures sans que l'équipage eût à en souffrir. Une pompe d'alimentation passe l'air comprimé dans un détendeur qui le répand dans le navire tandis qu'une autre pompe expulse l'air vicié à l'extérieur.

Une lampe électrique très puissante permet à ce bateau d'éclairer la région qui l'avoisine et les fonds auprès desquels il navigue.

Son armement se compose de torpilles automobiles Schwartzkopf confiées à un tube lance-torpilles unique placé à l'avant et vers le haut du navire.

Les essais du *Péral* ont eu lieu en 1889 et 1890 dans la rade de Cadix. Voici comment en rend brièvement compte d'une dépêche officielle :

De Cadix, le 23 décembre 1889,

Au ministre de la marine espagnole,

« Le *Péral* est sorti ce matin de l'arsenal de la Carrache ; il a traversé la rade sans incident en faisant route
sur Rota. En vue et à proximité de cette position il a fermé
ses capots, rempli ses réservoirs et s'est enfoncé à une profondeur de 9 mètres. Il a navigué ainsi pendant 16 minutes au moins faisant route au Sud-Ouest. Il est ensuite
remonté sans s'arrêter à la surface puis il s'est bientôt

Fig. 114. — Le *Péral* naviguant à fleur d'eau.

immergé une seconde fois constatant alors qu'il ne déviait
pas sensiblement de la profondeur qui avait été choisie, —
Les plus grands écarts étaient de 20 à 30 centimètres.
Avant de rentrer, il a parcouru la rade en tous sens et est
revenu dans le port à 4 heures après-midi ».

La longueur du parcours effectué en immersion complète a été évaluée par le lieutenant Péral lui-même, à
4 milles à peu près.

Le dernier essai du *Péral* a été fait le 28 juin 1890. Le

thème choisi était une attaque de nuit dirigée contre le croiseur *Colon*. Malgré la puissance de ses projecteurs électriques, le croiseur ne put parvenir à voir le *Péral* s'approcher de lui pour lui envoyer sa torpille. Ce sous-marin put arriver jusqu'au grand navire et lâcher sa torpille d'expérience à une distance de 10 mètres ; — il est clair que dans un combat réel il eut pu et dû opérer de beaucoup plus loin.

Malgré ces beaux résultats qui soulevèrent en Espagne un grand enthousiasme le *Péral* demeura, et demeure encore, dans les bassins du port de Cadix. D'aucuns ont prétendu que les communiqués du gouvernement étaient fort embellis et que le *Péral* n'avait jamais pu revenir au port qu'à l'aide d'une remorque, — mais il y a de mauvaises langues partout. Le fait est que, avec les titres de noblesse, les décorations et les gratifications du lieutenant Péral s'arrête la carrière de son navire et que, même pendant la guerre cubaine et devant la menace du *Holland* qui ne donna pas non plus, le croiseur dynamite *Vesuvius* ayant paru suffisant à l'amirauté des Etats-Unis, le *Péral* demeura en Espagne et ne prit part à aucun combat.

Classification des sous-marins modernes

Nous avons assez vu maintenant ce que c'est qu'un sous-marin et comment il se comporte ; — avant d'aborder l'étude de son mode d'action dans une guerre maritime il est bon de chercher si les différents types connus et adoptés ne seraient pas capables de se rattacher à des sortes de familles ne comportant que des sous-marins reposant sur les mêmes principes, possédant les mêmes organes essentiels et par suite susceptibles des mêmes emplois effectifs bien déterminés et délimités pour chacune.

Deux éléments d'appréciation sont ici immédiatement en cause ; — la nature du ou des moteurs et le procédé d'immersion ; — en considérant encore le tonnage pour lequel on peut établir une sorte d'échelle parallèlement à laquelle s'établiraient des échelles de rayon d'action et d'habitabilité en même temps que de difficulté de transport à distance, nous arriverons à définir dans les bateaux sous-marins quatre genres distincts que nous allons rapidement passer en revue et analyser.

1° *Sous-marins à flottabilité nulle.* — Ces bateaux, dont les deux types construits par M. Goubet sont actuellement en France les seuls échantillons, sont d'un tonnage très faible et il n'apparaît en aucune façon que l'on songe à appliquer le système d'immersion par annulation de la flottabilité à des navires plus grands où il aurait toutes chances de donner des résultats fort mauvais. Leur rayon d'action est très restreint et leur vitesse faible mais ils jouissent de la faculté de pouvoir s'immerger sur place et stopper entre deux eaux, Ils pourraient, grâce à cela, garder efficacement une passe étroite en se plaçant en sentinelle sous-marine conservant au moyen d'un appareil de vision indirecte, aussi petit que possible pour pouvoir servir d'assez près, la visibilité de l'horizon ; attendre ainsi au passage un ennemi qu'on ne pourrait poursuivre ou un assaillant qui viendrait lui-même se faire torpiller de très près en s'engageant dans le chenal.

Le moteur de ces navires est uniquement électrique. L'exiguïté de leur rayon d'action ne leur permet que des opérations dans le port où à l'entrée même au port dont ils sont incapables de s'éloigner.

On peut prévoir encore le cas où, en raison de leur faible poids et de leur petit volume, des sous-marins de cette nature seraient pris au porte-manteaux par les grands navires de ligne et emportés au large pour être mis à la mer au moment d'un combat d'escadres ; l'expérience n'a pas été faite mais la manœuvre, assurément, serait relativement facile.

Jusqu'ici la construction des sous-marins à flottabilité nulle s'est arrêtée aux modèles imaginés par M. Goubet et aucun travail n'est en cours sur des données analogues ; il faut donc voir là une famille de navires qui semble appelée à tenir bien peu de place dans le matériel naval sinon à en disparaître presque sans y être entrée.

2° *Sous-marins électriques à flottabilité positive.* —Ce sont des bateaux possédant un moteur unique — une dynamo actionnée par des accumulateurs, – qui restent toujours plus légers que leur déplacement en immersion et s'immergent sous l'action de gouvernails horizontaux. Leur rayon d'action n'est jamais excessivement étendu, mais cependant, quand ils sont d'un tonnage suffisant, ils peuvent tenir la mer pendant de longues heures et opérer efficacement et sans danger dans toute la région voisine de leur port d'attache. Ce sont essentiellement les sous-marins de la défense mobile.

Un d'eux, *le Gymnote*, est assez petit pour pouvoir être aussi emporté au large par un cuirassé mais il y a peu de chances pour que l'essai en soit fait.

De ce type nous avons encore *Le Gustave-Zédé* et *le Morse*, actuellement en service, *l'Algérien* et *le Français* à la mer depuis peu pour essais et un certain nombre en construction.

3° *Sous-marins autonomes.* — Ce sont des navires d'un déplacement assez élevé pour des sous-marins, — au moins 100 tonneaux à l'état lège et 180 ou 200 et plus en immersion complète, — qui naviguent toujours avec une flottabilité positive assez grande. Ils sont caractérisé surtout par ce fait qu'ils sont pourvus de deux moteurs distincts et de nature différente ; — l'un est un moteur électrique actionné par une batterie d'accumulateurs qui ne doit servir qu'à la marche en immersion complète, — l'autre est un moteur à feu, généralement une machine à vapeur avec chaudière chauffée au pétrole, qui sert à la marche à la surface ou en affleurement. Cette machine peut d'ailleurs aussi actionner la dynamo pour permettre de recharger les accumulateurs en vue d'une nouvelle plongée quand ils ont été déjà épuisés par une première navigation entre deux eaux.

La façon d'agir de ces navires est la suivante : à l'état lège, les réservoirs de *water ballast* étant vides, le bateau navigue comme un torpilleur ordinaire ; quand il remplit ses réservoirs d'immersion il passe à la position d'affleurement au ras de la plate-forme, le dôme de commandement et la cheminée demeurant hors de l'eau. La plongée se fait à partir de cette position en agissant sur les gouvernails horizontaux après avoir préalablement éteint les feux, rentré la cheminée télescopique sous son capot étenche est mis en action le moteur électrique.

Le grand rayon d'action de ces sous-marins leur permet des mouvements offensifs à des distances inaccessibles aux autres ; ils seront en même temps qu'une défense des côtes une menace sérieuse pour les côtes peu éloignées de l'ennemi ; — de plus si l'on tient compte de ce que les grands navires peuvent facilement emporter du pétrole en très grande quantité et ravitailler les sous-marins au fur et à mesure de leurs besoins, nous voyons que le sous-marin autonome d'un tonnage suffisant pour bien tenir la mer serait fort capable. — et lui seulement, — d'accompagner une escadre au large et de prendre part à toutes ses évolutions et à toutes les opérations d'une grande guerre.

De ce type nous n'avons encore que le *Narval* mais plusieurs sont à l'étude ou en projet. Au même groupe il faut rattacher les sous-marins de M. Holland.

4° *Torpilleurs submersibles*. — Ce sont, — ou plutôt ce seront — des navires d'un type intermédiaire entre le sous-marin et le torpilleur. Ces bateaux destinés à naviguer seulement à l'état lège ou dans la position d'affleurement, leur dôme de commandement restant toujours hors d'eau, n'ont qu'un seul moteur : — une machine à vapeur. La possibilité de naviguer la coque complètement immergée et le dôme cuirassé du commandant au-dessus de la surface les rends beaucoup moins visibles et moins vulnérables que les torpilleurs ordinaires ; ils gagneront donc un peu des qualités du sous-marin tout en évitant la complication du double moteur et des gouvernails de plongée.

Aucun de ces navires n'est actuellement construit, mais on dit grand bien d'un projet présenté par M. Drzewiecki et récompensé au concours du ministère de la marine. Ce bateau aura une coque double ; la partie inférieure de l'intervalle des deux coques contiendra le *water ballast* destiné au passage de la position lège à la position d'affleurement ; — l'intervalle entre la plate-forme supérieure qui viendra au ras de l'eau et la coque proprement dite sera rempli de matières molles au travers desquelles passeront la cheminée et le dôme de commandement qui seront fortement protégés.

Il faut, pour parler de ce navire, attendre au moins sa construction.

Tel est actuellement l'état du nouveau matériel maritime dont nous allons maintenant étudier l'emploi effectif, — sous réserve toutefois des modifications possibles, et probables, — qui peuvent survenir d'un jour à l'autre dans une question de solution aussi récente et en période d'évolution aussi active, en passe d'aussi rapides progrès.

QUATRIÈME PARTIE

La guerre maritime moderne

CHAPITRE PREMIER

TACTIQUE ET VALEUR MILITAIRE DU SOUS-MARIN

De l'étude assez longue que nous venons de faire des bateaux sous-marins tant dans leur réalité actuelle que dans l'examen théorique de leurs défectuosités et des moyens qui semblent les meilleurs pour les atténuer et les faire disparaître, il est temps de conclure à la valeur efficace d'un tel navire et de préjuger maintenant quels sont les résultats qu'il faut attendre de lui, — quels moyens aussi on devra employer pour que ces résultats soient produits dans les meilleures conditions de sécurité et de rendement, c'est-à-dire de déterminer ce que peut tenter un sous-marin et les conditions dans lesquelles on devra le conduire et le faire agir pour que la tentative ait les plus grandes chances de succès.

Parmi les quatre catégories que nous avons établies entre les bateaux sous-marins, quel que soit le type employé, son armement se composera toujours de torpilles automobiles. Il est clair qu'un torpilleur submersible usera de cette arme comme en usent les torpilleurs ordinaires, ayant seulement sur eux l'avantage incontestable d'être beaucoup moins vulnérable, offrant au feu de l'ennemi une cible très petite et bien protégée. Pour les sous-marins proprement dits il devient évident que le mode d'action devra être défini d'une façon toute spéciale et approprié au genre de marche que suit le navire en position de combat.

Il nous faut donc établir et fixer pour le sous-marin des règles d'attaque et de défense qui lui seront propres, c'est-à-dire définir la tactique dans les différents cas où il peut se trouver engagé.

Il est clair que pour effectuer une attaque quelconque le sous-marin devra agir pendant une période d'immersion complète de façon à pouvoir approcher sans être vu de l'ennemi à qui il destine son projectile. Toutefois, la marche en immersion étant beaucoup plus lente et plus difficile que la marche à la surface et ne pouvant se prolonger d'ailleurs, tant à cause de l'épuisement rapide des accumulateurs que de la nécessité de fournir à l'équipage une quantité suffisante d'air respirable,— il y a lieu de se préoccuper des moyens pratiques de réduire au minimum possible la longueur et la durée du parcours sous-marin.

L'idée toute naturelle qui a présidé à cette détermination a été l'étude de la distance la plus réduite à laquelle peut se mouvoir un sous-marin naviguant à la surface sans qu'il soit possible à un navire de l'apercevoir. Il y avait à prévoir que, en raison du peu de hauteur de la superstructure et de l'exiguïté de la partie émergée le sous-marin ne serait pas visible à une bien grande distance. Des expériences nombreuses, faites par un temps très clair et par une mer calme, — conditions évidemment dans lesquelles la vision sera possible plus loin que dans tout autre cas,— ont permis de fixer cette distance à 1.500

mètres environ. — Pour plus de sécurité, dans la pratique on a adopté la distance de un mille (1.852 mètres) que l'on appelle alors *Rayon maximum de visibilité*.

Un premier point est donc établi : Au delà d'un rayon de un mille de tout navire ennemi le sous-marin peut sans crainte marcher à la surface, mais aussitôt qu'il approche à moins de un mille il doit plonger pour se mettre sûrement hors de vue.

Trois cas maintenant peuvent se présenter suivant que le sous-marin dirigera son attaque sur un but fixe ou sur un but mobile ou bien voudra franchir dans un sens ou dans l'autre une ligne de blocus.

Imaginons d'abord qu'un sous-marin se propose d'attaquer un but immobile, par exemple un navire au mouillage. Il sait qu'il peut, sans danger aucun, s'approcher à un mille de ce navire ; il commencera donc par le faire en naviguant à la surface. Une fois à cette distance il prendra bien sa direction, repérera soigneusement son compas et au besoin son gyroscope, puis il plongera et continuera sous l'eau une route en ligne droite dans la direction du but.

Mais nous savons que pendant l'immersion le sous-marin peut subir à son insu une embardée latérale et prendre sous son influence une route parallèle à la première mais distante de celle-ci d'une quantité inconnue qui peut être supérieure à la longueur du but. Le bateau ne devra donc pas aller ainsi à l'estime jusqu'à la distance du lancement de son projectile, distance que l'on a fixée pour une torpille automobile lancée par un sous-marin, aux environs de 250 mètres ; — il lui sera nécessaire de vérifier au préalable s'il suit toujours la bonne route et au besoin de rectifier sa marche.

Pour cela, sa vitesse lui étant connue, quand il jugera être arrivé à une distance de 600 à 700 mètres de son but, il reviendra rapidement à la surface, vérifiera et rectifiera s'il y a lieu sa direction, puis plongera de nouveau pour venir, entre 250 et 300 mètres, envoyer sa torpille. Aussitôt il virera rapidement et fera route en sens inverse pour aller émerger à un mille au moins.

Le seul point délicat de cette manœuvre d'attaque est le retour à la surface à une distance de 700 mètres environ du navire attaqué, c'est-à-dire manifestement à l'intérieur du cercle de visibilité. Il est vrai que ce serait ici le cas ou jamais d'employer, au moins jusqu'à 700 mètres, un appareil de vision, par exemple un tube optique, — et c'est ce que l'on ferait si la mer était calme.

Il n'y a pas, d'ailleurs, dans cette émersion rapide, un danger bien sérieux. On a remarqué en effet que, dans les expériences faites, — expériences où l'attaque était connue à l'avance et même la direction dans laquelle elle devait se produire, — on apercevait à peine et quelquefois pas du tout le sous-marin du navire attaqué. — En tous cas le temps d'émersion était si court et la partie découverte si réduite qu'on n'est jamais parvenu à pointer sur lui, même un canon à tir rapide ou une pièce de petit calibre. Dans les conditions normales d'un combat, la houle aidant, peut-être un peu la brume et beaucoup l'émotion des hommes, il y aurait toutes chances pour que le sous-marin ne fût pas aperçu pendant les quelques secondes qu'il passe en affleurement, et, s'il l'était, il demeurerait invulnérable ayant plongé avant qu'on ait pu tirer sur lui.

Un cas plus intéressant, plus fréquent tout au moins, surtout si on se préoccupe de la guerre au large, serait l'attaque d'un but mobile, par exemple d'un navire croisant devant une rade ou se déplaçant dans une escadre de combat. La tactique ici, bien qu'un peu plus compliquée, demeure soumise aux mêmes principes.

Le sous-marin connaissant sa vitesse évaluera la vitesse
et la direction du but qu'il se propose d'attaquer et déterminera au moyen de ces deux éléments une direction
oblique telle que les routes des deux navires se croisent en
un point tel que la torpille lancée à une distance de 250
mètres de ce point y arrive en même temps que le navire
auquel elle est destinée. C'est là un problème banal dont
la solution dépend de la méthode dite *du Relèvement
constant* qui n'est pas particulière au sous-marin, mais
d'un usage courant dans toute navigation et même en
artillerie.

La difficulté sera seulement de s'assurer que le navire
attaqué n'a modifié ni son allure ni sa route pendant la
période d'immersion où il est invisible au sous-marin.
C'est ce qu'indiquera une première fois le retour en
affleurement à une distance d'environ 700 mètres ; —
mais il faudra vérifier de nouveau cette condition en
émergeant rapidement à distance de lancement pour
plonger aussitôt et envoyer immédiatement le projectile si
on se trouve en effet dans les conditions convenables.

Si le navire attaqué n'a rien changé à sa route ni à son
allure pendant les périodes d'immersion du sous-marin,
tout se passera comme dans l'attaque d'un but fixe ; si
au contraire il a viré d'un bord ou d'un autre, ou s'il a
modifié notablement sa vitesse, l'attaque sera manquée
et il n'y aura plus, si la chose est possible, qu'à la recommencer d'après les mêmes principes en serrant l'ennemi
de plus près.

Il faut remarquer que la méthode du relèvement constant n'est pas applicable dans tous les cas et que dans
certaines positions relatives des navires et de leurs directions il sera impossible de trouver la route convenable à la
rencontre cherchée. C'est par exemple ce qui arriverait si
le sous-marin se trouvait par un bord et sur l'arrière

d'un navire ayant une vitesse supérieure à la sienne. Il faudra donc ici choisir son but de façon à pouvoir l'atteindre, mais ce sont là des questions si simples qu'elles ne demandent qu'à être rapidement signalées.

Imaginons, en effet, un sous-marin dont la position est M et un navire B se déplaçant suivant la route BX, (fig. 115.)

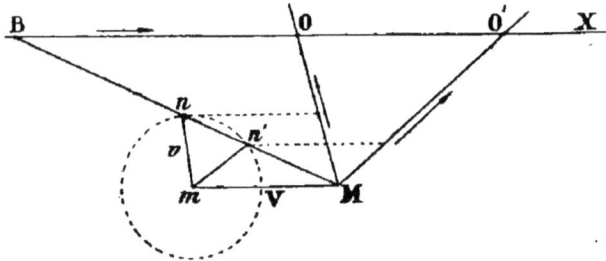

Fig. 115

Le sous-marin veut-il attaquer le navire, il portera sur la carte, à partir du point M, parallèlement à la droite OX et en sens inverse de la direction suivie par B un segment M*m* représentant géométriquement la vitesse V du navire B ; puis il décrira autour de *m* comme centre et en prenant pour rayon un segment *v* représentant géométriquement sa vitesse propre à la même échelle que M*m* représente V, une circonférence. Cette circonférence coupera en général la droite MB qui joint les positions des deux navires en deux points *n* et *n'* déterminant deux directions *mn* et *mn'* qui détermineront les routes par lesquelles le sous-marin M pourra attaquer le navire B. Ces routes à suivre seront les parallèles MO et MO' menées par M à *mn* et *mn'* ; — cela est évident d'après l'examen de la figure. Il est clair que, hormis le cas où la route MO, qui est la plus courte, ne serait pas praticable, ce sera celle qui sera suivie de préférence ; — si elle n'est pas libre le sous-marin choisira la route MO'.

Des deux routes ainsi offertes au sous-marin pour effectuer son attaque, l'une pourrait se trouver illusoire, — ce serait une solution étrangère du problème géométrique, — tel est le cas de la fig. 116 où la direction MO″ est diver-

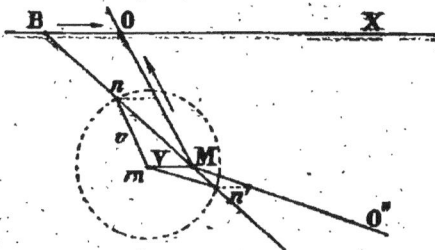

Fig. 116

gente avec la direction BX. Ce cas qui est celui où la vitesse du sous-marin est supérieure à celle du navire attaqué ne se présentera à peu près jamais dans la pratique.

La fig. 117 nous montre le cas où la droite BM se trouve

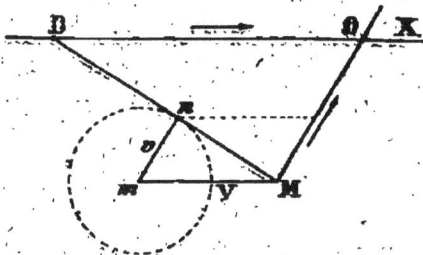

Fig. 117

tangente au cercle de rayon v qui détermine le point n. Dans ce cas, l'attaque n'est possible que dans la direction MO qui est alors perpendiculaire à la direction dans laquelle le sous-marin voit son adversaire au moment où il se lance pour l'attaquer.

La figure 118, enfin, nous montre le cas où le point n n'existe plus, c'est-à-dire où les positions respectives des deux navires et le rapport de leurs vitesses ne permettent pas une attaque du vaisseau B par le sous-marin M. — Il est clair que pour une même vitesse V ce cas sera d'autant plus rare que v sera plus grand et que, en particulier, si, comme dans la figure 116, v était supérieur à V, il ne se

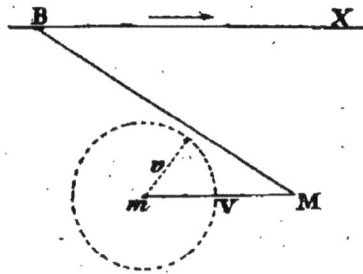

Fig. 118

produirait jamais. Nous voyons donc ici une raison importante pour pousser les constructeurs à réaliser des sous-marins aussi rapides que possible, et c'est une chose à laquelle on s'applique malgré que l'on n'espère pas encore leur faire atteindre des vitesses égales à celles des navires ordinaires à grande vitesse — avisos ou croiseurs rapides.

Le sous-marin peut encore être utilisé au forcement d'une ligne de blocus, soit pour sortir d'un port et aller retrouver des navires au large ou à un port voisin, soit au contraire afin de pénétrer dans une rade bloquée ou surveillée et même torpiller quelque navire ennemi au mouillage.

S'il s'agit de sortir d'un port bloqué, pour emporter par exemple un ordre ou une dépêche quelconque à destination d'une escadre en mer, le sous-marin prendra du port la direction du large, plongera assez profondément pour que si, dans ses déplacements, un navire du blocus venait à croiser sa route à son aplomb il puisse passer dessous sans être touché, et filera ainsi en ligne droite jusqu'à ce qu'il ait dépassé le rayon de visibilité des navires ennemis.

Si au contraire un sous-marin venant du large veut aller attaquer un navire au mouillage dans une rade surveillée et jeter ainsi le désarroi dans la flotte ennemie, il plongera à un mille du cordon de surveillance, le dépassera en passant au besoin par dessous les navires du blocus sans revenir à la surface, puis, une fois dans la rade, émergera rapidement pour prendre en quelques secondes sa direction et effectuera son attaque comme on l'a vu ci-dessus. Aussitôt sa torpille envoyée il virera rapidement et reprendra le large en franchissant une seconde fois par-dessous la ligne de blocus.

Un fait curieux est à noter, qui prend naturellement sa place ici, et qui est de haute importance pour fixer la valeur militaire d'un sous-marin.

On s'est demandé en effet, tout en constatant l'invisibilité du navire pendant une attaque s'il ne serait pas possible de prévoir son approche autrement et de l'éviter. Nous avons déjà dit un mot de la surveillance qu'exercent les navires de guerre sur la zone qui les entoure par l'examen des ondes sonores qu'ils peuvent recueillir dans leurs eaux. On sait en effet que les navires de guerre sont munis presque tous de microphones immergés qui signalent à distance, surtout la nuit ou par les temps de brume, l'approche des bâtiments naviguant dans leurs eaux.

Or, tandis qu'à des distances assez considérables des bâtiments, même de faible tonnage, impressionnent ces microphones, on a constaté que ces appareils, pour si sensibles qu'ils soient, n'éprouvent aucune influence de la part d'un sous-marin et que celui-ci peut s'approcher très

21.

près sans que rien décèle sa présence. Il faut sans doute voir l'explication de ce fait dans l'absence de trépidations du moteur électrique qui est à mouvement continu tandis que tout moteur à feu possède des organes à mouvement alternatif, — pistons, bielles... — qui travaillent d'une façon irrégulière, pour ainsi dire intermittente, et dont les à-coups successifs viennent mettre en vibration le microphone.

Une observation cependant a été faite et qui, pour ne donner aujourd'hui qu'un résultat bien illusoire, n'en laisse pas moins de demeurer d'importance puisque les progrès incessants et rapides d'une science en évolution aussi active, et plus peut-être, que la navigation sous-marine seraient susceptibles de faire perdre au sous-marin une grande partie de son invisibilité, c'est-à-dire de sa force. Cette science est l'aérostation et un mot ici s'impose sur le rôle que serait capable de jouer un ballon vis-à-vis d'un navire qui craindrait une attaque sous-marine.

Si, du pont d'un navire, on regarde dans l'eau de la mer on s'aperçoit bien vite qu'on n'y peut découvrir un objet immergé que à une profondeur très faible et seulement dans la direction verticale, l'angle de visibilité dans cette position de l'observateur ne dépasse jamais 5° à 6°. Mais si l'on monte plus haut, par exemple dans les vergues élevées d'un voilier à haute mâture, la profondeur d'eau que l'on peut sonder grandit considérablement ainsi que l'angle sous lequel le rayon visuel pénètre nettement dans la masse liquide.

Des expériences faites au moyen de ballons captifs reliés à des navires ont permis d'établir un fait important, c'est que d'une hauteur de 200 à 300 mètres on distingue nettement les objets immergés jusqu'à 30 mètres de profondeur et dans un rayon de plus de 200 mètres autour de la verticale du ballon. Si l'on monte plus haut, dans un ciel clair naturellement, le rayon d'exploration possible croît rapidement, et aussi — cela est de toute évidence — la sécurité de l'aéronaute. On a donc songé à adjoindre aux navires de guerre des ballons qui exploreraient à l'aide de lunettes les profondeurs de l'eau environnante et il faut croire que, lorsque la navigation aérienne sera devenue une réalité pratique, elle sera le plus terrible adversaire des sous-marins. Pour le moment l'utilisation des ballons n'est guère possible pour cela, mais il y a là cependant une indication importante et qu'il est bon de ne pas oublier.

Un seul point demeure à éclaircir ; — la torpille envoyée par un sous-marin ne peut-elle, en raison du formidable déplacement d'eau que produit son explosion, devenir dangereuse pour le sous-marin lui-même, et à quelle distance du but atteint tout danger sera-t-il écarté ?

Sans nous arrêter à décrire ici les expériences faites d'abord en remplaçant l'équipage par des animaux vivants qui remontèrent sains et saufs, malgré qu'un peu stupides, à la surface — nous énoncerons *de plano* le résultat définitif suivant.

A une distance de 70 à 80 mètres du but atteint, l'explosion de la torpille est absolument inoffensive pour le sous-marin En raison cependant de la grande élasticité de l'eau qui en fait un admirable conducteur du son et des ébranlements de toute nature, on entend à bord du sous-marin un bruit formidable, légèrement prolongé, dont le tir des plus grosses pièces d'artillerie ne donne pas même une idée. Il en résulte pour les hommes une sorte d'assourdissement momentané mais sans trouble consécutif d'aucune sorte. Notons d'ailleurs que le sous-marin envoie en général sa torpille entre 200 et 300 mètres et que les cas où il devrait agir à moins de 100 mètres ne sont que de très rares exceptions, que l'on s'efforce d'ailleurs d'éviter.

Nous croyons avoir indiqué assez complètement ici le

fonctionnement offensif d'un bateau sous-marin dans sa conception moderne ; — il ressort d'ailleurs clairement des notions que nous avons émises et des considérations qui en découlent que le sous-marin est un organe offensif de grande valeur, mais qu'il ne saurait être en raison de sa cécité et de la minceur de sa coque, un engin capable de se défendre lui-même. Pendant la lutte son seul moyen de défense sera la retraite à l'abri de sa cuirasse liquide, retraite très sûre et ne permettant pas la chasse, mais seulement la préparation d'une nouvelle attaque ; — il ne doit pas songer à se défendre autrement.

Aussi ne doit-il posséder d'autres armes que ses torpilles — armes sous-marines — et serait-ce une hérésie innomable que de le vouloir doter d'une artillerie défensive telle qu'un canon à tir rapide ou un canon revolver. Placer un tel engin sur un sous-marin ce serait lui donner l'envie d'en faire usage, c'est-à-dire d'agir pendant une période d'émersion assez longue pour qu'on ait le temps de tirer sur lui. Or, un seul projectile l'atteignant, il serait perdu ; — on n'insiste pas devant ces évidences.

Nous allons d'ailleurs revenir tout de suite, avec quelques détails sur ces faits de façon à fixer définitivement la valeur pratique des sous-marins actuellement connus et étudiés, comme unités de combat.

Voilà tantôt cinquante ans que l'application de la vapeur aux navires de fort tonnage et en particulier aux navires de guerre a fait entrer la navigation et la tactique navale dans une période d'évolution incessante dont l'activité, fonction évidemment des progrès de la science mécanique, ne s'est pas ralentie un instant et n'a fait au contraire que croître de jour en jour.

Nous ne reprendrons pas ici l'historique oiseux des transformations nécessaires par lesquelles a passé le navire pour venir de la frégate à voiles et du trois ponts à cinq mâts au croiseur et au cuirassé d'escadre.

Mais ces masses énormes et peu maniables, d'un prix exhorbitant de construction et d'entretien, bientôt apparurent insuffisantes non comme puissance défensive, mais comme énergie offensive et les efforts se tournèrent vers la découverte d'un bateau de guerre ayant des éléments tout à fait contraires, — gagnant en vitesse ce qu'il perdait en résistance, gagnant en rapidité d'attaque ce qu'il perdait en étendue du rayon d'action.

La torpille venait d'être inventée et on fit pour elle un bateau spécial destiné à courir rapidement sus à l'ennemi pour lui envoyer un terrible projectile et s'enfuir aussi vite, afin d'éviter le tir meurtrier de la grosse artillerie que ne pourraient supporter un instant ses parois légères. Un nouveau mode de combat était donc nécessairement imaginé : celui du coup porté brusquement par un adversaire menu et difficile à saisir dans ses évolutions rapides et qui s'enfuit hors de portée aussitôt son attaque effectuée.

Un instant le cuirassé trembla devant son minuscule adversaire et aujourd'hui encore, malgré tout son étroit cloisonnage, malgré sa puissante cuirasse, il ne saurait résister à l'attaque successive de plusieurs torpilleurs qui le détruiraient peu à peu dans ses œuvres vives, cependant que ses blindages hors d'eau, son pont et ses tourelles essuieraient le feu terrible des grosses pièces dont les obus de rupture perçant les plaques d'acier, détruisent l'étanchéité des cloisons et rendent plus efficace l'œuvre destructive de la torpille.

Mais les canons à tir rapide se développaient rapidement et atteignaient à une puissance que l'on n'aurait su augurer à l'avance, et le torpilleur devenait moins puissant en courant plus de dangers. Si, en effet, par une fuite rapide, il évitait à peu près toujours le gros projectile d'une lourde pièce à tir lent, et lentement réglable surtout sur un but aussi exigu et aussi mobile qu'un torpilleur, les canons de hune le blessaient cruellement et mettaient navire et équipage dans une posture fort dangereuse. Alors revint et pris corps bien vite l'idée déjà ancienne d'un bateau offensif invisible et l'étude du navire sous-marin hanta les cerveaux durant de longues années pour aboutir dernièrement enfin à une solution qui, pour n'être pas parfaite, a cependant une réalité pratique indiscutable.

Le torpilleur n'est d'ailleurs considéré, surtout aujourd'hui, que comme une arme de nuit. Déjà son emploi de jour était limité à des cas désespérés ou à la mêlée confuse d'un combat d'escadre ; l'arrivée des sous-marins dans le matériel naval supprime désormais tout à fait l'emploi du torpilleur pendant le jour. C'est là un point de très grande importance sur lequel nous aurons à revenir un peu plus loin.

Il importe cependant de ne point se laisser aller à des croyances bénévoles, de ne point s'imaginer que le sous-marin est universel et unique ; — il importe de se rendre un compte exact de ce que peut et de ce que doit faire un sous-marin ; — en un mot de lui assigner parmi les unités de combat le rang et la place qui lui affèrent.

Dans une bataille navale le cuirassé d'escadre, qui est allé au devant de l'ennemi et l'a rencontré, mouille et combat pour ainsi dire de pied ferme, essuyant le feu de ses adversaires pendant qu'il tâche de leur faire éprouver cruellement la puissance de sa grosse artillerie. Le cuirassé est alors, si nous pouvons ainsi parler, un navire résistant, pourvu par conséquent outre ses moyens d'attaque d'un armement défensif dont la part active se compose de ses pièces de petit calibre et de pièces à tir rapide et la partie passive, — la plus importante peut-être, — de la cuirasse complétée intérieurement par le cloisonnage en petits compartiments étanches,

A côté de lui vient le croiseur cuirassé au revêtement plus mince, incapable de supporter longtemps un feu nourri de grosses pièces. Le croiseur cuirassé possède déjà une cuirasse moins épaisse, un moins grand nombre de petits canons de petit calibre ou de canons-revolvers, — plus rapide en manœuvre il prend plus vite et plus énergiquement l'offensive ; mais, après avoir porté quelques coups sérieux, il évite de prolonger le combat et abandonne son adversaire, mieux défendu mais incapable de le suivre, aussitôt qu'il ne croit plus pouvoir lui faire de mal notoire sans risquer d'être atteint plus durement encore.

Après lui viennent les croiseurs ordinaires et les croiseurs corsaires, bâtiments à marche rapide, très légèrement blindés et incapables de soutenir un feu d'artillerie. Ceux-là ne sont plus guère qu'offensifs mais leur offensive devient plus dangereuse de toute leur mobilité ; ils attaquent à la course le navire ennemi qu'ils peuvent facilement rejoindre, envoient quelques projectiles de leurs grosses pièces de chasse, puis, changeant de route, s'éloignent tout en se couvrant, jusqu'à ce qu'ils soient hors de portée, par le feu de leurs pièces de retraite, — canons de gros calibre et de longue portée placés à l'arrière.

Nous entrevoyons déjà que les qualités défensives d'un navire ne vont qu'avec le grand poids qui a pour conséquence la lenteur de la marche, — les qualités offensives au contraire prennent le pas sur les précédentes jusqu'à les remplacer tout à fait à mesure que le bateau s'allège et s'allonge, acquérant par là la vitesse qui lui permettra de frapper l'ennemi en effleurant seulement la zone dangereuse qu'il crée pour *sortir aussitôt* à toute vapeur de cette zone, quitte à y revenir pour une attaque nouvelle.

En un mot, le navire, à mesure qu'il s'allège et gagne de vitesse, tend à devenir un engin destiné à porter un

nombre très restreint de coups et à se mettre à l'abri par
la distance qu'il met bien vite entre lui et son ennemi ; —
à l'encontre du cuirassé d'escadre il frappe mais ne lutte
pas et abandonne le terrain aussitôt qu'on répond à ses
coups.

, L'arrivée du torpilleur va porter bien plus loin encore
l'extension de ce mode d'opération.

Le torpilleur en effet, bateau extrêmement rapide et
mobile, est pourvu d'un armement offensif, — la torpille
automobile, — qui dépasse en puissance le projectile
envoyé par le canon le plus lourd et qui de plus augmente
son effet utile de ce fait qu'il frappe son but au-dessous
de la ligne de flottaison, créant ainsi des voies d'eau difficiles à aveugler dans le blindage et risquant de briser le
gouvernail et de rendre le navire attaqué impuissant à
faire route dans une direction bien déterminée. Il faut
remarquer, en effet, que l'évolution à la voile d'un navire
à vapeur de la puissance et du poids d'un navire de guerre,
déjà illusoire dans le calme d'une route que rien ne vient
troubler est deux fois impossible au moment du combat.

Mais si le torpilleur est plus offensif que tout autre bateau plus grand et plus lourd, il est bien, celui-là, offensif seulement et rien autre et s'il avait le malheur ou
l'inconscience de demeurer dans la zone battue par les
projectiles du navire de ligne qu'il a attaqué et de se laisser atteindre par l'un d'eux il serait infailliblement et
immédiatement coulé bas. Le rôle du torpilleur est donc
de fondre à toute vitesse sur l'ennemi, ne lui laissant pas
le temps de le viser et de fuir au plus vite aussitôt son opération offensive effectuée, — de fuir au plus vite, et encore
en suivant autant que possible une route irrégulièrement
sinueuse rendant à peu près imposible le réglage sur lui
d'un tir sur but mobile.

Le torpilleur, il est vrai, a un adversaire direct, le *Des-*

troyer ou *contre-torpilleur* possédant la même vitesse, le même armement, plus un canon, et un tonnage un peu plus élevé qui augmente son rayon d'action.

Mais, encore que le Destroyer soit conçu dans le but de préserver par une croisière rapide le cuirassé autour duquel il évolue contre l'attaque du torpilleur au devant de qui il se porterait, prenant au besoin la chasse, la préservation qu'il procure n'est guère qu'illusoire en raison des attaques multiples qui peuvent se produire en plusieurs sens et aussi, — et surtout, — en raison de ce fait que, en cas de bataille navale, le contre-torpilleur cesserait souvent sa grand'garde pour aller prendre l'offensive et agir comme un torpilleur de haute mer contre un navire d'escadre.

Les torpilleurs et contre-torpilleurs en raison de leur légèreté n'ont d'ailleurs que des soutes peu profondes, — leur rayon d'action en devient peu étendu et ils ne doivent ni ne peuvent voyager vers le large seuls ou en flottille indépendante, mais seulement en compagnie de grands navires qui les ravitaillent de combustible.

Nous allons retrouver une partie de ces conditions — toutes les conditions offensives au moins — dans les sous-marins mais d'autres considérations vont s'ajouter qui fixeront leur valeur militaire relative, leur coefficient d'efficacité si l'on peut dire, comme unité de combat.

Léger plus que tout autre navire et compensant son infériorité de vitesse par son invisibilité qui lui permet d'attaquer presque à loisir, où et quand il veut, le sous-marin est essentiellement et énergiquement offensif, puisqu'il use de l'arme d'attaque la plus formidable qui soit en usage, il est aussi l'arme de jour et de temps clair.

Quant au moyen de défense, nous l'avons dit déjà, — il n'y en a qu'un, — la fuite en immersion.

C'est là la différence essentielle de tactique qui existe

entre le sous-marin et le torpilleur. Celui-ci court sus à l'ennemi, envoie sa torpille et s'éloigne au plus vite dans les
conditions que nous avons dites. Pendant ce temps, naturellement, l'artillerie tire sur lui — et le manque en général parce qu'il danse sur l'eau avec rapidité et en tous sens
cependant que la cible vulnérable qu'il offre est d'une exiguïté qui rend le pointage difficile. Pour le sous-marin il
en est autrement, — il n'a pas besoin de courir, nul ne le
voit venir et il approche à sa guise et s'en va de même sans
que rien décèle au dehors sa position, — il est et demeure
dans toute la période de combat invulnérable puisque aucun bateau ne peut tirer sur lui. Le sous-marin n'ayant à
essuyer aucun feu ne devra donc jamais répondre à l'artillerie et c'est la raison pour laquelle il n'a pas été *et ne doit
pas*, sous peine de perdre sa plus précieuse qualité, — l'invisibilité, — être muni d'une artillerie défensive telle qu'un
canon-revolver dont il serait parfois peut-être tenté de se
servir, ce qui ne pourrait avoir pour lui d'autre conséquence que de courir le risque de se faire couler par un
obus. Voilà donc un bateau uniquement offensif mais qui
ne risque rien à n'avoir pas de défense puisqu'on ne saurait l'attaquer.

On pourrait objecter peut-être que, de même que l'on a
créé des destroyers ou contre-torpilleurs pour préserver
les navires de rang de l'attaque des torpilleurs, — il semblerait conséquent de mettre à la mer des contre sous-marins, — sous-marins eux-mêmes mais plus rapides et plus
résistants à la longueur de la route. Cette proposition spécieuse a priori ne tient pas devant une attention un peu
soutenue. Quel est en effet l'écueil de la navigation sous-
marine ?

Nous savons qu'il n'en est d'autre que la visibilité à
travers l'eau. Que ferait, en effet, comme sentinelle un aveugle ? et il s'agit bien ici, en fait, d'un aveugle puisque le

contre-sous-marin dont nous parlons devrait observer des sous-marins c'est à-dire chercher à travers l'eau des corps submergés et non explorer au moyen d'un appareil de vision quelconque un horizon placé au dessus du niveau.

Le destroyer sous-marin est donc non seulement une utopie actuelle mais une impossibilité physique car les progrès de la science ne feront pas que l'eau soit plus transparente qu'elle n'est et nous savons que le projecteur de lumière — encore que irréalisable aujourd'hui, — ne remplirait nullement son but mais aurait pour effet seulement de mettre en garde l'assaillant qui n'aurait jamais grand' peine à éviter la gerbe lumineuse quand il en serait à l'extérieur ou à en sortir si par accident il y avait pénétré. Le changement de profondeur d'immersion combiné avec celui de la direction suivie ôterait d'ailleurs toute chance de succès à sa recherche. D'ailleurs, nous le répétons, ce projecteur n'est pas trouvé et nul indice ne se présente pour faire préjuger qu'il doive un jour apparaître ; au contraire.

La qualité offensive du sous-marin, quel que soit son type, est donc bien définie ; il attaque avec sûreté et sécurité, mais ne peut attaquer que des navires d'une autre espèce qui sont impuissants à user envers lui de représailles, *et il ne peut en aucun cas attaquer un autre sous-marin ou lui barrer la route.*

L'existence du sous-marin n'a donc de raison que dans l'existence des navires de ligne. Mais, — dira-t-on, — puisque le sous-marin ne peut pas attaquer le sous-marin tandis que le cuirassé ou le croiseur ou tout autre navire à superstructure offre à ces engins nouveaux une cible vulnérable, pourquoi ne pas remplacer purement et simplement toute notre marine flottante par une marine infrapélagique n'offrant aucune prise à l'ennemi et capable de couler bas ses vaisseaux ?

A cela il faut d'abord répondre par une question : Mais si l'ennemi aussi n'a qu'une flotte sous-marine que feront l'un contre l'autre ces deux adversaires qui ne peuvent pas s'attaquer l'un l'autre puisqu'ils ne se voient pas ?

Des flottes absolument incapables de se livrer bataille ce serait peut-être une solution de la paix navale, — avouons cependant qu'elle serait manifestement mauvaise. Et puis la question est autre part.

Le sous-marin — même autonome — a un rayon d'action excessivement restreint en comparaison des distances que franchissent les grands navires, — distance qu'il est nécessaires de franchir pour se porter d'un port d'attache sur le terrain de la lutte, — aux antipodes peut-être. Il est donc de toute nécessité, même si le sous-marin navigue — et généralement pour un long parcours il serait emporté jusque dans le voisinage de la région d'action, — qu'il ne marche que dans l'escorte d'une escadre dont les croiseurs et les cuirassés capables de transporter des poids énormes renouvelleraient au fur et à mesure de sa consommation la provision d'énergie potentielle emmagasinée sous forme de pétrole ou d'électricité. Et il faudra que, au moment du combat, tandis que les sous-marins seraient de part et d'autre en action contre les navires ennemis, ceux-ci puissent résister aussi l'un à l'autre et livrer bataille sur l'eau comme on l'a fait jusqu'ici ; — le cuirassé d'escadre demeure donc nécessaire et on conçoit même qu'il devra être de plus en plus puissant, de plus en plus gros afin d'augmenter avec son tonnage sa charge possible, sa vitesse et son rayon d'action. Et avec le cuirassé resteront les croiseurs protégés, les croiseurs légers et tous autres bateaux dont chacun est la conséquence des types auxquels il aura affaire dans les différentes conditions d'un conflit maritime. Et ceux-ci aussi devront grandir et effiler leurs formes pour gagner des qualités de durée de parcours, de vitesse et de puissance offensive, fonction pour eux du poids des pièces et des projectiles qu'ils peuvent utiliser.

Le bateau sous-marin, — quel que soit son type, quel que soit son rayon d'action, — ne saurait être autre chose qu'un puissant instrument d'attaque contre les navires d'une flotte ordinaire dont il est incapable de prendre en quelque façon que ce soit la place. Il est donc l'auxiliaire précieux et fort d'une escadre ou d'une défense mobile mais point du tout le suppléant de cette escadre ou de cette défense. Seul le torpilleur s'efface un peu devant lui, sans cependant disparaître ; et si le sous-marin, — perfectionné encore, devenu le nombre et entré dans les mœurs et les habitudes navales au point de ne pas sembler à un officier ou à un marin plus étrange qu'un navire ordinaire, — vient prendre place dans la hiérarchie des constructions entre le croiseur et le destroyer, il laissera au-dessus de lui pour le diriger et le faire vivre les grands bâtiments de premiers rang.

L'étude particulière de toutes les éventualités possible d'une guerre maritime peut seule nous permettre de préciser davantage, — de fixer d'une façon définitive, non plus la tactique particulière seulement du sous-marin, mais l'ensemble de la stratégie générale telle qu'elle serait imposée par les circonstances et la nécessité d'utiliser complètement et normalement le nouveau matériel. C'est à quoi nous allons nous attacher un peu par la suite.

CHAPITRE II

Après avoir parlé longuement du matériel naval, de sa puissance et de ses armes, après avoir noté le détail des opérations particulières qui peuvent être tentées avec les engins nouveaux dont l'étude a rempli ce livre, un mot ne sera pas de trop sur l'ensemble des opérations d'une guerre maritime, sur le rôle effectif qu'y jouerait chaque unité ou chaque type de navire, sur la meilleure manière enfin d'employer sa force et de faire en sorte qu'aucun élément ne reste inactif, que chacun concoure par ses actes isolés au meilleur succès de l'ensemble.

La tâche est complexe évidemment et pour garder un clarté nécessaire il va falloir la scinder, — détacher les questions d'abord pour grouper ensuite les résultats avant de conclure.

La guerre maritime peut avoir deux théâtres divers : le large ou les côtes ou, pour mieux dire, la bataille peut se livrer soit entre des navires de part et d'autre hors d'abri, soit entre une flotte assaillante venant du large et une flotte ou une défense mobile embossée dans un port et appuyée de ses défenses fixes et des fortifications de la côte.

Dans le premier cas ce vont être évidemment les gros navires, et éventuellement leurs torpilleurs de haute mer et leurs contre-torpilleurs, qui vont agir ; mais comment ?

Il y a deux manières classiques de se battre sur mer :

Ou bien les adversaires forment chacun des flottes immenses, aussi majestueuses et puissantes qu'ils les peuvent grouper, et les lancent à la rencontre l'une de l'autre sur l'Océan. Les flottes ennemies se cherchent, se trouvent, s'entre-choquent et se brisent. C'est la guerre en bataille rangée, la *guerre d'escadres* ou *grande guerre*.

Ou bien les puissances en guerre divisent leurs forces le plus possible au lieu de les grouper ; les navires s'isolent, et, loin de chercher les grands combats, les évitent ; ils courent en tous sens rapidement sur toutes les mers ; tâchent de se multiplier par leur vitesse et d'être partout à la fois ; ils livrent aux vaisseaux dispersés de l'ennemi des combats de détail ; ils arrêtent, capturent ou coulent ses navires de commerce ; en un mot, ils font partout au pavillon ennemi, — pavillon marchand surtout et au besoin flamme de guerre, — une chasse acharnée, sauvage et sans merci. C'est la *guerre de course*.

C'est une opinion fort répandue dans le public et que semblent accréditer les folles dépenses faites par les Etats pour des constructions de cuirassés et autres monstrueux navires aux murailles de fer épaisses de deux pieds que la guerre d'escadres est la guerre des nations civilisées et que c'est à elle que l'on doit se tenir prêt. On considère volontiers la course comme une institution sauvage et surannée, comme une guerre de pirates ou d'aventuriers, et d'aucuns se félicitent de l'avoir vu abolir par le Congrès de 1856. Il serait bon, peut-être, dans l'intérêt commun des gouvernements et des peuples, de rectifier ces opinions courantes, étayées seulement d'erreurs sentimentales, de la connaissance imparfaite ou nulle des conditions de vie et d'action d'un matériel flottant, de l'ignorance du texte et surtout du sens absolu de la convention de Paris.

Quand on fait la guerre, c'est pour en tirer quelque chose, et une des conditions essentielles de la guerre c'est d'être telle qu'elle ait pour conclusion forcée la paix demandée ou acceptée par un des adversaires et consentie par l'autre. Il faut donc un but et un aboutissant et nous allons voir d'abord que, dans l'état actuel de choses et des mœurs, la grande guerre maritime ne peut avoir de but et ne saurait aboutir non plus à une paix quelconque.

A ce sujet, éclairons-nous d'abord en consultant l'histoire; les grandes batailles rangées si célèbres qui ont ensanglanté autant que glorifié au moins les siècles passés vont elles-mêmes nous dire pourquoi elles n'auraient, de nos jours, aucune raison d'être, — pourquoi elles seraient seulement des cataclysmes retentissants, ayant pour unique effet une immense destruction d'hommes et de matériel, sans profit d'aucune sorte pour le vainqueur qui en souffrirait autant que le vaincu.

La *guerre d'escadres* autrefois avait un but ; elle était une guerre de conquêtes ; — *conquêtes terrestres* ou *conquêtes maritimes*; — elle ne saurait, en notre temps, être ni l'une ni l'autre, les deux étant impossibles, — la conquête terrestre par impossibilité d'action dans son sens, la conquête maritime par non-existence aujourd'hui. Les seules causes des merveilleux combats de naguère ayant disparu, les résultats que cherchaient autrefois les combattants étant devenus irréalisables ou illusoires, que devient la guerre d'escadres? Parmi les plus ardents de ses routiniers défenseurs, il n'en est pas un qui donne pour la défendre de meilleure raison que celle-ci : « On a toujours fait ainsi. » La raison n'est pas raisonnable et pour répondre aux fanatiques du passé et les confondre dans leur erreur il va suffire de le reprendre en courant, ce passé, de montrer qu'il n'est plus et que les coutumes engendrées *uniquement* par ses éléments vitaux disparus ne lui doivent pas survivre.

La grande guerre, avons-nous dit, peut être une guerre de conquêtes terrestres. Elle l'a été, oui, — et on voudrait qu'elle le fût encore. C'est un préjugé trop courant, parmi ceux surtout qui n'ont jamais vu un bateau ni une forteresse, que d'affirmer que les armées de mer sont faites pour aider les armées de terre, les appuyer, — les compléter, si on peut dire. — Compléter ? — Et on jette de grands mots, on parle d'actions parallèles, d'actions convergentes, de débarquements.

On joue avec les matelots, — des manœuvriers avant tout ou des canonniers d'artillerie fixe, — comme avec des petits soldats à la parade et on fait avec une escadre de la tactique de régiment d'infanterie en ordre de marche.

C'est tout simplement absurde. — « Mais cela s'est fait ! » — répond l'apôtre têtu des sacro-saintes coutumes du vieux temps ; — « Oui certes !... au siège de Troie... et un peu après. »

Allons donc jusqu'à l'antiquité chercher le premier chaînon de la trame qui va nous ramener jusqu'à nos jours, nous verrons bien l'endroit où la chaîne est brisée.

Nous voici aux temps des Mèdes et des Perses, — Xerxès veut conquérir la Grèce et forme son armée ; Xenophon nous le montrera plus tard, Hérodote nous la dénombre. Il y avait 1.207 trirèmes et 3.000 navires de transport et de charge. Tous ces bateaux allaient lentement ; dix-huit rameurs en comptant les équipes qui se relevaient successivement suffisaient à une trirème qui portait plus de cinquante hommes, les autres navires avaient un mât, une voile carrée et toujours des avirons, vingt-cinq ou trente hommes auraient suffi à la manœuvre ; il y en avait deux cents. Que faisaient les autres ? C'étaient des soldats. La tactique alors était simple. Il n'y avait pas de sémaphores, pas de croiseurs ni de vedettes, la côte était sans défense d'aucune sorte. On arrivait la nuit tombée, on atterrissait, on tirait les bateaux sur le sable, et les matelots d'occasion reprenant leur véritable métier, celui de soldat, partaient se battre sur terre.

Quelquefois on se battait bien sur mer , Salamine en est un exemple ; mais là que s'est-il passé ? Athènes était détruite, les habitants avaient fui sur leurs navires et les Perses les avaient imités pour venir leur livrer bataille. Sur cinq rangs compacts la flotte de Xerxès était entassée dans le chenal qui sépare l'île de la terre de Grèce, le barrant complètement à la manière d'un pont ou d'une jetée. Et sur ce pont les soldats se battaient de même qu'ils se seraient battus dans la plaine. Il n'y avait pas bataille de navires mais luttes d'hommes qui ne se souciaient pas s'ils avaient sous leurs pieds un plancher ou une prairie.

Qu'était-ce alors que la guerre maritime ? Simplement la rencontre de deux *armées*, l'une voulant défendre et l'autre conquérir un territoire. Si l'agresseur était vaincu, il s'en retournait avec ce qu'il lui restait d'hommes et de navires ; s'il était vainqueur il continuait sa route, par terre souvent, pendant que sa flotte, grossie des bateaux capturés sur l'ennemi, suivait la côte à sa hauteur, guidée par un nombre d'hommes suffisant à sa conduite ; — et il achevait sa conquête.

Ainsi entre les guerres terrestres et les guerres maritimes, point de différence ; mêmes hommes, mêmes armes, même but et même résultat. Les flottes de guerre n'étaient que le prolongement des armées de terre et on peut dire qu'alors il n'y avait pas de guerre maritime. C'est une chose que les Anciens n'ont, à proprement parler, pas connue.

Nous verrons en parlant de la grande guerre de *conquêtes maritimes* quelle révolution le moyen âge vit s'accomplir dans les choses et les mœurs navales après la découverte de l'Amérique ; nous verrons alors que c'est là

seulement qu'est née la bataille navale dont les plus célèbres et les plus importantes ont eu lieu au temps du règne
de Louis XIV.

Mais à cette époque il n'y avait plus de galères, il n'y
avait plus de trirèmes ;... c'étaient de gros vaisseaux déjà,
qu'on ne pouvait tirer sur le sable à la façon des héros
Perses. De plus, l'artillerie existait et avait déjà révolu-
tionné la tactique militaire. On ne se battait plus sur les
vaisseaux mais entre vaisseaux et le duel de deux monstres cherchant à se détruire, à se couler à pic, avait remplacé la mêlée à coups de sabre et de massue qui ne se voyait
plus que dans le cas de plus en plus rare et aujourd'hui à
jamais impossible d'un abordage. L'artillerie aussi gardait
les côtes, et le gros navire qui doit choisir son point pour
atterrir et prendre son temps et ses mesures, trouvait à qui
parler, — le débarquement n'était déjà plus possible. Les
marins, car cette fois c'en étaient, devaient bien se battre
sur mer, et pour la mer, et quant après une lutte glorieuse
un des adversaires était détruit, le vainqueur rentrait au
port avec sa flotte mutilée et délabrée et la guerre était
terminée... momentanément.

L'erreur fut commise d'ailleurs de tenter, avec des escadres, une conquête de territoire. Louis XIV avait fait trois
projets en ce sens. Il voulait envahir les Pays-Bas par mer
pendant que son armée franchirait le Rhin ; il voulait conquérir la Sicile sur les Espagnols, il voulait envahir l'Irlande pour y rétablir sur le trône le roi Jacques II. Ses lieutenants s'appelaient Duquesne, Château-Renault, Seigne-
lais, Tourville, — les plus glorieux noms de notre histoire
maritime, — et les Hollandais eurent plus de peur que de
mal, les Espagnols gardèrent la Sicile, Jacques II resta un
malheureux roi *in partibus* ; — tous les projets furent
chimériques.

Il faudrait dire la même chose des folles tentatives de

débarquement faites par les Anglais à Cherbourg et à St-Malo quelque cent cinquante ans plus tard, et l'échec plus récent et piteux de Napoléon en Egypte et contre l'Angleterre au moment du fastueux et bruyant camp de Boulogne sont là pour prouver qu'il est dangereux de se méprendre sur le rôle d'une escadre et qu'il en peut coûter cher, malgré le prestige du passé, de vouloir rajeunir de vingt siècles.

Donc, avec une flotte, pas de conquête terrestre ; pas de grande guerre dans ce but ; cherchons lui en un autre.

La *guerre d'escadres* est née de l'appétit ou du besoin de *conquêtes maritimes* ; elle a vécu de la nécessité de conserver, de défendre, d'affermir et d'agrandir ces conquêtes ; elle est la garde vigilante et terrible de l'*Empire des mers*...

Mais l'Empire des mers n'est plus !... Il ne reste qu'à licencier sa garde.

Expliquons-nous, ou plutôt demandons encore à l'histoire, si chère aux routiniers aveugles, de nous instruire et de confondre ceux qui se font forts d'elle pour la mal connaître ou ne la comprendre point.

La mer, depuis cent ans à peine qu'elle est libre, n'est plus ce qu'elle était jadis. Il n'y avait sur les Océans, avant le siècle où nous vivons, aucune espèce de sécurité pour les navigateurs. De droit ou sans droit, autorisés ou non par ceux dont ils subissaient la loi, les navires de commerce ne manquaient pas une occasion de se faire la chasse, de se voler, de se piller, de se capturer ; — et, comme les querelles privées devenaient graves, les gouvernements devaient intervenir chacun en faveur des siens et, au-dessus de la guerre des particuliers, tonnait la guerre des Etats.

Mais les Etats alors ne se bornaient pas à faire comme la police de l'Océan, à protéger le commerce de leurs sujets en châtiant les détrousseurs ; — bien autre était leur ambition et chacun voulait, pour lui-même, conquérir tout ou partie de l'Empire des flots. Et ce n'était pas alors un vain mot, une figure ou une image que cet *Empire de la mer* ; chacun le brigait hardiment, chacun aussi, quand il avait pu ceindre son front de la hautaine couronne maritime, entendait bien régner sur la vaste plaine liquide en monarque absolu et faire la loi suivant son bon plaisir comme dans son domaine de terre ferme.

D'où venait cette prétention, surprenante d'audace ?

D'aucuns en ont cherché l'origine dans la parole du pape Alexandre III remettant un anneau d'or au doge de Venise, en lui disant : — « Epouse la mer avec cet anneau et qu'elle te soit soumise comme l'épouse l'est à son époux ! » C'est peut-être aller chercher bien loin et dans beaucoup de pompeuse littérature ce qui est plus proche, plus simple, plus brutalement humain.

Une bulle papale, dans un but d'apaisement sans doute, avait, peu après les voyages de Colomb, partagé en deux parts égales l'Atlantique entre les Portugais et les Espagnols, rués par milliers à la curée du Nouveau Monde. Et cette bulle faussement pacificatrice avait mis au contraire le feu aux poudres en consacrant de façon définitive ce principe monstrueux de la propriété et de la souveraineté des mers qui devait, cinq siècles durant, mettre à feu et à sang tout le monde. L'Océan érigé solennellement en Empire allait avoir comme les autres empires ses tyrans et ses conquérants, partant ses guerres.

Il ne faudrait pas, cependant, s'en tenir à la lettre des déclarations emphatiques que lançaient les monarques pour donner apparence de justice aux violences intéressées qui étaient leur ordinaire coutume.

Certes ils étaient fiers et s'énorgueillissaient volontiers de conquérir et de posséder ce chimérique Empire de

22.

l'Océan, mais, au fond, peu leur importait la domination politique, telle que l'avaient exercée naguère les Romains dans la Méditerranée ; ce qu'ils voulaient avant tout et surtout c'était une suprématie commerciale, un monopole — déjà ! — et, de même que la cupidité était toujours la cause des scènes de brigandage et de piraterie, dont étaient coutumiers les marchands, de même la cupidité seule faisait éclater entre les puissances les éternels et terribles conflits maritimes.

La concurrence commerciale, telle que nous la connaissons, n'existait pas, on ne luttait pas de vitesse d'approvisionnement, d'importance des stocks et des cargaisons, d'infériorité des tarifs, — on luttait pour se détruire coûte que coûte, et on peut dire que les nations maritimes étaient alors en *concurrence armée*.

Il est sombre, on le voit, et d'étrange décor, le tableau des mœurs qui régnaient sur les mers. Tout navigateur était un rival, partant un ennemi qu'il fallait faire disparaître. La *conquête maritime* se disputait avec acharnement les routes commerciales pour les ériger en domaines privés, fermés, interdits à tous, et pour y parvenir tous les moyens étaient bons. Rien ne semble plus différent de la grande mer, libre et publique, où s'entrecroisent en se saluant courtoisement des milliers de marchands de tous pays, que cet orageux et turbulent domaine de l'Océan dont nos ancêtres se disputaient et s'arrachaient les lambeaux.

Voyons un peu maintenant la genèse et l'histoire de ces sanglantes querelles.

Trop souvent attaqués, craignant sans cesse pour leur vie autant que pour leur fortune, de bonne heure les marins marchands avaient pris pour coutume de ne pas risquer seuls une traversée. Ils s'armaient puissamment, se réunissaient en convois de nombreux navires, et partaient, escortés souvent encore de vaisseaux de guerre. Certes, il n'était pas facile de s'emparer d'une pareille flottille, mais c'était bien tentant, et quand on était en force on ne se faisait faute d'y essayer. Encore un coup les Etats durent intervenir et se virent contraints d'envoyer sur les principales routes de navigation des forces imposantes de navires armés en guerre avec mission non seulement de protéger les nationaux mais aussi, — et surtout peut-être, — de donner la chasse aux étrangers. Ainsi les escadres des Etats prirent la mer, ainsi elles s'y rencontrèrent et se battirent, et voilà comment, peu à peu, les traficants se reposant sur elles leurs laissèrent l'unique soin de jouer pour eux, et dans l'intérêt de leur négoce, la partie décisive.

La grande guerre était née, elle allait durer longtemps. Voilà ouverte l'ère néfaste de ces conflits auxquels on se préparait alors, ouvertement, de longue main. C'étaient comme de véritables tournois où chacun avait souci de se rendre avec toutes ses forces et vif désir d'y rencontrer toutes les forces de l'adversaire. On prenait son temps, on choisissait sa saison, et quand, de part et d'autre, on considérait l'heure comme propice à la tuerie, on se jetait l'un au devant de l'autre et on s'escrimait à se détruire. Le résultat était attendu avec angoisse. C'est qu'il était d'importance, c'est que c'était donner un coup mortel au trafic du vaincu, c'était détruire les grands vaisseaux dont il avait tant besoin pour protéger ses sujets ; c'était assurer l'impunité aux corsaires, libres désormais de capturer les les marchands rivaux et de les supplanter ; c'était se donner le prestige nécessaire pour terroriser les marins du monde entier et leur dicter des lois ; c'était en un mot, — et c'est le mot de l'époque, — se faire *Roi de la Mer*.

Mais le Roi de la Mer ne l'était guère en toute puissance qu'à ses yeux ; — jamais il n'était reconnu par d'autres que ses sujets du royaume de terre et le vaincu, l'opprimé d'hier, gardait l'espoir vivace d'être le vainqueur et l'oppresseur de demain. C'est ainsi que la concurrence armée qui avait fait naître les guerres navales avait pour autre conséquence de les rendre interminables.

Après chaque campagne on se reposait, on réparait ses avaries, on soignait ses blessures... et tout était à recommencer; et c'est ainsi que la rivalité qui enfanta un jour les guerres d'escadres, les nourrit ou les fit renaître périodiquement et à intervalles bien proches pendant quatre cents ans.

Mais où la lutte devint homérique et affirma d'autant son impuissance à donner une solution définitive, ce fut après que les Espagnols et les Portugais, tous deux trop petits pour supporter le poids écrasant de la couronne de Roi de la mer, se furent retirés de la lutte.

Trois puissances seulement demeurèrent face à face.

L'Angleterre en était venue à croire, dans son orgueil, qu'elle avait reçu du Ciel même la mission de monopoliser le commerce du monde; — La Hollande se réclamait de la Liberté dont seule elle prononçait le nom, mais cette liberté elle la voulait pour ses marins seulement et à l'exclusion des étrangers; — la France enfin, tout en rêvant d'une chimérique suprématie politique, voulait encore, et surtout, prendre et garder pour elle tous les chemins commerciaux.

Il faudrait pouvoir la revivre en un long récit cette époque mémorable pour comprendre enfin combien les mœurs de ce temps sont essentiellement différentes des nôtres, combien d'une autre essence presque les interminables guerres d'alors et les très brèves rencontres qui pourraient éclater aujourd'hui. Il faudrait surtout bien se rendre compte de ce que furent ces temps troublés, à jamais disparus; car, à ne voir dans le passé que les beaux coups d'épée sans se soucier de leur but ou de leur enjeu, pas plus que de la vie politique et sociale de l'époque, on aurait toutes chances d'errer et de choisir pour respectables exemples des souvenirs simplement surannés.

Voyons-en la fin de cette querelle de peuples et l'éphémère attribution de l'omnipotence maritime.

L'Angleterre luttait depuis dix ans avec la Hollande quand Louis XIV intervint dans le conflit et fit ses trois merveilleuses campagnes de Hollande, de Sicile et d'Irlande. Ce furent de part et d'autre des prodiges de valeur, des efforts surhumains, des carnages sans nom ;... pas un ne parvint à terrasser même un instant son adversaire. Les défaites éprouvées en Sicile semblaient avoir brisé les Hollandais ; d'Anglais, il n'en restait plus après les batailles du Cap Bévéziers et de Bantry-Bay ;... Le désastre de la Hougue survint, et le Roi Soleil sentit bien que ses ennemis n'avaient pas désarmé, — qu'ils ne désarmeraient jamais.

Et la querelle continua, elle continua longtemps, elle continua jusqu'à ce que les compétiteurs lassés se fussent l'un après l'autre retirés, ne laissant en place que l'un d'eux, plus patient, et qui avait su attendre. Au dix-huitième siècle seulement, enfin, après cinq cents ans de batailles, le sceptre des mers demeura aux mains de l'Angleterre et pendant cent ans encore elle le brandit haut, gardant jalousement sa proie et ne faisant quartier ni merci à l'escadre téméraire qui osait braver sa flotte toute puissante pour lui disputer une part du fief immense.

Ce règne aujourd'hui est fini, il est fini pour toujours ; le commerce international a pris une extension telle que chacun tient à la liberté des autres comme il tient à la sienne, parce qu'il tient à la paix. La concurrence armée a terminé son règne sauvage pour faire place à la concurrence pacifique. La mer est libre et il ne saurait plus être question de s'emparer d'un empire qui n'existe plus. La conquête maritime est donc impossible puisqu'il n'y a rien sur la mer à conquérir.

Mais puisque, heureusement, sont mortes ces coutumes qui nous paraissent si étranges et si démodées, pourquoi ne nous paraîtraient pas étranges et démodés tout autant les guerres et les combats qu'elles engendraient ?

La guerre d'escadre était née du sauvage régime de la concurrence armée, elle vivait par elle et pour elle, c'était par excellence et seulement la guerre de *conquêtes maritimes* ; elle ne doit plus rien avoir à faire en ce siècle de liberté des mers et il faut la remplacer par autre chose. Par quoi ? Nous allons voir.

D'un sanglant conflit plusieurs fois séculaire tout le monde était las ; — Le jour où la mer enfin fut reconnue libre, ce fut un soulagement universel à l'aube de l'ère pacifique que promettaient enfin les mœurs meilleures.

On a tout dit sur cette liberté de l'Océan et mille ingénieuses manières sont venues après coup essayer de la légitimer ou de l'expliquer. L'eau est fluide et insaisissable comme l'air, disait-on, et c'est folie de vouloir se l'attribuer plutôt que l'atmosphère. Certes, si la science avait marché plus vite que les mœurs, — et rien ne prouve que ce fut impossible, — si le moyen âge cruel avait possédé des ballons et même, ce que nous n'avons pas encore, des ballons dirigeables, il se fut partagé le royaume des airs comme le royaume des flots ; — c'est certain : il n'y a pas songé parce qu'il n'y pouvait pas aller et qu'il n'y pouvait rien faire. Mme de Staël même, écrivant aussi sur la conquête chimérique de l'Océan, a su dire : — « Si les vaisseaux sillonnent un moment les ondes, la vague vient effacer aussitôt cette légère marque de servitude, et la mer reparaît telle qu'elle fut au jour de la création. » — On a beaucoup admiré cette jolie parole, mais ce n'est qu'une jolie parole, une phrase harmonieuse toute vibrante de mièvre poésie et de profonde et délicate pensée, — mais ce n'est pas une raison, ni une explication.

La raison simple, l'explication directe de la liberté nécessaire des flots c'est que nous ne devons pas occuper l'Océan parce que nous ne saurions qu'en faire mais que nous avons au contraire un besoin impérieux de le traverser librement et sûrement à notre guise. La mer est libre et elle doit l'être, non pas par sa nature, mais comme toutes les routes et les chemins du globe, par sa destination.

Mais si la mer est un grand chemin, il doit y avoir aussi pour elle la guerre si naturelle et si connue de grands chemins, la guerre des détrousseurs et des rançonneurs, la guerre des coupe-bourse et des coupe-jarrets ; — dans l'espèce ce seront des corsaires. A cette dernière, probablement, il faudra bien se résoudre puisqu'elle apparaît comme la guerre maritime normale.

Nous avons vu comment les peuples d'autrefois, traversant la mer en foules pour aller conquérir des territoires, soumettre à leur joug d'autres peuples, se rencontraient et se heurtaient en des bagarres immenses qui n'avaient de maritime que le fond du décor et un peu le nom ; — nous savons comment l'artillerie, la fortification des côtes, depuis peu la défense fixe des ports, ont rendu ces entreprises chimériques. Nous avons vu pourquoi les commerçants, les seuls citoyens de la mer désormais, se livraient naguère des combats meurtriers, puis faisaient livrer pour eux des batailles rangées d'escadres. Pourquoi ils tenteraient de recommencer serait plus difficile à dire et il apparaît clairement que le vainqueur lui-même y aurait beaucoup à perdre et rien à gagner.

Mais si, attenter à l'intangible et incontestée liberté de la mer ne saurait être une idée possible à naître aujour-

d'hui, même dans la cervelle d'un despote, — et il n'y en
a plus guère, — la politique ou la fantaisie d'un hurlu-
berlu en mal de gloire ou simplement de crachats bril-
lants, de galons et de panache, peuvent nous réserver de
cruelles surprises. A l'improviste, une querelle passagère
peut éclater entre deux nations maritimes et il serait bon
de penser à l'avance à la conduite qu'il faudrait alors
tenir.

Dans une très curieuse et très remarquable étude parue
il y a déjà deux ans et pleine entre autres d'exemples pris
sur le vif dans la guerre cubaine alors à sa période aiguë,
un écrivain maritime notoire, M. Antoine Redier, envi-
sage les conflits maritimes futurs, possibles et même probables à son gré, et qu'il reconnaît d'ailleurs ne devoir
faire pour victimes que les marchands de toutes sortes qui
naviguent. Et il raisonne ainsi :

« Quel emploi pourrait-on faire des forces considérables
que les puissances accumulent dans leurs arsenaux et dans
leurs ports pour en faire pendant la paix une perpétuelle
menace plus redoutable et plus efficace que la guerre elle-
même ? Tentera-t-on comme jadis de s'emparer des territoires ennemis ? A-t-on rêvé encore, après tant d'éclatantes
leçons, d'opérer des débarquements sur le sol étranger ?
Tout cela cependant n'est que chimère et nos voisins d'Outre-Manche eux-mêmes, s'ils ont un juste souci de forti-
fier terriblement leurs rivages et ceux de leurs colonies,
savent qu'ils ne pourront rien contre les nôtres.

« On se souviendra donc que depuis longtemps les flottes ne servent plus qu'à détruire d'autres flottes ; on
livrera, avec des vaisseaux, les seuls combats que puissent
livrer des vaisseaux ; on ne fera pas une guerre bâtarde,
mais une guerre purement maritime.

« Seulement, comme il faudra bien tirer un profit immédiat de ces rencontres forcément passagères, on ira

droit au but. Au lieu de la destruction intéressée, méthodique, à longue échéance, de la marine marchande d'un concurrent qu'on voulait faire disparaître à tout jamais, ce qu'on cherchera, ce sera la destruction rapide des navires marchands d'un ennemi qu'on voudra soudainement ruiner ou affamer. Le lourd et majestueux appareil de la guerre d'escadre convenait à nos ancêtres qui voulaient faire mourir leurs rivaux lentement, mais sûrement. La guerre de course ne tuera pas l'adversaire dont le commerce pourra reprendre en toute liberté un nouvel essor après la paix, mais elle lui fera, dès le premier choc, une vive blessure qui le forcera à demander merci.

« Cette guerre là ne sera pas, comme l'ancienne, un attentat illicite à l'intangible liberté des mers. Ce sera mieux ou pis, comme on voudra : ce sera un pur acte de brutalité. Mais la guerre a-t-elle jamais été autre chose ?

« Sur la terre, c'est en s'emparant des provinces et des villes qu'on a raison de son adversaire. Sur la mer, ce ne peut être qu'en s'emparant des innombrables marchandises qui la traversent. »

Et l'auteur conclut peu après que s'il n'y avait pas eu jadis une guerre de course, les circonstances présentes et l'histoire nous commanderaient de l'inventer.

Mais qu'ont été les corsaires fameux de jadis ; que seront les corsaires de demain ; qu'ont fait les uns et que feront les autres ? Passons une rapide revue de l'histoire des corsaires, — arrivons en au Congrès de Paris en 1856 et à l'exhubérante joie qu'il causa en Angleterre et nous ne serons pas longs à conclure.

Reportons-nous un peu au temps des Cassard et des Forbin, des Surcouf, des Duguay-Trouin, des Jean-Bart, des Souville ;... si nous envisageons d'une part leurs exploits mémorables et, avec eux, l'ensemble des circonstances du même temps et la marche de la guerre, il nous faut

23

bien reconnaître que ce fut beaucoup de peine et de bravoure dépensées pour un minime résultat. Jamais l'influence des corsaires ne fut nettement déterminante pour un événement politique, jamais la destinée des pays ne fut changée par eux, jamais ils ne forcèrent ni même ne hâtèrent la conclusion d'un traité ; — ils passèrent, pourrait-on dire, toujours à côté de l'histoire sans y entrer jamais. Et la chose est facile à comprendre.

Quelle impression, en effet, nous demeure encore de ces guerres perpétuelles. — Celle d'aventuriers et de marchands rapaces se battant tous les jours pour se voler ; et ce n'est, de ces époques lointaines, qu'un souvenir imprécis de merveilleux brigandages, de coups d'audace et de fortune dont sont pleines les chroniques du temps et qui défraient aujourd'hui les romans d'aventures.

C'est que le corsaire d'alors était un être hybride et indéfinissable, armateur et pirate, soldat par occasion, servant son pays seulement pour faire fortune aux dépens des autres. Chacun alors sollicitait du roi une *lettre de marque*, — on avait garde de la lui refuser et, certain désormais de pouvoir pirater sans risquer d'être pendu, il abusait du droit féroce et exorbitant que lui conféraient ses papiers légalement en règle pour commettre les derniers abus. Les corsaires ne se gênaient pas d'ailleurs pour se vanter bénévolement de faire de la piraterie, et, de nos jours encore, bien des gens ne font guère la différence entre forban, pirate ou corsaire. C'est un tort et il faudrait bien distinguer à l'avenir. Quoi qu'il en soit, la guerre de course ainsi comprise et menée par des particuliers, armant à leurs risques et périls et pour leur propre compte, n'était à proprement parler pas une guerre et n'en pouvait avoir les conséquences.

Le corsaire jouait sa vie contre une fortune, c'était une grosse partie qu'il lui était peut-être indifférent de perdre,

car il n'avait pas peur de la mort, mais qu'il voulait surtout, s'il la gagnait, gagner pour un gros chiffre. Détruire
le commerce de l'ennemi, le ruiner, l'affamer, — c'étaient
des résultats consécutifs forcés mais dont il n'avait cure ;
ce qu'il voulait c'était prendre et piller le navire attaqué,
l'amariner et le conduire en sûreté dans un port. Et il en
advenait que, dès son premier coup, embarrassé d'une
prise, le corsaire quittait la lutte pour un temps et allait
garer son butin avant de venir en chercher un autre ; — et
la guerre n'était pas continue, et de ces interruptions successives elle languissait et ne prenait jamais fin.

Une fois on vit bien les corsaires agir en masse, se multiplier, s'élancer de tous les ports à la fois et faire une
chasse véritablement terrible et sans merci au pavillon
anglais ; mais c'était au lendemain de la déroute de la
Hougue, il était trop tard et le suprême effort, l'effort
désespéré qu'on tente en unissant ses forces quand on est
vaincu, devait forcément rester vain. Il en fut de même
sous la Révolution, et il n'en pouvait être autrement
quand il ne restait plus, pour harceler l'ennemi, que quelques bâtiments oubliés au fond des ports et dont les prodiges d'audace et de courage parvenaient seulement à
l'irriter sans beaucoup matériellement lui nuire.

Mais ce n'est pas une raison pour condamner la course,
c'est un avis impérieux seulement qu'il faut la réglemen-
ter, la régulariser.

« La course, — dit M. Redier, — pour être efficace, doit
être une guerre régulière et les marins ne doivent pas être
des pirates...

« Si un jour, l'Etat a des croiseurs-corsaires et s'il dispose en outre d'un grand nombre de ces paquebots qui
sont assez rapides pour ne craindre aucun vaisseau de
guerre et assez puissants pour nuire aux autres navires
marchands ; s'il doit exister une tactique de la course et,

chose profondément ignorée de nos vieux héros, une stratégie de la course ; si, au lieu de les laisser courir à l'aventure, on envoie ces marins sur les principales routes de
l'Océan pour y occuper certains postes qui leur auront été
assignés ; si enfin, comme pour toute autre guerre, on
fait aussi pour celle-là un plan de mobilisation et si on
compte surtout, pour le succès, sur l'habileté avec laquelle
ce plan aura été conçu et sur la rapidité avec laquelle les
corsaires, en l'exécutant, arrêteront dès le début des hostilités tout le commerce de l'ennemi ; l'instrument dont on
usera ainsi sera certes autrement puissant et autrement
efficace que celui dont disposaient naguère les grands
Etats en délivrant des lettres de marque à des aventuriers. »

Du même coup disparaîtrait aussi l'inconvénient si
grave de l'inaction passagère du corsaire embarrassé d'une
prise ; — de prises, il n'y en aurait plus. Sans quartier,
sans merci, sans s'arrêter à des considérations quelconques
de lucre ou de sentiment, on détruirait tous les bâtiments
rencontrés sur la route ; c'est ce que l'on enseigne ouvertement en Angleterre et ce que chacun ferait le cas
échéant. Il n'y aurait plus de navires capturés, de cargaisons saisies, mais seulement des navires coulés, des cargaisons englouties ; sous tous les pavillons on poursuivrait, pour l'anéantir, la marchandise ennemie,— quelque
marchandise qu'il couvre on poursuivrait férocement le
pavillon ennemi. Alors plus de commerce maritime possible chez aucun des belligérants, et il faudrait bien que le
premier qui se sentirait succomber à la ruine ou à la
famine passât par les conditions de l'autre reconnu vainqueur. Ce sera la guerre cruelle à coup sûr, la guerre im-
pitoyable,... mais ce ne sera pas la guerre inefficace et
éternelle de jadis.

Comprend-on maintenant pourquoi la course d'autre-

fois ne donnait pas des résultats en rapport avec la bravoure et les efforts mis en œuvre pour elle ; — comprend-
on que son heure n'était pas venue ? Il faut émettre ici
presque un paradoxe, mais ce n'est que le jour où on a
cru l'abolir qu'on a véritablement créé, fait naître, la
guerre de course, qu'on lui a donné une forme précise,
efficace et définitive.

Que comporte en effet la *Convention de Paris*, cette
œuvre laborieuse et en apparence humanitaire du Congrès
de 1856 ? Elle comporte l'abolition par tous Etats civilisés
de la *lettre de marque*, c'est-à-dire de ce papier arbitraire
par lequel la fantaisie d'un souverain conférait à un aventurier quelconque le droit de pirater en cherchant fortune
aux dépens de l'ennemi. Mais c'est tout. Où se trouve dans
cela l'inviolabilité de la propriété privée que ne reconnaissent pas les guerres terrestres ; où se trouve l'interdiction
de faire la course avec des vaisseaux de guerre ou des
vaisseaux armés en guerre par l'Etat ? Le corsaire existera
demain plus que naguère mais ce ne sera plus un marchand cupide, un aventurier sans scrupule ou un pirate
pillard, ce sera un marin qui fera la guerre comme on
fait la guerre, pour détruire et ruiner et non pour s'enrichir.

Quelle nation y aura le plus gagné ? Sans hésiter, on
peut dire que c'est la France, si elle veut se servir de cette
arme terrible et qui lui est si bien appropriée ; si elle veut
surtout en étudier à l'avance le maniement pour pouvoir
à l'occasion la confier à des mains expertes, à des cerveaux
qui y soient dès longtemps préparés.

Au lendemain de la déclaration de Paris, alors que,
sans bien même se rendre compte de ce qu'on avait signé,
on clamait partout la louange de l'Humanité qui avait
« aboli la course », il y eut un pays, très pratique en sa
vie, qui ne dissimula pas sa joie ; ce fut l'Angleterre.

Lord Clarendon, un des membres du congrès de Paris, un des signataires de la convention, proclamait à la Chámbre des Lords que « l'abolition des lettres de marque devait être regardée comme un des plus notables avantages pour un pays commerçant comme l'Angleterre » ; à la Chambre des Communes, c'était Lord Palmerston, un de ceux qui avaient étudié la navigation sous-marine avec Bauer et essayé de voler l'inventeur, qui s'écriait : « A ce changement, c'est nous qui avons le plus gagné ! »

Et les Anglais, qui n'ont jamais envisagé l'éventualité d'un conflit sérieux qu'avec la France, aussi bien que nous ne concevons une véritable guerre maritime qu'avec l'Angleterre, avaient de bonnes raisons pour parler ainsi.

Les Anglais, en effet, ont toujours eu et ont encore la meilleure, la plus puissante et la plus nombreuse marine du monde ; — les meilleurs corsaires ont toujours été les corsaires français.

C'est que la guerre de course semble faite tout exprès pour notre nature, pour nos qualités propres, pour nos défauts même. C'est que notre tempérammment actif et peu apte aux longues opérations patientes, que notre esprit primesautier aux déterminations rapides suivies d'une exécution immédiate, c'est que la folle audace demeurée aux fils de ceux qui marchaient au combat la poitrine nue et lançaient des flèches contre le ciel, c'est que notre turbulence qui n'exclut pas le coup d'œil perspicace, sont essentiellement les qualités maîtresses d'un corsaire. Dans la course, il ne faut connaître que son flair et son courage et les témérités les plus vagabondes en apparence sont coups de génie quand elles réussissent ; — et elles réussissent presque toujours quand elles sont rapidement exécutées. Une escadre va s'abriter quand la tempête se lève, elle recherche le beau temps et tâche de ne livrer bataille que par mer calme ; — au contraire, le corsaire rit à la rafale, il se réjouit quand la mer démontée gronde et houle, bousculant les vaisseaux qu'elle porte et qui luttent péniblement avec la vague inclémente ; — il s'élance en maître sur les flots tourmentés, court sus aux navires impuissants déjà contre la mer méchante..., et il les achève ; — puis il court, il court plus loin, là où il devine un autre ennemi ; avec un seul navire, il occupe et terrorise une étendue immense d'océan, il est partout à la fois, il frappe et s'éloigne ; partout on le rencontre, jamais on ne l'atteint. C'est tout le génie du corsaire : du flair, du coup d'œil, de l'intrépidité et de la vitesse.

Mais ce sont là seulement, à proprement parler, des raisons morales, psychologiques ; — elles sont bonnes à coup sûr..., mais il y en a d'autres, des raisons matérielles, brutales, indiscutables, qui nous obligent à condamner sans appel la guerre d'escadre et à ériger en principe et en institution la guerre de course comme la seule guerre maritime capable de nous rendre de véritables services, d'influer d'une façon efficace et déterminante sur l'issue d'un conflit anglo-français.

« A notre avis, — dit M. Emile Duboc dans sa brochure : *Le point faible de l'Angleterre*, — la grande guerre ne peut exister qu'entre deux nations dont les armées navales sont à peu près d'égale force. Toutes les fois qu'il y aura disproportion évidente, nous verrons la nation qui aura le moins de cuirassés refuser le combat en bataille rangée.

« Ainsi se trouvera réduit à néant dans l'avenir le fameux axiome : il faut, avant tout, chercher et détruire l'armée principale de l'ennemi. Celle-ci se tiendra sur la défensive, dans les ports, en arrière des torpilles fixes et prête à soutenir les défenses mobiles. »

Or, envisageons la situation respective et l'effectif des flottes militaires anglaise et française.

L'Angleterre possède 38 cuirassés de types modernes,

elle a 60 croiseurs de plus de 4.000 tonneaux et 20 petits croiseurs de 3.000 à 4.000 tonneaux. Il faut y joindre, — et cela forme une flotte d'appui et de seconde ligne considérable, — 17 cuirassés plus anciens dont les chaudières, les machines et l'artillerie ont été remplacées dernièrement par du matériel des derniers et des meilleurs modèles. Voilà l'escadre anglaise.

Du côté de la France, nous compterons 17 cuirassés d'escadre et 7 petits cuirassés tels que le *Bouvines* et le *Terrible*. Comme cuirassés de seconde ligne ou de réserve de construction plus ancienne, on n'en compte que cinq, et encore sont-ils bien capables de lutter sérieusement ? Les croiseurs de plus de 4.000 tonneaux sont au nombre de 16 et on en compte 8 seulement de 3.000 à 4.000 tonneaux.

La flotte française, en présence de la flotte anglaise, se trouverait donc vis-à-vis de celle-ci, pour les cuirassés à un contre deux et pour les croiseurs à un contre quatre dans les grands navires et un contre deux dans les petits. Il n'y a pas d'ailleurs à imaginer que cette disproportion puisse disparaître ; nous construisons actuellement dix croiseurs cuirassés d'un tonnage voisin de 10.000 tonneaux (7.500 à 12.000) mais les chantiers anglais ne chôment pas et de nombreux navires analogues y prendront la mer bientôt.

Que pourrait-il arriver alors d'une grande guerre ? Supposons nous-mêmes vainqueurs dans toutes les batailles rangées que livreraient les escadres de première ligne ; nos navires cependant seraient assez durement éprouvés pour que les réparations nécessaires les immobilisent pour longtemps ; et alors l'Angleterre ferait prendre la mer à une escadre toute fraîche qui régnerait en souveraine et dicterait sa loi, puisque nous n'aurions plus rien à lui opposer.

Nous devons donc à tout prix éviter la guerre d'escadre ; les opinions compétentes sont unanimes à ce sujet :

— « Une guerre victorieuse, mais prolongée, pourrait avoir des conséquences fatales pour l'Angleterre. Il nous serait très facile de faire durer la guerre. Nous n'aurions qu'à laisser nos cuirassés dans nos arsenaux en nous contentant de harceler les escadres ennemies qui les bloqueraient » (V. Guilloux, *Le Yacht*).

— « Nous devons éviter les grandes batailles navales avec le même acharnement que l'Angleterre mettrait à les provoquer » (Discours de M. de Kerjégu à la Chambre des députés, 1897).

— « La seule chose à craindre en cas de guerre avec l'Angleterre, c'est que la nervosité de l'opinion publique, la pusillanimité du gouvernement devant elle, n'arrivent à faire donner l'ordre à nos escadres de sortir et de risquer la bataille coûte que coûte » (d'Amor, *La guerre contre l'Angleterre*).

Et ce dernier auteur signale avec juste raison que sous de telles influences, dans des circonstances analogues : « C'est l'ordre de Louis XIV à Tourville qui a amené le désastre de la Hougue, l'ordre de Napoléon à Villeneuve dont le résultat a été Trafalgar, et, plus récemment, l'ordre du ministère espagnol à l'amiral Cervera qui a produit la destruction de l'escadre espagnol à Santiago. »

Devrait-on conclure de tout cela que nos escadres ne nous serviront à rien ? A coup sûr, au début et pendant toute la première partie de la guerre elles n'auront pas grand chose à faire. Il en serait autrement à la fin. Les escadres anglaises alors, mises à mal par le gros temps, par les accidents de matériel et de machines si fréquents à bord, affaiblies surtout par les pertes causées dans leurs rangs par les attaques de nos torpilleurs et sous-marins harcelant sans cesse leurs lignes de blocus, seraient en

23.

mauvaise posture. Ce pourrait être le moment de faire
sortir nos escadres de leur rôle défensif pour prendre à
l'improviste une offensive rapide et qui aurait toutes
chances d'être victorieuse. Il n'y faudrait pas songer auparavant.

L'escadre de blocus d'ailleurs ne subirait pas seulement
les attaques des torpilleurs et des sous-marins. Jour et
nuit, sans relâche, un navire sortirait — un seulement
à la fois, — qui irait harceler l'ennemi et le fatiguer en
pure perte. Il rentrerait après avoir tiré quelques coups de
canon et serait immédiatement remplacé par un autre. Le
résultat serait de maintenir nos équipages en haleine, de
les entraîner suffisamment et de les empêcher de se démo-
raliser dans la longue inaction ; — voilà pour nous ; — le
résultat pour l'ennemi, sans cesse inquiété et n'ayant une
minute de repos ni trêve, serait l'affaiblissement progressif
des équipages anéantis au bout de peu de temps par la
tension d'esprit continuelle, l'angoisse permanente de l'in-
certain, la fatigue excessive et la veille exagérée.

Et que peut contre cela l'Angleterre ? Tenter des coups
de main, ravager les côtes, bombarder les forteresses,
essayer un débarquement de troupes ?

Tout cela ne veut pas dire grand chose. Débarquer des
troupes, nous savons quelle utopie ce serait aujourd'hui.
Une armée anglaise mettrait-elle même le pied sur le sol
français, le plus vilain tour à lui jouer ce serait de la laisser faire, puis, une fois isolée de ses vaisseaux, de l'attaquer de front et de la rejeter à la mer. D'ailleurs, les
Anglais ne le feraient pas ; ce serait une folie insigne de
leur part même d'y songer, ce serait courir à la mort sans
profit possible ; — c'est une théorie presque évidente et
pleinement confirmée d'ailleurs plusieurs fois et en particulier par les manœuvres de débarquement de l'escadre du
Nord dans la baie de Douarnenez en 1898. Reste le bom-

bardement des côtes et des forteresses. Celui-là n'est pas bien à craindre. Qu'a-t-il produit d'ailleurs ? Voici des documents et des chiffres :

Quand les Anglais ont bombardé Alexandrie, ils avaient devant la ville huit cuirassés et cinq canonnières portant 88 canons des calibres de 40 centimètres à 18 centimètres; l'un d'eux était armé du célèbre canon « l'Inflexible » de 80 tonnes, et il faut ajouter à cela un nombre considérable de petites pièces d'artillerie, de canons à tir rapide et de canons Nordenfelt.

Cette escadre était appuyée et ravitaillée par 78 vapeurs capables de faire en onze jours le trajet de Londres à Alexandrie et par 30 steamers mis à la disposition de l'Angleterre par le gouvernement indien.

Du côté de la terre, c'était le vieux camp construit par Bonaparte en 1798 avec ses abris en terre et ses petits épaulements de batteries, et un seul fort, le fort de Mex, construit en terre également. Le tout était armé de canons Armstrong du modèle 1872, montés sur des affûts pour la plupart en fort mauvais état.

L'escadre tira pendant huit heures sans relâche malgré qu'au bout de quatre heures on ne répondit plus à son feu. La place était abandonnée et on put débarquer. On constata alors que la fortification n'avait à peu près pas souffert du tir des bâtiments, que le fort de Mex en particulier était indemne de tout mal, que dans les batteries ouvertes par-dessus il y avait un ou deux vieux affûts brisés et pas une pièce hors de service. La défense avait abandonné la position et cessé son tir faute de munitions. Les pertes égyptiennes avaient été de 350 hommes tués ou blessés. Les Anglais avaient eu 5 tués, 28 blessés et en plus 90 avaries de coques dont certaines très graves.

En janvier 1896, à l'île du Levant, la France a procédé à des expériences de bombardement dont le résultat est concluant.

Le *Sfax* et l'*Amiral-Duperré* tiraient sur deux batteries construites en terre et placées l'une à 20 mètres d'altitude, l'autre à 100 mètres d'altitude, abritant chacune quatre gros canons de côte et quatre canons de moyen calibre.

Pour pouvoir aisément se rendre compte de l'effet progressif du tir, les expériences ne durèrent que deux heures par jour et furent poursuivies pendant trois jours. Les navires tirèrent pendant ce temps mille coups de canon des calibres de 34 cm., 16 cm., 14 cm. et 10 cm., la moitié des coups tirés le fut avec des obus chargés à la mélinite. Pendant la durée des expériences, quatre mille kilos de projectiles tombèrent sur les batteries. Le résultat fut presque nul, les dégâts matériels à peu près insignifiants.

Par contre, on constata que, surtout la batterie la plus élevée, à cause de son grand commandement sur la mer, aurait fait un mal énorme à l'assaillant.

Nous pourrions encore rappeler combien fut peu efficace le bombardement de Santiago par les Américains qui n'auraient jamais pris la ville sans la téméraire folie ordonnée à l'amiral espagnol.

Enfin, plus récemment encore, en Chine, au bombardement de Takou, en juin 1900, on a fait les mêmes constatations. Une lettre d'un officier qui y a pris part et qu'a publiée le *Figaro* au commencement d'août, rapporte que les navires des puissances, embossés dans le fleuve, ont tiré pendant plusieurs heures, alors même que le feu des forts s'était tu depuis longtemps. Quand on débarqua, on trouva les forts et les batteries évacués par l'ennemi, il n'y avait plus un grain de poudre ni un projectile. Les ouvrages en maçonnerie étaient sans la moindre blessure ; quant aux épaulements en terre, leur crête ravinée par les obus affirmait un tir bien réglé et cependant ils avaient très peu souffert ; — deux pièces seulement, montées sur des affûts en bois, avaient été démontées.

Il n'y a donc pas à s'inquiéter du tir des bâtiments contre la terre ferme, son efficacité est presque nulle.

De tout cela, il faut conclure définitivement à la condamnation de la grande guerre et nous allons revenir un instant aux raisons matérielles et économiques de la course pour l'instaurer tout à fait avant de passer au rôle actif que joueront autour des croiseurs et pendant toute la guerre les torpilleurs des défenses mobiles et surtout les sous-marins qui vont prendre enfin leur vraie place dans l'armée navale.

Il est bien entendu que le seul conflit que nous ayons ici en vue est la guerre avec l'Angleterre. Or, le commerce britannique, tout entier maritime, s'élève annuellement au chiffre de vingt-cinq milliards, en y ajoutant environ trois milliards, valeur approximative des bateaux qui servent à l'importation et l'exportation, on arrive au total de vingt-huit milliards de francs. Frapper l'ennemi dans cette richesse serait, à coup sûr, frapper au point sensible.

Mais le coup serait plus rude assurément qu'il n'apparaît à première vue. Dans le chiffre du commerce britannique, l'importation des denrées alimentaires absolument nécessaires à la vie figure pour plus de quatre milliards, et il faut, pour nourrir l'Angleterre, annuellement 90 millions d'hectolitres de blé dont plus de 75 sont importés. Que l'on parvienne à intercepter ou à détruire les convois de ravitaillement et c'est en Angleterre la famine à brève échéance. Il est vrai que les Anglais ont dès longtemps prévu cette éventualité et qu'on a parlé sérieusement, et à plusieurs reprises, de constituer un stock de blé capable d'assurer du pain pour un an. Le stock existe-t-il? On l'ignore. Il est au moins probable qu'il existe en partie; mais l'influence, morale surtout, serait presque aussi grande s'il fallait, par nécessité absolue, s'en servir. Ce serait d'abord, les autres denrées alimentaires faisant de

plus en plus défaut, une augmentation de la consommation du pain en même temps qu'une augmentation notable
de son prix que le gouvernement ne parviendrait pas à
soustraire à la spéculation, à moins de taxer d'office et de
rationner de même, c'est-à-dire à moins de proclamer une
sorte d'état de siège général dans toute la Grande-Bretagne,
... et ce serait en présence des masses populaires souffrantes et énervées un remède capable de devenir bien pire
que le mal. Car, qui souffrirait le plus de tout cela ? A coup
sûr, l'élévation progressive et considérable du prix du
fret, l'augmentation du taux des assurances qui ne donneraient garantie d'une cargaison que pour une prime au
moins égale à son prix d'achat, qui ne se chargeraient
d'un navire que moyennant versement presque de sa
valeur marchande, ruineraient les armateurs et les commissionnaires sans enrichir les assureurs. Mais, d'autre
part, l'arrêt forcé de l'importation des matières premières
nécessaires à l'industrie réduirait au chômage les usines
et fabriques ; la multitude innombrable des ouvriers sans
travail et dans la noire misère, à qui on ferait payer plus
cher le pain qu'elle ne pourrait déjà plus payer au prix du
tarif ordinaire serait bien, auprès des pouvoirs établis, la
torche menaçante de la révolution intérieure pour « du
Pain ou la Paix ».

Avec elle, il faudrait compter autant qu'avec nos corsaires et elles seraient vite finies les manifestations turbulentes d'un chauvinisme exalté par des victoires lointaines
quand il faudrait attendre sans manger, en regardant
mourir ses femmes, ses enfants, de famine et de douleur,
la gloire des lauriers des armes.

Enfin, pour les marchandises qui en seraient susceptibles, les commerçants les feraient passer sous pavillon
neutre ; les armateurs mettraient leurs navires sous pavillon étranger. Ce seraient les ports de Rotterdam, d'Anvers

et surtout de Hambourg qui en auraient le bénéfice ; et le courant commercial, une fois détourné de sa route première, en reprendrait, même la guerre finie, difficilement l'habitude.

Qu'on se rappelle un peu l'histoire des guerres de Sécession. Les corsaires sudistes avaient terrorisé les armateurs américains qui avaient presque tous fait passer leurs navires sous pavillon anglais ; — la guerre, heureusement terminée, la plupart y demeurèrent. Le dommage ainsi causé n'est pas réparé aujourd'hui. Avant la guerre, les trois quarts à peu près du commerce américain se faisait sous pavillon national ; trois ans ensuite, il en restait un quart à peine et on n'a pas encore retrouvé aujourd'hui le chiffre primitif.

Les résultats immédiats de la guerre de course seraient donc : de ruiner la marine marchande de l'Angleterre et, par contre coup, le pays tout entier ; — d'affamer le peuple anglais, mettant le gouvernement dans l'alternative probable d'une révolution ou d'une capitulation ; — de peser lourdement et longtemps sur son commerce extérieur en détournant d'elle, au profit des neutres, les chemins commerciaux.

Et de tout cela que pouvons-nous craindre ? La ruine de notre marine marchande ; elle est fatale quoi qu'on fasse, au moins pour les navires en route au moment de l'ouverture des hostilités. Pour les autres, il serait facile de les sauver en suspendant leurs voyages. Le commerce maritime serait supprimé pendant toute la durée de la guerre, le matériel ne serait pas détruit ; — le trafic n'aurait pas lieu mais il ne prendrait pas une autre route. Pour les importations de nécessité absolue pour la vie commerciale intérieure, quatre ports sont admirablement placés pour la permettre sous le couvert d'un pavillon neutre, Gênes, Barcelone, Anvers et encore Hambourg. Mais le courant

qui irait par là, importation ou exportation, serait infime
d'abord et ensuite facile à ramener parce que la fin du
transport se ferait par voie de terre et que ce serait là un
supplément de prix coûtant considérable. Notre marine
marchande souffrirait donc mais ne serait pas mortellement
frappée comme celle de l'Angleterre. Et puis quelle part
infime elle représente dans la richesse nationale !

Quant à la question de famine et même d'augmentation
du prix des denrées alimentaires elle n'est même pas à
envisager. La France est un des rares pays qui produise
presque de quoi se nourrir lui-même, et surtout qui soit
capable de le produire. Elle possède d'ailleurs, et dans la
direction des pays d'approvisionnements supplémentaires,
des frontières terrestres assez larges est assez traversées de
voies de communication pour ne rien craindre de ce côté.

La France a donc tout intérêt à se livrer à la guerre de
course, — s'il faut qu'elle fasse la guerre ; et à cela elle
n'a sûrement pas d'intérêt, — ni personne, — il faut donc
prendre les mesures pour que cette guerre soit possible et
la première condition à envisager c'est d'assurer l'entrée et
la sortie des corsaires et aussi leur sécurité la meilleure
possible et leur ravitaillement dans quelque lieu qu'ils se
trouvent.

Entrer dans un port bloqué ou en sortir n'a jamais été
impossible à un navire conduit par un équipage hardi et
adroit ; nous verrons bientôt que le bateau sous-marin
rend la question bien plus simple et commode ; c'est donc
une première question qu'on peut considérer comme résolue, quitte à y revenir avec quelque détail tout à l'heure.
La seconde est plus grave et plus complexe et nous allons
dire un mot ici, puisque nous sommes amenés à en parler,
des *points d'appui de la flotte.*

Un corsaire ou un navire de guerre quelconque opérant
en haute mer, use, dépense, risque des coups et des ava-

ries. S'il est à court de charbon, s'il manque de poudre ou
de projectiles, s'il a reçu dans ses œuvres vives ou dans
ses organes essentiels quelque blessure qui le mette en
état d'infériorité, où ira-t-il se ravitailler, se radouber, se
remettre sur pied effectif de guerre? Il faudra que, pas
trop loin de lui, quelle que soit sa position sur la carte,
il puisse trouver un port ami abondamment pourvu de
charbon et de munitions, possédant des ateliers de réparations bien aménagés et des ouvriers ou au moins des
outils qui ne peuvent pas être à bord, et des cales sèches
ou formes de radoub capables de recevoir n'importe quel
navire, de réparer n'importe quelle avarie. Ce sont ces
ports disséminés sur le globe, aussi proches que possible
des routes commerciales, qui seraient aussi les routes militaires, qui prennent le nom de *point d'appui de la flotte*.

Les points d'appui de la flotte anglaise sont nombreux,
l'immense étendue de son empire colonial permet leur
choix judicieux et leur multiplication. De ce côté, nous
sommes, — beaucoup par notre faute, — dans un état manifeste d'infériorité. Le premier de tous nos ministres de
la guerre, M. Lockroy, a insisté pour la création de ces
postes si importants, le premier il a réclamé avec ténacité
qu'on donne la première place aux crédits nécessaires à
leur installation. On l'a écouté un peu et déjà Dakar et la
Martinique, de part et d'autre de l'Océan, Bizerte, sur la
côte africaine de la Méditerranée, ont été pourvus à peu
près du matériel et des dépôts nécessaires. Mais ce n'est pas
assez. De l'un à l'autre il y a trop de distance, il y a trop
d'importantes routes commerciales qui ne se rattachent
par aucun point à l'un d'eux. C'est l'œuvre à faire des
années présentes et futures que de créer, de multiplier ces
points d'appui et de leur donner, en même temps que
l'aménagement propre à leur affectation, une défense sérieuse qui les puisse mettre à l'abri de tout coup de main

si audacieux soit-il, si puissante soit la force qui le viendrait tenter.

Ce jour là, — le jour où nous aurons établi un plan de
mobilisation des corsaires, le jour où nous aurons dès le
temps de paix préparé l'armement en course des paquebots
rapides, le jour où des équipages hardis, intelligents et
bien entraînés, seront désignés pour être prêts à prendre
la mer au premier signal, — le jour où notre flotte trouvera de toutes parts sur le globe des points d'appui bien
aménagés et fournis, — ce jour-là, nous serons prêts pour
la course, et si quelque peu convaincu encore vient nous
dire : — Tout cela est fort bien mais malgré qu'on en dise
la guerre de course ne portera pas quand même le coup
décisif qui forcera l'ennemi à demander merci, à se soumettre : peut-être, — répondrons-nous ; — l'opiuion est
discutable, mais elle peut être admissible. Prenons donc
les choses au pire et n'admettons définitivement que ce qui
est complètement et absolument démontré ; — considérons
la guerre de course seulement comme le moyen de causer
pendant la guerre les torts les plus graves à la marine et
au commerce de l'Angleterre, de peser lourdement sur elle
ensuite pendant longtemps par le passage d'une partie de
ses navires sous pavillon étranger, d'affamer et de ruiner
les habitants de la métropole et de mettre le gouvernement
à la merci d'une révolution toujours prête à éclater ; — si
ces raisons ne sont pas décisives, au moins sont-elles
graves et font-elles de la guerre de course un moyen d'action terrible et dont il faut nous servir. Le trouvez-vous ou
le craignez-vous insuffisant ? Mais il y a autre chose pour
frapper le coup décisif et cette autre chose irrésistible et
forcément déterminante, c'est le sous-marin qui va nous la
montrer ; c'est lui va être l'arme nouvelle complétant les
anciennes, frappant au cœur et forçant à la paix.

CHAPITRE III

LA DÉFENSE MOBILE

Les forces militaires, moyens de bataille et de destruction réunis dans un port ou à son alentour pour en défendre l'approche, pour le préserver de tout coup de main, rendre inefficace toute action offensive tentée par un ennemi, sont de deux sortes, forment deux groupes distincts : la *défense fixe* et la *défense mobile*.

La défense fixe comprend les fortins et batteries qui commandent les passes et dont la garde est confiée aux troupes de la marine ; elle comprend surtout le torpillage fixe de la rade. Ce torpillage se compose de lignes de torpilles fixes disposées sur trois ou quatre rangs, en quinconce, et barrant complètement l'entrée du port et toutes les passes qui y accèdent. Certaines des torpilles fixes, autrefois,— torpilles dormantes ou torpilles mouillées,— étaient disposées de façons plus ou moins ingénieuses pour faire explosion au passage d'un navire à leur aplomb. Ce procédé qui présentait de graves inconvénients, — entre autres celui de pouvoir fort bien laisser passer un navire qui aurait eu la chance de glisser juste par l'intervalle compris entre deux lignes parallèles de torpilles mouillées ou celui de risquer de torpiller un navire ami qui serait entré dans la passe par erreur ou forcé par une poursuite ennemie, — est aujourd'hui à peu près totalement abandonné.

Les torpilles fixes d'un port sont aujourd'hui des mines explosives munies d'une capsule que peut enflammer une étincelle électrique produite par un courant que l'on ferme au moyen d'un commutateur placé dans un poste d'observation situé à terre. C'est alors volontairement et en toute connaissance de cause que l'on fait éclater une torpille noyée quand un navire ennemi s'aventure dans la zone dangereuse de son explosion.

Nous n'insisterons pas davantage ici sur les défenses fixes dont on comprend facilement l'organisation et aussi la grande importance.

Toute autre chose est la *défense mobile* ; ensemble des bâtiments attachés au port et dont la mission est de veiller sur ses abords, d'en défendre même l'approche aux bâtiments ennemis et de les repousser vers le large s'ils sont parvenus à s'approcher en nombre ou à établir un blocus. En particulier, ce sera une des fonctions de la défense mobile de repousser les navires qui viendraient tenter, soit de détruire le torpillage fixe, soit de bombarder la côte et les forts, et elle devra être organisée de façon à pouvoir dans tous les cas empêcher l'ennemi d'agir de quelque façon que ce soit contre le port lui-même, ses fortifications et ses dépendances.

Les unités qui constituent la défense mobile sont les torpilleurs et, depuis qu'ils existent, les sous-marins.

Un article fort documenté, paru dans le journal *le Yacht* en mai dernier, apprécie de façon très juste l'état et le rôle de nos défenses mobiles. Avant de préciser davantage en imaginant une guerre déterminée, un ennemi connu, citons d'abord ces généralités intéressantes :

« Quand on se rappelle les tirs de torpilles automobiles exécutés il y a quinze ou vingt ans dans nos escadres et défenses mobiles, et si l'on considère les résultats obtenus de nos jours, il est indéniable que d'immenses progrès ont été accomplis dans la confection, le réglage et les trajectoires de ces engins ; et si parfois ils se montrent encore capricieux, il est certain qu'ils seront une arme redoutable entre les mains d'officiers audacieux et expérimentés.

« L'apparition de l'appareil Obry, en diminuant les chances de déviation, vient d'augmenter encore la valeur de la torpille. Mais bien plus grands, en proportion, pendant ce laps de temps, ont été les perfectionnements apportés aux petits bâtiments spécialement destinés à s'en servir, puisque nous sommes passés du mauvais torpilleur de 3e classe lance-torpille au grand torpilleur de 25 à 30 nœuds et que le sous-marin pratique a été définitivement créé.

« Ces deux genres de bâtiments constituent aujourd'hui nos défenses mobiles.

« Au point de vue des torpilleurs, la marine française se trouve aujourd'hui dans une situation particulièrement favorable. Elle a enfin mis la main sur un type de grande valeur, très marin et de bonne marche sous des dimensions raisonnables et elle en est redevable à l'éminent ingénieur constructeur M. Normand, du Havre, qui, avec le *145* a créé le torpilleur de première classe actuel. C'est ce type excellent qui vient chaque jour remplacer les vieilles unités usées.

« A côté des torpilleurs de première classe, nos torpilleurs de haute mer, un peu plus endurants, n'ont pas toutes les qualités requises pour suivre partout les escadres. Ils reviendront fatalement aux défenses mobiles, le jour où nous aurons un plus grand nombre de contre-torpilleurs du type *Hallebarde*. Aussi pensons-nous, avec beaucoup de marins, qu'on ne devrait plus construire que deux espèces de torpilleurs : le contre-torpilleur de 300 à 350 tonneaux pour accompagner les escadres et le torpilleur de première classe, genre *201*, qui coûte moitié moins cher que les torpilleurs de haute mer et peut rendre les mêmes services dans la défense des côtes.

« On objectera peut-être que les contre-torpilleurs de 300 tonnes sont plus visibles la nuit et moins facilement manœuvrables. Cet excès de visibilité avait déjà été nié par l'amiral de la Jaille dans ses réponses à la commission d'enquête extra-parlementaire. L'amiral visait alors le type *Bombe*. Même constatation a pu être faite tout récemment dans nos escadres avec les nouveaux types *Hallebarde* et *Durandal*.

« En ce qui concerne la manœuvre, la difficulté n'est pas sensiblement plus grande pour le type de 300 tonneaux que pour un *Flibustier*. Dans ces limites, la question de déplacement intervient peu et l'officier habile et expérimenté tirera le meilleur parti aussi bien de ces petits contre-torpilleurs que d'un torpilleur de haute mer ordinaire...

« Pour la défense mobile, nous possédons à l'heure actuelle environ 200 torpilleurs de toutes classes ; dans deux ou trois ans, nous pourrons en compter environ 300, en y comprenant les torpilleurs de haute mer au nombre de plus de 50 qui y seront sans doute versés définitivement à cette époque.

« Tous ces bâtiments ont pour arme offensive naturelle et exclusive la torpille. Les petits canons à tir rapide ne peuvent servir qu'à la lutte éventuelle entre torpilleurs.

« Le rôle des torpilleurs en temps de guerre a été étudié sous toutes ses faces dans de nombreuses manœuvres. On sait que leur emploi de jour sera très limité. A part le cas d'une mêlée dans un combat d'escadre, les torpilleurs ne seront guère utilisés de jour que comme estafettes entre les divers points du littoral, par exemple pour porter des ordres dans les postes éloignés de chef-lieu ou dans les îles.

« On pourra encore prévoir leur emploi de jour pour la défense d'un goulet étroit bordé de petites criques où le torpilleur se tiendra en embuscade. Mais, d'une façon générale, le torpilleur restera au repos, attendant la nuit pour porter ses coups, car c'est l'arme de nuit par excellence.

« Alors, il n'aura pas seulement à repousser une attaque de nuit d'une force navale sur un point connu du littoral, il devra encore faire des diversions pour favoriser la sortie de nos croiseurs d'un port bloqué ; et si les ports ennemis sont situés dans le voisinage immédiat des nôtres, sa vitesse, son endurance et son rayon d'action lui permettront toujours, sauf dans les cas de gros temps, de tenter des attaques de nuit sur le littoral même de l'ennemi et d'être de retour dans un de nos postes de refuge le lendemain matin au point du jour. »

A ces torpilleurs de toutes classes qui, il n'y a pas long-temps encore, constituaient exclusivement nos défenses mobiles viennent de s'adjoindre depuis peu, — en tout petit nombre encore, sortant à peine de la période des essais qui ont permis d'établir des types réguliers, — les bateaux sous-marins.

Et, puisque nous parlons de l'arrivée des sous-marins à côté des torpilleurs dans les ports et sur les côtes, signalons en passant, fait non accompli encore mais tout probable, l'entrée des sous-marins dans les escadres. Il est facile de concevoir, en effet, à côté du contre-torpilleur et à la place du torpilleur de haute mer qui craint le temps, un petit sous-marin que le cuirassé puissant emporterait avec lui et ne mettrait à la mer qu'en cas de combat, se tenant toujours prêt à le reprendre sous sa garde quand le petit navire aurait accompli son œuvre ou aurait épuisé sa force. Cette application du sous-marin à la guerre au large n'est pas entrée encore dans le domaine de la réalisation pratique, mais on y pense et quand notre matériel sous-marin se sera multiplié et perfectionné encore, à coup sûr on y avisera.

Revenons aux sous-marins de la défense mobile.

De même que le torpilleur, et plus que lui encore, le sous-marin a pour arme exclusive la torpille automobile ; — il ne possède et ne doit posséder jamais aucune artillerie de petit calibre ou à tir rapide, aucune arme défensive de quelque nature qu'elle soit.

Mais si le torpilleur est surtout une arme de nuit, le sous-marin est au contraire bien plutôt une arme de jour. C'est aussi, il faut en convenir, principalement une arme de beau temps, car s'il est bien établi que les tempêtes les plus violentes n'agitent jamais que la couche superficielle de la mer à une profondeur tout au plus de deux à trois mètres, et que par conséquent le sous-marin peut éviter le grain en se tenant immergé, il n'en demeure pas moins astreint à remonter à la surface au moment d'effectuer une attaque, et dans un cas pareil, les lames embarquant par dessus le dôme de commandement, l'empêcheront de voir nettement son but et de prendre une direction régulière. De plus, à une faible profondeur d'immersion, il ne pourra, à cause de l'agitation de la mer, attendre un grand service de son appareil de vision indirecte, dont l'extrémité serait presque continuellement recouverte par le flot.

La nuit, par un temps calme, le sous-marin voyant son rayon maximum de visibilité restreint dans de grandes proportions, marchera surtout à la surface. Il se trouvera alors dans la situation d'un torpilleur ordinaire, — moins visible cependant, mais aussi bien moins rapide, — et il perdra beaucoup de son avantage.

En réalité, c'est de jour et par un temps maniable que le sous-marin sera en posture avantageuse. Rien ne lui sera plus facile alors que de sortir immergé de la rade pour aller attaquer ou attendre au passage un ennemi croisant en vue de la côte. Dans certains cas, il est vrai, surtout si l'ennemi défile à grande vitesse — comme pour le bombardement d'une forteresse — ou s'il change fréquemment de direction et d'allure, le sous-marin, aux mouvements lents, aura bien des chances de ne pouvoir l'atteindre. C'est une question que nous avons étudiée en partant de l'attaque d'un but mobile et de la route *au relèvement constant*.

Mais supposons un passage étroit, une rade, un chenal, dans lequel l'ennemi doit passer. Là le sous-marin sera sûr de son attaque, il n'aura qu'à marcher lentement pour ne pas déceler sa présence par le moindre bouillonnement de la surface ; il attendra l'approche de l'ennemi et lancera sa torpille d'aussi près qu'il voudra, c'est-à-dire à la meilleure distance pour produire le maximum d'effet sans en craindre le contre-coup ; nous savons que cette distance est, pour une torpille du calibre de 450^{mm}, de 150 à 250 mètres.

Précisons l'emploi possible des sous-marins que nous possédons actuellement.

Le *Gustave-Zédé* a une vitesse de 8 nœuds seulement, et il peut évoluer en toute facilité sur la côte française entière à l'Est et à l'Ouest de Toulon. Le *Morse*, qui est à Cherbourg, peut aisément traverser la Manche, aller et retour, dans sa partie resserrée ; l'*Algérien* et le *Français*, qui viennent de prendre la mer pour essais, seront dans le même cas et auront même probablement un rayon d'action plus étendu un peu. Quant au *Gymnote* et au *Goubet*, bateaux minuscules auxquels on devra peut-être bien revenir quand se posera définitivement le problème du sous-marin transportable, leur fonction manifeste est de défendre les abords immédiats de Toulon, et ils en sont capables, surtout si l'ennemi tentait en plein jour, soit de forcer l'entrée du port, soit d'établir un blocus très serré.

Pour ce qui est du *Narval*, il faut envisager la chose de plus haut et plus loin. A volonté torpilleur et sous-marin, ce bateau est à la fois l'arme de jour et l'arme de nuit. Sa seule infériorité sur un torpilleur ordinaire est sa vitesse assurément moins grande ; mais le *Narval* est le premier bateau de ce type, et il faut croire que les perfectionnements progressivement apportés aux modèles nouveaux en projet permettront de réaliser des bâtiments du type *Narval* possédant à la surface une vitesse comparable à celle d'un torpilleur ordinaire. Ce jour-là nous posséderons l'arme par excellence des défenses mobiles, et on cessera probablement de construire des torpilleurs pour les remplacer peu à peu par des *Narvals* perfectionnés.

Tel est l'état actuel de notre défense mobile. Dans peu de temps, six sous-marins nouveaux viendront s'y ajouter : le *Français* et l'*Algérien*, dont les essais sont conduits avec activité,le *Gnome*,le *Korrigan*,le *Farfadet* et le *Lutin*, du même type et dont la construction s'achève.

Tous ces bateaux auront, comme le *Morse* dont ils sont frères, 160 milles de rayon d'action. Pourquoi alors n'en pas placer tout de suite deux à Bizerte, un point d'appui important, deux en Corse pour donner la main à la défense mobile de Toulon et deux à Dunkerque à l'étranglement de la Manche; ils menaceraient assurément avec fruit les passages resserrés que commandent ces trois positions. Quant au *Narval*, en attendant que d'autres sous-marins pareils à lui soient sortis des arsenaux, sa place est soit à Cherbourg, où il est — il serait même mieux à Boulogne — pour menacer les ports anglais du Sud grâce à son grand rayon d'action, soit à Oran pour se tenir prêt à une attaque sur Gibraltar.

Il nous faut d'ailleurs, dans ces ports, et prochainement, des submersibles à grand rayon d'action, et. nous verrons tout à l'heure pour quelle opération capitale.

En résumé, dit le *Yacht*, avec nos 3oo torpilleurs de tout genre comme arme de nuit, nous serons dans une situation satisfaisante dans deux ou trois ans ; l'augmentation actuelle des défenses mobiles hors des cinq grands ports permet de l'espérer. Nos sous-marins auront alors augmenté en nombre et seront une arme de jour sérieuse.

..... « Il importe surtout de ne pas demander au sous-marin plus qu'il n'en peut faire, de l'employer d'une façon rationnelle comme un simple auxiliaire très utile de notre flotte de combat. »

Ces dernières paroles assurément sont sages et il serait absurde et monstrueux, par exemple, de rêver de sous-marins livrant des batailles rangées ou transportant des hommes prêts à combattre hors du navire ou sur sa passerelle. Mais ce « simple auxiliaire » de la flotte pourrait bien cependant en devenir un des éléments les plus importants, une des unités les plus puissantes. C'est ce que nous allons tâcher de voir en cherchant à employer le sous- « d'une façon rationnelle. »

En 1896, le lieutenant Kimball, de la marine des Etats-Unis publiait, dans l'*Army and Navy Register*, une étude très consciencieuse sur la tactique des sous-marins et, après avoir examiné en détail les diverses opérations de guerre que peut tenter et réussir un tel navire, il concluait ainsi :

« Il résulte de ce qui précède que les sous-marins doivent leur inappréciable utilité au fait qu'ils peuvent se cacher sous l'eau, de même que les troupes de terre se cachent derrière des retranchements ou des abris naturels.

« Grâce à cette protection et à cette invisibilité, ils possèdent en certains cas une puissance offensive qu'il faut reconnaître considérable. De plus, en attendant que leur valeur pratique soit exactement connue, ils auront une influence énorme sur le moral de l'ennemi.

« Cependant, malgré que leur rayon d'action soit assez vaste, ils ne sauraient remplacer les navires de ligne, les croiseurs et les torpilleurs à grande vitesse. Ils seront tout particulièrement utiles à une puissance ne possédant qu'un assez petit nombre de cuirassés à mettre en face d'une flotte de guerre incontestablement supérieure. Il n'est question ici que des sous-marins analogues à ceux que l'on construit à cette époque ; mais si les perfectionnements futurs de ces bâtiments marchent de pair avec ceux des autres navires de combat, leur domaine d'utilisation pratique assurément grandira dans des proportions énormes. »

C'est bien pour cela, parce qu'elle sent bien que le sous-marin est une arme terrible contre elle et que la solution définitive du problème risquerait fort de compromettre sa suprématie navale, que l'Angleterre n'a jamais montré d'enthousiasme pour les sous-marins, n'a jamais encouragé — officiellement du moins — les tentatives de navigation sous-marine. Et voilà bien pourquoi, jusqu'à présent, l'Amirauté anglaise a feint d'ignorer presque le nouvel engin de guerre, se disant à coup sûr que lorsque le danger menaçant sera devenu réel, il sera temps encore, avec les nombreux arsenaux qu'elle possède, de rattraper les autres puissances et, en se servant de ce qui aura été fait déjà par ailleurs, d'étudier le redoutable problème en l'adaptant le mieux possible à ses intérêts propres.

Les écrivains maritimes d'Angleterre ne le cachent pas d'ailleurs, et nous trouvons dans le journal *Naval and Military Record*, qui paraît à Plymouth, une étude parue en 1899 sous le titre *Sea power and submarine attack*, où est émise cette opinion que les « sous-marins seraient fort capables de causer prochainement dans la tactique navale une révolution comparable à celle qui y fut produite par l'invention et l'adoption des torpilleurs ». L'Angleterre, d'ailleurs, ajoute le journal, voit reposer toute sa puissance sur une flotte formidable de croiseurs et de cuirassés et « ne doit pas encourager l'étude de machines de guerre aussi propres à diminuer la valeur militaire des grands navires » ; elle doit cependant ne pas se désintéresser des progrès journellement accomplis et suivre en particulier avec la plus grande attention la marche du problème en France.

Revenons maintenant à la guerre avec l'Angleterre et imaginons sa flotte bloquant nos ports et bombardant nos côtes. Quelle meilleure défense, quelle protection plus puissante pourrions-nous trouver qu'une flottille de sous-marins gardant tous les points du littoral.

A toute minute, l'ennemi agresseur sera sous le coup de la crainte d'une attaque sous-marine, il appréhendra sans cesse de recevoir une torpille lancée par un bâtiment invisible dont rien ne décèle la présence ni l'approche. Et quand on songe déjà à l'émoi que cause à bord d'un cuirassé la possibilité d'une attaque de torpilleurs, quand on sait qu'elle est l'absorbante garde et la terrible fatigue de « la veille » du torpilleur pendant toute une nuit seulement, on demeure avec la conviction profonde, la certitude que l'équipage entier d'un navire qui sait pouvoir être menacé par un sous-marin sera dans un état permanent de nervosité et de surexcitation qui, d'abord, ne sera guère propice à la bonne conduite d'une manœuvre ou d'une entreprise quelconque et qui, de plus, sera un agent énergique de dépression morale et de fatigue physique consécutive dont la conséquence sera la diminution considérable de la valeur militaire du navire.

Ainsi, la seule existence de sous-marins que l'on saura répartir tout le long de nos côtes protègera certainement mieux celles-ci contre les attaques étrangères que toute notre flotte cuirassée que les Anglais rencontreraient avec joie, et·qu'ils chercheraient avec obstination à faire sortir pour la bataille,car ce serait pour eux le moyen de la combattre en ligne et de l'écraser sous le poids du nombre.

Mais le rôle du sous-marin devient bien plus important encore en cas de blocus; on peut même dire que le blocus d'un port défendu par des sous-marins est impossible ou tout au moins illusoire.

Sous la menace, en effet, de l'attaque imprévue d'un sous-marin, il sera impossible que le navire bloqueur se tienne à l'entrée même du port où il serait assurément torpillé avant peu. La ligne de blocus alors, pour laisser aux bloqueurs une certaine sécurité — et pas même bien grande — contre les sous-marins pendant le jour et les torpilleurs pendant la nuit, devra s'en aller si loin vers la haute mer que ses chaînons élargis laisseront passer sans encombre les navires amis au travers. C'est ainsi que les sous-marins permettront à tout moment l'entrée et la sortie de nos corsaires, et deviendront par ce fait l'auxiliaire le plus précieux de la guerre de course.

Les sous-marins autonomes — les *Narval* — seront dans le même cas, mais ils pourront davantage. La ligne de blocus rejetée à une pareille distance, il serait bien hasardeux pour un sous-marin électrique de la franchir pour s'en aller au large, par exemple pour porter un ordre ou un avis à un corsaire passant près du port ou cherchant à y entrer, ou pour établir une communication avec un port voisin. Ce seront alors les sous-marins à grand rayon d'action, tels que le *Narval*, à qui incombera cette tâche facile pour eux. Rien même ne les empêcherait, quand quelques jours de blocus continuellement troublé par des attaques de sous-marins, de torpilleurs et de navires isolés auraient affaibli l'ennemi et déjà passablement détérioré ses navires, de forcer à plusieurs le blocus pour prendre la haute mer et revenir attaquer à revers les bloqueurs. Devant une attaque sous-marine, un navire n'a d'autre ressource que la fuite. Dans le cas présent, il ne pourra fuir vers le large, puisque ce serait se rapprocher de son agresseur, fuir vers la terre est non moins impossible, puisque le port est plein de navires de guerre et que ses passes sont torpillées. Il n'y aura qu'une ressource, défiler à grande vitesse parallèlement à la côte pour aller faire un grand détour et revenir par le large. Mais pour cela, il faut glisser sous le feu des forts qui ne se feront faute de tirer si le but se met dans leur champ ; il faut surtout passer devant la rade dont les sous-marins électriques sont sortis jusqu'au débouché des passes et attendent qu'un ennemi vienne à portée de leur tir meurtrier ; et ce serait là, si on savait attendre l'heure propice, un rude coup à porter presque sans risque. Que l'aventure se renouvelle cinq ou six fois dans des ports différents et on aurait déjà mis à mal, au moins pour un temps, presque la moitié de la flotte anglaise qui se ferait ainsi détruire par morceaux ; car c'est par morceaux seulement qu'il faut tenter de la détruire et, quoi qu'il arrive, ne jamais sembler même la voir quand elle opère en masse... Dans ce cas, il n'y a qu'à lui laisser perdre son temps.

Nombre de marins et de gens compétents, envisageant l'éventualité de la guerre, ont affirmé « que toute semaine passée sans combat équivaut à une bataille perdue par l'Angleterre. » Nous ne nous battrions jamais au besoin, et nous détruirions à petits coups... C'est plus long, mais c'est sûr.

Mais ce n'est pas tout. Aux sous-marins à grand rayon d'action, il y a un acte offensif bien plus important encore à demander. Un submersible tel que le *Narval* peut facilement évoluer dans la plus grande largeur de la Manche et faire, sans crainte, le voyage aller et retour ; il peut entrer sans être vu dans une rade ennemie malgré la défense fixe, il faudra qu'il y aille. Que feraient des navires tranquillement occupés chez eux à s'armer ou à se ravitailler en toute sécurité apparente si, pendant leur calme travail, quelques torpilles arrivaient tout à coup et en éventraient un ou deux ? Voilà la chose terrible et pourtant facilement réalisable. Ayons une vraie flottille de submersibles à grand rayon d'action répartis par petits groupes sur toutes nos côtes. Le jour de la déclaration de guerre, ces bateaux partiraient aussitôt, marchant droit aux ports de guerre anglais où ils tomberaient en pleine mobilisation de la flotte. Ce serait presque la victoire avant la bataille, en tous les cas le désarroi jeté tout à coup dans l'opération la plus importante ; peut-être la transformation à brève échéance en désastre d'un triomphe que nos ennemis auraient considéré comme un peu plus qu'un jeu.

Voilà ce que peuvent, ce que doivent faire nos sous-marins pour qu'ils soient employés d'une façon rationnelle et complète, voilà ce qu'il faut leur demander et leur commander pour les laisser à leur place, mais leur donner toute leur place dans notre flotte militaire.

CHAPITRE IV

PRÉPARATION ET CONDUITE DE LA GUERRE

Une guerre franco-anglaise — si le malheur, la sottise ou le mauvais vouloir, en France ou en Angleterre, voulait qu'elle éclatât — serait pour la France une guerre défensive où nos cuirassés joueraient un rôle minime et où nos sous-marins prendraient souvent la première place; et en même temps une guerre de course où nos croiseurs et nos grands paquebots mobilisés et armés en conséquence seraient seuls à agir, tandis que les défenses mobiles de la métropole et des colonies seraient prêtes toujours à leur tendre la main, à leur ouvrir, fût-ce momentanément. pour la traverser sans encombre dans un sens ou dans l'autre, une ligne de blocus enserrant le port de ravitaillement et de refuge. C'est donc — puisque tel est notre seul moyen normal d'action — à une guerre pareille que nous devons nous tenir prêts.

Sommes-nous aujourd'hui en état de conduire une pareille campagne? Il faut savoir dire NON; il faut savoir reconnaître aussi que nous y serions bientôt et sans grande surcharge budgétaire. C'est ce que nous allons tâcher d'établir nettement ici.

Pour conduire activement et utilement une guerre de course, il nous faut un grand nombre de croiseurs rapides, à grand rayon d'action et à puissant armement,

prêts à prendre la mer librement dès le jour de la mobilisation ; il nous faut, pour que les croiseurs y trouvent
l'abri nécessaire, les fournitures et munitions convenables,
des points d'appui nombreux, aussi rapprochés que possible des points principaux et surtout des points de croi-
sement, ce qu'on pourrait appeler les carrefours, des routes maritimes ; et surtout que ces points d'appui soient
largement pourvus de tous les dépôts, ateliers et formes
nécessaires aux ravitaillements et réparations.

Pour soutenir une guerre défensive et faire à l'occasion
les diversions nécessaires pour rendre l'offensive de l'ennemi infructueuse, il nous faut des défenses mobiles nombreuses, puissantes et maniables, pourvues toutes — tant
dans la métropole que dans les colonies — de leur flottille
sous-marine composée de sous-marins électriques et de
sous-marins autonomes à grand rayon d'action dans des
proportions déterminées par les opérations particulières
auxquelles pourraient conduire la forme même du port et
de la côte et la nature et la distance des postes ennemis
situés dans un rayon franchissable.

Dans tout cela, il n'est pas question de cuirassés d'escadre. Nous avons vu, en effet, que le seul acte possible
normalement pour ces colosses serait la bataille finale
lorsque la flotte ennemie serait épuisée et à demi-désemparée par une longue période d'attaques vaines et de blocus troublé et brisé à chaque heure par les défenses mobiles et les bâtiments abrités dans le port. Pour cet usage,
nous en avons assez, de cuirassés, et il est grand temps de
cesser d'en construire. Dans quelques années, au budget
des constructions destinées à remplacer le matériel dé-
classé, nous pourrons voir reparaître un ou deux cuirassés, parce que notre escadre sera sur le point de rejeter
comme incapables d'une action utile quelqu'un des bâtiments de ce genre. Jusque-là, il nous faut construire des

croiseurs et seulement des croiseurs capables de faire la course ; il faudrait alors choisir des croiseurs cuirassés de 11.000 tonneaux tels que la *Gloire* et la *Jeanne-d'Arc*, où l'on amincirait légèrement la muraille pour gagner sur le poids de combustible et augmenter le rayon d'action et la vitesse.

De plus, la presque totalité du réseau télégraphique sous-marin étant aux mains de l'Angleterre, il serait absolument nécessaire de pourvoir les croiseurs de sortes de dragues à crochet pour relever les câbles et de pinces pour les couper. Il faudrait ds plus donner à chacun, sur son mât militaire, un appareil de télégraphie sans fil qui se trouverait aussi d'ailleurs dans tous les sémaphores de la côte et des colonies et joindre aux instructions spéciales et secrètes de chaque navire un chiffre uniforme pour toute la marine française, qui permettrait de communiquer même au hasard et sans voir, comme par exemple pour signaler sa présence et connaître celle d'un autre corsaire dans une certaine région de la mer, et aussi et surtout pour demander l'entrée du port bloqué, sans que l'on puisse craindre que les ondes électriques viennent mettre en mouvement, pour en faire sortir une dépêche compréhensible, un appareil analogue placé sur un navire ennemi.

Il faudrait en même temps poursuivre avec la plus grande activité l'aménagement et l'armement des points d'appui de la flotte et ne pas craindre ni de les trop multiplier, ni de les trop bien fournir.

Enfin, pour que la mobilisation soit facile et prompte, il faudrait retirer immédiatement des escadres tous les croiseurs capables de faire la course et ne leur laisser, pour leur servir d'éclaireurs, que les petits croiseurs de 3.000 tonneaux, quitte à leur fournir pour cet emploi un plus grand nombre d'avisos et de grands contre-torpilleurs très rapides et qui seraient bien mieux appropriés à ce service. Les croiseurs ainsi revenus à une organisation indépendante, on en ferait trois groupes principaux qui seraient, dès le temps de paix, répartis entre les trois points stratégiques principaux qui commandent les mers.

Les croiseurs de 4.000 à 7.000 tonneaux et tous ceux ayant un rayon d'action relativement restreint seraient attachés au port de Dunkerque d'où ils commanderaient la mer du Nord et la Manche. De ce groupe de mobilisation dépendraient les navires détachés à Boulogne et à Cherbourg.

Le second groupe, formé des croiseurs de 7.000 à 10.000 tonneaux possédant un rayon d'action moyen, serait à Toulon pour garder la Méditerranée. On lui verrait avec plaisir deux détachements permanents à Oran et à Bizerte.

Le troisième groupe, enfin comprenant les grands croiseurs de 10.000 et 11.000 tonneaux à grand rayon d'action, prendrait position à Brest, prêt à s'élancer au premier avis sur les routes commerciales de l'Océan ; il lui faudrait un détachement régulier dans un port du golfe de Gascogne qui serait facile à choisir ; Arcachon semble en bonne position géographique pour commander depuis la frontière jusqu'au nord un peu de la Gironde.

Voilà pour les corsaires, maintenant les défenses mobiles.

Maintenir en parfait état, en leur laissant prendre leur accroissement normal, nos groupes de torpilleurs et en créer dans tous les ports un peu importants de France et des colonies qui n'en ont pas encore. Dans les limites des possibilités budgétaires, faire rentrer aux défenses mobiles les torpilleurs de haute mer que l'on remplacerait dans les escadres par des contre-torpilleurs de 350 tonneaux bien plus résistants et mieux appropriés au service du large. En même temps, on perfectionnerait et on augmenterait le matériel actuel de la défense mobile en remplaçant toujours deux unités usées par trois torpilleurs de première classe type *201*.

Enfin, au plus vite, former les flotilles de sous-marins dont devraient être pourvues toutes les défenses mobiles. Nous avons vu que le *Morse*, comme sous-marin électrique, et le *Narval*, comme sous-marin autonome à rayon d'action étendu, sont deux types de grande valeur. Les essais sont terminés, les bateaux naviguent et on a déterminé les derniers perfectionnements à apporter ; il faut en prévoir immédiatement et en commander tout de suite 60 de chaque type et former des équipages entraînés.

Et combien faudrait-il de temps, combien faudrait-il d'argent pour réaliser ce programme en entier ?

Nous pouvons affirmer ici qu'il serait réalisable en trois ans sans surcharge budgétaire appréciable.

Les crédits nécessaires à la création et l'aménagement des points d'appui sont prévus, ils sont adoptés en principe et seront votés sans encombre.

Le budget d'entretien et de remplacement ne serait pas sensiblement modifié. Voyons alors quel serait le budget des constructions neuves.

En supposant, ce qui est très probable, puisque la contruction des cuirassés vient de subir un arrêt de deux ans, que l'on mette en chantier pendant trois ans de suite deux cuirassés de 15.000 tonneaux chaque année, ce serait, à raison de 32 millions par navire, un crédit nécessaire de 192 millions.

Remplaçons ces six cuirassés ruineux et inutiles par six croiseurs cuirassés de 11.000 tonneaux, conçus comme nous avons dit plus haut et coûtant 23 millions chacun, ci . . . . 138 millions

En même temps, mettons en chantier 60 sous-marins du type *Morse* au prix de

5oo.ooo fr. chacun, ci..................	3o millions
et 6o sous-marins autonomes du type *Nar*-	
val à 6oo.ooo fr. l'un, ci...............	36 —
Cela fait au total	2o4 —
au lieu de...................	192 —
Donc un excédent de dépenses de.......	12 —

à répartir en trois années.

Il suffirait donc, pour réaliser tout ce formidable programme, d'ajouter pendant trois ans 4 millions chaque année au budget des constructions neuves. Nous ne craigons pas d'affimer que cette dépense est possible et même qu'il serait facile de la couvrir en réduisant *modérément* le gaspillage. Il faut considérer d'ailleurs qu'à cette transformation de notre matériel naval nous ne gagnerions pas seulement la puissance, mais encore, en raison du prix beaucoup moins élevé des unités nouvelles, nous dégrèverions fortement pour l'avenir le budget d'entretien et de réparations, et les 12 millions d'excédent de dépenses immédiates seraient bien vite rattrapés et au delà de ce côté..., toujours gaspillage à part ; et ce gaspillage ne regarde que les commissions d'examen et de surveillance, qu'il serait peut-être bon de surveiller parfois.

Ce programme, entièrement réalisé, nous serons, par une autre manière, aussi forts que nos puissants voisins d'outre-Manche, et nous n'aurons pas à craindre les attaques que quelques fous chez eux pourraient rêver ; car il faut bien savoir que si l'Angleterre a, tout comme la France, ses énergumènes du carnage, pas plus que nous, certainement, elle ne veut la guerre à laquelle elle se tient prête par un devoir de défense que nous ne devons pas oublier nous-mêmes.

Mais si, nous voyant forts pour la lutte, nous considérant capables d'une victoire et la croyant même probable, quelqu'un de ces hallucinés qui ne se battent jamais — qu'à coups de poing au pied de la tribune ou au cercle dans une partie d'écarté — si quelqu'un de ces fous dangereux venait clamer notre force invincible et oser dire tout haut, même en dehors de toute parole officielle : « Nous serons vainqueurs, il faut tâcher de combattre, il faut saisir l'occasion, ou la faire naître d'un conflit sanglant », celui-là, il est malheureux que les mœurs actuelles ne permettent pas qu'on le fusille. Ce serait une bonne action, un soin de propriété sociale et une excellente leçon pour ses pareils.

Il nous faut pourtant, hélas ! voir les choses au pire et admettre la possibilité d'une cruelle guerre. Alors, que ferions-nous ?

Le jour de la déclaration de guerre, l'ordre de mobilisation serait donné à tous les croiseurs qui pourraient dès le lendemain commencer à s'élancer sur les routes maritimes. Nous ne savons ce qu'ils y auraient à faire : détruire sans capturer et revenir à un point d'appui aussi souvent que possible pour se maintenir toujours en parfait état et abondamment pourvus de combustible, de vivres et de munitions.

En même temps, faire rentrer dans les grands ports tous les cuirassés et leurs avisos et contre-torpilleurs. Là leur seule mission serait de sortir l'un après l'autre et pour quelques heures, à seule fin de harceler l'ennemi et de le fatiguer sans lui donner l'occasion d'une bataille.

Le jour même de la rupture officielle des relations diplomatiques, envoyer, des ports où elle serait toute prête — Boulogne ou Cherbourg — une flottille de sous-marins à grand rayon d'action avec mission d'aller attaquer à l'improviste la flotte ennemie occupée à s'armer et à se mettre sur pied de guerre au fond de ses ports d'attache. Enfin, laisser établir le blocus et harceler les bloqueurs nuit et jour par des attaques incessantes de torpilleurs et de sous-marins.

Et quand la guerre aurait ainsi duré longtemps, que l'ennemi serait épuisé, affamé, démoralisé, avec une flotte à demi-désemparée et n'ayant pu livrer bataille, on pourrait saisir l'occasion d'attaquer en bataille rangée des débris de navires... mais il ne faudrait le faire qu'à toute extrémité et avec la certitude de n'avoir en effet devant soi que des débris de navires.

Pour conduire une telle guerre, il faudrait en même temps que beaucoup d'activité, une dose considérable de patience. Dans un pays de suffrage universel, de Parlement souverain, il faut compter avec l'opinion publique, avec les emballements dont elle est susceptible sous le coup surtout des « coups de gueule » de ceux dont nous avons déjà parlé et contre qui il faut plus se défendre encore que contre l'étranger. Dans un pays de journaux à un sou où la presse est toute-puissante, il faut, et de toute nécessité, persuader profondément l'opinion publique que la guerre ne serait pour nous qu'une guerre de défense, que nos escadres cuirassées devraient demeurer inactives au fond des ports et éviter à tout prix la bataille rangée, devrions-nous pour cela laisser bombarder nos côtes, ce qui serait, ainsi que nous l'avons expliqué, d'un bien petit effet. Il faut que chacun se persuade que, si une longue guerre doit peser lourdement sur nos affaires et nos finances, en Angleterre elle tarirait absolument les sources mêmes de la vie nationale et réduirait l'ennemi lentement à merci.

Il faut, en un mot, que les gens du métier et appelés à diriger la lutte et à la livrer soient bien instruits de leur devoir, que le peuple le sache et qu'il ait confiance ; qu'il sache aussi que les hurleurs de réunion publique ont, devant les événements, le devoir de se taire, ou bien qu'alors le devoir du peuple est de leur faire rentrer à coups de trique leurs diatribes dans le ventre.

Par tous ces moyens, tous ces travaux, toutes ces précautions qui sont l'A, B, C du simple et vrai patriotisme — bien différent du chauvinisme cabotinant à grand bruit et à grand trouble et capable seulement de mener à la terrible défaite — nous aurons la certitude de pouvoir résister, la probabilité de pouvoir vaincre et, dignes derrière notre force, nous garderons la Paix.

25.

NOTE

SUR UN SYSTÈME OPTIQUE PERMETTANT AU SOUS-MARIN
IMMERGÉ LA VISION PANORAMIQUE EXACTE DE L'HORIZON

(Solution inédite)

N.-B. — Cette note est la reproduction d'un article paru sous
ma signature dans la Revue « *Cosmos* ». — Nᵒˢ des 6 et 13 octobre
1900 (N. de l'A.).

Lorsque navigua le premier sous-marin (1), parmi les
multiples défauts qu'il montra et que l'on s'efforça peu à
peu, que l'on parvint même parfois à détruire, le moindre,
certes, n'était pas la cécité presque complète du navire
nouveau, l'impossibilité où il était de se diriger autrement
que dans une sorte de nuit où nul astre encore ne servait
de repère.

L'eau de la mer, en effet, n'est que d'une transparence
douteuse, et, si claire soit-elle, et aussi le ciel, dès que l'on
est notablement au-dessous du niveau c'est à peine si par

(1) Il ne faut pas ici remonter bien loin dans l'histoire, car si le
xvıᵉ siècle déjà se signale par des tentatives d'excursion et même
de guerre infrapélagique, à moins de quarante ans en arrière de
nous peut-on retrouver les premières études véritablement conduites avec science et méthode, à dix ans à peine l'aurore des premiers résultats notoires et qualifiés du fait qu'on est certain de pouvoir les reproduire parce que certain qu'ils sont bien la confirmation
de théories longuement élaborées et que le hasard n'est point en
eux le facteur concluant. — C'est de cette période seulement que
nous parlons ici.

les hublots, que porte le petit dôme élevé au centre du navire, on aperçoit jusqu'à l'étrave (10 à 15 mètres) : y ver-
rait-on quatre fois plus loin, ce serait encore notoirement
insuffisant.

Mais tout n'est pas là. Ne pas voir ce qui se passe dans
l'eau qui nous environne est peut-être gênant ; il ne faut
pas songer d'ailleurs à percer pratiquement ces ténèbres
sous-aquatiques ;.... et puis ce ne serait pas une solution.
Quel but alors doit chercher à atteindre le navigateur montant un esquif sous-marin ? Sans épiloguer plus nous répon-
drons : *voir le but extérieur sur lequel il se dirige ; savoir
tout auteur de lui quels corps, en particulier quels navires ou embarcations peuvent se trouver ;* en un mot,
voir devant lui et autour de lui la surface libre de l'eau,
c'est-à-dire *acquérir la vision de l'horizon naturel au -
dessous duquel il se déplace.*

La vision possible par des hublots ménagés à la partie
supérieure n'intéresse qu'une étroite région voisine de la
verticale du point de vue ; rien là encore qui puisse satisfaire au desideratum émis. Un problème donc se pose :
Ramener, au moyen d'un système optique convenable,
*à un point donné, la vision des objets situés dans un
plan horizontal supérieur à ce point et séparé de lui par
un écran opaque* (la surface de l'eau).

Ainsi posé, le problème comporte évidemment le transport d'un *panorama* horizontal dans un plan inférieur au
sien, et c'est bien aussi ce que l'on a tâché d'obtenir, ce à
quoi l'on a si peu réussi et ce dont nous voulons aujour-
d'hui indiquer une solution nouvelle, montrer sa réalité
pratique aussi bien que l'illusoire puissance — bien reconnue d'ailleurs — des procédés antérieurs dont cependant
un peu elle dérive.

Avant d'en arriver à l'appareil nouveau que nous avons
projet de décrire ici, un rapide coup d'œil sur les appareils
existants à ce jour ne sera pas inutile.

Le plus ancien de ces appareils est le *tube optique* qui permet la vision seulement dans une direction déterminée et non dans tous les sens ; nous y reviendrons tout à l'heure.

Le périscope Mangin.

Comme appareil de vision panoramique, il a été proposé construit et employé **le périscope**, invention intéressante du commandant Mangin que perfectionna ensuite le colonel Laussedat. Voici en principe de quoi il se compose :

Sur une parabole d'axe horizontal, tracée dans un plan vertical et ayant son foyer en F (fig. 119) on prend un arc *mn* situé au-dessus de l'intersection de la verticale du foyer avec la branche supérieure de la courbe ; la rotation de cet arc *mn* autour de la verticale Fz du foyer engendre une surface (zone d'un tore à méridien parabolique) qui sera la face réfléchissante d'un miroir, — ce miroir étant extérieur à la surface de l'eau, le foyer F sera, au contraire, intérieur au sous-marin. Il est facile, dès lors, de voir ce qui va se produire.

Dans le plan méridien pris pour plan de figure, (fig. 119), considérons un objet AB ; les rayons horizontaux

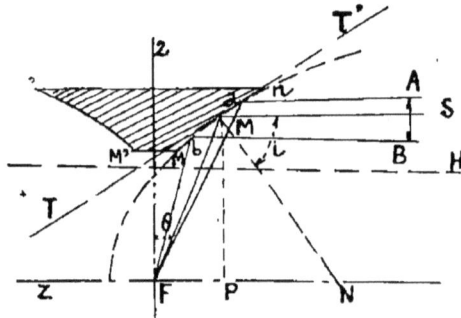

Fig. 119

tels que Aa, Bb issus de cet objet vont se réfléchir sur l'arc

de parabole *mn* en donnant des rayons convergents passant par le foyer F ; cela veut dire en optique que l'objet
AB donnera en F une image réelle, et, en passant maintenant à l'espace tout entier, que la zone horizontale située
à la hauteur du système réfléchissant *mn*, *m'n'* donnera
autour du point F une image réelle. Cette image réduite,
et même déformée — la réduction n'étant pas la même en
tous les points — est ensuite examinée à la loupe par des
procédés assez divers et complexes ; — nous n'y insisterons pas leur application ayant été plutôt décevante (1).

Dans la pratique, et pour l'exécution d'un périscope,
on n'emploie pas un miroir courbe tel que nous l'avons indiqué dans les quelques lignes précédentes ; on le remplace
par une sorte de prisme à réflexion totale, ayant la forme
d'un tore engendré par un triangle curiligne *mna* (fig. 120)

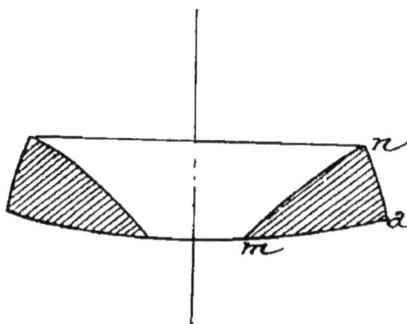

Fig. 120

dont l'hypothénuse *mn* est l'arc de parabole déjà considéré ou plutôt un arc de cercle que nous allons définir
ainsi que les arcs *ma* et *na* qui engendrent les autres
faces.

(1) Rappelons que le *Gustave Zédé*, évoluant dans une rade entre
des navires bien connus de son équipage, n'a jamais su, au moyen
de son périscope, les distinguer les uns des autres.... Et le périscope
du *Gustave Zédé* est, dit-on, une merveille de construction.

Considérons l'arc mn qui engendre la surface réfléchissante (fig. 121) soit M son point milieu, 11 la tangente en

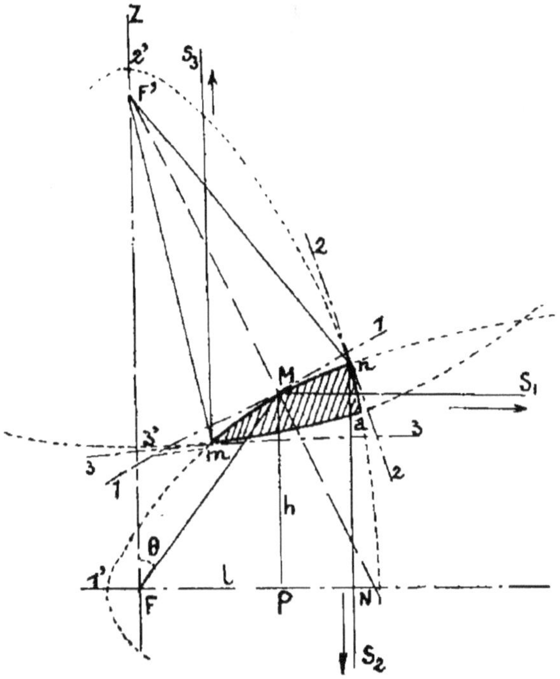

Fig. 121

M, et $1'$ le sommet de la parabole réfléchissante ; dans la pratique, nous remplacerons cet arc mn par l'arc de même ouverture du cercle osculateur en M, à la parabole $1'$. Le rayon de ce cercle, c'est-à-dire le rayon de courbure de la parabole en M, se détermine facilement en fonction des constantes de l'appareil qui sont ici la hauteur moyenne $MP = h$ du système au-dessus du plan horizontal du foyer F et le rayon moyen $FP = l$ de ce système optique. Dans le calcul, afin d'obtenir des formules logarithmiques, et très simples, on introduit une constante auxiliaire θ, angle sous lequel on voit du foyer F le rayon moyen du périscope et, ayant calculé θ au moyen de la relation simple

$$\mathrm{Tg}\ \theta = \frac{l}{h}$$

'on porte cette valeur dans l'expression du rayon de courbure où ne figurent que h et θ et qui est logarithmique.

Les deux autres arcs ma et na sont encore des arcs de cercle osculateurs à des paraboles que nous allons déterminer. Prolongeons jusqu'à son intersection F' avec l'axe Fz la normale MN au point M, ce point F' va être le foyer commun de deux paraboles ayant pour axe FF' et passant respectivement, par M et par N. En chacun de ces points le problème présente deux solutions, mais le choix entre elles sera facile par cette condition que les arcs ma et na doivent avoir leur concavité tournée vers le point M ; nous voyons ainsi sur la figure 121 que la parabole passant par N, et dont la tangente est 22 et le sommet 2′, a son axe dirigé vers le bas, et la parabole passant par M, dont la tangente est 33 et le sommet 3′, a son axe dirigé vers le haut. Des flèches indiquent la direction des axes des trois paraboles. Les paraboles confocales 2′ et 3′ se coupent orthogonalement en A et le triangle curviligne mna est bien rectangle, condition nécessaire pour qu'il engendre un volume formant prisme à réflexion totale sans déviations appréciables par réfraction (1). Les arcs ma et na sont, dans la pratique, remplacés comme l'arc mn par les arcs correspondants des cercles osculateurs en leurs points milieux.

Nous ne dirons rien de plus sur le périscope, instrument

---

(1) Il ne faudrait pas s'abuser ici sur ce que nous appelons paraboles *confocales*. Il s'agit bien de coniques ayant leurs *deux* foyers communs, qu'ils soient ou non à distance finie — tel est le cas de deux paraboles ayant même foyer et même droite pour axe, quelle que soit la direction de cet axe, — et on sait en effet que deux coniques ayant *mêmes* foyers se coupent orthogonalement.

séduisant en théorie, mais qui, construit et essayé plusieurs fois, n'a donné pratiquement que des déceptions.

Tube optique Daudenard.

Le problème de la vision panoramique n'étant pas convenablement résolu par le périscope, il a bien fallu revenir et s'en tenir à l'appareil plus simple mais théoriquement plus incomplet que l'on possédait auparavant. Cet appareil est le *tube optique*, imaginé par le major Daudenard, et qui se compose en principe de deux miroirs plans inclinés à 45° sur l'horizon et placés verticalement l'un au-dessous de l'autre, les faces réfléchissantes en regard.

La figure 122 donne le schéma d'un tube optique dans lequel, comme cela se fait toujours, les miroirs sont remplacés par des prismes à réflexion totale. On voit immédiatement sur cet figure qu'un objet réel *ab*, situé au-des-

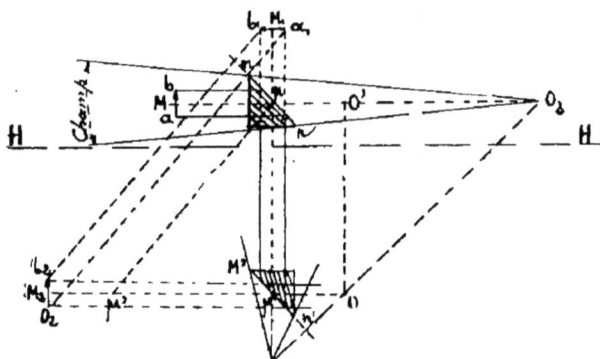

Fig. 122 (1)

sus du niveau HH de l'eau, donne dans le prisme MN une image virtuelle $a_1 b_1$ laquelle, se conduisant vis-à-vis du prisme *m′n′* comme un objet réel, donnera dans ce prisme une image $a_2 b_2$ virtuelle, droite et égale à l'objet *ab*. Cette

(1) Sur la figure au lieu de O² lire a_2 et au lieu de O lire O.

image sera visible pour un œil placé de l'autre côté du prisme $m'n'$, par exemple en O.

L'angle $m'o_1n'$ sous lequel on voit la face refléchissante $m'n'$ du point O, image de O dans cette face, limiterait le champ du prisme $m'n'$ par rapport à O ; le champ de l'appareil sera alors limité par l'angle mo_2n, sous lequel on voit la face mn du point O_2 image de O dans cette face. Il s'agit ici du champ en hauteur ; le champ en largeur se limiterait de même en menant de O_2 des tangentes aux bords latéraux de la face réfléchissante mn. Ce champ comme on le voit immédiatement, est peu étendu ; il ne faut pas, pratiquement, le considérer comme dépassant 15°.

Une remarque est ici à faire, qui prendra tout à l'heure une certaine importance : Projetons O en O' sur l'horizontale du point M, milieu de ab, la distance horizontale de l'objet ab à l'œil est O'M ; la distance de l'image a_2b_2 est OM_2 et la droite à 45° $\mu\mu'$ nous montre immédiatement que cette distance OM_2 est plus grande que O'M d'une quantité *constante* $\mu'\mu_1$ qui est égale à la hauteur $\mu_1\mu$ du tube optique. Tous les objets observés avec cet appareil sont donc vus à une distance plus grande que leur distance réelle de cette longueur fixe $\mu_1\mu$, mais il faut reconnaître que c'est là un minime inconvénient, d'abord en raison de la constance de cet éloignement et surtout du faible rapport entre cette longueur du tube optique et la distance réelle de l'objet. Un tube optique atteint en effet rarement une hauteur de 1 mètre, et si l'on considère que l'on ne s'en sert que pour des distances de 200 mètres et plus, on conviendra que l'inconvénient de voir à 201 mètres un objet qui est en réalité à 200 mètres n'est vraiment pas considérable.

Appareil de vision panoramique.

En fait, le tube optique donne bien la vision nette et précise d'un objet flottant et émergeant, mais il ne permet cette vision que dans un champ horizontal très étroit, pour ainsi dire seulement dans une direction déterminée : celle du plan vertical normal à ses faces réfléchissantes. Par ce moyen, le sous-marin peut donc se diriger vers un but contre lequel il a braqué son tube optique, mais rien alors ne lui saurait dire ce qui se passe sur ses flancs, et si, à proximité de lui, ne se trouve pas quelque danger qu'il

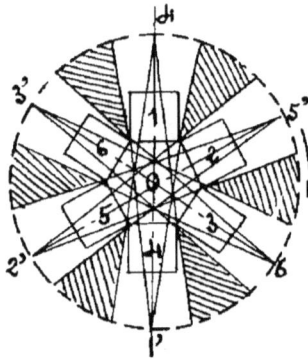

Fig. 123

devrait éviter. Cela, la vision panoramique de l'horizon seulement y pourrait satisfaire. Une solution alors paraît naturelle. Au lieu d'employer un seul tube optique, que n'en emplôie-t-on plusieurs, groupés en cercle et orientés vers les divers points de l'horizon ? Cette solution qu'indique en schéma le plan fig. 123 est plus spécieuse que réelle, comme nous l'allons voir bientôt.

Cette figure 123 représente en plan un groupe de 6 tubes optiques orientés suivant des directions faisant entre elles des angles de 60°; les champs respectifs des prismes 1,2,3,4,5,6,

sont limités par les angles 1′, 2′, 6′, 3′, 4′, 5′, ; la partie
ombrée est la portion d'horizon non visible. Il est clair
que si on fait effectuer au système un rotation de 60° de
façon à amener le prisme 1 dans la position 2 et ainsi de
suite, les champs horizontaux de chaque prisme auront
pendant ce mouvement balayé chacun respectivement la
portion invisible d'horizon qui se trouvait à sa droite et
qu'on aura ainsi inspecté d'un coup d'œil l'horizon tout
entier En renouvelant ce mouvement de temps à autre, il
est clair que l'on peut conserver sa ligne de visée tout en
se tenant en garde contre les événements capables de survenir dans les portions d'horizon qui momentanément ne
sont pas visibles. En multipliant le nombre des prismes,
on peut d'ailleurs réduire à volonté cette portion située
hors du champ de l'appareil, et il semble intuitif alors de
songer à la limite atteinte lorsque le nombre de prismes
égaux serait infini. On aurait alors un système optique
composé, comme l'indique la figure 124, de deux couron-

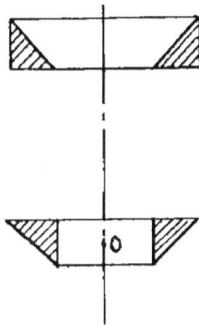

Fig. 124

nes de cristal engendrées par la rotation des sections droites d'un tube optique ordinaire autour de la verticale du
point de vue O. Le champ horizontal d'un tel appareil par
rapport au point de vue O serait alors de 360°, c'est-à-dire
embrasserait tout l'horizon.

Voilà certes une belle solution, semble-t-il ; malheureusement, ce n'en est pas une, car elle ne répond à la question qu'en cessant de remplir une de ses conditions essentielles dont nous n'avons pas eu l'occasion de parler jusqu'ici.

Un bateau sous-marin porte en général, nous pouvons dire toujours, à sa partie supérieure et vers son milieu, une sorte de kiosque cuirassé dit « dôme de commandement », terminé en haut par une couronne horizontale de hublots par lesquels on inspecte l'horizon quand le navire se déplace à fleur d'eau. Malgré que la surface découverte ds ce dôme soit assez exiguë puisqu'il est en général construit pour donner tout juste passage à un corps d'homme et ne présente guère plus de 4o à 5o centimètres de diamètre, quelquefois moins, c'est une distance bien supérieure à celle à laquelle le sous-marin doit s'approcher de son ennemi pour pouvoir agir contre lui qu'il lui est nécessaire de faire disparaître sous l'eau le dôme lui-même afin de ne pas être vu (on estime cette distance à 14oo ou 15oo mètres, tandis qu'une attaque s'effectue entre 200 et 3oo mètres). On a imaginé alors de laisser passer par le haut du dôme le tube contenant le système optique de vision extérieure de façon que le bout de ce tube seulement émerge ; il est alors possible au sous-marin de venir à 5oo ou 6oo mètres de son ennemi sans risquer d'être aperçu à cause de la petite surface découverte que présente l'extrémité du tube optique. A 4oo mètres au plus tard, il doit rentrer même ce tube.

Reprenons alors les appareils des figures 123 et 124. Dans l'un comme dans l'autre, il est nécessaire que le point où se placera l'œil soit *intérieur* à la couronne formée, soit par le groupe de prismes, soit par la masse réfringente engendrée par la rotation de la section droite de l'un d'eux.

Il semble même naturel de placer ce point de vue symétriquement par rapport à tout le système, c'est-à-dire au
centre du cercle formé par les masses réfringentes inférieures qui sont verticalement au-dessous des masses réfringentes émergées. Il en résulte que le diamètre d'un tel système devrait être au moins égal au double de l'épaisseur
d'une tête d'homme, du frontal à l'occiput. La masse réfringente émergée aurait donc un diamètre qui serait cette
grandeur augmentée de deux fois le côté du prisme ; on
voit que ce diamètre serait alors au moins de 40 centimètres, c'est-à-dire la grandeur même du dôme de commandement, et que, par suite, il n'y aurait nul avantage à employer un appareil de vision indirecte qui ne permettrait
pas d'approcher l'ennemi plus près qu'on ne le peut faire
en laissant hors de l'eau la partie supérieure du dôme et
regardant alors directement par les hublots.

Il faut donc abandonner définitivement l'idée d'un
groupe circulaire de tubes optiques ou du système réfrin-
gent auquel on est condit en multipliant à l'infini le nombre de ces tubes optiques identiques et groupés en rond.

L'idée pourtant est séduisante de cette masse engendrée
par la révolution d'un triangle rectangle isocèle autour
d'un axe parallèle à un de ses cotés et on en pourrait
peut-être tirer quelque chose. Nous allons tâcher d'y parvenir, mais en nous imposant la condition que l'axe de rotation passera par un des sommets du triangle de façon à
ce que le diamètre de la masse qui devra rester hors de
l'eau ne soit en réalité que le double du diamètre d'un
tube optique ordinaire ; c'est-à-dire que la partie découverte demeure infime vis-à-vis de la surface supérieure du
dome à travers laquelle doit passer le tube portant le système optique.

Il semble naturel, puisque l'inconvénient de tout à
l'heure provenait de sa position obligatoire du point de

vue sur l'axe de rotation, de chercher à placer ce point de vue dans une position exactement contraire, c'est-à-dire de telle sorte que la surface réfléchissante soit toujours placée entre l'axe de rotation et la position de l'œil.

Considérons alors un système fait d'un tube optique dont on aurait tourné de 180° le prisme inférieur, de telle sorte que les faces réfléchissantes en regard soient non plus parallèles mais perpendiculaires (fig. 125). On voit immé-

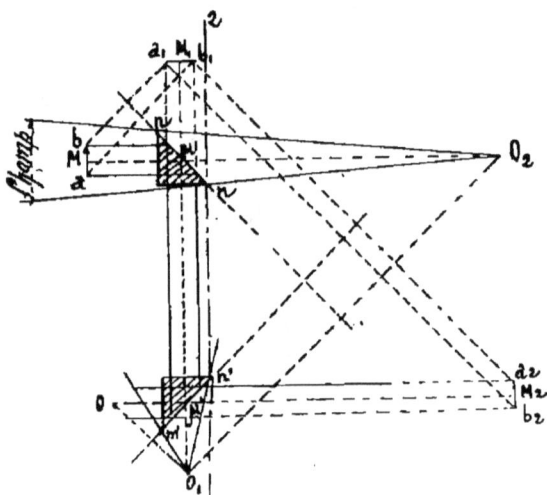

Fig. 125

diatement qu'un objet *ab* donnera dans le prisme *mn* une image *a₁b₁* laquelle donnera dans le prisme *m'n'*, une image *a₂b₂* virtuelle et égale en grandeur à l'objet, visible pour la région située de l'autre coté du prisme *m'n'*, par exemple du point O.

Les conditions de distance de l'image restent les mêmes que dans le cas d'un tube optique ordinaire, le champ se détermine de la même façon et conserve la même grandeur mais la vision a lieu dans la direction opposée à celle de l'objet et l'image est renversée. Si donc nous imaginons que la section droite d'un tel système tourne autour de l'axe *mm'* pour engendrer un corps tel que le représente la figure 126, on verra, en regardant dans cet appareil, le niveau de l'eau en haut et les navires flottant la mâture en bas ; de plus, il sera nécessaire, pour inspecter l'horizon, de tourner autour de l'appareil de façon à ce que l'œil décrive une circonférence extérieure à la masse réfringente au lieu de faire dérouler ce panorama en tournant seulement sur soi-même et laissant à l'œil un point fixe ; point de vue choisi une fois pour toutes.

Ce sont là, certes, assez d'inconvénients pour que nous les puissions taxer de vices redhibitoires. L'appareil ainsi conçu cependant, n'est pas à rejeter de façon définitive ; il

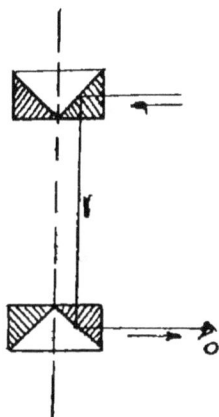

Fig. 126

est seulement incomplet, mais assez près déjà de ce que nous cherchons pour que nous puissions, sans analyser davantage, arriver d'emblée au système définitif, dont l'ensemble donnera la solution demandée.

Appareil de vision panoramique M. Gaget.

Considérons donc un système de quatre prismes à réflexion totale mn, m_1, n_1, m_2, n_2, m_3, n_3, disposés comme l'indique la figure 127 et un objet ab.

Dans le prisme mn, l'objet ab donne une image a_1b_1, laquelle donne dans le prisme m_1n_1 l'image a_2b_2 virtuelle et renversée. Cette image a_2b_2 va alors se comporter vis-a-vis du système de prismes $m_2 n_2$, $m_3 n_3$, comme un objet lumineux donnant dans le prisme m_3n_2, une image a_3b_3 qui va donner à son tour dans le prisme m_3n_3 une image a_4b_4, virtuelle et renversée par rapport à a_2b_2, par conséquent droite par rapport à l'objet primitif ab et de même grandeur que lui.

Tel est le phénomène envisagée dans un plan méridien du système que nous allons considérer maintenant.

Imaginons un axe vertical zz' joignant les points m et m_1 et faisons tourner autour de cet axe les triangles rectangles dont les hypothénuses sont mn, m_1n_1, m_2n_2, m_3n_3, nous avons ainsi un système de quatre masses réfringentes dont la figure représente la section par un plan méridien.

Ce qui s'est passé pour l'objet ab dans le plan méridien qui le contient va se répéter dans toutes les directions, et nous pourrons dire que, par quatre déformations consécutives produites par des réflexions sur des miroirs coniques, nous aurons obtenu une image qui sera, elle, sans déformation sensible.

Considérons, en effet, le cylindre engendré par la rotation de ab autour de l'axe zz'; l'image de ce cylindre dans le miroir conique mn, mn' sera une couronne circulaire horizontale engendrée par la rotation de $a'b'$ autour du même axe. L'image de cette couronne dans le miroir m_1n_1 m_1n_1' sera le cylindre engendré par a_2b_2 qui est renversé par rapport au cylindre primitif.

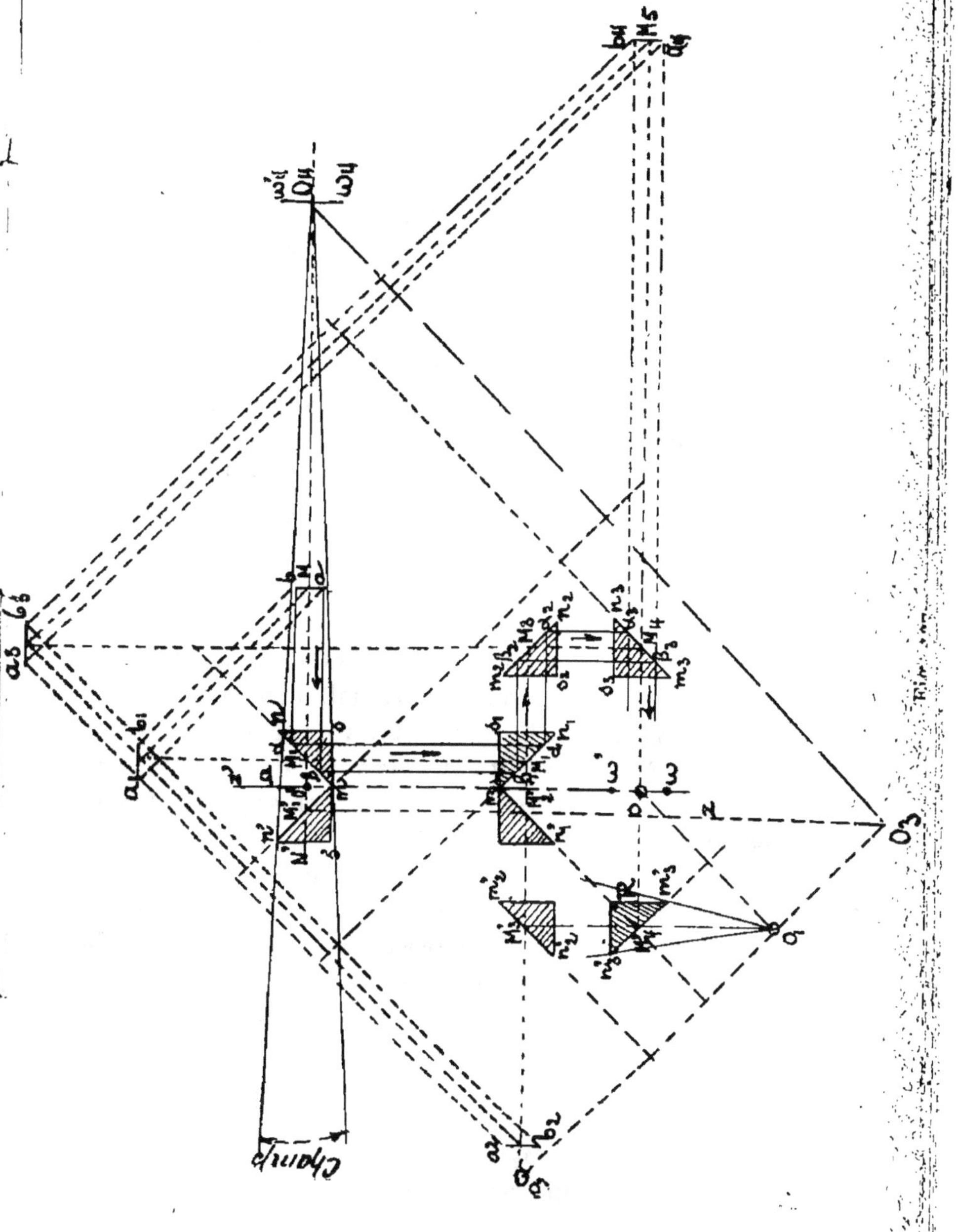
Champ

Puis, le même phénomène va se reproduire en sens inverse vis à-vis des autres surfaces réfléchissantes, l'image tournant de 90° à chaque réflexion ; et nous aurons successivement dans le miroir $m_3 n_2$, $m_2 n_2'$ une couronne circulaire engendrée par $a_3 b_3$ puis un cylindre de révolution engendré par $a_4 b_4$ qui sera de même sens que le cylindre primitif dont la génératrice était ab.

Pendant toutes ces réflexions successives, les dimensions prises dans le sens vertical, de l'objet observé sont demeurées constantes ; l'image définitive n'a donc subi aucune déformation dans le sens vertical. Il n'en est pas tout à fait de même dans le sens horizontal. Tout point compris dans le champ en hauteur de l'appareil donne en effet, une image qui demeure dans son plan méridien ; il en résulte que si nous regardions de O', projection du point de vue O sur le plan horizontal de la figure observée, un objet horizontal, quelconque, nous verrions cet objet sous le même angle que nous voyons son image du point O.

Donc, dans le sens vertical, conservation des *dimensions linéaires*, dans le sens horizontal, conservation des *diamètres apparents*. Il nous reste à voir si cette conservation du diamètre apparent entraîne avec elle une déformation sensible c'est-à-dire une modification appréciable des dimensions linéaires.

Il est facile de voir — comme nous l'avons vu déjà pour le tube optique — par la simple inspection de la figure 127 que la distance OM_5 de l'image au point de vue est égale à la distance horizontale réelle de l'objet O'M augmentée du trajet effectué par le rayon lumineux dans l'intérieur de l'appareil.

$$OM_5 = O'M + M_1 M_2 + M_2 M_3 + M_3 M_4$$

Cette grandeur $M_1 M_2 + M_2 M_3 + M_3 M_4$ de ligne brisée $M_1 M_2 M_3 M_4$, et qui représente l'accroissement constant des

éloignements, nous pouvons l'appeler la *longueur optique*
de l'appareil ; c'est une constantate de cet appareil, que
nous désignerons par *l* et dont nous fixerons plus loin la
valeur numérique. Pour un objet placé à une distance *d*,
l'image se produira alors à une distance D définie par

$$D = d + l$$

que nous écrirons :

$$D = d\left(1 + \frac{l}{d}\right).$$

Le rapport $\frac{l}{d}$ sera ce que nous appellerons le *coefficient
de déformation horizontale* à la distance *d*.

Considérons en effet, un objet horizontal *pq* (fig. 128) à

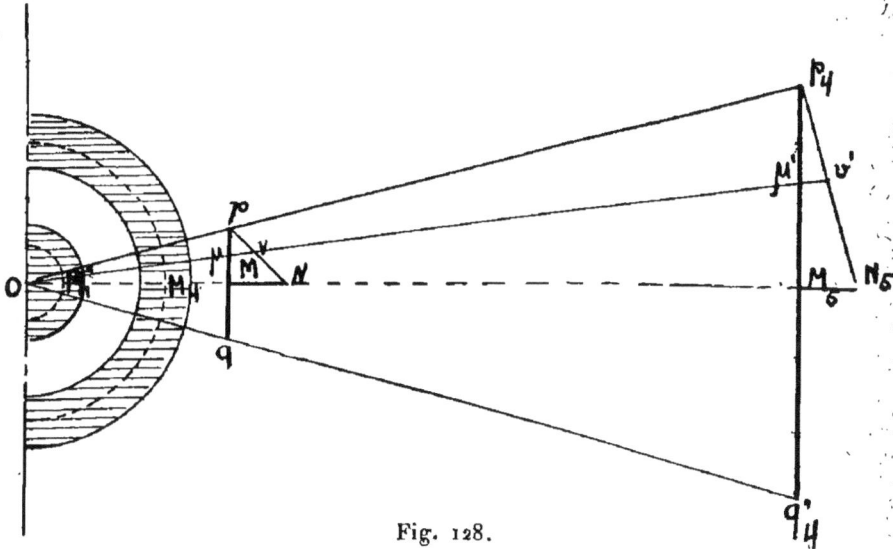

Fig. 128.

la distance OM $= d$ de l'axe et son image p_4q_4 vue sous le
même angle à la distance OM$_5 = $ D.

On voit alors que le rapport des dimensions linéaires de l'image et de l'objet est égal aux rapports de leurs distances à l'axe de l'appareil, c'est-à-dire que

$$\frac{p_4 q_4}{pq} = \frac{OM_5}{OM} = \frac{d+l}{d} = 1 + \frac{l}{d}$$

ou en désignant par O l'objet, par I l'image :

$$I = O \left(1 + \frac{l}{d} \right)$$

c'est ce qui justifie pour $\frac{l}{d}$ le nom de *coefficient de déformation horizontale* à la distance d ; c'est la déformation, par agrandissement, que subit l'image d'un objet de largeur égale à l'unité placé à une distance d.

Si, au contraire, nous considérons une longueur horizontale située dans un plan méridien, soit MN, elle donnera une image $M_5 N_5$ égale à MN, et si nous considérons la ligne oblique pN, son image sera une ligne $p_4 N_5$, telle que sur tout rayon vecteur issu de O on ait les égalités :

$$\mu\nu = \mu'\nu'$$

$\mu\nu$ et $\mu'\nu'$ étant les segments respectivement interceptés dans l'objet p MN et dans son image $p_4 M_5 N_5$; nous allons voir que c'est pratiquement une droite, comme pN, et sensiblement parallèle à celle-ci.

Nous avons, en effet, raisonné ici sur un objet rectiligne pq donnant une image rectiligne $p_4 q_4$. Voici pourquoi: puisque nous supposons l'œil fixé dans une direction, nous pouvons toujours considérer l'angle sous-tendu par l'objet regardé comme très faible et capable d'être confondu avec sa tangente ; autrement dit, nous considérons la portion horizontale pq de l'objet regardé comme faisant partie, non pas du plan tangent au cylindre qui

aurait pour rayon OM, mais comme la portion correspondante de ce cylindre lui-même. Cette assimilation est d'ailleurs ici absolument licite. Quelle est, en effet, la portion
d'espace nettement visible par un œil rigoureusement
immobile ? C'est celle que limite le cône s'appuyant sur
les bords de la rétine et de la pupille qui a son sommet en
arrière de l'œil ; le second cône, défini par les mêmes
bases et ayant son sommet placé entre elles, limite une
portion d'espace   ombrée sur la figure 129, et dans

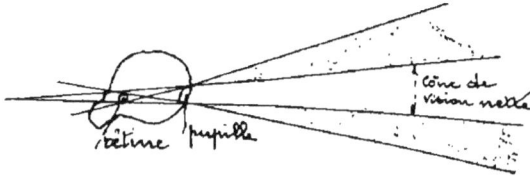

Fig. 129

laquelle la vision est imprécise et sert seulement d'indication à l'œil qui se déplace en tournant pour diriger le
cône de vision nette vers le point intéressant aussitôt que
cette vision imprécise signale son existence. Or, l'angle
au sommet du cône de vision nette est très faible ; il est
facile de se rendre compte par soi-même que, à 10 ou 12
mètres, c'est à peine un cercle de $0^m,5o$ de diamètre qui
est *nettement* vu sans mouvement de l'œil. Ce déplacement de l'œil est d'ailleurs incessant et instinctif, et, dans
le cas qui nous occupe, ce ne sera pas d'un œil fixe qu'on
examinera un objet horizontal, mais en déplaçant horizontalement l'œil pour diriger le rayon visuel successivement
suivant tous les méridiens compris entre les plans extrêmes qui limitent l'objet. Dans chacun de ces plans, nous
pouvons alors assimiler la portion de cylindre vertical
interceptée par le cône de vision nette à la portion correspondante pq ou p_4q_4 du plan tangent à ce cylindre (fig.
128).

26

Venons maintenant aux constantes numériques de l'appareil et aux valeurs des distances d et D, afin d'évaluer la grandeur effective de la déformation.

Nous supposons l'appareil ici considéré comme dérivé d'un tube optique dont le prisme aurait 6 centimètres de côté, c'est-à-dire que nous prendrons pour côté du triangle générateur des masses réfringentes,

$$ms = m_1 s_1 = m_2 s_2 = m_3 s_3 = 6 \text{ centimètres.}$$

La hauteur $M_1 M_2$ de la partie étroite de l'appareil sera au maximum de 1 mètre, le rayon intérieur $oR = M_1 M_2$ de la masse inférieure dans laquelle on observe l'image sera de 20 centimètres ; enfin, nous laisserons 10 centimètres d'intervalle entre les masses $m_2 n_2$ et $m_3 n_3$, afin que, dans l'espace (OM') la tête puisse facilement se loger pour placer l'œil en O. Nous aurons alors $M_3 M_4 = 16$ centimètres. Ce que nous avons appelé la *longueur optique* de l'appareil sera alors, au maximum :

$$M_1 M_2 M_3 M_4 = 100 + 20 + 16 = 136 \text{ centimètres.}$$

Pour demeurer au-dessus de la réalité, c'est-à-dire ne concevoir que des déformations plus grandes encore que la déformation réelle, nous prendrons ici pour cette longueur optique le chiffre de $1^m,50$.

Si dès lors nous admettons que le sous-marin se serve de son appareil optique jusqu'à 300 mètres de son but — ce qu'il ne fera jamais, ayant bien soin, à 400 ou 500 mètres, de faire disparaître de la surface tout objet visible, — nous aurons pour coefficient de déformation maximum :

$$\frac{1,50}{300} = \frac{1}{200} = 0,005.$$

Donc, si nous examinons à 300 mètres un navire se présentant par le travers et mesurant 100 mètres de longueur nous, verrons ce navire à 3o1ᵐ,5o, et il nous semblera avoir une longueur de 1ooᵐ,5o ; les différences sont évidemment inférieures aux erreurs d'observation, car, à une distance de 3oo mètres, on n'évalue pas une largeur de 1oo mètres à 5o centimètres près en l'examinant simplement à l'œil, quelque habitude que l'on ait de ces sortes de choses.

Revenons alors à l'objet pMN de la figure 28 ; nous venons de voir que l'on doit considérer l'image p_4M$_5$ comme sensiblement égale à pM, la déformation horizontale étant absolument négligeable. Il en résulte que nous devrons considérer les lignes OM$_5$ et Op_4 comme sensiblement parallèles ; les lignes $\mu\nu$ et $\mu'\nu'$ qui sont égales sont aussi sensiblement perpendiculaires à pM et à p_4M$_5$, et les figures pMN et p_4M$_5$N$_5$ sont alors des figures homothétiques égales, c'est-à-dire dont le centre d'homothétie Ó peut être considéré comme à l'infini, puisque le rapport d'homothétie $\dfrac{OM}{OM_5}$ est sensiblement égal à l'unité (toujours inférieure à 1,oo5). Cela revient à dire que l'image d'une droite quelconque p_4N$_5$ est une droite égale et parallèle et sensiblement à la même distance, le rapport des distances étant encore ici le rapport d'homothétie déjà envisagé.

Nous avons donc bien ici l'appareil de vision panoramique transportant à un plan inférieur à son plan réel l'horizon, sans réduction ni déformation appréciable.

Un seul point reste à envisager, la détermination du champ en hauteur de cet appareil.

Les images successives O$_1$, O$_2$, O$_3$, O$_4$, du point de vue O dans les faces $m'_3 n'_3$, $m'_2 n'_2$, $m_1 n'_1$, mn' (fig. 127) nous donnent le point O$_4$ qui, avec la face mn', définit le champ en hauteur mo_4n' ; c'est ce champ que nous allons calculer.

Il est facile de voir que la distance O_4O' est égale à :

$$OM'_4 + M'_4 M'_3 + M'_3 M'_2 + M'_2 M'_1 = OM'_4 + l$$

nous avons vu que :

$$OM'_4 = OR + RM'_4 = 20 + 3 = 23 \text{ centimètres} ;$$

d'autre part :

$$l = 136 \text{ centimètres} ;$$

nous aurons donc :

$$O'O_4 = 139 \text{ centimètres}.$$

Si nous considérons alors la partie supérieure du champ $N'O_4 n'$ nous aurons :

$$\text{tg } N'O_4 n' = \frac{N'n'}{N'O_4} = \frac{3}{139 + 0} = \frac{3}{145}.$$

Pour la partie inférieure du champ $N'O_4 m$ ou $O'O_4 M$ nous aurons :

$$\text{tg } N'O_4 m = \frac{O'm}{O'O_4} = \frac{3}{139}.$$

Le champ total sera défini par

$$\text{tg } (O_4) = \frac{426}{2813}.$$

Telle est la valeur du champ moyen, c'est-à-dire du champ en hauteur pour un œil placé dans le plan horizontal médian de la surface réfléchissante inférieure.

Il y a deux cas qu'il est important de considérer, ce sont ceux où le champ est tout entier vers le haut ou tout entier vers le bas, c'est-à-dire ceux qui correspondent aux positions ω et ω' du point de vue.

Pour le point ω, le champ sera tout entier au-dessus du plan horizontal de l'image ω_4 du point de vue, ce sera l'angle $m\omega_4 n'$ en $s'\omega'_4 n$ dont la tangente est :

$$\text{tg } (\omega_4) = \frac{s'n'}{s'\omega_4} = \frac{6}{145} ;$$

de même la tangente du champ tout entier au-dessus du plan horizontal de l'image ω'_0, un point de vue ω' sera :

$$\operatorname{tg}(\omega'_4) = \frac{\Omega n}{\Omega O'_4} = \frac{6}{139}.$$

En réalité, en déplaçant l'œil sur le segment $\omega\omega'$ on arrivera à embrasser la portion verticale d'espace comprise entre les lignes $\omega_4 n'$ et $\omega_4'm$ dont les inclinaisons en dessus et en dessous de l'horizontale sont respectivement $\frac{6}{145}$ et $\frac{6}{139}$. La tangente de l'angle limitant toute la portion verticale d'espace qui peut être rendue visible en déplaçant l'œil de ω en ω' sera alors

$$\operatorname{tg}(\omega_4,\omega'_4) = \frac{1704}{5618}.$$

Cet angle définit les limites extrêmes du champ en hauteur.

En effectuant les calculs, on trouve, pour valeur du champ dans ces conditions diverses (1).

(1) $\log 145 = 2{,}16\ 137$ $\log \dfrac{3}{145} = \bar{2},\ 31\ 775$

$\log 139 = 2{,}14\ 301$ $\log \dfrac{3}{139} = \bar{2},\ 33\ 411$

$\log\ \ 3 = 0{,}47\ 712$ $\log \dfrac{6}{145} = \bar{2},\ 61\ 678$

$\log\ \ 6 = 0{,}77\ 815$ $\log \dfrac{6}{139} = \bar{2},\ 63\ 514$

$\operatorname{tg}(N'n') = \dfrac{3}{145}$ $(N'n') = 1^0\ 11'\ 15''$

$\operatorname{tg}(N'n') = \dfrac{3}{139}$ $(N'm') = 1^0\ 14'\ 10''$

$(O_4) = (N'n') + (N'm')$ $(O_4) = 2^0\ 25'\ 25''$

$\operatorname{tg}(\omega_4) = \dfrac{6}{145}$ $(\omega_4) = 2^0\ 22'\ 25''$

$\operatorname{tg}(\omega_4) = \dfrac{6}{139}$ $(\omega_4) = 2^0\ 28'\ 30''$

$(\omega_4\omega_4') = (\omega_4) + (\omega_4)$ $(\omega_4\omega_4') = 4^0\ 50'\ 35''$

26.

1° *Champ au-dessus de l'horizon pour une position moyenne de l'œil,*

$$N'O_4 n = 1° 11' 15'';$$

2° *Champ au-dessous de l'horizon (mêmes conditions).*

$$N'O_4 m = 1° 14' 10'';$$

3° *Champ total de l'appareil (mêmes conditions),*

$$n'o_4 m = 2° 25' 25'';$$

4° *Champ de l'appareil l'œil étant en* ω. (Le champ est alors tout entier au-dessus de l'horizon) :

$$(\omega_4) = 2° 22' 5'';$$

5° *Champ de l'appareil, l'œil étant en* ω'. (Le champ est alors tout entier au-dessous de l'horizon).

$$\omega' = 2° 28' 30''.$$

6° *Champ extrême que peut embrasser l'appareil en déplaçant l'œil de* ω *en* ω'.

$$(\omega_4 \, \omega'_4) = 4° 50' 35''.$$

(Dans ce qui précède, nous appelons horizon, non pas le niveau de la mer, mais le plan horizontal passant par le système réfléchissant mn, mn' c'est-à-dire le plan horizontal de la partie supérieure du système optique).

Pour terminer cette rapide étude de la solution nouvelle proposée au problème si essentiel de la vision indirecte de l'horizon pour un sous-marin immergé, il reste à décrire ici l'appareil lui-même, ou plutôt l'anatomie générale, si l'on peut dire, de cet appareil, dont les menus et précis détails ne seront fixés que dans le bureau d'études du constructeur.

Le schéma un peu développé des figures 130 et 131 va nous servir pour cela.

La figure 130 représente l'appareil presque entièrement ouvert ; la masse réfringente qui fournit le miroir conique mn, mn' de la figure 127 est représentée en 1. Cette masse assujettie au chapeau C par l'écrou E mobile sur le pas de vis fixe Z est bordée en bas par un ressaut t_1, qui glisse dans un tube t_2, mobile lui-même à frottement dans un tube t_3, et ainsi de suite jusqu'au dernier tube t_5. L'appareil forme ainsi un système télescopique dont les tubes s'emboîtent les uns dans les autres, t_4 dans t_5, t_3 dans t_4 jusqu'au prisme 1 lui-même, qui vient s'emboîter, guidé par le ressaut t_1 dans le tube t_2. Quand l'appareil est complètement fermé, comme le montre la figure 131, le bord extérieur c' du chapeau C vient s'appuyer contre une rondelle de caoutchouc c, encastrée dans la partie supérieure du dôme de commandement D, où elle forme point étanche.

Tous ces tubes sont poussés dans un sens ou dans l'autre par rapport au dernier tube t_5 au moyen de la vis Z dont la tête T s'appuie sur le chapeau C avec lequel elle est jointe de façon étanche par des lames de plomb ou par une soudure faite sur tout son pourtour. Cette vis Z est mise en mouvement dans le sens vertical au moyen du volant V manœuvré au moyen des manettes M et dont le centre est constitué par l'écrou E qui reste toujours au contact du plateau P qui porte la masse réfringente 2, tandis que, par sa rotation, la vis Z s'élève ou s'abaisse, élevant ou abaissant avec elle le chapeau C et les tubes t qu'il entraîne avec lui.

Voilà donc tout le système (1, 2) qui peut se développer en hauteur ou rentrer tout entier dans le tube t_5. Ce tube t_5, qui est relié en f avec la masse 2, est à son tour mobile à travers la partie supérieure du dôme par glissement dans un presse-étoupes, p. Quand le système est complètement fermé (fig. 131), ce tube t_5 se trouve rentré à l'intérieur du navire, et le chapeau C serrant la rondelle de caoutchouc fait corps avec le dôme lui-même.

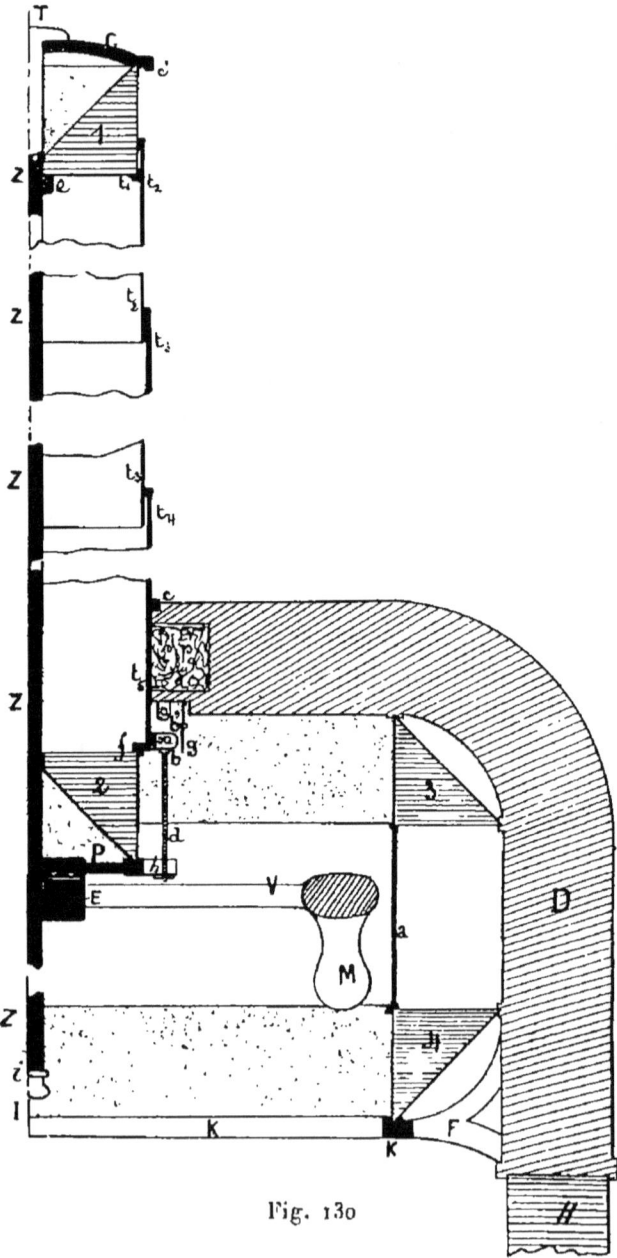

Fig. 130

Quand on voudra se servir de l'appareil, on poussera d'abord le système tout entier vers le haut en faisant glisser le tube t_5 qui contient tous les autres dans le presse-étoupes p, de façon à amener la plaque fixée à t_5 en contact avec une autre plaque fixe correspondante b' fixée au dôme du navire. La position sera arrêtée au moyen de la goupille g que l'on engagera dans le trou o. Le tube t_5 porte sur son pourtour 6 buttoirs, tels que b munis chacun de leur arrêt b' et de leur goupile g. L'arrêt b' doit être fait de deux plaques parallèles entre lesquelles vient s'engager la plaque b. Quant à la masse 2, elle est fixée entre le plateau intérieur P et le rebord f du tube t_5 au moyen de tirants d fixés aux plaques b et serrés sur le plateau P par des écrous h. Ces tirants d, au nombre de six, placés suivant les sommets d'un hexagone régulier, seront visibles dans l'image observée dans la masse de cristal 4 et diviseront ainsi le panorama en 6 secteurs de 60° degrés chacun ; l'une des divisions étant faite vers l'avant et l'autre vers l'arrière du navire, ils seront donc bien moins gênants pour la vision qu'utiles comme repères de direction.

Quant aux masses plus volumineuses 3 et 4, elles sont invariablement fixées à la coque du dôme et reliées l'une à l'autre vers l'intérieur par un tube a qui sert en même temps à consolider leur position et à préserver les faces horizontales des saletés et des accidents : Des contreforts F portant une couronne K supportent le bas de la masse 4 dans laquelle on observe l'image de l'horizon.

Prenons maintenant le système complètement fermé et voyons comment on va s'en servir. Tout d'abord on poussera vers le haut l'ensemble tout entier de façon à venir placer les taquets b dans leurs buttoirs b' et on enfoncera à forte pression les goupilles g. Prenant alors la manette M (il en a 6 aussi sur le pourtour du volant V), on fera

tourner l'écrou E qui poussera vers le haut le chapeau C
et les tubes qu'il entraîne, par le moyen de la vis Z. Quand

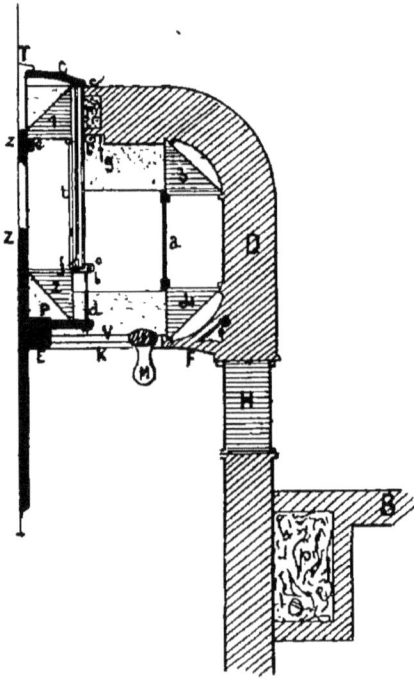

Fig. 131.

le système sera *à bloc*, les tubes étant chacun arrêtés à
bout de course, le col *t* de la vis Z sera en contact avec
l'écrou E et le système aura sa hauteur maxima, en même
temps que l'espace compris entre les masses 2, 3 et 4 sera
complètement libre pour permettre les mouvements de la
tête de l'observateur.

Pour fermer l'appareil, on fera la manœuvre inverse ;
on tournera d'abord le volant V et par suite l'écrou E
qui entraîne la vis Z jusqu'à ce que tout soit à bloc ; tous
les tubes alors et la masse 1 seront rentrés dans le tube

t_5. Tirant alors vers le bas, on fera rentrer le tube t_5 par glissement dans le presse-étoupes p jusqu'à serrer le bord c' du chapeau C contre la rondelle c ; un système spécial l'arrêtera alors pour maintenir la pression.

Au-dessous de cette partie supérieure du dôme. qui est alors réservée à l'appareil de vision, se trouve la couronne de hublots H qui permettent l'inspection directe de l'horizon quand le bateau navigue en affleurement. On remarquera enfin sur la fig. 131, que j'ai indiqué comme raccordement entre la coque B du navire et le dôme de commandement D, un grand presse-étoupes p' qui permettrait de rentrer presque entièrement le dôme, quand on voudrait naviguer en immersion complète. Un moteur spécial devrait assurer ce mouvement.

Les figures prévoient un dôme de commandement ayant à ses hublots un diamètre intérieur de 52 centimètres sous une cuirasse de 6 centimètres. Le diamètre extérieur serait donc de 64 centimètres et la protection assez grande. La coque du bateau est indiquée en B, mais sans intention d'en fixer une épaisseur, cette partie n'a, en général, aucun besoin de cuirasse et a une épaisseur assez faible (25 à 30 millimètres).

Encore une fois, je le répète, le dessin ci-contre n'est pas un appareil définitif, mais un projet incomplètement étudié et dont le constructeur fixera les détails qui ne sont ici qu'indiqués.

Je pose seulement le principe : *appareil de vision panoramique sans déformation sensible, placé dans le dôme de commandement qui pourrait, à son tour, s'élever ou s'abaisser sous l'influence d'un moteur spécial.*

Des expériences faites à bord et dans les conditions réelles où se doit trouver l'appareil pourront seules donner le résultat définitif que la théorie ne peut faire autre chose que faire entrevoir.

BIBLIOGRAPHIE

Auteurs et ouvrages cités ou consultés

Roger Bacon. — De l'admirable pouvoir de l'Art et de la Nature. Lyon, 1557.

Dr Keiffer. — Travaux de Cornelius Van Drebbel. Londres, 1640.

Mersenne. — Cogitata physico mathematica. Paris, 1646.

Euler. — Scientia Navalis. Petropoli, 1749.

R. Fulton. — De la machine infernale maritime ou torpille. Paris, 1812.

Montgéry. — Œuvres. Paris, 1825.

Marquis de la Feuillade d'Aubusson. — Mémoire sur les bateaux sous-marins, 1840.

*** — Die Unterseesche Schiffarht. München, 1859.

Wilhelm Bauer. — (Journaux allemands. Mémoires), 1850-1866.

Catalogue of scientific papers. London, 1867-1879.

G. Dary. — La Navigation électrique. Paris, 1882.

A. Collet. — Régulation et compensation des compas. Paris, 1882.

H. Buchard. — Torpilles et torpilleurs des nations étrangères. Paris, 1889.

Pollart et Dudebout. — Théorie du navire. Paris, 1890.

Comte de Gueydon. — Idées maritimes d'hier. Réformes de demain. Paris, 1891.

COMMANDANT Z'''* et H. DE MONTECHANT. — Les guerres navales de demain.

ED. BARA et H. NOALHAT. — Les torpilles automobiles.

H. CHAIGNEAU. — *Bulletin technologique.*

Dr ARMANS. — La locomotion aquatique.

FROUDE — (Expériences et conférences).

MENDELIEW. — Etude sur les travaux de Fronde.

LEDIEU. — Etude sur les bateaux sous-marins.

AIMÉ WITZ. — Revue de l'Exposition de 1889.

AMIRAL BOURGEOIS. — Mémoire au sujet du « Plongeur ».

H. FOL. — Observations sur la vision sous-marine.

DESSAINT. — La navigation sous-marine.

TROOST. — Traité de chimie.

E. LOCKROY. — La défense navale.

G. VITOUX. — *Le Génie civil.*

H. NOALHAT. — (*Publications périodiques diverses*).

Dr LABORDE. — *Communication sur les recherches de M. G. Jaubert.*

H. SONNET. — Dictionnaire de mathématiques appliquées.

EMILE DUBOC. — *Le Yacht.*

A. REDIER. — (*Revues et Publications diverses*).

D'ARMOR. — Les sous-marins et la guerre contre l'Angleterre.

Lt HOVGAARD. — Submarine Boats.

Lt KIMBALL. — *Army and Navy Register.*

Journaux et périodiques cités ou consultés

La Revue Technique,	Paris.	
L'Illustration,	—	
Le Yacht,	—	
Revue maritime et coloniale,	—	(disparu).
Le Génie Civil,	—	

Bulletin technique,   Paris
Bulletin technologique,   —
Revue médicale,   —
Le Correspondant,   —
Cosmos,   —
Journal du Havre, Le Havre.
Die Gartenlaube. Munich (disparu).
Naval and Military record (Plymouth).
The Nineteenth Century (London).
The Engineering Magazine (New-York).
Army and Navy Register (New-York).
Scientific American (New-York).

TABLE DES MATIÈRES

PREMIÈRE PARTIE

Généralités et Historique.

DEUXIÈME PARTIE

Théorie du sous-marin.

TROISIÈME PARTIE

Bateaux sous-marins modernes

QUATRIÈME PARTIE

La guerre maritime

LAVAL. — Imprimerie Parisienne, L. BARNÉOUD & Cⁱᵉ.